統計学が最強の学問である［数学編］ 西内啓

ダイヤモンド社

統計学が最強の学問である［数学編］

序章
エンジニアリングのための数学から、統計学と機械学習のための数学へ

- 01　21世紀に生きる社会人のための数学カリキュラム …………… 002
- 02　統計学と機械学習のための数学ピラミッド ………………………… 009

第1章
統計学と機械学習につながる数学の基本

- 03　数とは何か ……………………………………………………………………… 018
- 04　数自体を抽象化しよう ……………………………………………………… 022
- 05　引き算は「負の数の足し算」で ………………………………………… 036
- 06　割り算は「分数の掛け算」で …………………………………………… 045
- 07　代数学から記号論理学の世界へ ……………………………………… 056
- 08　基本的な確率計算とベイズ統計学の考え方 ……………………… 070

第2章
統計学と機械学習につながる2次関数

- 09　数と数の関係を見よう ……………………………………………………… 084

- 10 連立方程式でジレンマを解決しよう ……………………………………… 091
- 11 連立不等式によるリソースの有効配分 ……………………………… 099
- 12 「このまま増える」とは限らない——2次関数の考え方 …………… 110
- 13 2次関数の性質自体を理解するための
  標準形と平方完成の考え方 …………………………………………… 119
- 14 「ちょうどいいところ」を探したい
  ——2次関数の解と最大値・最小値 …………………………………… 134
- 15 平方完成と最小二乗法 ………………………………………………… 144

第3章

統計学と機械学習につながる二項定理、対数、三角関数

- 16 二項定理と組合せの数 ………………………………………………… 158
- 17 二項定理と組合せの数から複雑な確率計算へ ……………………… 172
- 18 掛け算と割り算を楽にする指数の考え方 …………………………… 179
- 19 計算機を作りはじめた男——「底」を揃える対数の考え方 ………… 192
- 20 対数の性質と計算のためのルール …………………………………… 203
- 21 ネイピア数 e の意味とロジスティック回帰
  ——単純パーセプトロンの考え方 ……………………………………… 210
- 22 三平方の定理とデータの「距離」……………………………………… 222
- 23 幾何学に対する代数の力業——最低限の三角関数 ………………… 231
- 24 拡張された三角関数の定義——弧度法と単位円による考え方 …… 236

第4章
統計学と機械学習のための Σ、ベクトル、行列

25 たくさんの数をまとめて書きたい——添え字表記とΣの計算 248
26 Σより高密度に書くためのベクトル入門 260
27 ベクトルの内積とΣの関係 271
28 統計学での内積の使い方 281
29 ベクトル以上に高密度な書き方
　　——行列を使って回帰分析を表してみよう 290
30 行列計算同士の四則演算 303
31 行列をひっくり返す転置行列と正規方程式の考え方 316

第5章
統計学と機械学習のための微分・積分

32 関数の「ちょうどいいところ」を探して
　　——統計学と機械学習のための微分入門 332
33 n 次関数の微分の仕方 342
34 統計学と機械学習で積分を必要とするところ
　　——連続値に対する確率密度関数 351
35 小さく分けていっぱい集めて
　　——統計学と機械学習のための積分の基礎 359
36 微積分記号に対する操作とライプニッツ記法の意味 373
37 指数関数・対数関数の微分/積分とネイピア数の意味 382

38	最尤法の基本	
	──微分と対数で「もっともらしいパラメーター」を探そう	399
39	ガウスの考えた「誤差の法則」と「ふつうの分布」	408
40	複数の変数での積分──重積分という考え方	419

第6章
ディープラーニングを支える数学の力

41	複数の変数で「偏」微分──偏微分による最小二乗法の考え方	432
42	行列表記での偏微分の計算ルール	440
43	重回帰分析における最尤法の考え方とコンピューターの力業	456
44	ニューラルネットワークにおける「非線形な部分」の重要性	470
45	説明変数が複数あるロジスティック回帰の考え方	477
46	ニューラルネットワークが「なぜかうまくいく」理由	494
47	ニューラルネットワークの数学的な書き表し方	509
48	勾配を効率的に求めるための チェインルールとバックプロパゲーション	516

おわりに　数学の基礎を学んだ皆さんにおすすめする次の一歩 ………… 533

序章

エンジニアリングのための数学から、統計学と機械学習のための数学へ

01
21世紀に生きる社会人のための数学カリキュラム

　アメリカの数学者アーサー・ベンジャミンはTEDトークなどの場で、「高校までの数学教育では微積分などより統計学を教えるべきである」と主張しています。
　理工学系の学生にとって、確かに微積分は重要です。しかし、それ以外の一般的な人々が日常生活で使うことはほとんどありません。それよりも統計学の方が、全ての人が日々使うものだという理由から、彼はこのような考えに至ったのだそうです。

　私はこの話に対して、賛否両方の意見があります。賛成する点はもちろん「統計学は全ての人が学ぶべきものである」という彼の考え方です。
　たとえば、文系の学問を身につけてホワイトカラーな仕事をするにしても統計学は役に立ちます。営業、マーケティング、人事といったさまざまな領域で、きちんとデータと統計学を活かせば、数％程度の売上増やコスト減に繋げることもそう難しいことではありません。
　また、理系の学問を身につけてエンジニアになるにしても統計学は大きな意義を持ちます。製造業における生産性や品質の向上といった分野、あるいは仕入れや生産の最適化といったことを考えるときにも、統計学はとても役に立ちます。
　さらに言えば、ビジネスと関係のない分野においても、統計学を学ぶことは大きな価値を持ちます。医療、福祉、教育、防犯、環境問題など、私たちの生活に関わるさまざまな社会課題について、統計学的な視点をもってすれば、「どうすれば効率的に解決できるか」「今行なわれている政策は妥当なものだと言えるのか」ということが判断できるはずです。

こうした統計学の持つパワフルさについては、私が日々自分の仕事を通して実感し続けるとともに、初代『統計学が最強の学問である』から一貫してお伝えしてきたところです。

しかしながら、私がベンジャミンの主張に対して手放しで賛成できないのは、統計学の中でも微積分はとても重要な役割をこなしているから、というところにあります。私自身、高校や大学の教養課程までの数学をきちんと教えていただいたからこそ、統計学の学習がスムーズだったのではないかという気もします。また最近の仕事では、論文が公表されたばかりの新しい機械学習手法などを使うこともありますが、その際私が特にストレスを感じることもないのは、微積分や線形代数といった「理工系の共通言語」を理解しているおかげだと言えます。

では、高校までの数学教育はどのようにすればよいのでしょうか？

私の個人的な考え方は「統計学と機械学習の専門的な勉強がはじめられることをゴールとして、高校までの数学のカリキュラムは再編成されるべきである」というものです。

統計学に加えてここで突然機械学習の話が登場したことに驚いた方もいらっしゃるかもしれません。「統計学と機械学習」あるいは「統計学と人工知能」と言われると、多くの人がなんだか全く別のもののように感じるはずです。しかし、実はその背景にある数学的な道具立ては「全く一緒」と言っても過言ではありません。

初代『統計学が最強の学問である』では、この20年ほどで統計学がとんでもなくパワフルになった理由として「ITと統計学の素晴らしき結婚」という表現をしました。多くの人が大学の教養課程で習う「紙とペンの統計学」が、コンピューターサイエンスという強力な伴侶を得たことにより、現実的な問題の意思決定に際して大きな力を持つようになったわけです。しかし、この結婚によって生まれたのは「現代的な統計学」だけではありません。もう1つ「現代的な人工知能」というとて

もパワフルな兄弟をも産み落としました。

　1950年代にはじめて「人工知能」という言葉が使われるようになってからの第一次人工知能ブーム、そして1980年代の第二次ブームのそれぞれで、人工知能研究の主流は「コンピューターに人間の持つ論理や知識を教え込むことで知能を生み出せるのではないか？」という考え方でした。当時のこうした考え方に基づき書かれた人工知能研究の論文や書籍を見てみると、そのほとんどは記号論理学のような話ばかりが記述されており、統計学とは全く別の分野であると言えます。ただし、こうした「人間がコンピューターに論理と知識を教え込む」というやり方は行き詰まりを見せ、これら二度の人工知能ブームは廃ってどちらも冬の時代を迎えました。

　一方で少なくとも1960年代の終わり頃からちらほらと、一部の人工知能の研究者たちは「確率」や「データへのあてはまり」といった統計学の概念を取り入れはじめます。たとえばディープラーニングは専門的には「層の数がとても多い（ディープな）ニューラルネットワーク」であると表現されますが、実は世界に先がけて多層ニューラルネットワークによる画像認識を研究した日本の甘利俊一は、ニューラルネットワークに統計学のような確率や微分といった考え方を持ち込みました。こうした「データとデータの間の最もあてはまりのよい数学的な関係性を推定する」という統計学的な考え方は、現代のディープラーニングの中でも大きく役に立っています。

　話をまとめると、「ITと統計学の素晴らしき結婚」によって次の2つがこの世に生み出されたということです。1つは統計学において、紙とペンの手計算だけでは難しい分析がコンピューターによる計算アルゴリズムで実現できるようになりました。これが「現代的なITによる統計学」です。一方で、コンピューターサイエンスの世界で生まれた人工知能研究においても、記号論理学のような理屈や知識表現だけではうまく

いかなかったことが、統計学の理論と計算方法によって実現できるようになりました。このようなクロスオーバーが、現代のデータ社会の中でとても大きな力を発揮しているのです。そしてそれゆえに、統計解析手法と機械学習手法を数学的に記述するやり方は、細かい慣例などの違いこそあれ「基本的に全く同じ」というわけです。違いがあるとすれば数学的な理屈の後の、「どういうアルゴリズムでコンピューターを働かせるか」という部分ぐらいでしょうか。

そうすると、いまエンジニアたちが統計学と機械学習の背後にある数学に慣れておくことは、前述のような品質の向上や、生産計画の最適化に使うという以上の意味を持ちます。蒸気やガソリンを使ったエンジンを使いこなすために熱力学を理解するとか、電子部品を使いこなすために電磁気学を理解する、といったのと同じようなレベルで、これからのものづくりにおいてその競争力の少なからぬ割合が、機械学習技術をどう活かすか、というところと関係してくるからです。

そんなわけで本書はこれからの時代の全ての大人にとって必要な、統計学と機械学習を勉強するための素養となる数学について説明していきたいと思います。

前述のベンジャミンによれば、高校までの数学カリキュラムは「微積分を頂点とするピラミッド状に積み上げられている」とのことです。微積分を理解するためには関数や xy 平面上のグラフの概念を理解しておかなければいけません。そしてこれらの概念を理解するためには、「数を x や y といった文字で表す」といった考え方を身につけておかなければいけません。このように、より基礎的で使う範囲の広い知識から少しずつ積み上げて、最終的に「微積分が理解できる」という頂点に至るのが、彼の言う「ピラミッド状」ということなのでしょう。

そしてこのピラミッドの頂点にある微積分が、彼の言うように「理工系の専門家だけのためのもの」であるとするならば、アメリカでも日本

でも、子どもたちは小学校入学から高校卒業までの長い期間をかけて、「理工系の専門家になるためのピラミッド」を積み上げていることになります。

しかし、このピラミッドのほとんどは完成せず、どこかの部分でつまずいたまま放置されて、数学の苦手な大人が多数輩出されていくというのが現状なのではないでしょうか。

余談ですが、教育経済学の世界には、人的資本論とシグナリング理論という、2つの相反する考え方が存在しています。前者は人間を工場や生産設備のような「資本」と見なし、教育という投資を行なうことで生産性が向上し、その高い生産性に応じた所得を受け取ることができるという考え方です。

一方、後者は教育のこうした効果を否定します。すなわち、「良い教育」あるいは「高い学歴」によって所得が増えるのは、その人間の生産性が向上するからではなく「自分の能力がアピールできるから」にすぎないというのです。つまり、成績や学歴によって、「もともとの能力が高い」というシグナルを示して、良い仕事に就けたから高い所得を得ている、というのがシグナリング理論の考え方です。世の中には「学校のお勉強なんか役に立たない」「仕事もできないくせに高学歴のエリートは高い給料をもらいやがって」と主張する大人が少なからず存在しますが、こうした彼らの思想も「シグナリング理論」に近いものなのかもしれません。

しかし、データに基づく実証研究によれば、営業職のように学歴と業績がそれほど関係しない、という職種ももちろんあるものの、だからといってシグナリング理論だけで教育と所得や生産性の関係が全て説明できるわけではありません。

アメリカでも日本でも実証研究を見る限り人的資本論の考え方が成り立つことは示されています。すなわち、学校の勉強は「エリートを選別

するためだけの無意味なもの」などではなく、また「学校で習うことなんて仕事の現場では役に立たない」というわけでもなく、それなりに世の中で仕事の役に立つということが、然るべき調査と統計解析によって裏付けられているということです。

このように教育は実際に役立つ投資たりえるということが明らかだとしても、数学のピラミッドを完成させた一部の理工系の専門家と、そのほとんどを忘れた多くの大人、という現状では、せっかくの数学を世の中の役に立てることはできません。しかし、先ほども述べたように、もはや、一部の科学者やエンジニアだけが数学を使いこなして製品を開発・製造し、残る多くの人々は数学と無縁の仕事をしていればいい、という時代ではありません。

私は統計学が、現代人にとって「読み書きそろばん」の「そろばん」にあたるほど重要なスキルであると、昔から主張してきました。200年前なら、一国に住む人間のうちどれだけが「そろばん」をできるかというところが経済を円滑に回し、また価値あるものを設計したり量産したりというところを大きく左右してきたのでしょう。それと同様に、現代においては統計学と機械学習を使いこなせる人間がどれだけいるかというところが、組織や社会の生産性を改善し、価値ある製品やサービスを生み出すことを通して国力を大きく左右するのではないかと思います。

ではどうすれば、もっと世の中の多くの人が統計学と機械学習を理解し役に立てられるのでしょうか？

この問題に対して、私が本書で提示する答えは、高校までの数学の内容を編み直し、大幅に削減した上で「統計学と機械学習を頂点とした数学教育のピラミッド」を作ろうというものです。

本書では微積分も扱いますが、徹頭徹尾、統計学や機械学習を理解する上で優先順位が低いと考えられる内容については言及しません。一方、2012年度の新課程から高校生は行列を勉強しなくなったそうですが、

本書では現在大学1年生が学ぶような、行列を含む線形代数の基礎についても扱います。行列の扱いに慣れておくことは、統計学や機械学習の専門書を読む上でとても役に立つからです。

　専門家という生き物はしばしば、ついあれもこれもと自分の知っていることについて語りたくなる習性を持っていますが、本書においては心を鬼にしてそうした誘惑を抑えたいと思います。本書の目的は、忙しい大人であっても最短距離で、統計学や機械学習を理解するための数学的素養を身につけることです。そのためには、情報量を増やすことよりも、いかに優先順位の低いところから情報量を削減して効率化するか、という点の方が重要となるはずです。もし本書の内容を一通り理解した後、もっとしっかり数学を勉強したい人がいたらそれはとても素晴らしいことですが、そうした役割は本書の最後に紹介する「次に読むべき本」に任せましょう。

　また、本文中での例示については、可能な限り全て統計学に関係する、ビジネスマン向けの具体的なものとしました。「たかしくんがリンゴを2個買いました」といった子どもっぽい話も、「毎秒2cmで動く点P」といった実態が不明で無味乾燥な抽象概念も、本書の中には登場しません。

　なお、本書の読者に要求する前提知識ですが、小学校で習う分数や小数の四則演算、すなわち足し算、引き算、掛け算、割り算と、ちょっとした図形の知識さえ知っている方であれば問題なく理解できるよう、そこから丁寧に説明していきたいと思います。

02
統計学と機械学習のための数学ピラミッド

　高校までの数学カリキュラムを、理工系の専門家になるための微積分ではなく、統計学と機械学習への入門を頂点に設定してピラミッドを再編成した場合、学ぶべき内容を大幅に絞り込むことができます。

　なぜこのようなことが可能なのでしょうか？　その理由をみなさんが理解するために、まずは現代の中等教育（中学校と高校）の数学カリキュラムがどのようなものから成り立っているかを説明しましょう。数学Ⅰだとか数学Ｂだとかいった名前からはその実態があまり見えてきませんが、中等教育における数学カリキュラムは大きく、1）代数学、2）幾何学、3）解析学、4）確率・統計などを含む「その他の分野」、という4分野に分けることができます。

　これらの具体例を挙げてみましょう。数を x や y といった文字で表して計算しようというのは代数学にあたります。実際の「数」の「代」わりに文字や記号を使おうというわけです。一方、三角形や立方体の性質を考えるのは幾何学です。一定の規則性を持つ図形や模様のことを「幾何学的」と表現したりもしますね。また、微分や積分を行なうことは解析学にあたります。

　中学校でも高校でも、こうした分野が混在している状態で教わっていますが、当然ピラミッドの部品である「単元」について、代数学は代数学同士、幾何学は幾何学同士の関係性が強いことは言うまでもありません。そして統計学と機械学習を理解しようとする際、幾何学よりも代数学や解析学の方が圧倒的に重要になります。たとえば、円柱の体積や表面積を求められなくても、統計学と機械学習の勉強にはそれほど差し支えがありません。

これは私が個人的にそう思っている、というわけではなく、きちんとした歴史的な経緯を説明することだってできます。

　カナダの科学哲学者であるイアン・ハッキングはその著書『確率の出現』の中で、なぜ人類は17世紀になるまで近代的な意味での確率や統計という概念を思いつけなかったのかについて論じました。

　サイコロとして使われていたと考えられる加工された動物の骨や、賭博の勝敗記録は古代エジプトの遺跡からも発掘されます。ユダヤ教の聖典にも「くじ」という言葉が登場します。また、ローマ皇帝のマルクス・アウレリウスはサイコロ賭博に熱中したと伝えられています。つまり、少なくとも有史以来人類はずっと、確率を使って遊んだり意思決定をしたりしていたということになります。

　そして、我々が中学校や高校で習うレベルの幾何学の知識は、古代ギリシャの時点ですでに発見されています。足し算や掛け算、分数といった概念が生まれた時代ともなれば、私には調べようもないくらい昔としか言いようがありません。しかしながら、近代的な確率論は、17世紀の数学者ブレーズ・パスカルらからはじまった、というのが学校でよく教えられる歴史です。古代のエジプトやローマ、ギリシャからなぜこれほど時間がかかったのでしょうか？

　この問いに対する説明の1つとしてハッキングは、「確率について考えようとすれば代数学など"数の表し方"の発展が不可欠だったから」という考え方を提示しました。代数学は幾何学と比べれば歴史は浅く、代数学（algebra）という単語の語源はアラビアの数学者であるフワーリズミーが9世紀に著した書物に由来しています。また、未知の数あるいは値が変わりうる数（後で詳しく述べますがこれを変数と呼びます）を x や y といった文字を使って表すようになったのは、フランスの哲学者／数学者であるルネ・デカルトが17世紀に著した、今日『方法序説』と呼ばれるテキストを含む長ったらしい名前の書籍からです。こうした便利な道具が揃ったことではじめて、人類は確率といった概念を理解し

て使いこなせるようになったのではないか、というのです。なお、英語で偶然という意味を持つ chance や hazard といった単語も、元を辿れば代数学（algebra）と同じくアラビア語が語源となっているそうです。

イアン・ハッキングの本は「それだけでは十分な答えではない」というところから考察を深めていきますので、興味がある方はぜひご一読ください。ただ、確かに私たちが学生時代に習うような最低限の数学的な道具がなければ、確率や統計について考えることはとても難しくなります。

そうしたわけで、本書で考える「統計学と機械学習のためのピラミッド」は、中高時代に習う代数学と解析学を中心とし、逆に中高時代の数学から、かなり大胆に幾何学の分野をカットしたものとしました。

私なりに現行のカリキュラムをピラミッド状に整理すると、図表0-1に示すように、小学校ではまず平面図形（直線や三角形、円など）と立体図形（立方体や三角錐、球など）の性質を学びます。次に平行や合同、

図表 0-1

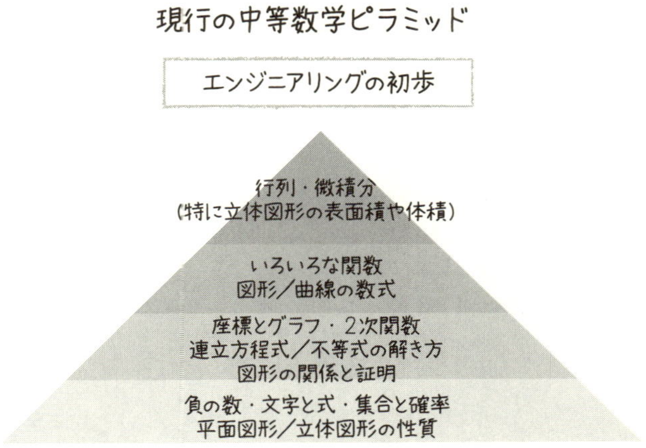

現行の中等数学ピラミッド

エンジニアリングの初歩

行列・微積分
（特に立体図形の表面積や体積）

いろいろな関数
図形／曲線の数式

座標とグラフ・2次関数
連立方程式／不等式の解き方
図形の関係と証明

負の数・文字と式・集合と確率
平面図形／立体図形の性質

相似や比といった図形同士の関係性とそれに基づく証明方法を習います。その後、三平方の定理を学び、平面図形や立体図形を数式で表す方法を学び、最終的には数式で表された図形を積分して、面積や体積を求められるようになる、というのが1つのゴールになります。こうしたスキルは、機械の設計などエンジニアに必要な技術の基礎になるはずです。

　しかし、本書の考える統計学と機械学習の基礎を理解するに足るカリキュラムでは、これらの内容をばっさりカットします。そのようなピラミッドを、図表0-2のように示すことができるでしょう。

　これらを下の層から順番にやっていく、というのがそのまま本書の章立てとなります。

　まず第1章では、xやyといった文字によって数を表すことにどんな意味とメリットがあるのかという、初歩的な代数学の考え方に入門します。ここで引き算や割り算といった小学校で習う計算についても、代数

図表 0-2

統計学と機械学習のための中等数学ピラミッド

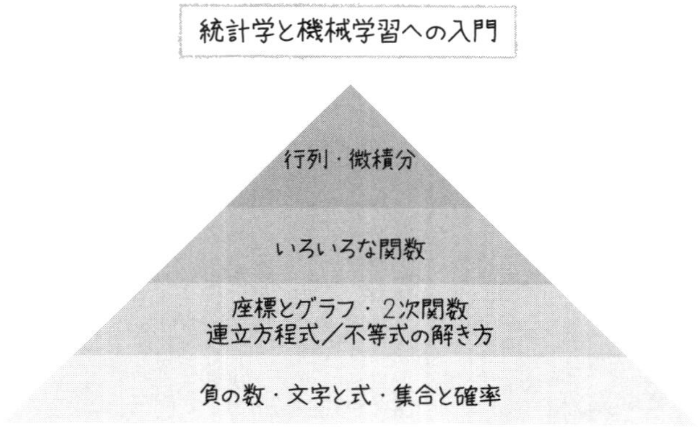

統計学と機械学習への入門

- 行列・微積分
- いろいろな関数
- 座標とグラフ・2次関数　連立方程式／不等式の解き方
- 負の数・文字と式・集合と確率

学的なお作法に則って使えるようになりましょう。ハッキングが提示した考え方に基づくと、これらの基本がわかっていることは確率を数学的に考えるためのだいじな素養になるはずです。せっかくですので第1章のしめくくりには、ベイズの定理という現代的な統計学と機械学習の中でもとても役立つ考え方を紹介しておきたいと思います。

次に第2章では、知らない数が1つだけではなく、互いに関係し合うものが2つあった場合の扱いについて学んでいきます。座標とグラフによってどれだけ数同士の関係性がわかりやすく示せるのか、という考え方のほか、連立方程式や不等式を解くやり方についても説明しておきましょう。ここで扱うのは中高時代に習う基本的な1次関数や2次関数といったものだけですが、それだけでも統計学と機械学習の基礎にある「データとデータの間の最もあてはまりのよい数学的な関係性を推定する」という部分について理解することができます。この章の最後では、最小二乗法に基づく単回帰分析という、基本的な分析手法のことが理解できるようになります。

第3章ではここからさらに発展して、指数、対数、三角関数といった、数同士のさまざまな関係性について学んでいきます。「幾何学を省く」という本書のコンセプト上、三角関数の内容は現行のカリキュラムと比べて大幅に削減されますが、それでも最低限、統計手法の理解に役立つところだけは説明しておきたいと思います。また指数と対数を理解することで、統計学におけるロジスティック回帰分析や、機械学習で使うシグモイド関数といったものがどのようなものかがわかることでしょう。

そしていよいよ第4章と第5章では、それぞれ行列と微積分の話に入っていきます。こちらについても、3次元空間上の力の向きや回転を考えるとか、立体の体積を求めるといった幾何学的な計算は扱いません。

それよりも、「データをまとめて記述する」とか「最もデータによく合う最適な値を選ぶ」といった、統計学と機械学習において重要な点に絞って説明したいと思います。

第4章の最後には重回帰分析における「データとデータの関係」が、行列を使うとどうシンプルに表されるかを学びます。これは統計学と機械学習に共通して、専門書や論文を読む上でとても役に立つリテラシーとなるはずです。

また、第5章の最後では、正規分布がなぜあのような数式で表されるのかという、多くの統計学の入門書であまり説明されていない部分について述べたいと思います。皆さんが今後、統計学の勉強をするにせよ、機械学習の勉強をするにせよ、これらの知識があれば変なところでつまづいてしまうリスクが減らせることでしょう。

そして、最後の第6章では、行列と微積分を同時に扱います。統計学と機械学習に共通して、「データとデータの間の最もあてはまりのよい数学的な関係性を推定する」際には、行列を使って表された数式に対して、ベクトルで偏微分する、という考え方がよく出てきます。そうした数式を前にしても恐怖感やアレルギーを感じない、というのが本書の意図するゴールです。ここを最後まで読み通せば、大学レベルの統計学や機械学習の専門書などが、それほどストレスなく読みこなせるようになります。

また、現代の「ITの統計学」あるいは「統計学の理論を応用した人工知能」の双方において、コンピューターは人間のように数式を解いて答えを出しているわけではなく、単純な繰り返し計算のアルゴリズムだけで複雑な微分の計算を行なっています。これが、「データとデータの間の最もあてはまりのよい数学的な関係性を推定する」という統計学と機械学習手法において大きな役割を果たしているわけですが、このような計算方法の基本についても本章では触れます。

なお、代数学、解析学ともに、大学以降の数学の専門教育ではより広い概念として学びますが、本書で言う代数学とは「数を文字で表して整理する」という中高時代に習う基本的な考え方だけを扱います。また解析学も「微分したり積分したりする」という基本的な考え方だけを扱います。少なくとも以上のような内容を理解すれば、ディープラーニングなどの最近の人工知能技術も「よくわからないSF的な何か」などではないことがわかっていただけるはずです。

第1章

統計学と機械学習につながる数学の基本

03
数とは何か

　本章では数を文字で表す代数学の便利さと取り扱いについて説明したいと思いますが、その手はじめに「数とは何か」「なぜ私たちは数を使うのか」ということについて考えてみましょう。

　数とはすなわち「物の大きさや多さを抽象化して表したもの」であり、「それを使うことで取り扱いが便利になるから」というのが、それぞれの質問に対する私の答えです。そして、このことを子どもにもわかるように説明した素晴らしい名著に、『はじめてであう すうがくの絵本』（安野光雅）という本があります。

　抽象化とはどういうことでしょうか？この本の中では図表1-1のような絵を使って、人間が現実を抽象化して数を数えるプロセスを説明しています。

　つまり、その子どもが男の子であろうが女の子であろうが、体が大きかろうが小さかろうが、そうした具体的なところはさておき、「人数」という情報に抽象化してしまうというのが、我々が数を数えるという行為です。

　このように、1人ひとり違う人や、1つひとつ違う物を全て「1人」「1つ」と数えてしまったのでは、さまざまな性質に関する情報を無視することになってしまいます。しかし、それでもなぜ私たちが現実を数という抽象的なもので捉え、扱うのかというと、そちらの方が圧倒的に楽で、現実をよく観察していただけではわからなかった情報をも導くことができるからです。

　たとえばこの子どもたちに食事を振る舞おうとした場合、何合のお米を炊けばよいでしょうか？あるいは、1万円の予算で彼らを外食に連れて行くことはできるでしょうか？行けるとすればどのようなお店に行く

第1章　統計学と機械学習につながる数学の基本

図表 1-1

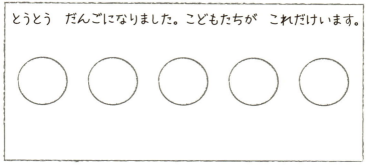

出所：『はじめてであう　すうがくの絵本2』

ことができそうでしょうか？

　おそらく皆さんの多くは上記の質問にすぐ答えられるはずですが、これは皆さんが無意識レベルで数を使いこなしているからです。子どもであればおそらく1人1合もあれば十分だろうから5合程度炊けばよいだろうか、とか、1人あたり2千円もあればファミリーレストランでもおそば屋さんでも、いろいろなところに行けそうだ、といった判断は、人間以外の生き物にできるようなものではありません。

　もちろん、数という形に抽象化してしまったことによって判断が不十分なものになる可能性もあるでしょう。たとえば同じ5人でも体が大きく食欲旺盛そうな5人なのか、それとも食の細そうな5人なのか、というところによって話はずいぶんと変わってしまいます。あるいは、子どものうち誰かがソバアレルギーを持っていて、食べられるものや行けるお店に制限があるかもしれません。

　しかし、数というものがこの世になければどうでしょうか？いくら現実を注意深く観察して、「子どもがたくさんいます」「田中くんはとても大柄でたくさん食べそうです」「高橋くんは野菜が嫌いみたいです」といった言葉をいくら聞いても、結局のところどれだけ食べ物を用意すればよいのかという計画が立てられません。「たくさんいる」という言葉だけでは、5人いるという意味なのか、10人いるという意味なのか、はたまた100人いるという意味なのかを区別できません。しかし、それによって用意すべき食べ物の量は大きく異なってきます。

　そしてさらに言えば、数という情報は、時間や空間といった現実の制約を超えられるというとても素晴らしい性質を持っています。数百年前の遠く離れた異国に住む人を我々は実際に見ることができません。しかし、そこに何人の人間が住んでいたか、という統計はずっと残り続けて、「人口が急に増えたのは農業技術が進歩したからじゃないか」とか、「戦争でも災害でもないのに人口が急に減ったのは病気が流行したからじゃないか」といったように、さまざまなことを考えられるわけです。そし

て、100 人分の人間を写実的に描くよりも、「100」という数で表す方が簡単で、わかりやすく、記録するために必要な手間もコストもずいぶんと少なくてすむわけです。

　これが「抽象化して便利にする」という数の役割です。そして今後、本書の中では文字で数を表したり、文字で表された数式自体を「関数」という形にまとめたりするやり方についても述べます。これらも全て「抽象化して便利にする」ためです。本書では扱わないような高等数学の概念、たとえば「群」だとか「環」だとかいったものも、荒っぽく言ってしまえばやはり、「抽象化して便利にする」ためのものです。

　本書を読んでくださる方々の中には、小学生までの算数は得意だったはずなのに、いつの間にか数学に苦手意識を持つようになった、という方もいらっしゃるかもしれません。学生時代に家庭教師や塾講師のアルバイトをしていた際、あるいは大学で学生に統計学を教える際、そうした方々をしばしば見かけました。彼らがなぜ算数は得意で暗算も速いのに、いつの間にか数学に苦手意識を持つようになったのでしょうか？おそらく、この「抽象化」というプロセスのどこかで、置いてけぼりにされたからではないかというのが私の考えです。

　しかし、そんな方々にも、統計学をおすすめできるのは、統計学は数学の中でも「具体的な現実の判断に活用できる」という特徴を持っているからです。数学は現実の物事を抽象化して、どのように数を取り扱えるかを考える学問です。一方で統計学は、その知見を活用した上で、どのような広告を打てば売上が上がりそうなのか、とか、どれだけの在庫を用意しておけばよいのか、といった現実的な意思決定を導きます。こうしたケーススートリーに即したものであれば、少しだけ数学を身近に感じ、心理的なハードルも下がるのではないでしょうか。

　このようなコンセプトのもと、本書はここから現実を抽象化して便利にするための数学の使い方について話を続けたいと思います。

04
数自体を抽象化しよう

　数は現実の在り方を抽象化することで便利に扱えるようにしたものであり、数学とはさらにその抽象化を進めて、難しい考え事をできるだけ楽に行なえるようにするものである、という考え方を示しました。

　本書はここから、「数そのものを x などの文字で抽象化する」という代数学の説明に入るわけですが、なんでこんなとっつきにくいことが便利なのでしょうか？

　たとえば次のような問題を考えてみましょう。

　あなたの友人の長年の夢は、素材にこだわったコーヒーとフレッシュジュースを出す落ち着いたカフェを経営することだった。彼は、毎日通勤や買い物で賑わう駅前に、内装や設備が残ったままの店舗物件が月額 30 万円の賃料で出ていることを見つけ、開業資金を貸して欲しいという。あなたは彼に細かく質問し、彼のイメージでは平均客単価が 500 円で、食材や消耗品などの仕入れの原価はその 40% ほどかかることと、12 時間の営業時間中に常時 2 名体制でアルバイトを雇う必要があることを聞き出した。

　仮にこのアルバイトの時給に 1000 円ほど支払うと考えた場合、このカフェは 1 日の平均で何人の顧客が訪れれば、最低限家賃と人件費を支払って赤字にならないだろうか？

　こうしたお友達は皆さんの周りにも 1 人ぐらいはいらっしゃるのではないかと思いますが、答えは無事計算できましたでしょうか？おそらく多くの方が、代数学なしでは少し計算が面倒だと感じるのではないかと思います。

ただ、もしこれが「1日200人の顧客が来たら、いくらの利益が見込めるでしょうか？」というように、具体的な数を与えられた問題であれば、きっと小学生でも次のように考えることができるでしょう。

- 顧客が1人来るごとに500円の売上
- 顧客1人ごとに原価が40％ということは逆に粗利は60％
- よって、顧客1人あたり500円×60％＝300円の粗利
- 1か月の粗利を合計すると30日×200人×300円＝180万円
- 一方のコストのうち人件費は2人×1000円×12時間×30日＝72万円
- 人件費と家賃を足すと72万円＋30万円＝102万円
- よって粗利からコストを引くと180万円－102万円＝78万円

つまり、お客さんが毎日平均200人来てくれるのであれば、それ以外の諸経費を引いた上で、友人がオーナー店長として給料をもらっても何とかやっていけるかもしれません。このような状況であれば、開業資金を貸しても返してもらえる可能性があります。

しかし、実際にお客さんが200人も来てくれるとは限りません。100人かもしれないし、50人かもしれない。そのように考え直すたびにこの計算をやり直すのはちょっとした手間です。さらに、「最低何人の客がいれば経営が成り立つのか」というもとの問題を考えるためには、「ここがギリギリ」ということを見つけるまで、いろいろな人数を考えて計算しなければいけません。

しかしここで代数学の考え方を知っていればいかがでしょうか？50人だろうが100人だろうが、お客さんの数をまだわからかないのでいったん「x 人」という文字で表してみるのです。そうすると、先ほどの計算は次のように考えられます。

- 顧客1人あたり500円×60％＝300円の粗利
- 1か月の粗利を合計すると30日×300円×x人＝9000×x円
- 一方コストは顧客の人数と関係なく人件費と家賃を足して102万円
- よって粗利からコストを引くと9000×x－1020000円

よって最後の結論を数式で表すと次のようになります。

$$利益 = 9000 \times x - 1020000 \qquad \cdots (4.1)$$

なお、数式の右に「・・・(4.1)」と書いているのは、数式を区別するための通し番号です。数学に関係する本ではいろいろな数式が登場するため、「先ほどの式が……」と言ってもどれのことを指すのかわかりません。そこで、流れを追いかける上で「この数式」と言及する必要があるようなものには、「何節目の文章の中に登場するいくつめの数式か」という通し番号をふるということがよく行なわれます。本書もそれに従いましょう。本節は本書全体の「4番目の節」であり、最初に出てきた数式なのでこちらは「(4.1)式」と呼ばれます。

さて、(4.1)式はすでにだいぶシンプルなものになっていますが、ここまでに考えたように毎回箇条書きで数の流れを追う、というのはかなりの手間です。「言葉ではなく数式で表現した方が手短でシンプルに考えられる」というのが代数学のメリットなので、箇条書きで追いかけていった考え方を次のように表してみましょう。

利益＝粗利総額
　　－人件費
　　－家賃

　　＝営業日数×1日あたりの客数×1人あたりの粗利額

－人件費
－家賃

＝営業日数×x×（客単価×粗利率）
－（バイト人数×時給×1日の労働時間×営業日数）
－家賃

＝営業日数×x×（客単価×（1－原価率））
－（バイト人数×時給×1日の労働時間×営業日数）
－家賃　　・・・(4.2)

　あとはこの最後の式に対して、実際の数値を入れて計算していくと、(4.1)式の状態になるわけです。

　小学校でもこの（　）を使った計算方法については習いますが、その計算の順番に関するルールを念のため復習しておきましょう。（　）のついた数式では、内側の（　）から順に計算します。また、同じ（　）の中あるいは（　）がついていないものの中では、掛け算や割り算を先に、足し算や引き算を後に計算する、というルールがあります。よって(4.2)式の最後の部分を計算する際は、まずは(1－原価率)という一番内側の（　）の計算を行ない、それを客単価と掛け合わせ、営業日数や1日の客数xを掛けると粗利総額が求められます。次に、人件費にまつわる（　）の中の掛け算を行ない、粗利総額から人件費と家賃を引けば、知りたい利益の額が求められるというわけです。なお、(4.2)式の最後の部分に実際の数値を入れた状態は、次のようなものになります。

利益＝30×x×（500×（1－40%））
　　－（2×1000×12×30）
　　－300000　　・・・(4.3)

さて、ここから(4.1)式のシンプルな形にするためにはどうすればよいでしょうか？おそらくこれぐらい簡単な式であれば、「何となく」でも整理できるかと思いますが、数式の扱い方には明確なルールが存在しています。今後、本書の中だけでも「何となく」で扱うには複雑な数式がたくさん出てきますので、どのように変形することは許されて、どのように変形することは許されないのか、というルールをきちんと認識しながら数式を整理するクセを今のうちから身につけていきましょう。

我々が中学校から習いはじめる代数学の基本計算ルールとして、まず覚えるべきは次の3つが挙げられます。

ルール1（交換法則）：$1+2=2+1$ あるいは $2×3=3×2$ というように、足し算と掛け算はそれぞれ順番を逆にしてもよい。

ルール2（結合法則）：$(1+2)+3=1+(2+3)$ あるいは $(2×3)×4=2×(3×4)$ というように、複数の数の足し算同士あるいは複数の数の掛け算同士であればどこの部分を先にやってもよい。

ルール3（分配法則）：$3×(2+1)=3×2+3×1$ や $3×(2-1)=3×2-3×1$ のように、足し算して（あるいは引き算して）から掛けても、ばらばらにそれぞれ掛けたものを後で足し算しても（あるいは引き算しても）よい。

一見わざわざ言われるまでもなく当たり前のように思えるこれら3つのルールですが、明確に意識しながら(4.3)式を(4.1)式に近づけていきましょう。

まず、(4.3)式の1行目にある、$(500×(1-40\%))$ という部分に注目してみましょう。こちらはストレートに一番内側の（　）内の計算から順に行なっていくと、「1は100%で、そこから40%引くから60%になる。

次に 500 の 60% とは 300 である」ということになります。先ほど箇条書きの算数で考えたのはこのような計算の順番でした。しかし、分配法則に基づくと「500 の 1 倍から 500 の 40% を引いたもの」と考えても構わないわけです。すなわち、

$500 \times (1 - 40\%)$
$= 500 \times 1 - 500 \times 40\%$
$= 500 - 200$
$= 300$

と考えても全く同じ計算結果になります。どちらが楽かは完全に好みの問題ですが、好きな方で計算しましょう。

そうして 2 重の ( ) の中身が計算できたら 1 人あたりの粗利額が 300 円だということがわかり、次のような式が得られます。

利益 $= 30 \times x \times (500 \times (1 - 40\%))$
   $- (2 \times 1000 \times 12 \times 30)$
   $- 300000$

   $= 30 \times x \times 300$
   $- (2 \times 1000 \times 12 \times 30)$
   $- 300000 \quad \cdots (4.4)$

そうすると次に考えるべきは交換法則による掛け算の順番の並び替えです。この部分をストレートに「30 を x 倍して、それをさらに 300 倍して」と考えても構いませんが、交換法則に基づけばたとえば「$x \times 300$」と「$300 \times x$」は全く同じことになります。「数と文字の計算」よりは「数と数の計算」の方が小学生の頃から慣れ親しんだ関係であるの

で、とりあえず掛け算同士、あるいは足し算同士であれば、好きなように前後を入れ替えましょう。すなわち、

$30 \times x \times 300$
$= 30 \times 300 \times x$

と考えられるわけです。そうすれば $30 \times 300 = 9000$ という計算から、この1行目の粗利総額は「$9000 \times x$ 円」だということがわかります。

　次に2行目の人件費について見てみましょう。ここは（　）で人数、時給、時間数、日数の順番の掛け算が行なわれていますが、こちらについても「好きな順番に前後を並び替えても構わない」という交換法則が成り立ちますし、「どこの掛け算を先に考えても構わない」という結合法則を使うこともできます。たとえばこの部分をストレートに最初から暗算していこうとすると、

- 2の1000倍は2千
- 2千の12倍は…2万4千
- 2万4千の30倍は………

と、大きな数同士の掛け算になって暗算が苦手な人は少し戸惑うことになるかもしれません。しかし「好きなところから掛け算をはじめてよい」という結合法則に基づくと、

- 12の30倍は360
- 360の1000倍は36万
- 36万の2倍は72万

と考えても全く問題はないわけです。数式でわざわざ丁寧に書くとすれ

ば、

$$2 \times 1000 \times 12 \times 30$$
$$= 2 \times (1000 \times (12 \times 30))$$
$$= 2 \times (1000 \times 360)$$
$$= 2 \times 360000$$
$$= 720000$$

と考えたことになるでしょう。またさらに、交換法則で前後の順番も入れ替えれば、どんな順番で計算することも可能です。たとえば「1000倍」というところを先にやると数が大きくなって計算ミスが怖いのでどうしても最後にやりたいということであれば、

$$2 \times 1000 \times 12 \times 30$$
$$= 2 \times 12 \times 1000 \times 30$$
$$= 2 \times 12 \times 30 \times 1000$$

と前後の順番を並び変えた後に、結合法則に基づいて好きなところから掛け算を行なえばいいわけです。すなわち、掛け算と足し算のそれぞれにおいて、交換法則と結合法則を使うと「好きな順番で計算してよい」ということになるでしょう。小学校で習う「掛ける数と掛けられる数の順番が大事」という考え方は、中学校以降の数学においては全く何の意味も持ちません。

以上のような考え方に基づくと、(4.4)式は次のように、だいぶシンプルに整理できます。

利益 $= 30 \times x \times 300$
$\quad - (2 \times 1000 \times 12 \times 30)$

$$-300000$$

$$= 9000 \times x - 720000 - 300000 \quad \cdots (4.5)$$

　しかし、ここで困るのが最後の「72万を引く」「30万を引く」という引き算の部分です。実はここまで足し算と掛け算については交換法則や結合法則が成り立つという話をしてきましたが、引き算と割り算についてはそのような法則が成り立つかどうか、という話を一言もしていません。直感的には72万を引いた後に30万を引く、という引き算は102万円を引くことと同じ、と考えてもよさそうな気がしますが、なぜこうした計算が許されるのでしょうか？実は「マイナスの数」という考え方を使いさえすれば、前述の3つの代数学のルールが引き算においてどう適用されるのかを理解することができるのですが、いったんその話は次節へ後回しにしましょう。少なくとも「あと一歩で(4.1)式」というところまで整理することはできました。

　さて、それでは改めて(4.1)式を見返してみます。

$$\text{利益} = 9000 \times x - 1020000 \quad \cdots (4.1)$$

　この(4.1)式が示すところは、1日あたりの客数が1人増えるごとに月々の粗利は9千円ずつ増える一方、客の人数と関係なく家賃と人件費合わせて月々102万円のコストがかかる、ということです。ここから、たとえば1日の平均客数が100人であった場合には、粗利が90万円しかないので家賃と人件費を払うことができない、といった計算をすぐにすることができるでしょう。なお、こちらの「$9000 \times x$」というところを「$9000x$」とか「$9000 \cdot x$」といった書き方をすることもあります。「掛け算の『×』は省略していい」あるいは「『×』の代わりに『・』を使って書いてもいい」というのがある種の慣習であり、以後こうした表

記を行なうこともありますので気をつけてください。

さて、もともと知りたかったのは「客数がどれだけいれば家賃と人件費が払えるのか」というところでした。このままだと、100人ではダメで、200人では大丈夫だから150人ぐらいではどうだろうか？というようなトライアルアンドエラーを重ねることになります。

しかし、ここで代数学の技術を使えば「逆算」を行なうことができます。つまり、利益と客数の関係をできるだけシンプルに記述した(4.1)式を、「利益がギリギリ赤字にならないときの客数は何人か？」と考える形の数式に書き換えてやればよいわけです。これこそが数を文字で表すことの大きなメリットだと言えるでしょう。試しに、赤字でも黒字でもなく利益がちょうどゼロ、という場合を考えてみると、(4.1)式は次のようになります。

$$0 = 9000x - 1020000 \quad \cdots (4.6)$$

今のところそれがいくつかはわかりませんが、xが何らかの値のときに、この(4.6)式が成り立つはずです。このように「それがいくつかはわからないが何かの値のときに成り立つはずの数式」のことを方程式と呼びます。このような方程式を操作していくことで、「いくつかはわからないが……」という値が何なのかを明らかにしていくのが、代数学の最初の一歩だと言えるでしょう。

さて、先ほど交換法則や結合法則、分配法則といった3つのルールを紹介しましたが、代数学にはもう1つ別に大事な大原則があります。数式の「＝」を挟む両側の式をそれぞれ「辺」と呼び、左側の辺は「左辺」で右側の辺のことを「右辺」と呼びますが、ある方程式が成り立つと考えられるのであれば、その方程式の両辺それぞれに、同じ数を足したり引いたり掛けたり割ったりといった操作を行なった方程式についても、やはり成り立ちます。「＝」とは釣り合った天秤を支える点のよう

なものだと考えられます。ある状況でこの天秤が釣り合っているのであれば、たとえば天秤の両側に同じ重さを足しても、同じように2倍しても、逆に半分にしてもやはり同じように釣り合いがとれることでしょう。

そんなわけで(4.6)式の両辺に対して、たとえば同じように1020000という数を足してやりましょう。そうすると、

$$0 = 9000x - 1020000 \qquad \cdots(4.6)$$
$$\Leftrightarrow 0 + 1020000 = 9000x - 1020000 + 1020000 \qquad \cdots(4.7)$$

と考えても全く同じように「=」は成り立つはずだと考えることができます。

ここで1つ、「⇔」という見慣れない記号が出てきました。これは(4.6)式が成り立つなら(4.7)式も成り立つし、その逆に(4.7)式が成り立つなら(4.6)式も成り立つ、要するに「全く同じ意味の数式ですよ」ということを示します。発音するとしたら「どうち（同値）」と読みます。算数で習う「=」は1つの数式内で左辺と右辺の値が等しいことを示しますが、数学の授業ではそれに加えてこの数式同士が同じ意味を示すという「⇔」という記号を使うことがあります。

なお、(4.6)式と(4.7)式は「両辺に同じ数を足しただけ」という点で数式自体の意味としては全く同じことを示していると考えられますが、これらの数式の間を「=」で繋ぐことはできません。(4.6)式は「両辺ともに0」という式である一方、(4.7)式は「両辺ともに102万」という式であり、これらを「=」で繋いだ場合、「0 = 102万」という意味になってしまうからです。本書は数式の展開を丁寧に追いかけるために「両辺に同じ操作をした式ですよ」という意味でこの記号を積極的に使っていきたいと思います。

さて、両辺に同じ操作をした数式同士は「同値」であると言いましたが、同じ操作をするまでもなく、両辺をそれぞれ整理しただけでもやは

り「同値」になります。(4.7)式の左辺を計算すればそのまま1020000という値であり、右辺の「1020000引いてから1020000足す」という部分は打ち消し合って消えてしまいますが、そのような整理を進めた形の数式もやはり最初の式と「同値」ということになります。よって、

$$0 = 9000x - 1020000 \quad \cdots (4.6)$$
$$\Leftrightarrow 0 + 1020000 = 9000x - 1020000 + 1020000 \quad \cdots (4.7)$$
$$\Leftrightarrow 1020000 = 9000x \quad \cdots (4.8)$$

という(4.8)式のような形にしても、やはり「(4.6)式と同じ意味の数式」ということになります。また、ここからさらに(4.8)式の両辺に対して「9000で割る」という操作をしてみるとさらにシンプルな形になります。すなわち、

$$0 = 9000x - 1020000 \quad \cdots (4.6)$$
$$\Leftrightarrow 0 + 1020000 = 9000x - 1020000 + 1020000 \quad \cdots (4.7)$$
$$\Leftrightarrow 1020000 = 9000x \quad \cdots (4.8)$$
$$\Leftrightarrow 1020000 \div 9000 = 9000x \div 9000 \quad \cdots (4.9)$$
$$\Leftrightarrow 113.3333\cdots = x \quad \cdots (4.10)$$

と、要するに「xが113.3333…（このあとずっと3が続く）という数である」ということを示す(4.10)式と、最初の「利益がちょうど0円」という(4.6)式が全く同じ意味であることが示されました。なお、一般的に数学では「求めたかった未知の数が左辺で、実際の数が右辺」という形が好まれます。ここで、「＝」が成り立つ方程式の左右をひっくり返す、という操作を行なってもやはり「同値」であり、(4.10)式を左右逆に「$x = 113.3333\cdots$」と書いても全く問題ありません。このように数式に対して「同値」になる操作を繰り返し、自分たちの知りたい形に変形

することができれば、ややこしい逆算が可能になるというのが中学校で習いはじめる代数学の考え方です。

試しに最初の(4.6)式の右辺にある x に対して、「113.3333…（この後ずっと3が続く）」という数と「近い数（これを数学では近似値と呼びます）」である、「113.3333」という値を入れて電卓か何かで計算してみましょう。そうすると、

$9000・113.3333 - 1020000$
$= 1019999.7 - 1020000 ≒ 0$

と、確かに「ほぼゼロ」という値になります。この「≒」とは、「ニアリーイコール」と読まれる、「完璧に同じじゃないけどほぼ等しい」という意味の記号です。

つまり、1日の平均客数が114人以上いれば、なんとか家賃と人件費ぐらいは支払える、ということになるわけです。また、それ以外の諸経費が10万円ぐらいはかかるとか、オーナー店長として30万円ぐらいは給料をもらいたい、ということであれば、(4.6)式の左辺を「利益が0」ではなく、これらの経費を足した上で同様の計算を行なえばよいだけです。その場合もやはり、1日にどれぐらいの平均客数が必要なのかが求められるでしょう。あるいはさらに、これではやっていけないから原価率を下げたらどうなるだろうかとか、食べ物も出して客単価を上げたら、といった計算をやっても構いません。その結果、物件の面積や席数、付近の飲食店の込み具合から考えて「その客数は現実的でない」というのであれば、今回の開業は見送った方がよいということになります。

世の大人の中には、「実際にやってみないと具体的なイメージがわかない」とか「世の中数字じゃない」ということを主張する人がたくさんいます。もちろん、そうした主張が正しいこともしばしばありますが、一方でちょっと調べて計算してみただけでビジネスとして有望なのかど

うか、あらかじめ判断できることだってたくさんあります。少し計算してみただけで明らかな無謀さに気づくことをわざわざ「実際にやって失敗する」必要はありませんし、逆に少し計算してみただけで明らかに儲かりそうな選択を見過ごす必要もありません。

　今回の例のような、数学全体の中で言えば初歩の初歩のような計算ですらこうしたメリットを享受できました。こうした「複雑なことをシンプルに整理する」という代数学の力こそが、現代におけるさまざまな自然科学と社会科学の大きな進歩を担ってきたのだと言えるでしょう。

　これはもちろん統計学や機械学習についても例外ではありません。統計学や機械学習の手法の中には、数式を使えばかなりシンプルに説明できる一方、これが使えないとなると「イメージ」や「具体例」をいくつも挙げて、ぼんやりとその概略をつかませることしかできないようなものもたくさんあります。

　ここからさらに代数学の力を身につけて、「数式によるシンプルな説明」というメリットを享受できるところまでを目指しましょう。

05
引き算は「負の数の足し算」で

　前節では以下のような交換法則、結合法則、分配法則という代数学で用いる3つの計算ルールについて説明しました。

　ルール1（交換法則）：1＋2＝2＋1 あるいは 2×3＝3×2 というように、足し算と掛け算はそれぞれ順番を逆にしてもよい。

　ルール2（結合法則）：(1＋2)＋3＝1＋(2＋3) あるいは(2×3)×4＝2×(3×4)というように、複数の数の足し算同士あるいは複数の数の掛け算同士であればどこの部分を先にやってもよい。

　ルール3（分配法則）：3×(2＋1)＝3×2＋3×1 や 3×(2−1)＝3×2−3×1 のように、足し算して（あるいは引き算して）から掛けても、ばらばらにそれぞれ掛けたものを後で足し算しても（あるいは引き算しても）よい。

　しかし、勘の良い人であればここで、「足し算同士・掛け算同士とあるが、引き算や割り算ではどうなのか？」ということが気になったかもしれません。また、先ほどすでに(4.5)式の時点で「引き算が複数ある場合にどうしたらよいのか」というところを後回しにしなければいけませんでした。
　実のところ、交換法則・結合法則はいずれも、引き算や割り算では成り立ちません。たとえば引き算の交換法則について考えてみましょう。

$$3-2 \neq 2-3$$

このように、引き算の順番を逆にしたら答えが異なってしまいます。なおこの≠という記号は「ノットイコール」と呼ばれ、「等しくない」という意味を示します。当然この左辺を計算すると1になりますが、右辺を計算しても少なくとも1にはなりません。また、割り算についても同様です。

$$10 \div 5 \neq 5 \div 10$$

こちらについても、左辺を計算すると2になりますが、右辺を計算しても2にはなりません。同様に結合法則についても考えてみましょう。

$$(10-7)-2 \neq 10-(7-2)$$

この左辺は「10から7を引いて3、そこからさらに2を引くと1」となりますが、右辺は「まず7から2を引くと5で、10から5を引くと5」となり、やはり等しいことにはなりません。割り算についても、

$$(24 \div 6) \div 2 \neq 24 \div (6 \div 2)$$

と考えれば、左辺については「24割る6は4で、それを2で割ると2」ですが、右辺については「まず6割る2を考えると3で、24割る3は8」とやはりこちらも左辺と右辺が等しくなりません。

しかし、だからといって引き算や割り算を含む計算では、代数学の3つの計算ルールに基づいて「シンプルにまとめる」ということができないかというわけではありません。少しだけ数の概念を拡張して、「0より小さなマイナスの数（負の数）」と「分数」という数を考えれば、実は引き算とは「負の数の足し算」であり、一方割り算とは「分数の掛け算」です。そうすれば、どちらも足し算や掛け算の一部ということにな

り、足し算や掛け算でしか成り立たなかった交換法則や結合法則に基づいて数式を整理できるようになります。中学校で負の数を習ったときには「なんでわざわざこんなややこしいことを考えるんだ」と疑問に思った方もいらっしゃるかもしれません。私の理解では、現実には存在しない負の数をわざわざ考える理由は、「代数学で引き算を扱うのにとても便利だから」というものです。以下、その理由について説明していきましょう。まずは次のような問題を考えます。

　　ある工場において毎月 1000 個生産している商品の今月の受注数は 600 個だった。彼らは今月いくつ分の商品を余らせたことになるだろうか？

この問題はとても簡単で、生産している 1000 個から受注した 600 個という数字を引いて 400 個が余り、ということがすぐにわかります。しかし、これが次のような問題になったらどうでしょうか？

　　ある工場において毎月 500 個生産している商品の今月の受注数は 600 個だった。彼らは今月いくつ分の商品を余らせたことになるだろうか？

小学校の算数で考えれば、正解は「彼らは余らせていない」だけでもよいかもしれません。小学校で習う引き算とは大きい方の数からそれ以下の小さい数を引くものであって、その逆はあり得ません。つまり、1000－600 はいくつか、という引き算は考えられても、500－600 はいくつか、という計算を小学生は教えられていないわけです。

しかし、このように引き算を定義していると、「数自体を抽象化する」代数学の世界では不便なことが起こってしまいます。たとえば工場で商品を生産している数がわからなかったとして、次のような問題ではいか

がでしょうか？

> ある工場において毎月 x 個生産している商品の今月の受注数は600個だった。彼らは今月いくつ分の商品を余らせたことになるだろうか？

当然これまでの流れからして、答えは $x-600$ 個、ということになるわけですが、小学生のように引き算を考えているともう少し答えは複雑です。小学生のように「大きい方の数からそれ以下の小さい数を引かなければいけない」というルールを考えてしまうと、「もし x が600以上であれば余りは $x-600$ 個であり、x が600より小さければこんな計算は成り立たず『余っていない』が答えである」というところまで書かなければいけません。なお、このように（今回であれば x が600以上かそれより小さいかという）状況を分けて答えや数式を記述することを数学では「場合分け」と呼びます。場合分けという書き方をすると、たとえば今回の「小学生の答え」は次のように表されます。

$$\text{余らせた商品数} = \begin{cases} x - 600 & (x \text{ が } 600 \text{ 以上}) \\ \text{余りなんてない} & (x \text{ が } 600 \text{ より小さい}) \end{cases}$$

ただし、ただの引き算ごときでこんなややこしい書き方をしていたら、複雑な計算などしようがありません。たとえば数式内にたった10箇所の引き算が含まれているだけで、最大1024通り（2の10乗）もの場合分けを考えなければいけないことになります。

小学校の算数では、「未知の数」なんてものはなく、必ず具体的な数が与えられるため、生産数と受注数のどちらが多く、商品は余るのか足りないのか、その場で判断することができます。しかし、代数学の計算においては商品や注文の数が「未知だったとして」計算を進めますので、

このような判断をすることができないこともあります。

　なので、引き算について「どっちが大きくても小さくても気にしなくていいようにする」という規制緩和が求められるわけですが、そうすると今度は答えの方が問題になってきます。たとえば599－600はいくつか、という答えは、引かれる数が小さくなった分だけ600－600＝0という答えよりも小さくなるはずですが、0より小さい数、というのを小学校では習いません。

　ですが皆さんはきっとこんな数字に心当たりがあることでしょう。それが負の数です。たとえば0より1だけ小さい数であれば、「－1」と書いて「マイナスいち」と読めばいいわけです。

　しかし読み書きはできても、それがいったいどういうことを意味しているのか、と言われると難しい問題かもしれません。たとえば「－100人の人間」などというものを現実世界で具体的に見ることはありません。また、場合によっては銀行口座の残高がマイナスの額になる、ということもなくはありませんが、「マイナス100万円分の現金」というものを我々が実際に目にすることはありません。

　0より小さい負の数を、小学校の算数ではなく中学校の数学で初めて習うのも、やはりこれが抽象化の道具だからだと言えるでしょう。算数の世界では具体的に、足し算とは数を増やすことで、引き算とは数を減らすこと、と理解されます。しかし、数学の世界では0より小さい負の数を使うことによって、「増えること・減ること」「余らせること・不足すること」「北に進むこと・南に進むこと」といった全く逆のことを、まとめてシンプルに表現できるようになります。そうしなければ数が未知な状態では、増えるか減るか、余るのか不足するのかということに言及することができません。

　先ほどの話で言えば、「500個生産して600個受注したから余りは－100個」ということになりますが、これは「－100個の商品」があるわけではなく、「100個分の『余りとは真逆の状況』」であると考えれば

よいでしょう。「余りの真逆」とはすなわち「不足」だと考えれば、これは「100 個分の不足」という意味になります。

同様に「収入が − 100 万円増えた」というのは「収入が 100 万円減った」という意味で、「− 100m 南に進む」と言われたら「100m 北に進む」と捉えます。

そして、このような負の数というものを使ってよいのであれば、引き算のときにいちいちどちらが大きいか気にしないでよくなるばかりか、足し算と引き算という計算の区別をする必要すらありません。この両者はどちらも足し算で、ただ「0 または正（プラス）の数を足すか」「0 より小さな負（マイナス）の数を足すか」というだけの違いだと言えるからです。すなわち「100 を引く」というのは「− 100 を足す」ということと全く同じことだと考えられます。

このように引き算を「マイナスの数の足し算」と考えれば、交換法則・結合法則のいずれも適用できるようになります。たとえば先ほどの「引き算では成り立たない」といった交換法則の例について、「マイナスの数の足し算」という観点で整理してみましょう。つまり、

$$3 + (-2) = (-2) + 3$$

と、「3 引く 2」という引き算を「3 足す『マイナス 2』」という負の数の足し算で捉えれば、その前後を入れ替えても全く問題がありません。両辺ともに 1 という値になります。また、結合法則についても見てみましょう。

$$(10 + (-7)) + (-2) = 10 + ((-7) + (-2))$$

こちらもやはり成り立ちます。左辺は「10 足す『マイナス 7』」で 3 になり、そこに『マイナス 2』を足すと 1」ということになりますが、

右辺についても「まず『マイナス7』と『マイナス2』の足し算を考えると『マイナス9』になり、これを10に足すと1になる」と、やはり両辺ともに同じ値になります。負の数についての足し算でも交換法則や結合法則が成り立つわけです。あとは割り算についても分数を使って「掛け算と同様に考える」やり方がわかれば、交換法則・結合法則・分配法則という3つのルールと、「両辺に同じ数を足したり、引いたり、掛けたり、割ったりした数式は同値になる」という原則により、数式をシンプルに整理することができるようになるはずです。このあたりについて次節で詳しく見ていくことにしましょう。

　ちなみに中学校の授業では、「マイナス1とマイナス1を掛けるとプラス1になるのはなぜか」という点について、「反対の反対は元に戻るだろう」といった感覚的な説明でお茶を濁されることもありますが、実はここまでに学んだ代数学の考え方を前提とすればその理由をきちんと証明することができます。統計学や機械学習とは直接関係ありませんが、証明という数学の考え方に慣れる意味で、そのやり方を示しておきましょう。

　これまでに考えた代数学の基本ルールに加えて「－1」のような負の数について次の前提条件を定義します。

前提条件1：－1とは「1に足すと0になる数」と定義する
前提条件2：正の数だろうが負の数だろうが0倍すると（0を掛けると）0になる
前提条件3：正の数だろうが負の数だろうが1倍しても（1を掛けても）同じ数になる
前提条件4：正の数だろうが負の数だろうが0を足しても同じ数になる

　ここまで特に異論はないでしょう。これらの前提条件に基づけば、こ

れまでに学んだ考え方から、「なぜマイナス1掛けるマイナス1がプラス1になるのか」という中学生の疑問に答えられます。まず前提条件1について数式で表してみると、

$$1 + (-1) = 0$$

ということになります。すでに学んだように、これが成り立つのだとすれば両辺に同じ数を掛けてもやはり両側で同じ数になるはずなので、両辺に（－1）を掛けましょう。そうすると、

$$\Leftrightarrow (-1) \times (1 + (-1)) = (-1) \times 0$$

となります。この左辺では分配法則が考えられますし、右辺については前提条件2より0になりますので、

$$\Leftrightarrow (-1) \times 1 + (-1) \times (-1) = 0$$

としてもよいでしょう。また、この左辺の前半部分について、前提条件3より負の数だろうが正の数だろうが1倍しても同じ数となるはずなので、$(-1) \times 1 = (-1)$と考えられます。よって、

$$\Leftrightarrow (-1) + (-1) \times (-1) = 0$$

となります。あとはこの両辺に1を足しましょう。そうすると、

$$\Leftrightarrow 1 + (-1) + (-1) \times (-1) = 1 + 0$$

ですが、前提条件1に基づくと、左辺の前半にある1に－1を足したと

ころは0になります。よって、

$$\Leftrightarrow 0 + (-1) \times (-1) = 1 + 0$$

となります。あとは前提条件4にある「何に0を足しても同じ数」ということを両辺に考えてやれば、

$$\Leftrightarrow (-1) \times (-1) = 1$$

となります。以上で証明は終わりで、先ほど考えた4つの前提条件さえ考えれば「マイナス1掛けるマイナス1はプラス1になる」ことが導かれるというわけです。

　少し話はそれましたが、次節ではもう1つの「交換法則と結合法則が成り立たない計算」である割り算について、分数の掛け算という観点で説明していきたいと思います。

06
割り算は「分数の掛け算」で

　前節では負の数という考え方を導入すると、足し算と引き算は全く同じように捉えられ、「増やすことと減らすこと」「余らせることと不足すること」といった真逆のものがシンプルにまとめて考えられるというお話をしました。

　これは掛け算と割り算についても同様のことが言えて、そこを繋ぐのが分数の概念です。実は、分数とはすなわち「割り算の書き方の一種」にほかなりません。たとえば2÷3という割り算はそのまま、$\frac{2}{3}$という分数で表すことができます。私は数学史の専門家ではありませんが、割り算の「÷」という記号は分数と似ている気がしませんか？「÷」という記号の左側の数を上の点と置き換えて（分数の上の数は「分子」と呼びます）、そして右側の数字を下の点と置き換えれば（分数の下の数は分母と呼びます）、そのまま分数になりそうです。つまり、小学校で習う表現で言えば、割り算はこの例でいう2のような「割られる数」が上側の分子に、3のような「割る数」が下側の分母にくる分数で表されるということです。

$$2 \div 3 = \frac{2}{3}$$

　またこれを別の言葉で表現すると、ある数で割る、という割り算とは「『ある数』分の1」という分数の掛け算だということもできます。たとえば3で割るという割り算を「3分の1」という分数の掛け算だと考えるわけです。すなわち、

$$2 \div 3 = 2 \times \frac{1}{3} = \frac{2}{3}$$

です。なお、「3」に対する「3分の1」、あるいはその反対の「3分の1」に対しての「3」というような関係を、逆の数という意味で「逆数」と呼ぶことがあります。より細かく言えば、「掛け合わせると1になる」という数の関係が逆数であり、今回で言えば次のような関係が成り立っています。

$$3 \times \frac{1}{3} = 1$$

つまり、割り算とは「分数で表される逆数の掛け算」だと考えることができます。そうすると、先ほどの「割り算では交換法則と結合法則が成り立たない」という例についても、実は割り算を分数の掛け算に直すことで交換法則と結合法則が成り立ちます。すなわち交換法則について、

$$10 \div 5 \neq 5 \div 10$$

でしたが、これを「分数で表された逆数の掛け算」で書き表すと、

$$10 \times \frac{1}{5} = \frac{1}{5} \times 10$$

と、当たり前のように両辺とも2という値になります。結合法則の方も、

$$(24 \div 6) \div 2 \neq 24 \div (6 \div 2)$$

というのは確かですが、これを「分数で表された逆数の掛け算」で表せば、

$$\left(24 \times \frac{1}{6}\right) \times \frac{1}{2} = 24 \times \left(\frac{1}{6} \times \frac{1}{2}\right)$$

と結合法則が成り立ちます。この左辺については「24の『6分の1』は4で、その『2分の1』は2」となります。一方で、右辺については「まず分数の掛け算を行なうと、分母同士・分子同士をそれぞれ掛け合わせて12分の1になり、24の『12分の1』は2である」となります。よって、やはりどちらも同じ値になることが確認できるでしょう。

掛け算では「交換法則と結合法則を駆使すると複数の数の掛け算は好きな順番で考えてもよくなる」という話をしましたが、このことをより一般化して割り算も含む形で整理しましょう。最初の数と「×」の後にある掛け算の数は分子側に持ってきて掛け算を行ないます。一方、「÷」の後にある割り算の数は分母側に持ってきて掛け算を行ないます。このように、分子と分母を混ぜないように気をつけさえすれば、やはり好きな順番で掛け算を行なっても構いません。たとえば、先ほどの結合法則の式について、「24÷6÷2」という計算を考えるときに、「最初の数と掛け算の数」に該当するのは24だけで、これを分子に持ってきます。一方「割り算の数」である6と2を分母に持ってきます。そうすると、

$$24 \div 6 \div 2 = \frac{24}{6 \times 2} = \frac{24}{12} = 2$$

と考えればよいわけです。このような状態になっていれば、分母側にある掛け算に交換法則を適用して「6×2と考えても2×6と考えてもよい」ということになるでしょう。

また、分子は分子だけの掛け算を進めて、分母は分母だけの掛け算を進めて、というやり方ではなく、途中で「分子と分母を同じ数で割る」という計算方法すなわち約分も小学校で習います。たとえば上記の計算であれば「分子は24という偶数だから2で割れるし、分母に2という

数の掛け算が入っているので、両方を2で割る」と考えた方が、暗算は楽になるかもしれません。つまり、

$$24 \div 6 \div 2 = \frac{24}{6 \times 2} = \frac{24 \div 2}{6 \times 2 \div 2} = \frac{12}{6} = 2$$

といった考え方です。日常的な例を挙げるとするならば、「80個のお菓子を20人のクラスで公平に分けた場合に1人あたりいくつもらえるか」という割り算あるいは分数の問題を、丸々2倍して2クラス分考えて「160個を40人で」と考えても全く答えは変わりません。また、逆にお菓子とクラスを両方半々に分けて「40個を10人で」と考えてもよいでしょう。

　約分では「分数の分子と分母の両方について同じ数を掛けたり割ったりしてもよい」と考えますが、分子と分母に同じ数を足したり引いたりすると、全く別の計算になってしまうことも注意しましょう。

　ちなみに、小学生の頃には分数の割り算を「上下ひっくり返して掛けあわせる」と習いますが、ここに引っかかる方も少なからずいるようです。たとえばジブリ映画の「おもひでぽろぽろ」の中でも、このことに納得できなかった主人公の心情が描かれていたりします。これも、「現実での意味」を考え出すと少しややこしいように思えますが、「分子と分母に同じ数を掛けたり割ったりしてもよい」という約分のルールを使うだけで説明がつきます。

　たとえば次のような簡単な計算を考えてみましょう。

　あなたのチームは欧米かぶれなマネージャーの意向で、定期的にランチミーティングを開催し、ピザをつまみながらざっくばらんなディスカッションをする習慣がある。ただし、チームメンバーの多くはそれほど若くはなく、これまで見たところ平均して8枚切りのピザを3切れほど食べれば満腹になるため、ピザは食事というよりはあくま

でリラックスした雰囲気作りのための小道具である。

しかし、この春入社した新人にピザの注文を任せたところ、普段より明らかに多く、ピザを 10 枚も注文してしまった。慌てて謝る新人だったが、マネージャーは「せっかくの機会なので今回は特別に他部署の関係者も招いてディスカッションに参加してもらおう」とフォローする。

他部署の人々も同じような程度の食欲だとすると、最終的に何名ほどがこのランチミーティングに参加すればピザはムダにならないだろうか？

「知りたい未知の数」であるピザパーティの参加人数を x 人とします。「1 人あたりのピザの消費量×参加人数」が必要なピザの総量ということになるので、ちょうど 10 枚食べきろうとすれば、次のような式が成り立ちます。

$$\frac{3}{8}x = 10 \quad \cdots (6.1)$$

これまでに学んだ考え方に基づくと、この両辺を「8 分の 3」で割れば、x がいくつなのかということがわかります。すなわち、

$$\Leftrightarrow x = 10 \div \frac{3}{8} \quad \cdots (6.2)$$

ということです。小学校で習うように「分数の割り算はひっくり返して掛ける」と考えればこの計算はすぐ終わります。あるいは、「割り算は逆数の掛け算」という先ほどのルールでも同じ結論が導かれます。つまり、この「8 分の 3」という数の逆数を考えると、それは次のように「ひっくり返した分数」と同じことになります。

$$\frac{3}{8} \times \frac{8}{3} = 1$$

よって、「8分の3で割る」ことを「3分の8という逆数を掛ける」と考えれば、

$$x = 10 \div \frac{3}{8} = 10 \times \frac{8}{3} = \frac{80}{3}$$

となります。これが「分子と分母をひっくり返して掛け算する」という計算の背後にある考え方です。

しかし、もしピザの注文を間違った新人が「おもひでぽろぽろ」の主人公と同じタイプだとすれば、この計算に納得できないかもしれません。そこで「最初の数が上側の分子で、÷の後にある割り算の数が下側の分母」という先ほどのルールで計算してみましょう。たとえ割り算の数が分数であろうが特別扱いすることなく、むりやり「分母側」に持ってきてもよいわけです。そうすると、

$$\Leftrightarrow x = \frac{10}{\frac{3}{8}} \qquad \cdots (6.3)$$

というように、「(もとの割り算の意味を示す) 大きな分数の分母に小さな分数」という形になります。このままではよくわからない状態ですが、大きな分数の分子と分母の両方に対して「8倍」という同じ数を掛けてみます。すでに述べたように、分子と分母に対して同じ数をかけても全く結果は変わらないはずなので、

$$\Leftrightarrow x = \frac{10 \times 8}{\frac{3}{8} \times 8} = \frac{80}{3} = 80 \div 3 \fallingdotseq 26.7 \qquad \cdots (6.4)$$

と無事計算ができました。「大きな分数の上の方」すなわち分子側では

単純な掛け算をすればいいだけですし、「下の方」である分母側では、小さい分数が約分されて無事分数ではなくなりました。こうして、「同じぐらいの食欲なら全部で26人ぐらいまでなら大丈夫そう」ということがわかりました。ここから自分たちのチームメンバーの人数を引いた残りの人数分、他部署の関係者をこのピザパーティに招くことができそうです。計算結果としては「分数の割り算はひっくり返して掛け算にする」と機械的に考えても全く同じものが得られますが、「分数を含む大きな分数を考えれば、その分子と分母に同じ数を掛けてもよい」と考えた方がその数学的な意味としてはしっくり来るかもしれません。

　なお、ピザの枚数ぐらいなら「余った分持って帰って後で温め直せよ」という解決策も考えられますが、「分子と分母に同じ数を掛ける」という考え方ができると、ちょっとした財務分析の役に立ちます。たとえば次のような状況を考えてみましょう。

　　あなたは友人とともに起業し、有料会員制のウェブサービスを営んでいる。サイトの仕組みはすでにほぼできあがっており、ユーザーが増えたとしても追加でかかるコストは微々たるものである。ゆえに、とにかくもっと売上をあげるにはどうすればよいか、というのが常に社内の議題になる。売上アップの方法を考えるために、どのようなところから手をつけて問題を整理すればよいだろうか？

たとえば初年度の売上が1000万円あった、という数字をいくら凝視したところで「どうすればこれがもっと増えるのか」という答えは出てきません。しかし、「分子と分母に同じ数を掛けてもよい」という単純なルールに従えば問題が整理できることもあります。まずは「売上」に対して、分子と分母に「顧客数」を掛けたらどうなるでしょうか？

$$売上 = \frac{売上 \times 顧客数}{顧客数} = \frac{売上}{顧客数} \times 顧客数 = 客単価 \times 顧客数 \quad \cdots (6.5)$$

　数学の視点ではなぜわざわざこんな風に数式を複雑にするんだ、ということになりますが、ビジネスではこれが「現状の整理」になることもあります。「顧客数あたりの売上」とはすなわち客単価のことであり、売上をあげたいのであれば、1つの見方として結局のところ客単価を上げるか、顧客数を増やすしかないのではないか？という話です。なお(6.5)式は、客単価や顧客数がどんな値であっても「客単価×顧客数は売上である」という関係が成り立ちます。先ほど「未知の数が何か特定の値であれば成り立つという数式を方程式と呼ぶ」といいましたが、今回のように「どんな値であれ必ず成り立つ数式」のことは恒に等しいと書いて「恒等式」と呼びます。(6.5)式のどの部分も、整理すれば結局「売上＝売上」という当たり前の関係についていろいろな見方をしているにすぎないわけです。

　さて、ここからさらに顧客数というところの内訳を考えてみてもよいでしょう。たとえばある1か月の売上を考えるときに、顧客を「先月いた前期顧客」「今月離反した顧客」「今月新たに獲得した顧客」に分けるという考え方です。そうすると、

$$売上 = 客単価 \times (前期顧客数 - 離反顧客数 + 新規顧客数) \quad \cdots (6.6)$$

ということになります。このうち「前期顧客数－離反顧客数」という部分については「前期顧客のうちどれだけの割合が継続してくれたのか」と捉えても全く問題はありません。たとえば「1万人の前期顧客から2千人離反して今月は8千人」と考えても、「1万人の前期顧客のうち80％が継続して8千人」と考えてもよいわけです。そうすると、

$$売上 = 客単価 \times (前期顧客数 \times 継続率 + 新規顧客数) \quad \cdots (6.7)$$

と表せます。あとは新規顧客数についても「分子と分母に同じ数を掛ける」と考えてみましょう。たとえば新規顧客とは勝手に空からふってくるようなものではなく、何かしらの広告活動などによって潜在顧客の目に止まることで獲得できるものだとします。この場合、次のように「広告費」というコストを新規顧客数の分子と分母に掛けてみるのはどうでしょうか？

$$売上 = 客単価 \times \left(前期顧客数 \times 継続率 + \frac{新規顧客数}{広告費} \times 広告費\right) \quad \cdots (6.8)$$

このように考えたとき、この会社が売上を上げるために取るべき行動とは、次の4つです。

- 客単価を上げる
- ユーザーの継続率を上げる（離反率を下げる）
- 広告費あたりの新規顧客の獲得効率を向上させる
- 広告費を増やす

言われてみれば当たり前というような話ですが、大手企業であってもこのような当たり前の数字の整理ができていない会社はたくさんあります。また、こうした当たり前の数字の整理であっても、コンサルティングファームに頼むとそれなりの費用がかかります。ただ、問題はこの次です。「どうすれば客単価をあげられるのか」「どうすればユーザーが継続してくれるのか」「どうすれば広告費あたりの顧客獲得効率をあげられるのか」「どうすればもっと広告費を増やすことができるのか」ということについて、数式をいじっただけで答えが得られるわけではありません。

しかし、統計学をきちんと身につければこれらの問いに対する答えを見つけることができます。たとえばユーザーのアクセスログや登録情報、そしてちょっとしたアンケートなどを組み合わせてきちんと分析すると、「たくさんお金を支払ってくれるユーザーとそうでないユーザーの違いはどこにあるのか」「離反してしまうユーザーと継続してくれるユーザーの違いはどこにあるのか」ということがわかります。こうした情報をもとにウェブサイトのユーザーインターフェースやデザイン、機能などをリファインしていけば、客単価や継続率を少しずつ向上させることはそう難しいことではありません。

　さらに、外部のパネルデータなども使えば、「一度でもユーザーになってくれた消費者とそうでない消費者はどこに違いがあるのか」といったこともわかります。そうした分析の結果、自分たちのユーザーになりやすい消費者は、日頃どういう時間や場所においてどういうメディアにふれており、どういうデザインやコンテンツを好むのか、といったことがわかります。そうすると、当然広告を打つ媒体やその内容もより効率的なものにできるはずです。こうした分析から生まれた新たな広告について、打った時期と打たなかった時期でどれぐらい新規顧客数に変化があるか、と比べれば、時に思った以上の広告効率が得られたことに気づくことがあります。

　そして最後の「広告費を増やす」というところについても、ここまでの分析ができて客単価や継続率、広告費あたりの新規顧客の獲得効率が向上させられていればだいぶやりやすくなります。これら3つの指標が十分に高いことが示されていれば、たとえば「今100万円分の広告費を投じるとそれから2年間で1000万円になって返ってくる」というような算段が立ちます。だとすれば借金してでも十分見返りが期待できるということでしょう。

　銀行やベンチャーキャピタルも、「よくわからないけどお金を出してください」と言われるよりは、過去の実績からこうした指標を計算して、

「融資/出資していただいたお金は大きなリターンを生みます」と言われた方がお金を出しやすいのは間違いありません。逆にベンチャーキャピタルの立場で言えば、同じようなジャンルの企業の中で、こうした指標と「その売上のうちどれぐらいが利益になる構造なのか」というところさえ見極められれば、それだけでだいぶ有利に投資活動を行なうことができます。

たとえ大手であってもこうした数字をきちんと管理できていない会社は、どれだけの利益が見込めるのかわからないまま大量の広告費を使っていたりします。しかしながらその一方で、仮にデータ分析から明らかに儲かりそうな広告プランが見つかっても、前例がないからといつまで経っても実行に移さなかったりします。そうこうしている間に「数字をきちんと管理して改善し続けられる会社」と「そうでない会社」の間には、少なからず成長率に差が生まれるでしょう。

ただし、場合によっては今回の例とは全く異なる形で経営指標を考えた方がよい状況もありますので注意しましょう。たとえば同じIT系というくくりで扱われる企業であっても、「システムエンジニアが1人1か月いくらで仕事を請け負う」といったような業態であれば、「売上の分子と分母に掛ける同じ数」は顧客数ではなく従業員数と考えた方がよい整理かもしれません。本書のゴールは「統計学と機械学習の数学的な準備をすること」ですが、第3章ぐらいまでの内容がわかっていればこうしたKPIやKGIと呼ばれる会社の経営指標についての本も問題なく理解できるはずです。興味のある方はぜひそうした勉強もしてみましょう。

07
代数学から記号論理学の世界へ

　さて、皆さんはここまでで、数自体を抽象化してxとしたり、抽象化した未知の数を含んだ数式について、足し算や引き算、掛け算や割り算といった操作を行なうことができるようになりました。

　これらが序章で述べた「確率について考えるための代数学」の基礎になります。幾何学の平面図形や立体図形と違って、確率は見たり触れたりできるものではありません。しかし、「数を抽象化して考える」という代数学を通してであれば、確率のように抽象的な数についても考えることができます。さらに、ここまでの代数学の知識に加えて、あともう1つだけ数学の考え方を理解していれば、確率計算の考え方がだいぶスッキリと整理できます。

　前述のブレーズ・パスカルは16才のときに円錐曲線に関する「パスカルの定理」を発見し、20歳そこそこで歯車を使った機械式計算機を発明し、30歳になるより早く流体力学の「パスカルの原理」を発見するという天才的な人物ですが、確率の計算にはとても苦労をしています。たとえば「サイコロを4回振って6の目が1回以上出る確率はいくつか？」というような基本的な確率計算を行なうだけでも、とてもややこしく計算を行なっている記録が残っているそうです。

　しかし、現代の高校生にはパスカルの時代より楽に確率を計算できるようになるための数学の道具が教えられています。それが記号論理学です。人類はパスカルの時代から200年ほど後、数を抽象化する、という考え方からさらに発展して、「ある状態をとる」とか「ある出来事が起きる」といったことについても抽象化して整理する道具を手に入れました。この時代、ゲオルク・カントール、ジュゼッペ・ペアノ、ジョージ・ブールやジョン・ヴェン、オーガスタス・ド・モルガンといった学

者が、数学と哲学の狭間の領域で記号論理学に関わる現代的な記号や表記方法を確立させていきます。

記号論理学の考え方を身につけると、パスカルが苦労した確率計算もだいぶ楽に整理することができます。まずは確率の計算に入る前に、高校で習うような記号論理学の基本について次のようなお題で確認しておきましょう。

> あなたの上司が「仕事がデキる人はみんなキレイに手帳を使うものだ」という説教をしている。その上司の最初の上司、大口取引先の優秀な若手、彼が最近読んだ本の著者など、仕事がデキて手帳がキレイなビジネスマンの例はいくらでも挙げられるそうである。上司の主張を論理的により適切な形に言い換えるとすればどうすればよいだろうか？

世の大人はしばしばこうした「デキる人はみんな●●である」という主張をしますが、基本的にこうした主張は論理学的に正しくありません。論理学的に正しい主張をしようとすると、「デキる人はみんな哺乳類である」ぐらいの、どうでもよいことしか言えなくなってしまいます。

このことを説明するために、まずは記号論理学のとても便利なツールであるベン図を紹介しましょう。この名前は前述のジョン・ヴェンに由来するのでより正確には「ヴェン図」と呼んだ方がいいのかもしれませんが、一般的な呼び名に合わせて本書でも「ベン図」と呼びます。

たとえば世の中にはいろいろな人間がいて、それを分ける方法もたくさんありますが、そのうち「仕事のデキる人」と「男性」という分け方について考えてみましょう。それぞれのくくりについて、該当する人の数は1人や2人どころの騒ぎではありません。具体的にあげきれないぐらい、たくさんの人がそれぞれのカテゴリーに該当するでしょうが、このようにある特定の条件に合うものを一まとめにしたものを「集合」と

呼びます。この集合の関係を表すのに便利なのがベン図であり、たとえば次のように表します。

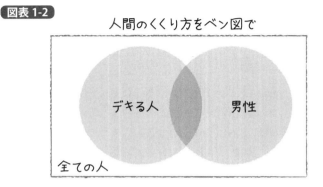

図表 1-2

　「全ての人」という全体集合のうちの一部が「デキる人」や「男性」という特徴を満たす集合であり、これらを部分集合と呼ぶことがあります。「仕事のデキる男性」という人がいたとすれば、それはこの２つの丸が重なり合う領域の中に属すでしょうし、「デキる人だが男性ではない（女性またはそれ以外のセクシャルマイノリティなど）人」もいれば、「男性だがデキる人ではない人」だっています。この人たちはそれぞれの丸の中の、互いに重なり合ってはいない領域に属します。また、「男性でもなければデキるわけでもない人（たとえば仕事のデキない女性）」は、両方の丸の外側の領域に属すことになります。

　さて、この状況で「仕事がデキるのはみんな男性」と主張したらそれは論理的に正しくありません。なお、数学や論理学では正しいことを「真」、正しくないことを「偽」と呼び、これらをまとめて「真偽」と呼びます。またこの主張のように真偽の判断の対象となる文章や数式のことは「命題」と呼びます。

　もし１人でも仕事のデキる優秀な女性がこの世にいるとすれば、この

命題は簡単に覆されます。このように、命題に反する例のことを「反例」と呼びます。「全ての A は B である」といった命題を覆すのはとても簡単で、たった1例でも「A だけど B じゃない」という例をあげさえすれば、その主張が論理的に間違っていると証明できたことになります。このことをまたベン図でも考えておきましょう。仮に「全てのデキる人は男性である」といった主張が正しい場合、集合同士は次のような関係になります。

図表 1-3

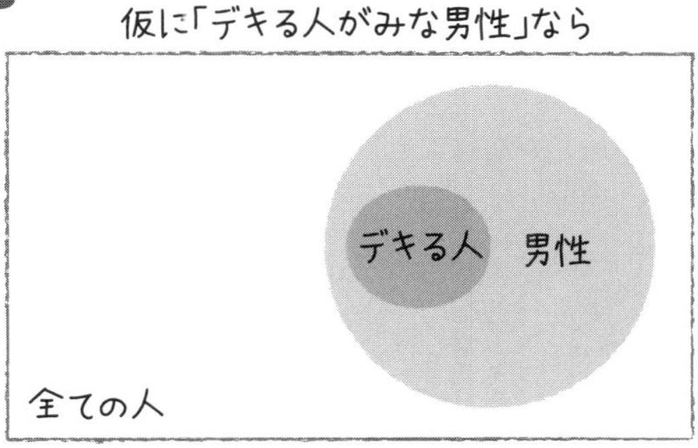

仮に「デキる人がみな男性」なら

デキる人　男性

全ての人

つまり、「デキる人はみな男性」という命題が論理的に正しいということは、「デキる人」という集合は完璧に、「男性」という集合の中に含まれているということです。よって、ほんのわずかでもこの「デキる人」という集合が「男性」という集合からはみ出していることを示せる反例があれば、この命題は偽であるという証明になります。

さて、ここまでの話は全て言葉とベン図だけで説明していきましたが、せっかくなので記号を使った書き方についても確認しておきましょう。「仕事のデキる人」という集合を A、「男性」という集合を B としたとき、「仕事のデキる人」か「男性」の少なくともどちらか一方に該当する人、という集合（すなわち仕事のデキる女性あるいは仕事のできない男性な

ども属します)は「和集合」とか「合併」と呼ばれ、次のように表されます。

$$A \cup B$$

　また、「仕事のデキる男性」は「AでありかつBである」という集合に属すことになりますが、こうした集合は「積集合」とか「共通部分」と呼ばれ、次のように表されます。

$$A \cap B$$

　なお、「和」とは集合に限らず「足し算の答え」という意味であり、「積」とは同様に「掛け算の答え」という意味です。たとえば「総和」という言葉を「全部足したもの」という意味で日常的に耳にすることもあるはずです。なお、これ以外には「差」が引き算の答えで、「商」が割り算の答えです。
　「いずれか一方にでも該当したら」という方が足し合わせの「和」で、AとBの両方をこぼさない器のイメージで「$\cup$」という記号が用いられます。逆に、「両方に該当しないとダメ」という方が、それぞれの条件の掛け合わせを考える「積」で、AとBのうちいらないものは中に入れないためのフタのイメージで「$\cap$」という記号が使われると覚えればよいでしょう。
　また、これ以外に補集合という考え方があり、こちらは集合の上に横棒を引きます。たとえば「仕事のデキない人」という集合は、「デキる人」を示す集合Aに対してその補集合$\overline{A}$というように表されます。この書き方を使って、「デキる人でもないし男性でもない」すなわち「AでもないしBでもない」という集合は、次のような2つの書き方ができます。

$$\overline{A \cap B} = \overline{A} \cup \overline{B}$$

つまり、「AでもないしBでもない」というのは、「Aでない」かつ「Bでない」ということですが、これは別の言い方で、「『AまたはBのいずれか』ではない」と考えることもできます。どちらにしても、先ほどのベン図の「2つの丸の外側の領域」を示すことになるわけです。

これは数学者オーガスタス・ド・モルガンの名前をとって、「ド・モルガンの法則」と呼ばれるものの1つです。「ド・モルガンの法則」はもう1つ、次のような内容も含みます。

$$\overline{A \cup B} = \overline{A} \cap \overline{B}$$

つまり「『Aでない』または『Bでない』」という集合は、「『AかつB』ではない」という集合と一致するというわけです。たとえば今回の例で言えば「仕事がデキない」または「男性でない」といういずれかに該当すればよいのであれば、仕事のデキない男性も、仕事のデキる女性も該当することになります。これらはそれぞれ、互いの丸の重なっていない領域のことです。すなわち、「AかつB」という重なった領域以外の全てがこの集合に含まれるということになります。

あとは「全体集合」と「空集合」を表す特別な記号を紹介しておきましょう。前者は今回の例で言えば「全ての人間」といったように、考える全てのものが属す全体の集合のことで、ギリシャ文字の最後の文字をとって統計学の専門家はよくΩ(オメガ)で表します。なお人によっては「ユニバーサル」の頭文字でUを使うこともあります。また、後者は「何ひとつ該当するもののない集合」のことを「空っぽ」という意味で空集合と呼びます。もともと空集合を表すために用いられていた文字であるノルウェー語の∅は本来アルファベットのoとeの間のような発音をする文字だそうです。おそらくは単に数字の0に似ているから、という

理由で用いられたのでしょう。ただし、これはコンピューターでも時に文字化けしてしまうようなマイナーな文字ですので、代わりによく似たギリシャ文字のφ（ファイ）が使われることの方が一般的です。本書でも一般的な書き方にならい、以後空集合を表すときはギリシャ文字のφを用います。

　先ほど、「A はみな B」という命題が成り立つとは、集合 A が完璧に B に含まれているということだ、と話しましたが、これをここまでの記号で表現すると「A でありかつ B でないものなど存在しない」ということで、次のようになります。

$$A \cap \overline{B} = \phi$$

ただこれだとややこしいので、次のようにもっと便利な記号もあります。

$$A \subseteq B$$

こちらは小学校で習う不等号である ≦ と似ていますが、「A という集合は完璧に B に含まれるか、集合 A と集合 B は全く等しいものである」ということを指し示します。左右逆向きの ⊇ という記号が使われることもありますし、「全く等しい」という可能性がないのであれば、不等号で＜を使うのと同様に、⊂や⊃といった記号を使うこともあります。また、これと同じ意味で、「集合 A に属すならば集合 B に属す」という命題を、次のように表すこともあります。

$$\text{集合}A\text{を規定する命題}a \Rightarrow \text{集合}B\text{を規定する命題}b$$

　さて、以上が一通りの記号論理学に関する記号と考え方ですが、先ほ

どの「デキる人はみんな手帳がキレイ」という上司の主張についてはいかがでしょうか？「デキる人」という集合が完璧に「手帳がキレイ」という集合に含まれる「デキる人⊆手帳がキレイ」という関係でしょうか？それとも、ベン図を描けば多少なりとも互いにはみ出す領域を持つような集合同士の関係でしょうか？

　具体例は読者の皆さんが各自思い浮かべていただければと思いますが、少なくとも私の周りには、手帳をキレイに書かないどころか、そもそも手帳を持ち歩いてすらいない、しかしとんでもなく仕事のデキる人が何人もいます。これは「はみ出す領域」に属す人だと言えるでしょう。ゆえに、いくら上司が、ベン図の重なり合った部分である「デキる人∩手帳がキレイな人」の例をあげようとも、「デキる人ならみんな手帳がキレイ」という主張は論理的に「偽」ということになります。よって、上司の主張を論理的に正すとすれば、たとえば次のようにだいぶ穏健なものになるでしょうか。

「この世には手帳がキレイで仕事のデキる人が（少なくとも１人以上）いる」

　世の中にはこれ以外にも「頑張れば報われる」とか「出世する人は机がキレイ」といったように、たくさんの反例をあげられるようなお説教が溢れていますが、これも論理学的に考えれば「頑張ってかつ報われた人が（少なくとも１人以上）いる」とか、「机がキレイで出世した人が（少なくとも１人以上）いる」という以上の話ではありません。反例をあげられない論理的に正しい命題というのは思った以上に難しく、何なら「仕事がデキるやつはみんな地球上にいる」といった命題でさえ反例をあげられます。たとえば「世界最高レベルに仕事のデキる人が宇宙ステーションで働いているじゃないか」というのは立派な反例です。

　ただし、こうした論理学の知識がついたからと言って上司の話に論理

学的な反論を行なうことは推奨しません。なぜなら「上司の話に論理学的な反論をした結果、めちゃくちゃ怒られたことのある人が（少なくともこの世に1人以上）いる」という命題は真であり、その「少なくとも1人」とは他ならぬ私自身のことだからです。

　このように現実的な命題は真であると軽々しく主張できませんが、数学の世界ではある命題が真であるという証明を中学生でも行なうことができます。これは数学が、現実的な例外など考えなくてよい「キレイに定義された世界」であることによる大きなメリットです。ここまで命題を反証するための考え方ばかりを説明しましたが、逆に命題を証明する方法についても紹介しておきましょう。高校までに習う命題の証明方法には、大きく分けて次の4つの考え方があります。

1）証明したい命題と「同値」な命題が真であることを示す
2）証明したい命題を「包含」する命題が真であることを示す
3）証明したい命題の「対偶」が真であることを示す
4）証明したい命題が「偽」だとすると矛盾が生じることを示す

　まず1）はすでに本書の中でも何度か行なってきた考え方です。方程式は「それが成り立つ数の集合」を規定する1つの方法であり、たとえば前に考えた「1日にカフェに来る来店者数xと月ごとの利益についての方程式」として、

$$0 = 9000x - 1020000 \quad \cdots(4.6)$$

というものを考えました。xという数はこの方程式がなければ、1かもしれませんし、-3かもしれませんし、小数や分数、あるいは円周率πのようなよくわからない数であってもいい、ということしかわかりません。しかし、「この方程式が成り立つx」ということでxの属す集合が

規定され、x は少なくとも 1 とか −3 といった数でないことはすぐにわかります。ここでたとえば、「(4.6)式が成り立つとき x が整数でないことを示せ」と言われたらどう証明すればよいでしょうか？つまりこのことを記号論理学の記号で表すとすれば、

$$(4.6)\text{式を満たす } x \subseteq \text{整数でない数}$$

であると示せればよいということです。逆に言えば(4.6)式を満たす x という集合が少しでも「整数でない数」という集合からはみ出してしまうと「反例」となり、偽であることになってしまいます。

　ここでこの命題と同値な命題を考えてみましょう。「(4.6)式を満たす x」という集合の部分を、それと等しい集合に変えても、命題は全く同値なままです。よって(4.6)式に対して「両辺に同じ数を足したり引いたり掛けたり割ったりする」という操作を行ない、同じ集合を別のもっとわかりやすい形で表します。すでに求めたように、

$$0 = 9000x - 1020000 \quad \cdots (4.6)$$
$$\Leftrightarrow x = 113.3333\cdots \quad \cdots (4.10)$$

でしたので、もともと証明したかった命題と同値な命題として、

$$(4.10)\text{式を満たす } x \subseteq \text{整数でない数}$$

というものが考えられることになります。言うまでもなく(4.10)式を満たす「集合」には、$x = 113.3333\cdots$ というただ 1 つの数だけが属しますし、このただ 1 つの数だけの集合は確実に「整数でない数」という集合の一部分です。よって、同値な命題が正しいことがわかったため、「(4.6)式が成り立つとき x が整数でない」という最初の命題が正しいと

証明されました。本書では何度も何度も、何かの数式が同値になるルールの範囲で変形する、という過程を踏みますが、その背景にはこうしたロジックが存在しているわけです。これが数学の中でも一番よく使う証明方法ですが、残りの３つについても一応紹介しておきましょう。

　２つめの「包含」する命題が真であることを示すという考え方は、たとえば「奇数を２倍したら偶数になる」といった命題を証明する場合に使うことができます。奇数は整数の一部分なので、この命題は「整数を２倍にしたら偶数になる」という命題のごく一部分だけをピックアップしたものにすぎません。これがある命題（整数を２倍したら偶数になる）が、ある命題（奇数を２倍したら偶数になる）を包含しているということです。わざわざ奇数に限るまでもなく、整数を２倍したら２で割りきれないはずがないので、「包含する命題が真で、ゆえにもとの命題も真」と証明できたことになります。なお、先ほどの「仕事のデキる人はみんな哺乳類」という命題も、仕事がデキてもデキなくても人間だったらみんな哺乳類である、という「包含する命題の証明」によって簡単に証明できます。

　次に３つめの「対偶」というところについてですが、これは命題の「逆の裏」あるいは「裏の逆」が真であると証明する考え方です。逆だ裏だと言われても何だかわからない方もいらっしゃるかもしれませんが、まず数学で言う「逆」とは「集合 A を規定する命題 a」⇒「集合 B を規定する命題 b」という命題に対する $b \Rightarrow a$ という命題のことを言います。たとえば先ほどの「仕事がデキる人は手帳がキレイ」という命題の「逆」は「手帳がキレイな人は仕事がデキる」という命題になります。

　なお、日常的な会話では「逆に仕事デキない人って手帳汚いよね〜」というような表現もされますが、これは数学的には「裏」です。すなわち、$a \Rightarrow b$ という命題に対する a でない⇒ b でないという命題、これを $\bar{a} \Rightarrow \bar{b}$ と表したりしますが、このことを「裏」と呼びます。

　これらを組み合わせて「逆の裏」あるいは「裏の逆」は、$\bar{b} \Rightarrow \bar{a}$ とい

うものになります。これが対偶であり、たとえば「手帳が汚い人は仕事がデキない」というのが元の命題の対偶になります。元の命題の真偽と対偶の真偽は必ず一致するため、対偶の証明ができれば元の命題が証明できたことになります。

なお、「元気があれば⇒何でもできる」の対偶であれば「何かしらできないことがある人⇒元気がない」ということになりますし「(ちゃんと) やれば⇒できる」という命題の対偶は、「できないやつ⇒(ちゃんと) やってない」なので、こう考えると世の中にはひどい偏見が横行していることに気づかされることでしょう。元気があっても苦手なことがある人だって、ちゃんと努力しているのにどうしてもうまくできないことがある人だって、こうした主張の反例になるような人は世の中にたくさんいます。

さらに、最後の4つめの考え方は別名「背理法」と呼ばれることもあります。たとえば円周率πは整数や分数で表すことのできない数です。このような数は無理数と呼ばれ、一方で整数や分数のような数は有理数と呼ばれますが、「円周率πが無理数であることを証明しろ」と言われても、直接的にそう示すのは困難です。そこで、「円周率πが有理数だったと仮定したら分数の形で表せるはずだが、いろいろ計算をしてみると矛盾が導かれるために、有理数ではない(すなわち無理数である)」といった証明が考えられます。なお、「有理」「無理」と呼ばれるとなんだかとても難しい考え方のように聞こえますが、英語ではそれぞれ「rational」と「irrational」です。「rational」という言葉を「理性的」とか「合理的」といった意味と捉えてこのような訳語になったのかもしれませんが、むしろ同じ語源の「ratio」すなわち「比率」という言葉で考えた方がイメージしやすいかもしれません。「1:3」というように整数だけで比率が表せる数は $\frac{1}{3}$ といった分数で表すことができます。しかし、円周率はこのように整数だけを使った分数では表せません。つまり、有理数とは単に「比率(ratio)で表せる数」で、無理数とは「表

せない数」であるにすぎません。

　少し話はそれましたが、数学では以上のような考え方を駆使して証明を行ないます。しかし、すでに述べたように現実の問題に対して論理学的に正しい命題を考えることはとても困難です。たとえば「リンゴが赤い」という命題は概ね正しいですが、青リンゴという反例があります。「カラスは黒い」という命題だって、東南アジアの方には灰色のカラスという反例が生息していたりします。「奇数を2倍したら必ず偶数になる」というような数学の世界とは違って、わずかな例外を探せば現実世界に関して言及されたこの世のほとんどの命題は反証されてしまうかもしれません。

　序章で述べたように、初期の人工知能はこうした記号論理学に基づいて考えられていましたが、最終的に壁にぶつかってしまうのもしょうがないことでしょう。たとえば医師の診断を記号論理学的に考えようとしたとき、「風邪⇒37度以上の熱が出る病気」という命題は基本的に正しいですが、人の体質や風邪のウイルスのタイプによっては、「体はだるいしノドも痛いけど平熱のまま」ということだってあります。しかし「風邪⇒熱が出る」という命題が正しいとすれば、その対偶「平熱ならば風邪ではない」も正しいと判断されてしまいます。これでは、熱が出ていない人に対して「風邪である」と判断することができません。

　その後、人工知能には徐々に確率や統計学といった考え方が導入されましたが、その大きな意味は記号論理学における「真か偽か」というデジタルな判断を、もう少しソフトに扱えるようになったことでしょう。たとえば先ほどの「全ての風邪の患者は37℃以上の熱を出す」という命題は反例によって「偽」となってしまうかもしれません。しかし、「風邪の患者が37℃以上の熱を出す確率は何％か」と考えれば、一部熱が出ないという例外はあるにせよ、健康なときと比べて明らかにその確率が高いことには違いありません。風邪などの単純な病気の診断でさえこうした問題が生じるのであれば、より複雑な人間の判断を模そうとし

てもたいへんな苦労が必要になります。

　また、これは人工知能の領域に限った話ではなく、科学全体に共通する時代の変化であるとも考えられるでしょう。「試験管の中にあるこの細胞にこの手順でこの薬をかけるとこういう反応が起こる」というような科学研究であれば、きちんとやれば誰が何度やろうと100％再現できるようなものもあるかもしれません。しかし、同じように生物を対象にしていても、「この肥料を使うと農産物の収穫量が増えるか」とか、「こういう病気の人にこの薬を飲ませると症状がおさまるか」といった研究は100％必ずそうなるというものではありません。同じ農作物でも土地の状態や天気などさまざまな条件が異なりますし、同じ病気であっても人によって体質が異なり、例外的にあまり薬が効かないとか逆効果になる人だっているわけです。

　これが心理学や教育学、経営学といった領域になるとさらにそうした効果のバラつきは顕著になりますが、それでも統計学を使えば科学的な研究が成り立ちます。新しい取り組みの効果がどの程度のもので、またそれは偶然の誤差と言える程度のものなのかどうか、といった判断を統計学があれば下せるからです。

　それでは次節で「数を文字で扱う」という本章のしめくくりとして、ここまでに学んだ記号論理学の考え方を活かし、少しややこしい確率の計算について考えてみたいと思います。

08
基本的な確率計算と
ベイズ統計学の考え方

　前節ですでにお話ししたように、天才的な頭脳を持つパスカルでさえ、ややこしい計算をしなければ答えが出せなかった次のような確率の問題があります。

　サイコロを4回振って6の目が1回以上出る確率はいくつか？

　パスカルは、賭け事が大好きな友人からこうした問題に関する相談を受け、「フェルマーの最終定理」で有名な同時代の数学者ピエール・ド・フェルマーと手紙で確率の計算方法についてやり取りを行なった形跡が残されています。これが、近代的な確率論のスタートであると多くの人は学校で教わります。

　こちらの問題を愚直に考えようとするのであれば、まず1回目のサイコロで6が出たかどうか、そして1回目では6が出なかった場合に2回目では出たかどうか、1回目でも2回目でも出なかった場合に3回目では6が出たかどうか……と、ややこしく考える必要がありますが、記号論理学の考え方を使えばもっと簡単に整理できます。たとえばサイコロを4回振って出た目の全ての組合せを全体集合Ωと考えると、次のような考え方が成り立ちます。

「6が1回以上出る組合せ」∪「6が1回も出ない組合せ」＝全体集合Ω

　言われてみれば当たり前の話ですが、このように興味のある部分集合の補集合を考えれば、確率の計算が楽になることがしばしばあります。

なお、確率論の世界でにこのような「4回サイコロを投げて6が1回以上出る組合せ」といった、考えられる全集合のうちの部分集合のことを「事象」と呼んだりします。記号論理学の道具を使えば、現代の我々はパスカルの時代よりもとても便利に、確率計算のための事象を整理できるようになるのです。

事象の中には、起こりやすいこともあれば起こりにくいこともあります。また、とても起こりにくいことが「たまたま起こる」こともあります。しかし、「4回サイコロを投げる」ということ（これを試行と呼んだりします）を、とてもたくさん繰り返すと、起こりやすい事象は多く起きて、起こりにくい事象が起きることは少ない、といった結果が得られるはずです。ゆえに『十分にたくさんの回数の試行を繰り返した場合に、そのうち何%でその事象が起こるのか』ということを考えれば、それが「事象の起こりやすさ」についての指標と考えられるでしょう。これが「頻度論」という、現代の統計学の中でも一般的な確率の考え方です。「十分な数の試行のうちある事象が起こる頻度（つまり回数）の割合」と確率を捉えるために「頻度論」と呼ばれるわけです。なお、後述の「ベイズ論」では少し違った視点で確率を捉えますので、興味のある方はぜひベイズ統計学の勉強をしていただければと思います。いったんこのような（高校でも習う）頻度論的な定義に基づいて確率について考えていきましょう。

先ほど「全体集合」「空集合」「和集合」「積集合」「補集合」という考え方について学びましたが、それぞれの「集合」に対応する「事象」の考え方もあります。「全事象」「空事象」「和事象」「積事象」「余事象（補事象とは呼ばれません）」というのがそれぞれにあたります。このような考え方を使って、それぞれの集合と確率の次のような対応を学びましょう。以下、ある事象 A が起こる確率（probability）を、その頭文字をとって $P(A)$ というように表します。

ルール１：「全事象Ω」が起こる確率は１（つまり100％）で「空事象ϕ」が起こる確率は０である。

$$P(\Omega) = 1、\quad P(\phi) = 0$$

ルール２：事象Aと事象Bの起こる確率をそれぞれ$P(A)$、$P(B)$とした場合、事象Aと事象Bが同時に起こらないとすると、それぞれの和事象である「AまたはBが起こる」確率は$P(A)$と$P(B)$を足した和になる。

$$A \cap B = \phi のとき、P(A \cup B) = P(A) + P(B)$$

ルール３：事象Aが「起こらない確率」すなわち、事象Aの余事象が起こる確率は１から$P(A)$を引いたものになる。

$$P(\overline{A}) = 1 - P(A)$$

ルール４：事象Aと事象Bが独立というのは、つまり「Aが起こるときはBが起こりやすい」とか「Aが起こるときはBが起こりにくい」といったことが全くないという意味で、それぞれの積事象である「AかつBが生じる」確率が$P(A)$と$P(B)$を掛け合わせた積になる場合のことをいう。

$$A と B が独立とは、P(A \cap B) = P(A) \times P(B)$$

これらのルールについて１つずつ見ていきましょう。まず「全事象Ω」が起こる確率は１（つまり100％）で、「空事象ϕ」が起こる確率は０、という点については当たり前の話です。今回で言えば、「４回サイコ

ロを振って何でもいいので何かしら4つの目の組合せが出る」という事象が全事象Ωに該当します。仮にこの試行を100回行なおうが1万回行なおうが、その全ては「何かしらの組合せが出る」という状況に該当します。よってその確率は1あるいは100%ということになります。逆に、「何も該当しない空事象」が得られることは、何回試行しようが絶対にありません。たとえば「4回投げてサイコロの目が何も出ない確率は？」と言われても、そのようなことは絶対に起きようがないので、「確率は0」ということになります。もちろん屁理屈を言えば、たまたまやわらかい地面にサイコロのカドが刺さって止まり「目が何も出ない」ことになるミラクルが起こらないとも限りませんが、そのような場合は「ノーカウント」になると考えれば、やはり「確率は0」と考えられるでしょう。

次に和事象についてはどうでしょうか？たとえば単純にサイコロを1回投げてどの目が出るかと考えた場合、仮に6億回ぐらいきちんとした立方体のサイコロを投げたら、概ね1億回ずつそれぞれの目が出ることでしょう。つまり、それぞれの目が出る確率は均等に6分の1ずつだ、と考えられます。

図表1-4

サイコロの目	6億回投げたら	確率
1	約1億回	$\frac{1}{6}$
2	約1億回	$\frac{1}{6}$
3	約1億回	$\frac{1}{6}$
4	約1億回	$\frac{1}{6}$
5	約1億回	$\frac{1}{6}$
6	約1億回	$\frac{1}{6}$

ここで、「サイコロを1回投げた場合に1または2が出る確率は？」と言われたらどう考えたらよいでしょうか？十分な回数の試行を行ない、「1または2が出たかどうか」という頻度を数えていただいても結構ですが、それよりも簡単なのは「和事象の確率」を考えることです。1回のサイコロを投げたときに「1が出る」「2が出る」ということが同時に生じることはありません。地面に刺さって2つの目の間で止まる、という奇跡が生じる確率がないわけではありませんが、出た目としてはやはり「ノーカウント」ということになるでしょう。

　6億回の試行のうち、1が出るのは約1億回で、2が出るのも約1億回です。よって、「1または2が出る」のはこれらを合わせた約2億回です。よって、6分の2の確率で「1または2が出る」わけです。このように、「両方が同時に起きる」ということのない事象同士であれば、和事象の確率は単純な確率の足し算で求められます。なお、このような確率の性質を「足し算ができる」といった意味で「加法性」と表現することもあります。

　このような同時に起こらない事象同士で確率の足し算が考えられれば、その逆の確率の引き算も考えられます。これが3つめの余事象についてのルールです。たとえば「1回サイコロを投げて1の目が出ない確率は？」と言われた場合に、次のような事象の関係を考えることができます。

$$\text{事象「1が出る」} \cup \text{事象「1が出ない」} = \text{全事象}\Omega$$

　これ自体はそりゃそうだ、という話ですが、この事象それぞれの確率を考えて、ルール2の和事象の計算方法を適用したらどうなるでしょうか？「1が出る」という事象と「1が出ない」という事象が同時に起こることはないので、ルール2を使うことは全く問題ありません。また、ルール1で述べたように「全事象Ωが生じる確率は1」です。よって、

$$P(\text{「1が出る組合せ」} \cup \text{「1が出ない組合せ」}) = P(\text{全事象}\Omega)$$
$$\Leftrightarrow P(1\text{が出る組合せ}) + P(1\text{が出ない組合せ}) = 1$$

という式が導かれます。またこの$P(1\text{が出る組合せ})$とか$P(1\text{が出ない組合せ})$とかいった確率も、一種の「未知の数」として代数学的に扱っても全く問題ありませんので、この両辺から「$P(1\text{が出る組合せ})$」を引いてもやはり同値な式が得られます。そうすると、

$$P(1\text{が出ない組合せ}) = 1 - P(1\text{が出る組合せ}) = 1 - \frac{1}{6} = \frac{5}{6}$$

と、余事象の確率は引き算で考えられることが確認できました。

あとは最後の積事象についてです。人間の素朴な感覚としては、「コインが5連続で表になったから次は絶対裏になりそう」とか「サイコロが3回連続で6が出たから次は絶対6ではなさそう」といった直感が働くこともあります。しかし、ふつうのサイコロをふつうに投げている限り、こうした直感は正しくありません。図表1-5を見てください。

図表 1-5

1つめの サイコロ	合計	2つめのサイコロ					
		1	2	3	4	5	6
1	約6億回	約1億回	約1億回	約1億回	約1億回	約1億回	約1億回
2	約6億回	約1億回	約1億回	約1億回	約1億回	約1億回	約1億回
3	約6億回	約1億回	約1億回	約1億回	約1億回	約1億回	約1億回
4	約6億回	約1億回	約1億回	約1億回	約1億回	約1億回	約1億回
5	約6億回	約1億回	約1億回	約1億回	約1億回	約1億回	約1億回
6	約6億回	約1億回	約1億回	約1億回	約1億回	約1億回	約1億回

たとえばこの表のように、2個のサイコロを36億回投げたとして、1つめのサイコロで6が出たから2つめのサイコロでは6が出にくいといったことはなく、やはり均等な割合で2つめのサイコロの目も出ます。

このような状況で、「2個サイコロを振って両方ともに3以下になる確率は？」と言われたらどう考えたらよいでしょうか？表の左上にある、1つめのサイコロが1～3で、2つめのサイコロも1～3で、という網掛けの領域を見てみると、全部で約9億回このような状況が存在しており、36億回中約9億回ならその確率は4分の1、ということがわかります。しかし、パスカルも苦労したように「サイコロを4回振って～」と言われると、このような表を書いて把握するのがとても面倒になってしまいます。

しかし、1つめのサイコロと2つめのサイコロの出目が独立なのであれば、1つ目のサイコロについて考える確率を、2つめのサイコロについて考える確率に基づき、均等に分けてやればよいだろう、というのがこの積事象の確率についての計算方法です。今回の例であれば、1つめのサイコロについては「1～3まで出る確率が半々」であり、2つめのサイコロについても同様に半々です。よって「半分のさらに半分」と考えれば、4分の1という計算ができるわけです。

以上のような考え方に基づけばパスカルの苦労した「4回サイコロを振って6の目が1回以上出る確率」がとてもかんたんに計算できます。まずは余事象の計算方法に基づくと、

$$P(6の目が4回中1回以上出る組合せ)$$
$$= 1 - P(6の目が4回中1回も出ない組合せ) \quad \cdots (8.1)$$

です。そして「6の目が1回も出ない」というのは「1～5までの目が4回連続して出る」確率と考えられます。よって、

第1章　統計学と機械学習につながる数学の基本

P(6の目が4回中1回以上出る組合せ)
$= 1 - P$(6の目が4回中1回も出ない組合せ)
$= 1 - P(1〜5) \times P(1〜5) \times P(1〜5) \times P(1〜5)$　　　・・・(8.2)

です。また和事象についてのルールに基づけば、1つのサイコロで「1〜5が出る確率」は、1が出る確率から5が出る確率までを足し合わせたものになり、6分の5、ということになります。よって、

$$P(6の目が4回中1回以上出る組合せ) = 1 - \frac{5}{6} \cdot \frac{5}{6} \cdot \frac{5}{6} \cdot \frac{5}{6}$$
$$= 1 - \frac{625}{1296} \quad \cdots (8.3)$$

と計算すれば知りたかった確率の計算ができそうだということになります。あとは小学生で習う分数の計算だけの話ですが、分数を含む足し算・引き算を行なうときには「通分」と呼ばれる、分母の数を揃えるという作業が必要になります。1という整数についても、1296分の〜という形にしなければいけませんが、すでに学んだように「分子と分母に同じ数を掛けても同じ数」というルールに基づき、1は「1296分の1296である」と考えましょう。そうすると、

$$P(6の目が4回中1回以上出る組合せ) = \frac{1296 - 625}{1296} = \frac{671}{1296} \quad \cdots (8.4)$$

と求められます。分数の形でよければこのままでも正解ですが、感覚的に理解しやすくするためには近似値であっても％の形にした方がよいでしょう。すでに学んだように、分数とは「割り算の書き方」でしかありませんので、671÷1296がいくつか、という計算をすれば、この確率はだいたい51.8％で、「半分よりはちょっと確率が高い」ぐらいということがわかります。

以上が、パスカルが苦労した計算を現代人である我々がどう楽できるかという、確率計算の基本になります。
　ちなみに、私のところには年に数回ぐらいのペースで、テレビや雑誌の企画で「こういう偶然が起こる確率がいくつになるのか計算して欲しい」という問い合わせがありますが毎回お断りしています。「友達と私服が丸かぶりになる確率」とか「たまたま知り合った人が親友の親戚だった確率」とかそういう話です。しかし、統計学の専門家は別に、「確率を計算するのが得意な人」というわけではありません。ましてやデータもなしに適当な「確率」を断言するような人たちでもありません。
　たとえば「友達と生年月日が一致する確率」というような単純な話でさえ、厚生労働省の統計を見ると、日本人では「夏に生まれる人の数は冬に生まれる人より多い」という偏りが見られます。あるいは、生まれた年が異なる人よりも同い年の人の方が友達になりやすいという偏りも考えられます。団塊世代は、日本の中でたまたま知り合う人の中でも「同い年の人口」が比較的多いといった偏りを考えてもよいかもしれません。つまり、現実的な事象はサイコロと違って、「同様に確からしい」とか「事象同士が独立」といった仮定が成り立っていないため、ここまでに学んだ確率の計算方法に詳しいぐらいで簡単に計算できるものではないということです。
　そんなわけで、本書は「統計学と機械学習を学ぶための数学」という位置づけではあるものの、あまり中学校や高校で習う「確率・統計」と呼ばれるものについて詳しく触れるわけではありません。大学入試で出題されるような、サイコロやコインといった理論的に確率が計算しやすいものについて複雑な事象の確率計算ができることと、統計学や機械学習を使いこなせることはあまり関係がないのではないか？というのが私の考えです。
　しかしそれでも本章の最後に確率と集合の関係について言及したのは、それがベイズ統計学を説明する際に必要になってくるからです。ベイズ

統計学は近年の機械学習技術の基礎理論として重視されていますし、「ナイーブベイズ」という機械学習手法は、少し前までスパムメールのフィルタリングにもよく使われていました。「ナイーブ」とは「素朴」とか「純朴」といった意味であり、この後説明するベイズの定理を、素朴に適用しただけでもスパムメールなのかどうかなのかをある程度の精度で自動的に判断することができるわけです。

本章の最後に、次のようなケースを通して、こうしたベイズ統計学の基本について説明しておきましょう。

大きな会社の人事部で働くあなたは、新卒採用のために膨大なエントリーシートに目を通さなければいけない。しかし、その多く（8割）はやる気をアピールするばかりで、具体的なスキルやモチベーションに対する言及がない。ふと気になって過去に採用した社員たちのエントリーシートを見てみると、全体的には確かにそのうち8割が「やる気」という言葉を使っている。一方で、社内の上位5％には入るであろう、仕事のできる上司や同僚だけに絞ると、そのうち「やる気」という言葉を使っていた人は1割しかいなかった。

これらのデータから、「やる気」という言葉をエントリーシートに使うものを仮に採用したとして、社内の上位5％に入るような優秀者となる確率はいくらか推計するとしたら、どのように考えればよいだろうか？

これまでに学んだ書き方に従って、「エントリーシートにやる気と書く人」「社員の中で優秀であると判断される人」というそれぞれの事象の確率をそれぞれ、$P(やる気)$、$P(優秀)$というように表してやることにしましょう。文章内の記述から、これらの確率はそれぞれ、0.8あるいは0.05だと読み取ることができます。

また、「優秀な人がやる気と書いた確率」も文章中から読み取れます

が、知りたいのは「やる気と書いた人のうちでどれだけが優秀か」なので少し問題がややこしくなります。ここで両者を区別するために、条件付き確率という考え方とそのための書き方を覚えておきましょう。たとえば「優秀であるという条件のもと、やる気と書く確率」であれば、一般的に次のように書きます。

$$P(やる気 \mid 優秀)$$

「｜」の後ろが与えられた条件で、「｜」の前がその条件が与えられたもとであてはまるかどうかと考える事象のことを示します。なお、文章中からこの条件付き確率は 0.10 だと読み取ることもできます。

このような条件付き確率を考えると、「ある社員が優秀であり、かつエントリーシートにやる気と書く」という積事象の確率は、「その社員が優秀な確率」と「優秀な人がやる気と書く確率」の掛け算で、次のように示すことができるはずです。

$$P(やる気 \cap 優秀) = P(優秀) \times P(やる気 \mid 優秀) \quad \cdots (8.5)$$

なお、先ほどのサイコロでは「事象同士が独立」という仮定のもとで積事象の確率を単純な掛け算として考えましたが、今回はそうした仮定を考えているわけではありません。むしろ「優秀かどうかでやる気という言葉を使うかどうかという確率が異なることもあるだろう」という考え方に基づき、条件付き確率の掛け算を行なっているといえるでしょう。

また、同じことを逆方向から考えれば、次のように「やる気と書く確率」と「やる気と書いた人が優秀な確率」の掛け算と考えてもよいでしょう。

$$P(やる気 \cap 優秀) = P(やる気) \times P(優秀 \mid やる気) \quad \cdots (8.6)$$

第1章　統計学と機械学習につながる数学の基本

　ここで(8.5)式と(8.6)式の左辺は全く同じものなので、それぞれの右辺が等しくなる、と考えても問題ないはずです。そうすると、

$$P(やる気) \times P(優秀|やる気) = P(優秀) \times P(やる気 \mid 優秀) \quad \cdots (8.7)$$

ということになります。ここで最初の問題文を見返しましょう。知りたかったのは「エントリーシートにやる気という言葉を書いた人を採用したとして、上位5%の優秀な社員となる確率」、すなわち$P(優秀 \mid やる気)$です。よって次のように代数学の考え方に基づき、(8.7)式の両辺を$P(やる気)$で割ってやれば、この条件付き確率を求めることができます。

$$P(優秀 \mid やる気) = \frac{P(優秀) \times P(やる気 \mid 優秀)}{P(やる気)} \quad \cdots (8.8)$$

　この(8.8)式のような考え方がベイズの定理と呼ばれるものであり、これに基づけば、知りたかった（しかし直接データが得られるわけではない）「やる気と書いたものが優秀である確率」を、データから逆算できるというわけです。なお、「優秀な人は社員の5%」「採用された人もそうでない人もやる気という言葉を使うのは80%」「優秀な社員のうちやる気という言葉を使ったのは10%のみ」という本文中の値を用いて計算すると、(8.8)式は次のように計算できます。

$$P(優秀 \mid やる気) = \frac{0.05 \times 0.10}{0.80} = 0.625\%$$

　つまり、少なくともこの会社において、エントリーシートにやる気という単語を書いている人を採用したとして、優秀な社員になる確率は0.625%と優秀者の割合5%という数字と比べてもかなり低いものであると考えられるわけです。もちろん、記号論理学のように「エントリーシートにやる気と書く人⇒優秀ではない」という命題を考えれば「やる

気と書いた優秀な人だって少なくとも1人はいる」と反例があげられるでしょう。しかし、このように条件付き確率を考えれば、より現実的に「やる気という言葉を書いた人を採用すべきかどうか」と判断することができます。

前述のスパムメールのフィルタリングで用いられるナイーブベイズも、基本的にはこれと同じような計算を行ないます。たとえば受信したメールのテキストデータと、「これはスパムメールだ」と削除されたかどうかという操作履歴をもとにベイズの定理を適用すれば、新たなメールがスパムメールかどうかという確率を計算することができます。

たとえば、「バイアグラ」という言葉は、医療機関や製薬会社の関係者によるマジメなメールの中にも含まれているかもしれませんし、友達同士のメールのやり取りで冗談のように使われることもあるかもしれません。このような反例を考えれば「バイアグラという単語が含まれるメール⇒スパムメール」という命題は「偽」であると判定されるでしょう。しかし、そうした一般的な使われ方以上に、スパムメールの中にたくさん「バイアグラ」という言葉が含まれているのであれば、そのような言葉を含むメールをスパムメールと考えてフィルタリングした方がよいのかどうか、次のような計算から求めることができます。

$$P(スパム｜バイアグラ) = \frac{P(スパム) \times P(バイアグラ｜スパム)}{P(バイアグラ)} \quad \cdots (8.9)$$

こうして求められる確率が一定以上であれば自動的にスパムメールだと判定するわけです。このように、簡単な計算でそこそこ正確な予測が行なえる、とても便利なナイーブベイズですが、その基本は以上のような基本的な確率と記号論理学の考え方だけで理解することができました。

つまり、記号論理学だけではわずかな反例によって考えられなかった問題も、このように確率とベイズの定理を導入することで、うまくコンピューターに判定させることが可能になるわけです。

第2章

統計学と機械学習につながる2次関数

09
数と数の関係を見よう

　世の中の特に数学を得意としていない大人は、しばしば「収入は努力に比例する」とか「とにかくたくさん顧客と話すことが自分の成功の方程式だ」とかいう表現をすることがあります。これらの話を数学的に解釈すると、もし「比例」するというのなら、収入は努力に一定の数を掛けた値になるということになります。よって、努力がゼロなら何の数を掛けてもゼロになるはずで、「努力がゼロだけど何かの収入がある人（たとえば相続した遺産だけで生活する人など）」が存在しないことになってしまいます。あるいは「方程式」とは特定の値のときのみ両辺が等しくなる式だということをすでに学びました。このような数学的な定義に基づけば、多くの「成功の方程式」は少なくとも方程式ではないように思います。

　こうした数学的定義に基づいて、上司のお説教に反論してもあまりよいことはありませんが、「何かしらの条件を変えれば何かしら結果に影響する」という因果関係について、人間はしばしば言及したがる生き物だという点は興味深いポイントです。

　統計学は簡単に言えば、調査や実験を通して、こうした現実のデータの間の関係性を見つけたり検証したりしよう、という学問です。またそうした統計学の知恵は人工知能の研究者たちによって機械学習の技術に採用され、大きな成果を生みました。しかし、逆に言えば統計学によってデータを正確に扱えるようになるより前から、人類は「何かと何かの間の関係」を数学的に捉えていました。これが関数という考え方です。

　関数とは、1つまたは複数の「何かの値」が決まった場合に、「何かの値」が決まる、というものです。関数を英語で言うと function なのでその頭文字をとって、たとえば x の値が決まれば y の値が決まる、と

いう関数は次のように表されます。

$$y = f(x)$$

なお、関数$f(x)$は「関係を表す数式を抽象化した書き方」であり、より具体的には、xからどう計算すればyが求まるのか、といった関係を表す数式です。別にこの逆の「yが決まればxが決まる」という関係を考えてもよいのですが、「xが決まればyが決まる」という関数を考えることの方が多いというが数学の慣例というやつです。たとえば、第1章では「カフェの1日の平均客数xと月の利益額の関係」についての数式から、「ちょうどギリギリ赤字にならない利益額が0円のときの客数は何人か？」と逆算しました。しかし、それ以外にも客数xが100人なら利益額はいくらで、200人なら利益額はいくらで、と、いくらでも平均客数xに対応する月の利益額は求められるはずです。ここで、仮に月の利益額がy万円だったとすれば、「平均客数xの値が決まれば月の利益額yが決まる」という関数を考えられます。まずは前述の(4.1)式の左辺にある利益額をこの「y万円」という文字を使って表してやりましょう。

$$10000y = 9000x - 1020000 \quad \cdots (9.1)$$

この時点では確かにxとyの関係性が示されていますが、まだ$y = \cdots$という形にはなっていません。そこで(9.1)式の両辺を10000分の1倍してやりましょう。そうすると、

$$\Leftrightarrow \frac{1}{10000} \cdot 10000y = \frac{1}{10000}(9000x - 1020000) \quad \cdots (9.2)$$

となります。この左辺の計算は簡単ですし、右辺は分配法則に基づき、

「9000÷10000」と「1020000÷10000」という計算をそれぞれ考えましょう。そうすると(9.2)式は次のようにシンプルなものになります。

$$\Leftrightarrow y = 0.9x - 102 \quad \cdots (9.3)$$

　これが、今回の例で言う、xが決まればyが決まる$y=f(x)$という関係だと考えられるわけです。たとえば1日の平均客数が10人なら9－102で利益が－93万円だと決まりますし、20人なら18－102で利益が－84万円だと決まります。このようにxの値とyの値の組合せはいくらでも考えられるわけですが、個別の値の組合せ自体ではなく、それらをひっくるめた関数$f(x)$について理解しようとすればどうすればよいでしょうか？

　このような目的で用いられるとても強力な道具が、デカルト座標です。この名前は、すでに述べたルネ・デカルトの名前に由来しています。デカルトの時代にはまだ関数という概念は成立していませんでしたが、「xの値も変わるし、yの値も変わる」という2つの変数の間の関係をグラフで表そうという考え方がデカルトによって示されました。座標とは要するに、「座る場所のしるし」というような意味です。たとえば映画館で「D列の12番の席を予約する」といったように、座標上の「どこの場所か」を指定するわけです。

　たとえばまず、4節の最初に考えた「xが200人だと利益は78万円」という状況を座標上に表してみましょう。

　座標上の場所を考えるときは、まずxもyも両方0という場所（これを「原点」と呼びます）からスタートします。座標上で、「xが200でyが78」というのは、原点から右に200だけ進み、上に78だけ進んだ点のことになります。なお、この点のことを（xが200でyが78）という意味で、「座標(200,78)の点」と呼びます。xが大きいほど右に、yが大きいほど上に、というのも数学的な慣例です。

図表 2-1

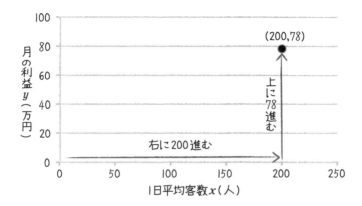

同様に他の x と y の値の組合せについても考えてみましょう。たとえば(9.3)式において、x が 150 だったとしたら、y は 33 という値になりますが、これを座標上に表すと、次のような点になります。

図表 2-2

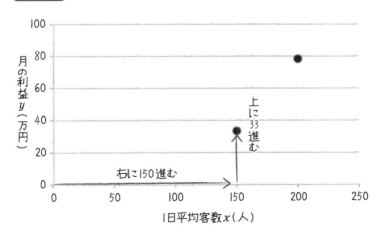

これ以外もあとは手間の問題だけで、たとえば平均の客数xについて、0人から250人まで全ての値を考え、(9.3)式からyの値を求めて座標上に点を打つことができます。そうすると次のようになります。

図表 2-3

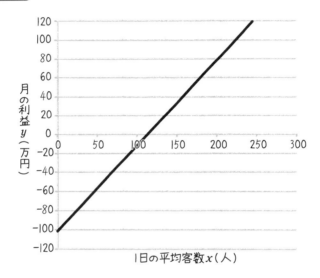

　こうなるともはや点の境目が見えなくなり、直線にしか見えません。また、「1日の平均客数」というxの値は、1や2、3といった整数しか取らない値というわけでもありません。ある日が1人で翌日が2人なら平均して1.5人というように、小数の値にだってなりうるわけで、またそうした小数の値になったxに対応するyの値だって考えられます。そうすると点の間はどんどん埋められて、どれだけ拡大しても「点ではなく直線」にしか見えないものになっていくでしょう。
　すなわち、この直線こそが、「xとyの関係を表す関数自体」であると考えることができます。すなわち、両者の関係は直線的に右肩上がり

で、グラフのどこを取っても x（1日平均客数）が1人増えるごとに y（月の利益）は0.9万円（9千円）ずつ増える関係にある、というのです。

このような関係のことを「直線的な関係」というような意味で「線形」と表現することがあります。x と y の間に線形な関係がある場合、「傾き」と「切片」という2つの特徴でその関係を把握できるでしょう。「傾き」とは、「グラフのどこを取っても x が1増えるごとに y がいくつ増えるか」という値のことを言います。この値が大きいほど直線の傾斜も急なものになることから、「傾き」と呼ぶわけです。傾きがプラスであれば右肩上がりで、マイナスであれば右肩下がりで、もし傾きが0であればグラフは水平な直線となります。「切片」の方は、今回で言う「－102」のように、x が0の値を取る場合に y がいくつになるか、という値を指します。

このような関数自体の特徴が理解できていれば、代数学的な計算をしなくてもいろいろとわかることがあります。たとえば現在いくらの利益があがっているかということはわからなくても、「あと利益を9万円ほど多くあげたいのだが、1日の平均客数をあと何人増やせばいいのか」という問いに対する答えはすぐにわかるでしょう。現在の客数や利益がどうあれ、「1日平均の客数が1人増えるごとに利益は9千円ずつ増える」という関係に違いはないのですから、9万円÷9千円で、あと10人ほど1日あたりの客数が増えればよいわけです。

なお、ここまで x や y は、x が150だったら……、200だったら、といろいろ変えて座標上に点を打ちました。一方でどれだけ異なる x や y の値を考えても、切片と傾きは同じ一定の値を使って考えていました。この x や y のように、「いろいろ値を変えて考える数」のことを変数と呼びます。そして、傾きや切片のように、文字を使って抽象化してはいても「いろいろ変えて考えるわけではない一定の数」のことを定数と呼びます。デカルト以来、変数は x や y、そして定数は a や b といった文字を使って表す、ということも数学の慣例です。またさらに統計学の中

で x と y の間の線形な関係を考える場合、次のように切片が a で、傾きが b という書き方に慣れておいた方がよいかもしれません。

$$y = a + bx$$

このような x と y の間の線形な関係を考える統計手法のことを単回帰分析と呼びます。現在の中高生は傾きと切片を逆にして、$y = ax + b$ と習うことが多いように思いますが、統計学の回帰分析では傾きを b とか、b に対応するギリシャ文字の $β$ で表すことがふつうです。そのため、本書は以後、こちらの「中高生とは傾きと切片が逆」の、切片が a で傾きが b という書き方を使っていくことにします。

10
連立方程式でジレンマを解決しよう

　ここまでに皆さんは代数学の基本ルールと、線形な関数について学びましたが、次に、線形な関数で与えられる条件が次のように2つ与えられた場合にどう考えたらよいかを学んでいきましょう。

　先輩と後輩の2人が同じ商品を販売する外回りのセールス活動に従事しており、社内にはこの商品の在庫が360個残っている。この商品は来年度から廃番になって販売できなくなることがすでに決定しており、追加注文もできないし、今年度中に売り切らなければいけない。

　これまでの販売実績から、先輩が1日セールスに出れば1日あたりこの商品を平均5個売ることができるが、後輩では平均して3個しか売ることができないことがわかっている。しかし、問い合わせの対応や書類作業のため、2人のうちいずれかは社内に残っていなければならない。また、特段の理由もなく両者が1日中社内にいると、サボっているじゃないかと上司に叱られる。なお、先輩は経験を積ませるため、できるだけセールス活動を後輩に任せたいと考えている。

　今年度の残り100日の営業日で、ちょうど360個の在庫をさばくためには、先輩と後輩はそれぞれ何日ずつセールスに出ればよいだろうか?

最終的に知りたいものは、先輩と後輩それぞれのセールス活動日数ですので、ひとまずこれらをx, yとおいてみましょう。この問題文中ではxとyの間に2つの関係が示されています。

　1つめは「先輩がセールスに出てしまう日は後輩がセールスに出るこ

とができず、両者の日数を合わせてちょうど 100 日になる」という関係です。そしてもう 1 つは「先輩がセールスに出ると商品を 1 日に 5 個売り、後輩がセールスに出ると 1 日に商品を 3 個売り、合わせて 360 個ちょうどを売りたい」という条件です。これらを数式にすると次のように表すことができるでしょう。

$$x + y = 100 \quad \cdots (10.1)$$
$$5x + 3y = 360 \quad \cdots (10.2)$$

このように、同じ変数について複数の方程式が並んだものを「連立方程式」と呼びます。これら 2 つの式から x と y がそれぞれいくつになるかを求めたいわけですが、この問題は現時点までにお伝えしたやり方だけでは解決することができません。

たとえば (10.1) 式において、x が 10 すなわち先輩が 10 日だけセールスに出る、ということが決まっていれば、後輩が残りの 90 日セールスに出る、ということもわかります。何なら別に 20 日と 80 日でも、30 日と 70 日でも (10.1) 式は成り立つわけです。

しかし、先輩が 10 日だけセールスに出て毎日 5 個ずつ、50 個だけ商品を売る、というのでは (10.2) 式は成り立ちません。後輩は 1 日に 3 個ずつしか売ることはできないので、90 日かけても残りの 310 個を売ることはできないからです。後輩に経験を積ませようとすれば在庫をさばくことができないために、あちらが立てばこちらが立たずというジレンマに陥ってしまうのです。

おそらく、いろいろな数字を試していけば、その中には「両方の条件を満たす」というものもあるのかもしれませんが、皆さんはすでに未知の数が 1 つだけの場合には、「いろいろ試さなくても逆算できる」というやり方を学びました。もちろん未知の数が複数ある連立方程式についても代数学の技術で簡単に解く方法はあり、そのために用いるのは次の

2つのルールのいずれかです。

ルール1（加減法）：「＝」で成り立っている方程式の両辺を別の式の両辺にそれぞれ足したり引いたりしてもよい。

ルール2（代入法）：方程式を整理して「ある変数＝・・・」という形にできたらその結果に基づいて別の方程式の「ある変数」のところを置き換えてやってもよい。

まず1つめの加減法については、これまでの「両辺に同じ数を足したり引いたり掛けたり割ったりしてもよい」というルールの延長として、「他の方程式で＝とされているものもやはり同じ値」と考えます。たとえば(10.1)式に基づくと、「$x + y$」という値は100という数に一致することが示されているわけなので、たとえば(10.2)式の左辺に「$x + y$」を足し、右辺には100を足し、というような操作をやっても問題がないと考えます。

ただし、両者を足しただけでは事態が複雑になるばかりで、いつまで経ってもxとyがそれぞれいくつなのかはわかりません。最終的に得たいのは「x＝いくつ」または「y＝いくつ」といった式です。

そこで、いずれか、または両方の式に対して「両辺に同じ数を掛けたり割ったりしてもよい」という操作を行ない、xとyのどちらかの変数にかかっている数（これを係数と呼びます）を揃えてやりましょう。

たとえば今回の場合、次のように(10.1)式の両辺を3倍するとyの係数は3となり、(10.2)式のyの係数と一致します。

$$x + y = 100 \quad \cdots (10.1)$$
$$\Leftrightarrow 3(x + y) = 3 \cdot 100$$
$$\Leftrightarrow 3x + 3y = 300 \quad \cdots (10.3)$$

この(10.1)式の両辺を3倍した(10.3)式の両辺を、(10.2)式の両辺からそれぞれ引いて、これまでに学んだ計算ルールに基づき整理しましょう。そうすると、

$$5x - 3x + 3y - 3y = 360 - 300$$
$$\Leftrightarrow \quad 2x = 60$$
$$\Leftrightarrow \quad \frac{1}{2} \cdot 2x = \frac{1}{2} \cdot 60$$
$$\Leftrightarrow \quad x = 30$$

と、知りたかった$x=$いくつという式が得られました。あとはこのxの値をもとの(10.1)式でも(10.2)式でも好きな方に「代入」してやればyの方も求められます。変数の値を「代わりに入れる」から代入というわけです。見た感じ(10.1)式へ代入する方が簡単そうなのでそこから整理すると、

$$30 + y = 100$$
$$\Leftrightarrow 30 + y - 30 = 100 - 30$$
$$\Leftrightarrow \quad y = 70$$

と、yの値も求めてやることができました。つまり、この先輩は100日中の30日、後輩は残りの70日間セールスに出れば、両者が期待通りのペースで販売できる限り、「ちょうど在庫がはける」ということになります。なお、$x=30$という値を(10.1)式ではなく(10.2)式に代入した場合も全く同じ答えが得られますし、最初の加減法でyではなくxの係数を揃えるところからはじめても、やはり全く同じ答えが得られます。
　このように、加減法と代入法を使いこなせば、仮に未知の数が3個で方程式も3つであるとか、未知の数が4つで方程式も4つ、といった複雑な状況であっても、1つずつ地道に未知の数を数式から消去していく

ことができます。経済学者などは時に数十の式を考え、それらの連立方程式を解く、という研究をしている人さえいるくらいです。

ちなみに、前節の最後に「xとyの間の線形な関係を捉える単回帰分析」という話を少し紹介しましたが、その最も原始的なレベルのものは連立方程式を解くだけで考えることができます。たとえば次のような状況を考えてみましょう。

　ある若者は新卒で営業職として働くことになってから、1年目では10件の契約を、2年目では40件の契約を取ることができた。上司から「3年目で100件取れれば一人前」「そのためにはとにかく足で稼いで営業訪問回数を増やすしかない」というアドバイスを受けた彼は、過去の訪問回数を振り返り、1年目には年間100回、2年目には200回営業訪問をしていたことがわかった。
　営業訪問を増やせば直線的なペースで契約数も増えるとした場合、彼は来年100件の契約を取るためにいったい何回の営業訪問をしなければいけないと推計されるだろうか？

ここでは「営業訪問回数が決まればそこから直線的な関数で契約数が決まる」という関係を仮定し、営業訪問回数がxで契約数がyというグラフを考えてみましょう。

図表2-4には、2年分のデータ、すなわち2つの点しかありませんが、両者を直線で繋いだ延長上のどこかには、y軸の契約件数が100を超えるところがあるはずです。ではこの直線はいったいどのような数式で表されるのでしょうか？

今回の場合もやはり連立方程式で解きますが、今回は「xとyがわからない」のではなく、「$y = a + bx$における定数（切片と傾き）がいくつになるのかわからない」というような状況です。むしろxとyについては1年目と2年目でそれぞれいくつずつだったか、というデータが与え

図表 2-4

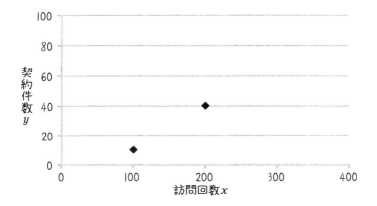

られているわけです。このような状況でも連立方程式を解くための2つの方法で、切片と傾きを求めることができます。1年目は「契約件数 y が10で訪問回数 x が100」、2年目は「契約件数 y が40で訪問回数 x が200」なので、次のような連立方程式が考えられます。

$$10 = a + 100b \quad \cdots(10.4)$$
$$40 = a + 200b \quad \cdots(10.5)$$

これら2つの方程式において、幸いなことに a についてはどちらも同じ係数なので、「係数をどう揃えようか」と悩むまでもなく加減法が使えます。とりあえず b の係数が大きい(10.5)式から(10.4)式の両辺をそれぞれ引いてやりましょう。そうすると、

$$40 - 10 = a - a + 200b - 100b$$
$$\Leftrightarrow \quad 30 = 100b$$

$$\Leftrightarrow \frac{1}{100} \cdot 30 = \frac{1}{100} \cdot 100b$$

$$\Leftrightarrow \quad 0.3 = b$$

と、傾き b の値が無事求められました。あとはこれを(10.4)式に代入しましょう。そうすると、

$$10 = a + 100 \cdot 0.3$$
$$\Leftrightarrow \quad 10 = a + 30$$
$$\Leftrightarrow 10 - 30 = a + 30 - 30$$
$$\Leftrightarrow \quad -20 = a$$

と、切片についても求めることができました。よって、この若者の2年分のデータから考えられる、営業訪問回数 x と契約件数 y の線形な関係は次のようなものになります。

$$\text{契約件数} y = -20 + 0.3 \cdot \text{営業訪問回数} x \quad \cdots (10.6)$$

　一般に統計学や機械学習において、実際のデータから考えられた数学的な関係のことを「モデル」と表現します。たとえば飛行機のプラモデルは本物の飛行機ではなく、「それをよく模すように作られたもの」です。形は似ているかもしれませんが、エンジンがついているわけでも、実際に空を飛べるわけでもありません。それと同様統計学や機械学習のモデルも、現実世界を「よく模すように作られた」ものですが、それが完璧に現実世界の仕組みと一致しているとは限りませんし、どの程度一致しているかどうかはよく検証しなければいけません。しかし「完璧に一致しているわけではないからそんなもの役に立たない」というわけでもありません。今回のようにざっくり線形なモデルを考えただけでも、

必要な契約を取るためにどの程度頑張ればよいのか、といった目安を得ることはできます。全く検討がつかないから闇雲に頑張る、とか、逆にギリギリまで怠けて後で焦る、とかいった状況よりは、何かしらの計画性を持って仕事を行なうことができるでしょう。

今回の例であれば、(10.6)式の左辺にある契約件数 y のところに100件という値を代入してやれば、必要な x の値も次のように代数学の操作で逆算できます。

$$100 = -20 + 0.3x$$
$$\Leftrightarrow 20 + 100 = 20 - 20 + 0.3x$$
$$\Leftrightarrow 120 = \frac{3}{10}x$$
$$\Leftrightarrow \frac{120 \cdot 10}{3} = \frac{3 \cdot 10}{10 \cdot 3}x$$
$$\Leftrightarrow \frac{40 \cdot 10}{1} = x$$
$$\Leftrightarrow 400 = x$$

つまり、この若者は年間400回ほど営業訪問を行なえば100件の契約が取れそうではないか、と考えられるわけです。もしこれが本人にとって十分可能だというのであれば励みになるかもしれません。あるいは、商材や仕事の特性から、「ほぼ全ての平日において、毎日2回ずつ営業訪問しなければいけないのは現実的ではない」と考えられるのであれば、ただ訪問回数を増やすのではなく、同じ訪問回数でも高確率で契約を取るためにはどうすればよいか、と考えた方がよいのかもしれません。

このように、中学校で習う連立方程式が使いこなせるだけでも、「現在のデータから線形なモデルを考えて目標を達成するための計画を立てる」ということができるようになります。次節ではこのような考え方をさらに進めて、限られたリソースを有効活用するための「線形計画法」と呼ばれる生産管理の考え方について学んでいきたいと思います。

11
連立不等式によるリソースの有効配分

　前節では連立方程式の解き方と、それを使ってデータからどのように線形なモデルを考えるかという点について学びました。これは要するに、「xとyがちょうど与えられた条件を全て満たすのはどういう組合せか」を考えようということです。たとえば先ほどは先輩と後輩が合わせて100日働いて、ちょうど360個の商品をさばくような組合せになるのは何日ずつか、ということを考えました。

　しかし、ビジネスなどの現実の問題は「ちょうど」ということはそれほど重視されません。そのため、わざわざ先ほどの問題文では「先輩は後輩に経験を積ませたい」「2人が同時に内勤していると上司に叱られる」というような条件を設定しました。しかし、これらの条件さえなければわざわざ優秀な営業マンである先輩の稼働をムダにすることなく、さっさと在庫をはけさせて、余った時間で後輩を教育するなり、2人で別の商品を売るなりした方がよいということだってあるでしょう。

　つまり、現実的には、「ちょうど100日」ではなく「2人の稼働日は合わせて100日以内に抑えたい」といったような形でビジネス上の条件が設定されることの方が多いはずです。この場合、(10.1)式は次のように書き直されることになります。

$$x + y \leq 100$$

　この「≦」という記号は小学校で習う「≦」と同じく、左辺は右辺と比べて小さいかまたは等しい、という意味を示す記号で、「小（しょう）なりイコール」と読んだりします。高校までは下が2本線ですが、大学

以降では下が1本線のものをよく使いますので注意しましょう。大学以降の記法に慣れるという本書の目的から本書でも1本線を使った大学の書き方を用います。また、逆に左辺が右辺と比べて大きいか等しい場合には、「≥」という記号で「大なりイコール」と読みます。等しいということは考えられず、「左辺は右辺未満」「左辺は右辺より大きい」というときにはそれぞれ、小学校で習うのと同じように「＜（小なり）」や「＞（大なり）」が用いられます。

　方程式は「＝」という記号で、xとyなどの変数が特定の値を取る場合に両辺が等しくなる、という情報を示しますが、不等式はどちらが大きいか小さいかというように、「等しくない」ことも含んだ情報を示します。そして、先ほど複数の方程式が「連立」している場合を考えたのと同様に、複数の不等式が「連立」している場合のことも考えられますが、これを連立不等式と呼びます。生産管理や物流などの仕事では、複雑に絡み合う限られたリソースをどのように配分することが最も効率的なのかを考える必要があり、こうした分野では今も連立不等式が実際に活用されています。中でも「線形な連立不等式」で与えられた条件を解くことを線形計画法と呼び、工学部の授業の中で教えられたりするそうです。本書でもその基本について学ぶために、たとえば次のような状況を考えてみましょう。

　　あなたは友人とともに小さなIT会社を経営している。メンバーは主に営業を担当するあなたと、システム設計やプログラミングが一通りできるエンジニア、それとウェブサイトやアプリの画面周りを作ることが得意なデザイナーの3名だ。
　　この会社の主な仕事は他社からの受託開発で、作るものは企業内の業務システムまたはスマートフォンのアプリのいずれかである。過去のプロジェクトを確認したところ、あなたたちが受託する平均的な業務システムは、エンジニアが5か月、デザイナーが2か月働けば完

成し、700万円の利益になる。一方でスマートフォンアプリについては、エンジニアが1か月、デザイナーが4か月働けば完成し、400万円の利益になる。

この会社にとって、今から1年間で得られる利益を最大化しようと思った場合、業務システムとスマートフォンアプリは、それぞれ何件ずつ受注すればよく、またそのときトータルいくらの利益が得られるだろうか？

何となく1件でたくさんの利益が得られる業務システムをいっぱい受注した方が儲かりそうな気もしますし、それではエンジニアばかりが主に働くことになってしまうかもしれません。両者の仕事量をうまく配分して最大の利益を得るために、営業責任者であるあなたはどちらの仕事をどれだけ取ってくればよいのでしょうか？

まず、業務システムをx件、アプリをy件受注するとして、エンジニアとデザイナーそれぞれの稼働量について考えてみましょう。まずエンジニアは、業務システムを1件受けるごとに5か月、アプリを1件受けるごとに1か月の作業が必要になるわけですが、1年間という期間内であれば次のような制約を受けます。

$$5x + y \leq 12 \quad \cdots (11.1)$$

同様に、デザイナーの方を考えてみると、業務システム1件ごとに2か月、アプリ1件ごとに4か月の作業が必要になるので、

$$2x + 4y \leq 12 \quad \cdots (11.2)$$

という制約を受けることになります。またこれに加えて忘れてはいけないのがx, yはそれぞれ必ず0以上になるという制約条件です。「アプリ

をマイナス1件受注しました」なんていうことはあり得ないわけで、

$$x \geq 0 \quad \cdots (11.3)$$
$$y \geq 0 \quad \cdots (11.4)$$

という条件についても忘れないようにしましょう。しかし、このような x, y それぞれについての4つの制約条件を受けるとなると、代数学的な処理はややこしくなってしまいます。不等式は方程式と違って左右の向きが意味を持つため、「とにかく式が成り立っているなら互いに両辺何倍かして足せばいい」というものではありません。たとえば $6 \geq 4$ という不等式と、$10 \geq 1$ という不等式が成立しているからといって、両辺を引いて、$6 - 10 \geq 4 - 1$ とはならないわけです。

ではどうすればよいのかというところですが、ここでは皆さんが学んだもう1つの道具である、デカルト座標のグラフで考えてみましょう。ひとまずグラフが描きやすいよう、次のように「両辺に同じ計算」という原則に基づき、(11.1)式を変形して「左辺が y だけ」というような形にしてやります。

$$5x + y \leq 12 \quad \cdots (11.1)$$
$$\Leftrightarrow 5x + y - 5x \leq 12 - 5x$$
$$\Leftrightarrow \quad y \leq 12 - 5x \quad \cdots (11.5)$$

なお、今やったように「両辺に同じ数を足したり引いたりする」というだけなら方程式のときと同じように考えて全く問題はありませんし、「両辺に同じプラスの数を掛けたり割ったりする」というときにもこれまでと同様に考えて問題ありません。

しかし「両辺に同じマイナスの数を掛けたり割ったりする」というときだけは注意が必要です。このような場合、不等号の向きを逆にしなけ

れればいけません。たとえば「2≧1」という不等式の両辺に同じ「−1」という数を掛ける場合、「−2≦−1」と不等号が反対向きになるわけです。

このような点に気をつけつつ、(11.2)式についても同様の変形を考えましょう。

$$2x + 4y \leq 12 \quad \cdots (11.2)$$
$$\Leftrightarrow 2x + 4y - 2x \leq 12 - 2x$$
$$\Leftrightarrow 4y \leq 12 - 2x$$
$$\Leftrightarrow \frac{1}{4} \cdot 4y \leq \frac{1}{4} \cdot (12 - 2x)$$
$$\Leftrightarrow y \leq \frac{12}{4} - \frac{2}{4}x$$
$$\Leftrightarrow y \leq 3 - 0.5x \quad \cdots (11.6)$$

この(11.5)式、(11.6)式のそれぞれにおいて、いったん不等号のことは考えず、これがもし『＝』だった場合にどのような直線となるかをグラフに書いてみましょう。また加えて、先ほど「忘れないように」と言った$x \geq 0$、$y \geq 0$についても書いてみると、次のようになります。

図表 2-5

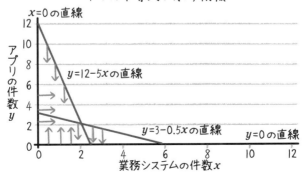

ただし、方程式では「xとyの値の組合せはこの直線に乗っていますよ」ということを示していましたが、不等式が示すのは矢印で示すように、「この直線より上の方ですよ」「下の方ですよ」といった「面」についての情報です。たとえば(11.5)式あるいは(11.6)式によって表される情報は、「yはこの斜めの直線上もしくはそれより小さな値を取りますよ」ということです。また$x \geq 0$については「xはこの縦の直線上もしくはそれより右ですよ」、同様に$y \geq 0$については「yはこの水平な直線上またはそれより上ですよ」という意味を示します。

そしてこれら4つの条件全てを満たす、すなわち「4つの不等式で示される領域全てが重なり合う部分」は左下にある歪んだ四角形の領域のみ、ということです。

図表 2-6

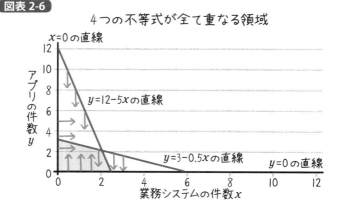

すなわち、xとyの組合せのうち、この四角い領域の外に出てしまうようなものは何かしらの条件が満たせないということです。たとえば1年間の業務量がこのエンジニアとデザイナーの少なくともいずれか一方の限界を超えるか、それぞれの受注件数がマイナスになってしまうということです。

ではこのような範囲内で最も利益の上げられる業務の組合せはどのようなものでしょうか？このように、「最大化したい値」あるいは逆の「最小化したい」値のことを線形計画法では目的関数と呼びます。業務システムの受注件数xと、アプリの受注件数yが決まれば利益の値も決まるので、これも立派な関数です。仮に利益を百万単位で考えて、z（百万円）だったとすると、最初の文章から次のような関係が読み取れます。

$$7x + 4y = z \quad \cdots (11.7)$$

これが最大化したい目的関数ですが、先ほどと同様にグラフで考える際にはやはり「$y=$いくつ」という形になっていた方がよいでしょう。「左辺と右辺に同じ操作」という原則に基づきこの形になるよう操作していくと、

$$
\begin{aligned}
& 7x + 4y = z && \cdots (11.7) \\
\Leftrightarrow\ & 7x + 4y - 7x = z - 7x \\
\Leftrightarrow\ & 4y = z - 7x \\
\Leftrightarrow\ & y = \frac{1}{4}z - \frac{7}{4}x && \cdots (11.8)
\end{aligned}
$$

という形になります。これはこれで慣れ親しんだ線形な$y = a + bx$という形になっていますが、注意しなければいけないのは切片の値が定数ではなく「利益の額の4分の1」という変数だというところです。そのため傾きは同じでいろいろな切片の直線を考えることができます。たとえば利益が2800万円欲しい、と考えると「業務システムだけを4件」でも「アプリだけを7件」でも達成できますが、このような仕事の取り方は現実的でしょうか？この場合zは28でその4分の1なら7、ということになり、次のようなグラフを追加することができます。

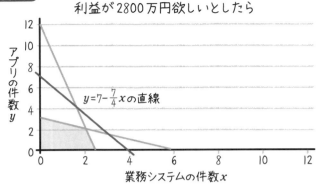

図表 2-7

 こちらを見ると、確かに直線は描けますし「業務システムが2件でアプリが4件でもだいたい同じくらいの利益になりそう」ということも読み解けます。
 しかし、先ほどの4つの不等式で示された制約条件を満たす、左下の灰色の四角形の領域をこの直線は通っていません。すなわち、利益が2800万円になるxとyの組合せはたくさん考えられますが、その全てが制約条件を満たさないものであるということです。よって、仕事の中身や働く人はそのままで、この会社が「来年は2800万円の利益を出すぞ!」と意気込むのは非現実的な目標であると言えるでしょう。
 では、どのよう の利益の目標であれば制約条件を満たすでしょうか? 少しずつこの「28(百万円)」という目的関数の値を小さくしていけば、この直線は同じ傾きのまま少しずつ下にきます。その結果「はじめてこの四角形の領域を通った瞬間」というのが、不等式で与えられた制約条件を満たす中で最も大きな利益をあげられる状況だと考えられるでしょう。実際にやってみるとそうした状況は図表2-8のようなときです。
 このような状況であれば直線はギリギリこの四角形の右上の頂点を通り、4つ全ての不等式を満たすことができます。なお、この右上の頂点

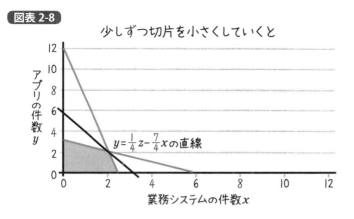

図表 2-8

はエンジニアとデザイナーそれぞれの仕事量に関する制約条件を決めた(11.1)式と(11.2)式あるいはそれと同値な(11.5)式と(11.6)式から考えた直線がクロスするところですが、このような頂点の座標はそれぞれの不等式を方程式のように扱って、連立方程式を解くことで求めることもできます。

$$\begin{cases} y = 12 - 5x & \cdots (11.9) \\ y = 3 - 0.5x & \cdots (11.10) \end{cases}$$

こんな風に、{ という記号は「これらの方程式が連立していますよ」ということを示すときに使われることがあります。(11.9)式と(11.10)式はそれぞれ、エンジニアとデザイナーの仕事量に関する最初の不等式(11.1)式あるいは(11.2)式を、「$y = $ いくつ」という形にした、(11.5)式と(11.6)式の不等号部分を無視して方程式として扱ったものです。このようにどちらも「$y = $ いくつ」という形になっていれば、代入法によって簡単に x の値が求められます。すなわち、

$$12 - 5x = 3 - 0.5x$$
$$\Leftrightarrow 12 - 5x + 5x = 3 - 0.5x + 5x$$
$$\Leftrightarrow \quad 12 = 3 + 4.5x$$
$$\Leftrightarrow \quad 12 - 3 = 3 + 4.5x - 3$$
$$\Leftrightarrow \quad 9 = 4.5x$$
$$\Leftrightarrow \quad \frac{9}{4.5} = \frac{4.5x}{4.5}$$
$$\Leftrightarrow \quad 2 = x$$

あとはこれをまた、(11.9)式か(11.10)式に代入すれば y の値もすぐにわかります。どちらでも同じ結果になりますが、たとえば整数の計算だけで終わる(11.9)式の方を選ぶと、

$$y = 12 - 5 \cdot 2 = 12 - 10 = 2$$

つまり、x が2で y も2という座標 $(2, 2)$ という点がこれらの直線が交差するところであるというわけです。これは別の言葉で言えば「業務システムとアプリをどちらも2件ずつ受けた場合」であり、このような状況において得られる利益が最大化されると考えられます。あとはこの点 $(2, 2)$ を、利益に関する目的関数の直線が通過するとき、利益はいくらになるのかがわかれば、これが線形計画法に基づいて考えられた最大の利益ということになります。(11.7)式に対して、「x が2で y も2」という値を代入すると、

$$z = 7 \cdot 2 + 4 \cdot 2 = 14 + 8 = 22 (百万円)$$

ということになります。よって与えられた条件から考えられる最大の利益は2200万円だとわかりました。

以上が線形な不等式による線形計画法の基本的な考え方です。このよ

うに、中学校で習うようなごく単純な考え方だけでも、最適なリソースの配分やそのときに得られる利益がどれくらいか、という見積もりが立てられるわけです。

なお、実際に工場などで線形計画法を考える場合、多数の工程や材料が絡む大量の不等式を考えなければいけないため、今回のように「座標上で直線を動かす」といった悠長なやり方だけで解けるわけではありません。また線形ではない方程式や不等式が制約条件や目的関数に含まれる場合も現実には存在します。なお、このような非線形の条件も含めて、いろいろな変数の組合せのうち最適なものを考える分野のことは、一般に数理計画法と呼ばれます。

そもそも、数理計画法を大きく発展させた応用数学者／統計学者であるジョージ・ダンツィークがこの分野に関わりはじめたのは、戦時中に米軍から「10万種類の物資と5万人の人々の管理方法についての数学的方法をつくり出せ」と言われたことがきっかけだったというくらいです。すでに述べたように数理計画法は工場の生産管理や物流の最適化などに使われることもあります。また、複雑な条件が絡み合う状況下で、できるだけ高速に最適解を求めるためにはどのようなアルゴリズムを用いればよいか、専門に研究しているコンピューターサイエンスの研究者もいます。

このような内容に興味のある方は、ぜひそうした数理計画法の勉強もしてみられるとよいでしょう。

12
「このまま増える」とは限らない
2次関数の考え方

　ここまでにやってきたxとyの関係は全て直線的なものを想定していました。xの値がいくつであったとしても1増えるごとにyはいくつ増えるかあるいは減るか、というところは一定で、$y = a + bx$という形の数式で表してやることができる関係です。

　しかし、世の中それほど単純なことばかりではありません。たとえば10節では1年目と2年目の営業訪問の回数と取れた契約の数から「このまま直線的に伸びていったとして」という前提で数学的なモデルを考えましたが、この前提が成り立つとは限らないわけです。たとえば訪問回数を増やそうと頑張るあまり、契約の取れなさそうな見込み顧客のところへ行く回数も増えてあまり効率が上がらなくなってくるかもしれません。逆に、訪問回数を増やせば増やすほど、人脈が人脈を生んで契約を取るペースが加速していくことだって考えられます。

　ここで「加速する」という表現が出てきましたが、これは本来物理学で使うような表現です。「1件あたりの獲得契約数が一定」というのは「1時間歩くごとに進む距離が一定」というのと同じ、等速度のイメージです。一方で、これが「1件あたりの獲得契約数が増えていく」となると、加速している、と捉えることができるでしょう。

　「よくわからないけどとにかく契約の取れ方が加速していく」と言われたのでは予測は立ちませんが、これまでの直線的な関係で「1訪問あたりの獲得契約数は一定」としたように、加速のペースすなわち「1訪問あたりの獲得契約数の増え方」が一定のペースだと仮定すれば数学的に考えることが簡単になります。自然界の中でも、たとえばアイザック・ニュートンが考えたと言われる「リンゴの落ち方」などは、「同じ

時間内で落ちる距離は、時間が経つごとに一定のペースで長くなる」という関係にあります。このようなルールを現実社会の数字についても仮定すれば、予測を立てたり、その関係性を解釈したりすることが可能になるわけです。

では、このように一定のペースで加速していく関係は、数式によってどのように表されるのでしょうか？

「訪問(x)を増やすごとに、1訪問あたりの獲得契約数が一定のペースで加速していく」ということなので、仮にこのペースをc、最初の時点と比べて1訪問あたりの獲得契約数の取れるスピードが増えた分をdとしましょう。

このような文字を使えば、「一定のペースで加速する関係」は次のように表せます。

$$d = cx \quad \cdots (12.1)$$

なお、「a, bはすでに切片と傾きで使ったので次はcとd」と考えていただいても構いませんし、数学では慣例的に「一定の〜」という数をconstantの頭文字をとってcとおくとか、「差分」のことをdifferenceとかdifferentialとかいう語の頭文字でdとおくことがよくあります。

そしてもとの直線的な関係$y = a + bx$について、この1訪問あたりの獲得契約数bがその加速した分dだけ増えるわけですから、この増加分を加味してやると次のような関係が成り立つわけです。

$$y = a + (b + d)x \quad \cdots (12.2)$$

あとはこのdに(12.1)式を代入して、さらに分配法則を使って（　）をなくしてやりましょう。そうすると、

$$y = a + (b+d)x$$
$$= a + (b+cx)x$$
$$= a + bx + cxx \quad \cdots (12.3)$$

となります。なお「同じ x の値を2回掛ける」というところをもう少しスマートに書くために「何乗」という書き方を使いましょう。「乗じる」というのは「掛ける」の難しい言い方です。何回掛けるのかを右上に小さく書けば、いちいち何度も同じ文字を書かなくていいことにします。そうすると、たとえば x を2回掛けたものは x^2 と書いて「x の2乗」、x を3回掛けたものは x^3 と書いて「x の3乗」、さらに、何回掛けるかというところ自体を抽象化して文字を使ってもよく、仮に n 回掛けたとした場合には x^n で「x の n 乗」というような書き方をします。なお正の整数のことを数学では自然数と呼び、英語で言うと natural number となります。この頭文字であるためからか、慣例的に n は1や2、3といった自然数を抽象化して表すときによく使われるアルファベットです(なお、そこから転じてというか、負の値や0を含む整数全般にもしばしば使われます)。

そうすると、(12.3)式は次のように表すことができるわけです。

$$y = a + bx + cx^2 \quad \cdots (12.4)$$

このように「x の2乗」が関ってくる方程式のことを「2次方程式」と呼んだり、このような関数を「2次関数」と呼ぶこともあります。この言い方に則れば、すでに学んだ線形な方程式は、x の1乗しか関ってこないため「1次方程式」や「1次関数」ということになるでしょう。このほか「x の3乗がからむ3次方程式(3次関数)」というものもありますし、x を自然数乗したものと定数だけでできた方程式のことを一般化して、「n 次方程式(n 次関数)」と表現することもあります。先ほど

述べた「nは慣例的に自然数を抽象化するのによく使われる」という慣例にのっとった表現ですね。

「xの2乗」という部分が入ってくると、必ずしもグラフの見た目上の特徴と係数が一致しません。そのため、(12.4)式の a, b, c といったそれぞれの係数に対して、1次方程式のときのように「切片」や「傾き」といった表現はあまり使われません。その代わりに「プラスやマイナスで区切られたところ」をそれぞれ「項」と呼び、(12.4)式における a は x の値と関係ない定数だから「定数項」、b は「1次の項の係数」あるいは「1次の係数」、同様に c は「2次の項の係数」「2次の係数」あるいは「2乗項の係数」と呼ばれます。なお、係数とは「かかっている数」というような意味です。

ここまで「x が増えるごとに最初から y は増えていくし、その増え方も加速していく」という話をしていました。この「最初どれぐらい増えていくか」という度合いが b、加速の度合いが c であり、今回の話では b も c もプラスということになります。これが徐々に減速していくなら c はマイナスになり、また「最初はむしろ減っていく」という状態なら b がマイナスになりますが、いずれにしても加速したり減速するペースが一定だと考えられるのであれば、(12.4)式のような $y = a + bx + cx^2$ という形で表されることにかわりはありません。

ここで試しに、10節の問題の続きとして次のような状況を考えてみましょう。

この若者の3年目の契約数は100に届かず、82件しか取れなかった。また訪問回数も400回を目指したものの、300回にしか届かなかった。しかし過去3年間の成績を振り返ってみると、2年目の終わりの時点で想定していたよりも訪問回数の割にはよく契約が取れていることがグラフから見て取れた。

図表 2-9

	訪問回数	契約件数
1年目	100	10
2年目	200	40
3年目	300	82

図表 2-10

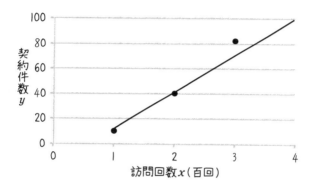

このペースで契約の取れ方が加速していくのだとしたら、来年400件の訪問という目標を達成した場合に、100件よりも多くの契約を取れるかもしれない。訪問回数 x と契約件数 y の関係が2次関数で表されるとしたらどのような式になるかを求めよう。

まずは表にある3年分の訪問回数と契約件数の値から、3つの方程式を立てたいと思います。ただ訪問回数 x について、100を2乗して10000という大きな数を扱うのはたいへんなのと、ここに出てきているデータは全て100回刻みのキリのいい値となっているため、x は訪問回数(100回単位)、y はそのまま契約件数ということにしましょう。そう

すると、1年目のデータから、

$$10 = a + b \cdot 1 + c \cdot 1^2$$
$$\Leftrightarrow 10 = a + b + c \quad \cdots (12.5)$$

2年目のデータからは、

$$40 = a + b \cdot 2 + c \cdot 2^2$$
$$\Leftrightarrow 40 = a + 2b + 4c \quad \cdots (12.6)$$

さらに3年目のデータからは、

$$82 = a + b \cdot 3 + c \cdot 3^2$$
$$\Leftrightarrow 82 = a + 3b + 9c \quad \cdots (12.7)$$

という式がそれぞれ得られます。

　式が3つで未知の数も3つ、という状況ではありますが、これまでに学んだ通りまずは加減法でこの連立方程式を解いていきましょう。これら3つの式全てについて、右辺が a からはじまっているため、たとえば(12.6)式と(12.7)式のそれぞれから(12.5)式の両辺を引いてやると、未知の数 a のない式を得ることができます。すなわち、(12.6)式から(12.5)式の両辺を引くと、

$$40 - 10 = a - a + 2b - b + 4c - c$$
$$\Leftrightarrow \quad 30 = b + 3c \quad \cdots (12.8)$$

ですし、(12.7)式から(12.5)式の両辺を引くと、

$$82 - 10 = a - a + 3b - b + 9c - c$$
$$\Leftrightarrow \quad 72 = 2b + 8c$$

となります。こちらをさらに両辺を 2 で割れば、

$$\Leftrightarrow 36 = b + 4c \quad \cdots (12.9)$$

と、変数が 1 つ少ない式 2 つに整理することができました。あとはこの(12.9)式の両辺から(12.8)式の両辺を引けば、

$$36 - 30 = b - b + 4c - 3c$$
$$\Leftrightarrow \quad 6 = c$$

と、c の値がわかりました。逆にこちらを(12.8)式なり(12.9)式なりに代入すれば b の値もわかります。どちらも同じ結果になりますが、たとえば(12.8)式の方に代入してみると、

$$30 = b + 3 \cdot 6$$
$$\Leftrightarrow 30 - 18 = b$$
$$\Leftrightarrow \quad 12 = b$$

となります。あとはこれら b と c の値を、最初の(12.5)〜(12.7)式のどれかに代入すれば最後に残った a の値もわかります。たとえば一番シンプルな(12.5)式であれば、

$$10 = a + 12 + 6$$
$$\Leftrightarrow 10 - 12 - 6 = a$$
$$\Leftrightarrow \quad -8 = a$$

と計算できることでしょう。よって、全ての係数が求められたため、訪問回数 x(百回単位)と、契約件数 y(件)の関係を示す2次関数は次のように表されることがわかりました。

$$y = -8 + 12x + 6x^2 \quad \cdots (12.10)$$

なお、このような式で表される関数をグラフに示すと次のようになります。

図表 2-11

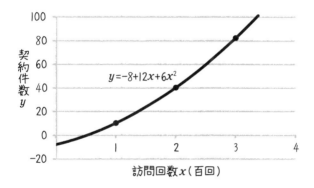

このように関数がわかれば、最初の文章中にあった「訪問回数が元の目標通り 400 回になったときにどれぐらいの契約が取れるか」という予測も立ちます。(12.10)式の x に 4(百回)という値を代入してやると、

$$\begin{aligned} y &= -8 + 12 \cdot 4 + 6 \cdot 4^2 \\ &= -8 + 48 + 6 \cdot 16 \\ &= -8 + 48 + 96 \\ &= 136 \end{aligned}$$

と、目標の 100 件を大きく超えた契約を取ることができるわけです。

　しかしながら、おそらくこの問題文の彼が知りたかったのは「400 回の営業訪問をしたらどれぐらい契約が取れそうか」ということだけではありません。もともとの興味としては「100 件の契約を取るためにはどれぐらい訪問しなければいけないのか」ということを知りたかったはずです。1 次関数のときは「両辺に同じものを足したり掛けたりする」という操作だけでこうした逆算ができましたが、2 次関数のときにはこれが少しややこしくなります。

　このややこしい逆算ができるようになるために、もう少しだけ 2 次関数の性質について学んでいきましょう。

13

2次関数の性質自体を理解するための標準形と平方完成の考え方

　ここから2次関数の性質についてもう少し学んでいきたいと思いますが、先ほどの「営業訪問回数と契約件数の2次関数」のように、係数 a、b、c がそれぞれいくつか、と考えているといろいろと複雑になってきます。そこで、いったん「2次関数の性質」自体にフォーカスするために、まずは最もシンプルな2次関数である $y=x^2$ というものについて考えてみましょう。これにグラフにすると次のようなものになります。

図表 2-12

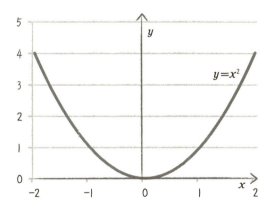

　なお、このような2次関数を表す曲線について「物を放って投げたときに描く曲線」というところから放物線と呼ばれることもあります。今回のように2次の項の係数がプラスなら下向きの山を、逆に $y=-x^2$ のように2次の項の係数がマイナスなら上向きの山を描きます。このこと

をそれぞれ「出っ張っている」という意味で、「下に凸」とか逆に「上に凸」と表現することもあります。また、上に凸な山の頂点も、下に凸な谷の底も、どちらも「頂点」と呼びます。今回グラフに示したように、下に凸な放物線の場合の頂点とは、yが最小になるところで、逆に上に凸な場合の頂点とはyが最大になるところだと言えるでしょう。放物線はこの頂点の左側と右側が対称な形を描きます。

実は、全ての2次関数はこの$y=x^2$を基本として、「上下をひっくり返すかどうか」「開き方を広げるか狭めるか」「頂点をどこかにずらすか」という3つの操作だけで全て重ね合わせることができます。まず上下をひっくり返すかどうか、というのが先ほどの「2次の項の係数をプラスにするかマイナスにするか」に該当しますが、「開き方を広げるか狭めるか」というのはどういうことでしょうか？試しにそうした操作をしてやるために、2次の項の係数を2倍、あるいは半分にしてやります。

図表 2-13

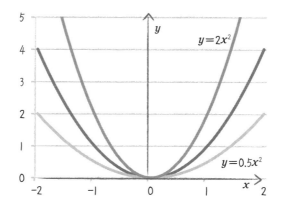

こちらのグラフを見ると、係数を2倍に増やした場合には加速が強い

ために山が鋭く狭まり、そして係数を半分に減らした場合には加速が緩やかになるため山が広がる、といったところが見てとれるはずです。これが「開き方を広げるか狭めるか」ということで、その開き具合は全て2次の項の係数だけで決まります。逆に言えば、2つの放物線について、両者の数式の2次の項の係数が一致していれば「あとは頂点をずらしてやるだけで完全に一致させられる」ということができます。

最後の「頂点をずらす」というところですが、試しに最初の$y=x^2$を右（x方向）へ1ずらしてみましょう。2次の項の係数がプラスのとき、頂点とはyが最も小さくなる値だということは先に述べました。$y=x^2$において、xが0のときにyは最も小さく、xがそれより大きくても、逆に小さくてマイナスの値になっても、2乗した場合には必ずyが大きくなってしまいます。

では頂点を右に1ずらす、すなわち「$x=1$のときにyが一番小さく、0という値になる」ためにはどうすればよいでしょう？　答えは$y=(x-1)^2$ということになります。このときxが1より大きくても、逆に小さくて（　）の中がマイナスになっても、2乗するとyは大きくなってしまいます。

左右（x方向）に動かすことと比べれば、この頂点を縦に動かすのは簡単です。たとえばここからさらに頂点を上に2ずらしたかったとしたら、「頂点は$x=1$のときで、そのときyの値が2になるようにしたい」ということですが、図表2-14のように、単純に先ほどの右辺に2を足して、$y=(x-1)^2+2$としてやれば、$y=x^2$の放物線を、右に1、上に2だけずらしてやることができます。

気になる方は実際に、xに0や1、−1などいろいろな値を入れて、果たしてこの式がこちらのグラフと一致するか試していただいても構いませんが、このような頂点をずらす操作について次のように一般化して覚えておきましょう。「放物線$y=x^2$の頂点を右にp、上にqだけ動かした放物線」（もちろんpやqがマイナスの値を取る場合は逆に左や下に

図表 2-14

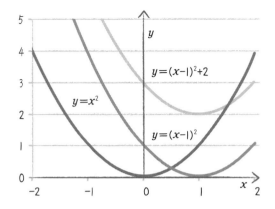

動かすことになります）の式は次のように表すことができます。

$$y = (x-p)^2 + q$$

　また、この操作は放物線が上に凸であろうが下に凸であろうが、すなわち2次の項の係数がプラスであろうがマイナスであろうが成り立ちますし、「開き方」が広かろうが狭かろうが成り立ちます。これまで、2次の項の係数は c という文字を使って表しましたが、この2次の係数 c を使って、一般に放物線は次のような式で表すことができます。なお、これが放物線を描く2次関数であると考えるために、この係数 c は0ではないと定義しましょう。

$$y = c(x-p)^2 + q \quad \cdots (13.1)$$

　前節までは2次関数を $y = a + bx + cx^2$ という形で表しましたが、専門用語でこれを2次関数の「一般形」と呼んだりもします。一方、(13.1)

式のような状態を同じく2次関数の「標準形」と呼びます。数式としては前者の一般形の方がシンプルですが、標準形はどこが放物線の頂点なのかがすぐにわかります。これは別の言葉で言えば「xがいくつのときにyはいくつの最小値／最大値をとるのか」がわかるということです。よって、2次関数としての性質自体を理解したり、グラフをイメージする上では標準形の方が便利な形であると言えるでしょう。

そこで、試しに(13.1)式を一般形に近づけるように整理して、一般形と標準形の関係を確認しておきましょう。

$$y = c(x-p)^2 + q$$
$$= c \cdot (x-p) \cdot (x-p) + q$$

ここで一見ややこしいのが$(x-p)$を2回掛け合わせるところですが、これも分配法則で考えることができます。すなわち、

$$= c \cdot (x \cdot (x-p) - p \cdot (x-p)) + q$$
$$= c \cdot (x^2 - px - px + p^2) + q$$
$$= c \cdot (x^2 - 2px + p^2) + q$$
$$= cx^2 - 2cpx + cp^2 + q \quad \cdots (13.2)$$

というようになるわけです。なお、丁寧に説明すればこのように分配法則を使って計算できますよ、ということになりますが、この(　)の2乗の計算というところは中学校で習う公式の中でも最も重要なものの1つです。数学の得意な大人たちはこの公式を覚えておくというよりは無意識レベルで、

$$(x-p)^2 = x^2 - 2px + p^2$$
$$(x+p)^2 = x^2 + 2px + p^2$$

といった計算を使いこなせるようになっています。「無意識レベルで使いこなす」とは、それぞれの左辺っぽい数式を見つけたらすぐに右辺の形をイメージし、逆に右辺っぽい数式を見つけたらすぐに左辺の形をイメージする、といった状態です。この後詳しく説明する「平方完成」という考え方も、これらの公式を「無意識レベルで」使えるようになっていれば、「そりゃそうだ」というだけの話でしかありません。

2次関数に限らず数学全般、このような「無意識レベルで」という感覚を身につけるためには、とてもたくさんの練習問題を「飽きるほどやる」というところが重要になってきますので、本書だけでカバーできるところではありません。もし今後皆さんが本書の説明に飽き足らず、ご自身で数学を使いこなせるようになりたいのだとすれば、本書の中に登場するような数式の操作を全て、市販の演習書や問題集の中の練習問題を飽きるほどこなして「無意識レベルで使いこなす」という領域を目指していただければ幸いです。

なお、少し本題から脱線して（　）の2乗の計算について、皆さんの理解の参考情報を示しておきますと、グラフィカルには次のように示すことができます。

図表 2-15

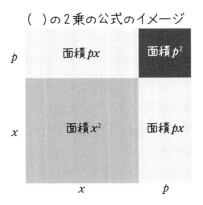

（　）の2乗の公式のイメージ

こちらを見ると、1つの辺の長さが x の正方形の面積は当然 x^2 ですが、それより辺の長さが p だけ伸びると、正方形の面積は元の面積 x^2 に、面積が px の長方形2つ分と、小さな正方形の面積 p^2 を足したものとして面積を考えることができます。これを数式で表せば、

$$(x+p)^2 = x^2 + px + px + p^2 = x^2 + 2px + p^2$$

ということになります。これが先ほどの公式の意味だと覚えた方がしっくり来る人もいらっしゃるでしょうし、そのような方は一度、もしよければ $(x-p)^2$ の方の公式もこのような正方形を使ってどのように整理されるか、と考えてみるとよいでしょう。あるいは、より単純に、分配法則における「総当たり戦」を次のような表で考えていただいてもよいかもしれません。

図表 2-16

	x	p
x	x^2	xp
p	xp	p^2

　つまり、$(x+p)^2 = (x+p) \cdot (x+p)$ という計算を考える際、どちらをバラしてどちらの「分配」を考えるにしても、結局のところ最終的には x 同士の掛け算を1回、p 同士の掛け算を1回と、x と p の掛け算を2回行なって、全部を足し合わせることになるというわけです。このように考えてもやはり先ほどの公式が成り立つことがすぐに思い出せるはずです。

　話を(13.2)式に戻しましょう。(13.1)式すなわち標準形を「一般形らしく」近づけようとした結果次のような数式が得られました。

$$y = c(x-p)^2 + q$$
$$= cx^2 - 2cpx + cp^2 + q$$
$$= cp^2 + q - 2cpx + cx^2 \quad \cdots (13.2)$$

　こちらを一般形つまり「定数項、1次の項の係数、2次の項の係数」という形の式との対応で考えましょう。そうすると、c はそのまま2次の項の係数となり、一般形では b という文字を使って表した1次の項の係数は、(13.2)式では $-2cp$ に対応しています。また一般形で a という文字を使って表した、x と関係ない定数項は、(13.2)式においては $cp^2 + q$ ということになります。

　よって、これらのことを、次のような数式でまとめることができます。

$$y = a + bx + cx^2 = c(x-p)^2 + q \text{とすると、}$$
$$b = -2cp、a = cp^2 + q \quad \cdots (13.3)$$

　以上が「標準形から一般形」という数式の操作でしたが、(13.3)式を頭に入れておいた状態で、逆に「一般形から標準形」という操作をやってみましょう。こちらの操作は「平方完成」と呼ばれ、一般形で書かれた2次関数の式から頂点すなわち「x がいくつのときに y はいくつの最小値／最大値をとるのか」と考える上でとても重要な操作になります。たとえば「1平方センチメートル」というのは「1cm × 1cm の正方形の面積」のことを指しますが、これと同じようなイメージで、数学で「平方」と言われたら「2乗すること」という意味になります。平方完成とは標準形の「何かの式を2乗した形（に定数を足したもの）」という状態に「仕上げる」というような意味でしょう。そのためには、まず次のように、一般形から「x に絡みそうなところと絡まなそうな定数部分」を分けて考えます。最初に定義したように、2次の項の係数 c は 0

ではないので、これを分母とする分数を考えることに問題はありません。

$$y = a + bx + cx^2$$
$$= c \cdot \left(x^2 + \frac{b}{c}x\right) + a \qquad \cdots (13.4)$$

次に $\left(x^2 + \frac{b}{c}x\right)$ という中身をなんとか「何かの2乗」にしてやることを考えます。ここで先ほどの「2乗の公式が無意識レベルで使える」と便利なのですが、2乗の公式の真ん中にあった $2px$ という項と、$\frac{b}{c}x$ という項が一致するためには、$p = \frac{b}{2c}$ でなければいけません。つまり、強引に次のような操作を考えるわけです。

$$\left(x + \frac{b}{2c}\right)^2 = x^2 + 2 \cdot \frac{b}{2c}x + \left(\frac{b}{2c}\right)^2 = x^2 + \frac{b}{c}x + \frac{b^2}{4c^2}$$

このように、「2次の項と1次の項に対して、1次の項の係数を半分にしたやつを考えることで( )の2乗の形を作る」というのが平方完成の定石というわけです。よってこの定石に基づいて(13.4)式を整理していこうとすると、

$$y = c \cdot \left(x^2 + \frac{b}{c}x\right) + a$$
$$= c \cdot \left(x^2 + 2 \cdot \frac{b}{2c}x + \left(\frac{b}{2c}\right)^2 - \left(\frac{b}{2c}\right)^2\right) + a$$

と、一見わざわざムダに式を複雑にしているようですが、x の係数の分子と分母に同じ数2を掛けて、( )の中で同じ数を足してから引いて、という操作を行ないます。当然このような操作を行なっても間違いなく「＝」で繋がりますし、こうすることで標準形の状態に近づいていきます。これをさらに整理していくと、

$$= c \cdot \left(x^2 + 2 \cdot \frac{b}{2c}x + \left(\frac{b}{2c}\right)^2\right) - c \cdot \left(\frac{b}{2c}\right)^2 + a$$
$$= c \cdot \left(x + \frac{b}{2c}\right)^2 - c \cdot \frac{b^2}{4c^2} + a$$
$$= c \cdot \left(x + \frac{b}{2c}\right)^2 - \frac{b^2}{4c} + a$$

というように、無事標準形に近い状態になりました。つまり、

$$y = a + bx + cx^2 = c(x-p)^2 + q とすると、$$
$$p = -\frac{b}{2c}, \ q = -\frac{b^2}{4c} + a \quad \cdots (13.5)$$

と考えればよいわけです。また、当たり前ですがこれは先ほど逆に「標準形から一般形を」と考えた結果得られた(13.3)式と全く同値になっています。

$$p = -\frac{b}{2c} \Leftrightarrow b = -2cp$$

ですし、

$$q = -\frac{b^2}{4c} + a = -c \cdot \left(\frac{b}{2c}\right)^2 + a = -c \cdot (-p)^2 + a = -cp^2 + a$$
$$q = -cp^2 + a \Leftrightarrow a = q + cp^2$$

となることがすぐに確認できるでしょう。以上が平方完成の考え方であり、$y = a + bx + cx^2$ という一般形で表された放物線は、「$y = cx^2$ という放物線を右に $p = -\frac{b}{2c}$、上に $q = -\frac{b^2}{4c} + a$ だけ動かしたやつ」と理解できることになります。あるいは「x が $-\frac{b}{2c}$ のときに y は最小値(2次の係数 c がプラスのとき)または最大値(2次の係数 c がマイナスのとき)をとり、その値は $-\frac{b^2}{4c} + a$」と言い換えてもよいでしょう。

なお、本書は「傾きがb」という統計学と機械学習の慣例に合わせたところから説明をはじめたため、2次関数を$y = a + bx + cx^2$と表していますが、高校の教科書では逆に$y = ax^2 + bx + c$という順番で係数を文字で表しているため、一般的な参考書などに載っている公式では、文字の使い方が逆になっていることにはご注意ください。

このように標準形と平方完成が使いこなせるようになると、「xがいくつのときにyはいくつの最小値／最大値をとるのか」といった2次関数の性質を理解する上でとても便利なのですが、そちらの使い方については次節で詳しく説明することにします。それにより、前節の最後に問題となった「ちょうど100件の契約を取るために必要な営業訪問回数の逆算」というところを考えてみましょう。

とりあえず(12.10)式を平方完成して標準形にしてしまうと、

$$
\begin{aligned}
y &= -8 + 12x + 6x^2 \\
&= 6(x^2 + 2x) - 8 \\
&= 6((x+1)^2 - 1) - 8 \\
&= 6(x+1)^2 - 6 - 8 \\
&= 6(x+1)^2 - 14
\end{aligned}
$$

となります。このyが100であってほしいということなので、その値を代入して、「両辺に同じ数を足したり掛けたりしてもよい」という今まで何度も使ってきた操作により、できるだけxの値を逆算しやすそうな形にしてみましょう。すなわち、

$$
\begin{aligned}
&100 = 6(x+1)^2 - 14 \\
\Leftrightarrow\ &100 + 14 = 6(x+1)^2
\end{aligned}
$$

$$\Leftrightarrow \quad \frac{114}{6} = (x+1)^2$$

$$\Leftrightarrow \quad 19 = (x+1)^2 \quad \cdots (13.6)$$

というわけです。「同じ数を足し算したり掛け算したりしてもよい」というだけではここからどうやっても先に進めませんが、もう1つ「平方根」という考え方を導入して考えてみましょう。「平方根」とは「平方（2乗）したときに何かの数になるような数」という意味ですが、両辺が等しいという式が与えられているとき、「両辺の平方根同士も等しい」と考えて数式を操作してもよいというわけです。ごく簡単な例をあげましょう。次のような式が与えられていたとしたら、x はいくつだと考えられるでしょうか？

$$x^2 = 9$$

直感的に「3なら3×3＝9で成り立ちそう」ということはすぐに浮かびますが、それ以外に忘れてはいけないのは「−3でも2乗したら9になる」というところです。これらをまとめて数式で書くと、

$$x^2 = 9 \Leftrightarrow x = \pm 3$$

と表せます。「±」とは「プラスマイナス」と読み、今回で言えば x はプラス3かマイナス3だよ」といったことをまとめて示します。なお同じことを $x = 3, -3$ といった書き方で示すこともあります。

これはとてもわかりやすい例でしたが、次のような式が与えられた場合はどうでしょうか？

$$x^2 = 5$$

当然これも先ほどと同様に、xが「2乗したら5になるプラスまたはマイナスの数」であることを示しているはずですが、残念なことに小学生までの知識ではそのような数をどう表してよいかわかりません。2は2乗すると4で少なすぎますし、3は2乗すると9で多すぎます。間を取って2.5を2乗すると6.25で多すぎ、なのでさらに間をとって2.2の2乗なら……というように、「2乗するとちょうど5」という値を求めるのは、電卓なしでは少ししんどい計算です。

　しかし、逆に言えば電卓さえあれば、「$\sqrt{}$」と書かれたボタンを押すことですぐに求められる数です。あるいはエクセルで「=SQRT(5)」と入力していただいても構いません。中学校の頃に「フジサンロク……」と暗記した記憶がある方もいらっしゃるかと思いますが、おおよそ±2.236というのが「2乗すると5になる数」です。

　このように、具体的な値を求めようとするととても面倒な計算ですが、代数学は小学校の算数とは違って、「数式の時点でとりあえずキレイに整理して、計算は後回しにする」という考え方ができることを皆さんはすでに学んだはずです。よって、具体的な数はわからなくても、後から「こういう数ですよ」という意味がわかるような書き方をしておけば、とりあえずOKです。今回で言えば「2乗したら5になる数」だという意味がわかるよう、次のような書き方を使います。

$$x^2 = 5 \Leftrightarrow x = \pm\sqrt{5}$$

　「$\sqrt{}$」は電卓のボタンにも使われている「ルート」という記号であり、$\sqrt{5}$とは「ルートご」と読み、「2乗したら5になるプラスの数」を指します。ルートとはrootすなわち「根っこ」という意味であり、平方根の「根」の部分だけを略して言っているだけの話です。また$-\sqrt{5}$は「2乗したら5になるマイナスの数」です。日本の中学校や高校のテストでは電卓やエクセルを使うことが許されていませんが、数式上はいったん

このような書き方で整理を進め、具体的な値は最後に電卓やエクセルを使って求める、というのが現代の大人にとってはよい数学の勉強法ではないかと思います。

このような平方根あるいはルートの考え方を用いると、(13.6)式は次のように考えられます。

$$(x+1)^2 = 19$$
$$\Leftrightarrow \quad x + 1 = \pm\sqrt{19}$$

また、このルートを含んだ式に対しても、もちろんこれまで通り「両辺に同じ数を足したり掛けたり」してもよいので、

$$\Leftrightarrow x = -1 \pm \sqrt{19}$$

と、無事「y がちょうど100になるときの x の逆算」ができました。ここではじめて電卓を使うと $\sqrt{19} \fallingdotseq 4.36$ と求められるので、

$$x \fallingdotseq -1 \pm 4.36 = 3.36, \ -5.36$$

と、具体的な「y がちょうど100になるときの x の近似値」が何かを求めることができました。ただし、x は「営業訪問回数（100回単位）」という数なので、「－536回訪問しろ」というのはナンセンスな話です。よってゼロまたはプラスの値しか考える必要はありません。つまり、仮に前節で考えたような2次関数で営業訪問回数と契約件数の関係が捉えられるのだとすれば、「年間約336回の営業訪問を行なえばちょうど100件の契約がとれそう」と考えられるということです。本当にこれが正しいのか、念のため元の式に代入して確かめてみましょう。

$$
\begin{aligned}
y &= -8 + 12 \cdot 3.36 + 6 \cdot 3.36^2 \\
&= -8 + 12 \cdot 3.36 + 6 \cdot 11.2896 \\
&= -8 + 40.32 + 67.7376 \\
&= 100.0576
\end{aligned}
$$

と、確かに契約件数 y はおよそ 100 という値になりました。

このように、平方完成によって標準形の形にすることで、「両辺に同じ数を足したり掛けたり平方根を考える」という操作から、無事 2 次関数の「逆算」を行なうことができました。

なお、中学校の教科書では、一般形の係数から「逆算」を行なうための公式が書かれておりますが、本書ではそれを紹介しません。公式を暗記して具体的な数を計算することよりも、「平方完成して標準形にしておけば、一般的なルールだけで逆算できますよ」という公式の背後にある基本的な考え方に慣れておいた方が、本書の今後の内容を理解していく上で価値があるのではないか、というのがその理由です。

14
「ちょうどいいところ」を探したい
2次関数の解と最大値・最小値

　前節では2次関数の一般形と標準形の関係を学び、それと「両辺の平方根を考える」というやり方で、「yがいくつになるときのxはいくつか」という2次関数の逆算方法を学びました。一般形のままでは公式などを暗記しなければこうした逆算はできませんが、平方完成された標準形の状態からなら「両辺に同じ操作をしてよい」という代数学の原則だけで逆算ができるわけです。

　しかし、先ほども述べたように標準形の価値はそれだけではありません。「頂点がどこか」ということが一目瞭然な標準形においては、「xがいくつのときにyはいくつの最小値／最大値をとるのか」ということをとても簡単に考えることができます。この標準形の意義を、具体的に次のような問題を通して考えてみましょう。

　　ある通販会社では売上増の効果を期待して、これまで以上に頻繁に顧客に対してダイレクトメール（DM）を送るようにするべきか、それとも最近は「あまりにも送りすぎ」という苦情をもらうようになっているので、むしろ控えるべきか、という議論がなされている。
　　これまでこの会社は予算の関係から、毎回顧客リストからランダムに抜き出された集団に対しDMを送っているため、人によってはたまたま同じ月に何度も送られてくることも、逆にたまたま1度も送られてこないこともある。そこで、あなたが試しにある月にDMを送られた回数別に、顧客の平均購買金額を比較したところ次のようなデータが得られた。

第2章 統計学と機械学習につながる2次関数

図表 2-17

	平均購買金額
月に1回	676
月に2回	936
月に3回	996

図表 2-18

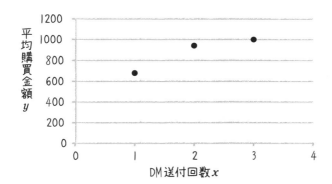

DMの送付回数と顧客の購買金額の関係が2次関数で表されるとしたとき、この2次関数はどのような式で表され、またそこからDMは月に何通送るべきだということになるだろうか？

まずは前と同様にこのデータを用いて連立方程式を解き、2次関数の係数を求めてみましょう。DMの回数を x、購買金額を y として、$y = a + bx + cx^2$ という2次関数を考えると、3行のデータから考えられる連立方程式は、

$$676 = a + b + c \quad \cdots (14.1)$$

$$936 = a + 2b + 4c \quad \cdots (14.2)$$
$$996 = a + 3b + 9c \quad \cdots (14.3)$$

となります。そして、いつものように(14.2)式から(14.1)式、(14.3)式から(14.1)式と、それぞれ両辺の引き算をすると a が消去できます。

$$936 - 676 = a - a + 2b - b + 4c - c$$
$$\Leftrightarrow \quad 260 = b + 3c \quad \cdots (14.4)$$

$$996 - 676 = a - a + 3b - b + 9c - c$$
$$\Leftrightarrow \quad 320 = 2b + 8c$$
$$\Leftrightarrow \quad 160 = b + 4c \quad \cdots (14.5)$$

あとはこの(14.5)式の両辺から(14.4)式の両辺を引けば c の値は、

$$160 - 260 = b - b + 4c - 3c$$
$$\Leftrightarrow \quad -100 = c$$

であり、たとえばこれを(14.4)式に代入して整理すれば、

$$260 = b + 3(-100)$$
$$\Leftrightarrow 260 + 300 = b$$
$$\Leftrightarrow \quad 560 = b$$

と求められます。もちろんこれは(14.5)式に代入しても同じ答えになります。そして最後にこれら b、c の値を(14.1)式に代入すると、

$$676 = a + 560 - 100$$
$$\Leftrightarrow 676 - 560 + 100 = a$$
$$\Leftrightarrow 216 = a$$

と、無事3つの係数が全て求められました。よって、DMの回数を x、購買金額を y とした2次関数は次のように表されます。

$$y = 216 + 560x - 100x^2 \quad \cdots (14.6)$$

さらに、この(14.6)式を平方完成させて標準形にしてやりましょう。

$$\Leftrightarrow y = -100\left(x^2 + \frac{560}{(-100)}x\right) + 216$$
$$= -100\left(x^2 - \frac{28}{5}x\right) + 216$$
$$= -100\left(x^2 - 2 \cdot \frac{14}{5}x + \left(\frac{14}{5}\right)^2 - \left(\frac{14}{5}\right)^2\right) + 216$$
$$= -100\left(x - \frac{14}{5}\right)^2 + 100 \cdot \left(\frac{14}{5}\right)^2 + 216$$
$$= -100\left(x - \frac{14}{5}\right)^2 + \frac{100 \cdot 196}{25} + 216$$
$$= -100\left(x - \frac{14}{5}\right)^2 + 4 \cdot 196 + 216$$
$$= -100(x - 2.8)^2 + 1000 \quad \cdots (14.7)$$

つまり、標準形で表された(14.7)式から、この2次関数の頂点の座標は $(p, q) = (2.8, 1000)$ である、ということがわかりました。また2次の項の係数はマイナスの値(-100)であり、先ほど学んだ2次関数の性質から、これは「上に凸な山を描く曲線」であることもわかります。よってこの場合の頂点とは、「x が2.8のときに y が1000という最大値になる」ということを示します。この曲線を記入してみると次のようになり

ます。

図表 2-19

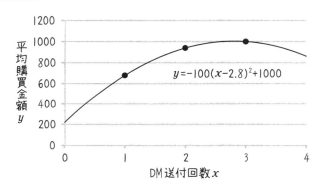

つまり、1か月に顧客が受け取るDMの数xとその月に顧客が買う金額の平均値yの関係がこのような2次関数で表されるとしたら、購買金額が最大化されるのはDMが2.8通のときであり、そのときの購買金額の最大値は1000円である、ということです。この考え方に基づけば、月にたまたま3通送られる、というだけでもすでに送りすぎであると考えられますし、ましてや4通や5通と今以上に送りつけても逆に購買金額が下がる危険性すら示唆されます。

データに最もよくあてはまる1次関数を考える単回帰分析についてはすでに説明しましたが、そちらの結果は「xが1増えるごとに〜」という線形な解釈を行なうものでした。簡単に言えばxを増やせばよいのか減らせばよいのか、そしてどれぐらい増やせばどれぐらいの効果が期待できるのか、というのが単回帰分析から得られる情報です。しかし、同じ統計学の回帰分析でも今回のようにx^2すなわち2乗項の係数はどれぐらいになるのか、ということをデータから考えることもあります。

2乗項の係数によっては、「xが増えれば増えるほどその増え方は加速

第2章　統計学と機械学習につながる2次関数

していくのかそれとも減速していくのか」と考えたり、「足りなすぎでも行き過ぎでもない最適な値はどれくらいなのか」と考えることもできます。今回の例はあくまでたった3件のデータのみから放物線をあてはめる、という素朴な分析でしたが、きちんとデータを集めて、その結果が放物線でよく説明できるということになれば、このようにグラフが上に凸な場合の「最適な値」、あるいはその逆に下に凸なグラフの「最悪な状況」を探してみてもよいでしょう。

また、このような放物線のグラフ形状がイメージできていれば、「＝」を使った方程式だけではなく、不等式についての逆算を考えることもできるはずです。たとえば次のような状況を考えてみましょう。

> この通販会社の今期の目標として「顧客の平均購買金額を900円以上にしたい」ということが設定された。DMの送付回数を「顧客の平均購買金額を最大化する」ことではなく、この900円以上という目標を守ることを最優先に考えた場合、顧客が1か月に受け取るDMは何通から何通の間に収めなければいけないか？

この「購買金額 y が900円以上」という条件を数式にするとすれば、$y \geq 900$ という不等式を考えなければいけませんが、いったんシンプルに「＝」を使った方程式で「購買金額が900円になるときの x の値」を逆算してみましょう。前節と同じように平方完成された標準形の方を使って整理していくとすると、(14.7)式から、

$$900 = -100(x-2.8)^2 + 1000$$
$$\Leftrightarrow 900 - 1000 = -100(x-2.8)^2$$
$$\Leftrightarrow \quad -100 = -100(x-2.8)^2$$
$$\Leftrightarrow \quad 1 = (x-2.8)^2$$

となり、この両辺の平方根を考えると、幸い1の平方根は±1というとてもわかりやすい値なので、

$$\Leftrightarrow \quad \pm\sqrt{1} = x - 2.8$$
$$\Leftrightarrow \quad \pm 1 = x - 2.8$$
$$\Leftrightarrow 2.8 \pm 1 = x$$
$$\Leftrightarrow \quad x = 3.8,\ 1.8$$

と、「xが1.8または3.8のときにちょうどyは900になりますよ」ということがわかりました。先ほどの営業訪問回数と同様に、DMの送付数もゼロまたはプラスの値しか考えなくていいことに違いはありませんが、今回得られた答えはどちらもこの条件にあてはまっており、「ちょうど平均900円購買させたい」のであれば、1.8通または3.8通送ればいいということになります。なお、現実には小数のDM、というのはありませんので、「だいたい2通または4通」と解釈するか、より厳密には「10か月中に18通または38通送る」といったように解釈することになるのかもしれません。

しかし知りたかったのは「ちょうど900円」ではなく「900円以上」購買してもらうために必要なDMの数です。このことを数式の操作だけで考えているとややこしくなりますが、図表2-20のようなグラフを描けばとてもわかりやすくなります。

先ほど確認した「ちょうど$y = 900$円になるxの値」というのは、こちらのグラフで言えば、$y = 900$という水平な直線と、この放物線が交差する場所のことを示しています。このような点は2つあり、1つはxが1.8のとき、もう1つはxが3.8のときということがわかりました。

しかし知りたいことは「ちょうど$y = 900$とクロスするところ」ではなく、この$y = 900$という水平な直線より上側に放物線があるxの領域です。これは言うまでもなくxが1.8から3.8までの間であり、より厳

図表 2-20

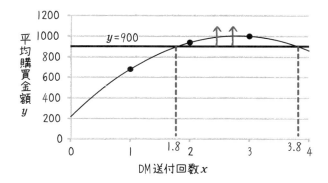

密に言えば $y \geq 900$ というように「=」というところを含むのであれば、x も 1.8 以上 3.8 以下と、「ちょうど」の点を含まなければいけません。すなわち、

$$y \geq 900$$
$$\Leftrightarrow -100(x-2.8)^2 + 1000 \geq 900$$
$$\Leftrightarrow 1.8 \leq x \leq 3.8$$

というのが今回の答えであり、「DM を 1.8 通以上 3.8 通以下にしておけば平均購買金額は 900 円以上にできそう」ということがわかったことになります。なお先ほど述べたような「10 か月で 18 通」といった半端を考えたくないのであれば、DM の送付数は整数でなければいけませんが、この場合こちらの不等式で示された範囲で収めるために、「DM は月に 2 通または 3 通」と考えてもよいでしょう。

このように、2 次関数についての不等式を考える場合には、放物線が上に凸か下に凸か、とか、頂点はどこにあるのか、といったことを考えなければいけない場合があります。こうした場合にも、2 次関数の性質

や、標準形での記述というのはとても役に立つことがわかっていただけたでしょうか？

また最後に1つだけ、2次関数と平方根についての考え方として、同じ通販会社の中で、「平均購買金額を1100円にしたいのだがDMを何通送ればよいか？」と聞かれた場合についても考えておきましょう。これは先ほどのグラフを見れば一目瞭然で、「ムリ」ということがわかります。DMと購買金額の間に今回考えたような2次関数の関係が成立している限り、購買金額は最大でも1000円にしかなりません。よって、このようなことは考えるだけムダなようにも思えますが、仮に大まじめにチャレンジした場合、どのようなことになるでしょうか？先ほどと同様に、2次関数の標準形に対して、y がちょうど1100円になるには、という計算を行なってみます。

$$1100 = -100(x-2.8)^2 + 1000$$
$$\Leftrightarrow 1100 - 1000 = -100(x-2.8)^2$$
$$\Leftrightarrow \frac{100}{(-100)} = (x-2.8)^2$$
$$\Leftrightarrow -1 = (x-2.8)^2$$
$$\Leftrightarrow \pm\sqrt{-1} = x-2.8$$

ここまでの計算は数値こそ違え、先ほどと全く同じように行なってきました。両辺から同じ数を引き、同じ数で割り、そして両辺の平方根を考えた結果、「2乗して-1になる数」というものがありさえすれば、問題は解けそうに見えます。

しかし、そんな数を少なくとも中学生は習いません。マイナスの数を2乗すれば必ずプラスになる、ということをすでに学びました。少なくとも先ほどのグラフ上で示される範囲内で x の値がどう動いても、「2乗して-1になる数」という数は見つかりません。

中学生は習いませんが、高校生はこの「2乗して-1になる数」を、

虚数という名で習います。「虚」というと意味不明で親しみにくい感じもしますが、英語ではもともと imaginary number（想像上の数）と呼び、要するに現実に見たり触れたりできるものの数じゃないけどこういう性質の数を考えましょう、といったような意味です。この頭文字をとって「2乗して−1になる数」という最も基本的な虚数は「i」と表されます。逆にこれまでに登場した一般的に我々が用いる、整数、分数、負の数、円周率πや$\sqrt{5}$といった数は実数と呼ばれます。あるいは、実数と虚数をまとめて複素数と呼んだりします。

　皆さんは「マイナス1個のリンゴ」というものだって現実には存在しないということをすでに学びました。定義さえきちんとできて、それが数学を考えるのに便利なものであれば、現実に存在しない数を考えて使ったって構いません。なので、「想像上の数」を人類は発明して使いこなしているわけです。たとえば音声をデータ化して機械学習に使う場合には、フーリエ変換と呼ばれる計算を行なって「複雑な音を単純な振動に分解して考える」ことがありますが、このフーリエ変換の中には虚数が登場します。あるいは、統計学を専門的に勉強していくと、本書の後で詳しく述べる確率分布の性質を捉えるために、特性関数という道具を使うこともあるでしょう。こちらの中でも虚数が使われます。

　本書ではこれ以上、虚数や複素数に関しては説明しませんが、ひとまず「2乗して−1になるiという数を使って表される、虚数や複素数というものがある」ということだけを覚えておいてください。

15
平方完成と最小二乗法

　ここまで、皆さんは2次関数の性質や扱い方について詳しく学んできました。「エンジニアのための数学ピラミッド」においては、2次関数とはすなわち物を投げたときの放物線を描くものです。また、重力などによる加速度が存在している状況で物がどう動くのか、というニュートン力学の基礎を理解する上で必要になります。このことを理解していれば、大砲の弾や爆弾を遠くから目標物にあてることも簡単になるでしょうから、少なくとも第二次世界大戦頃まではこうした知識を国民がどれだけ持っているかが一国の力を大きく左右したのかもしれません。

　残念なことに一部のエンジニアを除く我々の多くは、普段の生活で力学の計算をする機会に恵まれませんが、「統計学と機械学習の数学ピラミッド」においても2次関数は、「最小二乗法の理解」というとても大きな意味を持ちます。最小二乗法とは、統計学と機械学習を通して「データによくあてはまるように」という関係を考える上で最も基本になる、とても重要な考え方です。

　そんなわけで2次関数について学んできた本章のしめくくりとして、最小二乗法の考え方を学んでいきたいと思います。そのために、次のような問題を見てみましょう。

　先ほどの計算では、営業訪問回数と契約件数が放物線で示される関係にあると仮定した。しかし、この若者が計算結果に基づき「来期は最低336回営業訪問して100件の契約を取りたい」という目標を上司に報告したところ、上司は次のような問題点を指摘した。
　「自分の経験上、訪問すればするほど加速的に契約が取れるということは考えにくく、両者の関係性としては直線的になっているように

図表 2-21

	訪問回数(百回)	契約件数
1年目	1	10
2年目	2	40
3年目	3	82

図表 2-22

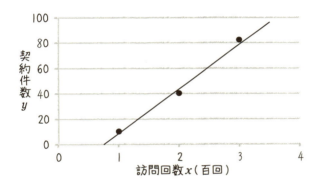

思う。また、契約が計算した理屈通りにきっちり取れる、という考え方が気になる。同じだけ頑張っていても、年によってはやたら調子が良かったり、悪かったりすることもある。このようなばらつきを考えた上で目標を立て直した方がよいのではないか？」

　上司のアドバイスに従って「直線的な関係とそこからのばらつき」という形でデータを捉え直したとき、この若者が100件の契約を来期とるために必要な訪問回数は何件と推定されるだろうか？

　すなわち、上司の主張としては、これまでに考えてきたような放物線ではなく、図表2-22のグラフのように「理論上の直線とそこからのズ

レ」という形で現実を捉えて目標を立てなさいということです。

　こちらはこれまでとは違い、直線はどの点も通っておらずズレています。このズレは上司の言うように「調子の良い悪い」を示しているのかもしれません。つまり、1年目や3年目はふつうに考えられるよりも調子が良く、逆に2年目は頑張った割にはたまたま成果が出なかった、というように解釈されるわけです。

　中高生が習う数学ではこのような「ズレ」という概念が登場しませんが、統計学や機械学習は基本的に、「理論上の推定値と現実の値のズレを最も小さくしてやるためにはどうすればいいか」を考える分野です。「直線とそこからのズレ」という考え方をするとき、当然「とんでもなくズレが大きくあてはまりの悪い直線」を考えることもできますが、そこから得られる予測や洞察もやはり的外れになってしまうでしょう。

　そこで、直線から点までのズレができるだけ小さいようなデータ同士の関係を考えてやりたいところですが、ここで使う方法が最小二乗法です。一般的に、大学以降に学ぶ最小二乗法の考え方では微分を使った計算をしますし、本書も後でそうした計算方法を紹介します。しかし、多少手間はかかるものの、平方完成という中学生が学ぶ計算だけでも、最小二乗法に基づく「最もあてはまりのよさそうな直線」を考えることはできます。それでは実際にやってみましょう。

　まずこれまでと同様に、$y = a + bx$ という直線の式を考えますが、今度は「線が点をちょうど通る」わけではなく、そこからのズレを含めて考えなければいけません。統計学や機械学習ではこのズレを伝統的にギリシャ文字の ε（イプシロン）を使って表します。ε は英字の「e」に対応する文字で、error（誤差）の頭文字に対応している、と覚えておけばよいでしょう。ただしこの ε はそれぞれの点において一定というわけではありません。データの得られた3つの点のそれぞれにおいて、異なる「ズレ」の値が考えられるわけなので、それぞれが「違う値ですよ」ということを区別する必要があります。

しかし、いちいちそれぞれのズレの値に英字やギリシャ文字を対応させる、というのはあまりうまいやり方とは言えません。今回はあくまで数学的なところを理解するための練習問題ですので、わずか3つのデータだけで考えますが、実際には数百件とか、数千件ものデータを使って分析することになるわけです。その際「いちいち異なる文字を」と考えていたのでは、すぐに文字を使い尽くしてしまうことになるでしょう。

そこで、たとえば1つめのデータにおけるズレはε_1、2つめのデータにおけるズレはε_2、3つめのデータにおけるズレはε_3というように考える、というやり方がよくとられます。これらを一般化すると、「i番目のデータにおけるズレはε_i」と表すこともありますが、要するに文字の右下に「何番目の〜」という意味を示す数字（あるいはその数字を抽象化したiのような文字）を添えるわけです。このような書き方は「添え字記法」とか「添え字表記」と呼ばれます。なお、ここで使われる文字が「i」であるのも数学的な慣例ですが、おそらく「index（添え字）」の頭文字ということでしょう。言うまでもなく前述の虚数iとは全く別の話です。

今回で言えばこの添え字記法を使って、次のような3つの数式を考えることができます。

$$10 = a + b \cdot 1 + \varepsilon_1 \quad \cdots (15.1)$$
$$40 = a + b \cdot 2 + \varepsilon_2 \quad \cdots (15.2)$$
$$82 = a + b \cdot 3 + \varepsilon_3 \quad \cdots (15.3)$$

つまり、切片や傾きについては全データ共通のものを考え、たとえば「1番目のxの値から線形に推測された値と実際に得られた1番目のyの値との間のズレε_1」の間の関係が、その切片と傾きによって表されると考えるわけです。なお、それぞれのε_iの値は、プラスであれば「考えられた直線よりも実際のデータの点が上にある」状態で、逆にマ

イナスであれば逆に「下にある」ような状態を指します。

3つそれぞれの式に「わからないズレ」が考えられているため、この(15.1)〜(15.3)式はこれまでのように連立方程式を解けばよいというものではありません。仮に ε_1 が1億、というような極端な値を考えたとしても、切片と傾き、そして他のデータについてのズレの値によっては帳尻があってしまうわけですし、何なら1兆でも100兆でもやはり帳尻があってしまいます。しかし、このような「ズレの大きい直線」を考えてもあまり実用上の意味はありません。できるならば ε_1、ε_2、ε_3 がトータルで一番小さいものになるような切片 a と傾き b を考えてやりたいはずです。そして、「ズレが小さい」ということを別の言葉で言えば、「プラスかマイナスかを問わず0に近い」ということです。どれかのズレが1億とか1兆、というような状況よりは、可能な限りどのズレも全てせいぜい ±10 以内、といった直線を考えた方がよいはずです。

「プラスかマイナスかを問わずその数が0からどれだけ離れているか」という値のことを「絶対値」と呼びます。ある数からその絶対値を計算したければ、「値が0以上だったらそのまま、マイナスだったら−1を掛けてプラスの値にしてやったもの」という計算をしてやればよいだけですが、これは第1章で学んだように、面倒な「場合分け」を含む計算です。いちいち「直線が点の下にズレるのか／上にズレるのか」という場合分けをしようとすると、わずか3件のデータですら最大8パターン（2の3乗）の場合分けをしなければいけません。実際に、数学者ピエール・シモン・ラプラスはこのような計算を昔研究していたものの、あまりに煩雑なためかいつの間にか研究をやめてしまったそうです。

ですが皆さんはすでに、この絶対値以外にも「プラスだろうがマイナスだろうが必ずプラスにしてやれる」という計算法を学んでいるはずです。それが「2乗する」というやり方であり、最小二乗法とは「ズレを2乗したものの合計が最小となるように考える方法」という意味です。アドリアン・マリ・ルジャンドルや、カール・フリードリヒ・ガウスと

いった数学者たちによってこの方法は生み出されました。なお、すでに「足し算の答え」という意味の日本語である「和」という言葉や、「2乗する」ことを指す「平方」という表現を紹介しましたが、「2乗したものの合計」のことを「2乗和」とか「平方和」と呼ぶこともあります。

それでは実際に、(15.1)〜(15.3)までの式を使って、最小二乗法を考えてみましょう。まず、知りたいことは「ズレの2乗和」なので、この3つの式を全て「ε = いくつ」という形にします。

$$(15.1) \Leftrightarrow \varepsilon_1 = 10 - a - b$$
$$(15.2) \Leftrightarrow \varepsilon_2 = 40 - a - 2b$$
$$(15.3) \Leftrightarrow \varepsilon_3 = 82 - a - 3b$$

これらを使って「ズレの2乗和」は次のように求められます。

$$\begin{aligned}&\varepsilon_1^2 + \varepsilon_2^2 + \varepsilon_3^2\\&= (10-a-b)^2 + (40-a-2b)^2 + (82-a-3b)^2 \quad \cdots (15.4)\end{aligned}$$

あとはこれをうまく計算して整理していけばよいだけですが、まずは(15.4)式右辺の1つめの部分について丁寧にみていきましょう。公式などを使わず正直に分配法則を使って計算していくと、

$$\begin{aligned}(10-a-b)^2 &= (10-a-b)\cdot(10-a-b)\\&= 10\cdot(10-a-b) - a\cdot(10-a-b) - b\cdot(10-a-b)\\&= 100 - 10a - 10b - 10a + a^2 + ab - 10b + ab + b^2\end{aligned}$$

となり、あとは似たような項をまとめて係数の足し算／引き算を行なえば整理できます。このようなやり方をしてももちろん問題ありませんが、もうちょっと楽をしようと思ったら次のような「3つの項の足し算の2

乗」という公式を使った方がよいかもしれません。すなわち、

$$(x+y+z)^2 = x^2 + y^2 + z^2 + 2xy + 2yz + 2xz$$

という公式において、x のところが 10 で、y のところが $-a$ で、z のところが $-b$、というように考えればその方が早く計算できるはずです。なお、ここまで $y=f(x)$ すなわち「x が決まれば y の値が決まる」といった関数のことばかりを考えてきたため、ついこれらの x や y といった文字の使い方に何か意味があるのではないか、と深読みしてしまう人もいるかもしれません。しかし、この公式においては純粋に「別にどんな文字使ってもいいんだけど、とりあえず x とか y とかいう文字を使って表しました」というだけの話です。

この公式もすでに学んだ「足し算／引き算の 2 乗の公式」と同じように、次の「総当たり戦」の表をかけばなぜそうなるかがすぐに理解できるはずです。

図表 2-23

	x	y	z
x	x^2	xy	xz
y	xy	y^2	yz
z	xz	yz	z^2

すなわち、x 同士、y 同士、z 同士の掛け算が 1 つずつと、x と y、y と z、x と z という異なる文字の掛け算が 2 つずつ、というものを全て合わせたものになるというわけです。この考え方に基づくと (15.4) 式右辺の各項は、

$(10-a-b)^2$
$= 10^2 + (-a)^2 + (-b)^2 + 2 \cdot 10 \cdot (-a) + 2 \cdot (-a) \cdot (-b) + 2 \cdot 10 \cdot (-b)$
$= 100 + a^2 + b^2 - 20a + 2ab - 20b$

$(40-a-2b)^2$
$= 40^2 + (-a)^2 + (-2b)^2 + 2 \cdot 40 \cdot (-a) + 2 \cdot (-a) \cdot (-2b) + 2 \cdot 40 \cdot (-2b)$
$= 1600 + a^2 + 4b^2 - 80a + 4ab - 160b$

$(82-a-3b)^2$
$= 82^2 + (-a)^2 + (-3b)^2 + 2 \cdot 82 \cdot (-a) + 2 \cdot (-a) \cdot (-3b) + 2 \cdot 82 \cdot (-3b)$
$= 6724 + a^2 + 9b^2 - 164a + 6ab - 492b$

とそれぞれ求められます。よってこれらを全部足し合わせた「ズレの2乗和」は、これら各項を足し合わせて、

$\varepsilon_1^2 + \varepsilon_2^2 + \varepsilon_3^2$
$= (100 + 1600 + 6724) + (1+1+1)a^2 + (1+4+9)b^2$
$\quad - (20+80+164)a - (2+4+6)ab - (20+160+492)b$
$= 8424 + 3a^2 + 14b^2 - 264a + 12ab - 672b \quad \cdots (15.5)$

と求められました。あとはこれを a と b の両方に対して平方完成してやれば「ズレの2乗和を最小化する切片と傾きの組合せ」がわかります。切片の方から先に平方完成してやっても、傾きの方から先に平方完成してやっても最後の結果は同じことになりますが、今回はまず(15.5)式を、切片 a について平方完成してやることにしましょう。もし気になる方がいたらぜひ先に傾き b について平方完成を行なうやり方も試してみてください。

切片 a について平方完成しようとすると、(15.5)式をそれぞれ、a の

何次の項かというところで分けて整理しなければいけません。つまり、a^2 の項、a の項、a と関係のない定数の項、というようにまとめるわけです。すなわち、

$$\varepsilon_1^2 + \varepsilon_2^2 + \varepsilon_3^2$$
$$= 3a^2 + (12b - 264)a + 14b^2 - 672b + 8424$$

としてやれば、これは a についての 2 次関数と考えられますので、これまでと同様に平方完成を行なうことができます。すなわち、

$$= 3\left(a^2 + \frac{12b - 264}{3}a\right) + 14b^2 - 672b + 8424$$
$$= 3\left(a^2 + 2 \cdot \frac{12b - 264}{2 \cdot 3}a\right) + 14b^2 - 672b + 8424$$
$$= 3(a^2 + 2 \cdot (2b - 44)a) + 14b^2 - 672b + 8424$$
$$= 3(a^2 + 2 \cdot (2b - 44)a + (2b - 44)^2 - (2b - 44)^2) + 14b^2 - 672b + 8424$$
$$= 3(a + (2b - 44))^2 - 3(2b - 44)^2 + 14b^2 - 672b + 8424$$
$$= 3(a + (2b - 44))^2 - 3((2b)^2 + 2 \cdot 2b \cdot (-44) + (-44)^2) + 14b^2 - 672b + 8424$$
$$= 3(a + (2b - 44))^2 - 3(4b^2 - 176b + 1936) + 14b^2 - 672b + 8424$$
$$= 3(a + (2b - 44))^2 - 12b^2 + 528b - 5808 + 14b^2 - 672b + 8424$$
$$= 3(a + (2b - 44))^2 + 2b^2 - 144b + 2616 \quad \cdots (15.6)$$

というように計算していけば、切片 a についての標準形の形が得られました。

さて、この標準形からまずわかることは、切片 a の 2 次の係数は 3 でプラスの値です。つまり a についての放物線は下に凸な形であり、この 2 次関数は頂点において最小値をとります。頂点は（　）^{2} の中身が 0 になるところなので、$a = -(2b - 44)$ であれば、（　）^{2} の後に続く（a にとっての）定数部分、$2b^2 - 144b + 2616$ という値が「ズレの 2 乗和の最

小値」になるはずです。また当然、この「$2b^2 - 144b + 2616$」という値も、傾きbの値によって変わる2次関数であると考えられますので、この部分もできるだけ小さくなるようなbの値を求めるべく、こちらについても平方完成をしてみましょう。そうすると、

$$\begin{aligned}
&\varepsilon_1^2 + \varepsilon_2^2 + \varepsilon_3^2 \\
&= 3(a + (2b-44))^2 + 2b^2 - 144b + 2616 \\
&= 3(a + (2b-44))^2 + 2(b^2 - \frac{144}{2}b) + 2616 \\
&= 3(a + (2b-44))^2 + 2(b^2 - 72b) + 2616 \\
&= 3(a + (2b-44))^2 + 2(b^2 - 2\cdot 36b + 36^2 - 36^2) + 2616 \\
&= 3(a + (2b-44))^2 + 2(b-36)^2 - 2\cdot 36^2 + 2616 \\
&= 3(a + (2b-44))^2 + 2(b-36)^2 - 2592 + 2616 \\
&= 3(a + (2b-44))^2 + 2(b-36)^2 + 24 \quad \cdots (15.7)
\end{aligned}$$

と、aにとっての定数部分についても、bについての標準形で表すことができました。こちらについてもbについて「下に凸」ということがわかるため、(15.7)式からズレの2乗和を最小化したければ、次の2つの条件を両方満たさなければいけないということがわかりました。

$$\begin{aligned}
a &= -(2b-44) \quad \cdots (15.8) \\
b &= 36 \quad \cdots (15.9)
\end{aligned}$$

この(15.8)式が「ズレの2乗和を最小化するためのaが何か」というための条件であり、先に行なったaについての平方完成から導かれました。また残りの定数部分に対して、bについての平方完成を行なった結果、「ズレの2乗和を最小化するためのbが何か」という(15.9)式の条件が得られました。よって、(15.8)式のbのところに(15.9)式で示された「36」という値を代入してやれば、この両者はともに満たされます。

すなわち、

$$a = -(2 \cdot 36 - 44) = -(72 - 44) = -28$$

と、切片 a の値の方も求められるわけです。よって、知りたかった「ズレの2乗和を最小化するような切片と傾きの直線」が次の式で表されることがわかりました。

$$y = -28 + 36x$$

こちらをグラフにしてみると、次のようになります。

図表 2-24

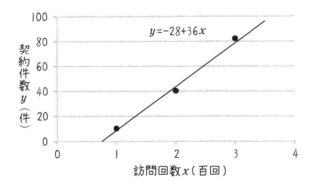

確かに上司の言うとおり、直線であてはめた上で、そこから少し「調子の良し悪しによるズレがある」と解釈することに問題はなさそうです。そしてこの直線で訪問回数と契約件数の関係を捉えると、100件の契約を取るために必要な訪問回数は、これまで何度も行なってきた逆算から、次のように求められます。

第2章 統計学と機械学習につながる2次関数

$$100 = -28 + 36x$$
$$\Leftrightarrow 100 + 28 = 36x$$
$$\Leftrightarrow \quad 128 = 36x$$
$$\Leftrightarrow \quad \frac{128}{36} = x$$

　ここで、128÷36という計算を、筆算なり電卓なりで行なえば3.5555…と無限に続く小数が得られます。つまり、キリのよい近似値としては3.56、すなわち「だいたい356回営業訪問すれば100件契約取れるかも」という見通しがたったことになります。

　このように、データからのズレ方が最も小さくなるようxとyの線形な関係を推定するのは、一般的に単回帰分析と呼ばれる分析手法です。今回であれば、知りたいことは「契約が何件取れるか」という結果であり、ひょっとするとその結果をよく説明できるかもしれないという変数が営業訪問回数でした。これらをそれぞれ統計学や機械学習では、「結果変数」「説明変数」と呼びます。単回帰分析では「線形な関係」という説明変数と結果変数の関係についてのモデルを考えます。そして、モデルから推測される結果変数の値と、実際の結果変数の間のズレの2乗和が最も小さくなるように、と、最小二乗法に基づいて直線の数式を表すための切片と傾きを求めました。なお、慣例的に統計学や機械学習では、xが説明変数側、yが結果変数側に用いられます。あるいは人によっては説明変数xのことを独立変数と呼んで、結果変数yのことを従属変数と呼ぶ人もいますが、基本的な考え方は全く変わりません。

　このような考え方は統計学と機械学習の基本であるといってもよいでしょう。より複雑な関数で示されるモデルを考えたり、あるいは複数の説明変数を同時に使うモデルを考えたり、最小二乗法ではないやり方で「データに最もよくあうモデル」を考えたり、といったバリエーションはありますが、基本的な考え方はやはり、単回帰分析と同じようなものです。つまり、皆さんがここまでに学んだ数学的知識は、ほとんど中学

校で習うようなものばかりですが、その使い方はすでに大学以降に習う統計学と機械学習の考え方に準じたものとなっています。

　ただし、もちろん現代の統計学者が授業の場以外で平方完成の計算を行なうことはありませんし、機械学習の計算においてもコンピューターが黙々と数式の整理をしているわけではありません。コンピューターという現代の道具と、微積分の知恵をうまく活用して、より効率的に、そしてある意味力業で、「最もデータによくあうモデル」は考えられています。この知恵を学ぶためにはもちろん微積分を理解しなければいけませんが、その前に少し寄り道して「1次関数や2次関数以外の数の関係」について理解していきましょう。

第3章

統計学と機械学習につながる二項定理、対数、三角関数

16
二項定理と組合せの数

　本書はここから、1次関数や2次関数より少し複雑な数の関係性についてお話していこうと思います。

　「1次関数」「2次関数」とくれば、次は「3次関数」「4次関数」というところが気になるかもしれません。確かにそうした関数も世の中には存在していて、たとえば3次関数のグラフを例にあげると次のようなものがあります。

図表 3-1

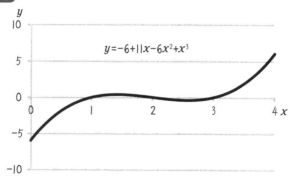

　2次関数では頂点を境目に「増えて減る」あるいは「減って増える」という変化を示していましたが、この3次関数はそうした境目が2つあり、「増えて減って増える」という変化を示しています。

　あるいは4次関数の例としては次のように、境目が3つで、「減って増えて減ってまた増える」という変化を示すものをあげることができます。

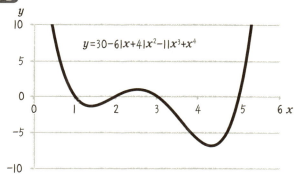

図表 3-2

2次関数が登場したときすでに述べたように、1次関数か2次関数か3次関数か4次関数か、というところを一般化して「n次関数」と表現することもあります。「natural number（自然数）」の頭文字というところからか、nは1、2、3といった自然数を一般化するときによく使われるという話もしました。そうすると、n次関数には最大で$n-1$個の境目があり、その前後でyの値が増えるか減るかが変わるものである、という性質を持っています。

しかし、実際的な問題とし、3次関数や4次関数の解を平方完成のような代数学的なやり方で解こうとすると、めちゃくちゃ面倒なわりに統計学や機械学習の理解に素晴らしく役立つ、というものではありません。

それよりも大事なのは、むしろ2次関数のところで「公式として重要」と述べた「足し算の2乗についての公式」が、「n乗だった場合どうなるのか」というところです。2次関数のときは平方完成や標準形と絡めて$(x+p)^2$という形で公式を示しましたが、別にここはpという文字にこだわる必要はなく、一般的には「足し算の2乗の公式」は、xとyを使って次のように示されます。

$$(x+y)^2 = x^2+2xy+y^2 \quad \cdots (16.1)$$

なお、これはすでに紹介した$(x+y+z)^2$についての公式のときと同様に、xやyといった文字の使い方に関数を表すときのような意味はなく、「別にどんな文字つかってもいいんだけど……」というものです。また、前章では、なぜこのような公式が成り立つかを、「分配法則の総当たり表」という考え方で整理しました。こちらも再掲しておきましょう。

図表 3-3

	x	y
x	x^2	xy
y	xy	y^2

　つまり、$(x+y)$を2つ掛け合わせると、x同士の掛け算が1回、y同士の掛け算が1回、そしてxとyの掛け算が2回行なわれて、それらを足し合わせることになるため、整理すれば(16.1)式の右辺のような状態になるというわけです。

　本書が次に紹介するのは、この(16.1)式において、左辺を（　）の2乗ではなく、3乗や4乗というように何乗もしていった場合に右辺がどうなるか、という話です。（　）の中にはx、yという文字で表された「2つの項」がありますが、この「2つの項の式をn乗した場合の係数」はどうなるかという意味で、ここから考えるその法則性は二項定理と呼ばれます。あるいはその係数自体が二項係数と呼ばれたりもします。

　二項定理について考える取っ掛かりとして、まずは3乗の計算について考えてみましょう。先ほどと同様に「総当たり」を考えれば、全ての掛け算の組合せは$2 \times 2 \times 2$で8パターン考えられます。これら全てを競馬の「三連単」の組合せのように列挙すると、次のようにまとめることができるでしょう。

第3章　統計学と機械学習につながる二項定理、対数、三角関数

図表 3-4

組合せ	掛け算の結果
xxx	x^3
xxy	x^2y
xyx	x^2y
xyy	xy^2
yxx	x^2y
yxy	xy^2
yyx	xy^2
yyy	y^3

　こちらを見ると、x ばかり、あるいは y ばかりを3つ全て掛け合わせるのは各1パターンのみで、あとは3パターンずつ「x が2回で y が1回」あるいは「x が1回で y が2回」となります。よって、これを数式で書くと次のようになります。

$$(x+y)^3 = x^3 + 3x^2y + 3xy^2 + y^3 \quad \cdots (16.2)$$

同様に4乗の場合についてもやはり組合せを整理してみましょう。

図表 3-5

組合せ	掛け算の結果	組合せ	掛け算の結果
xxxx	x^4	yxxx	x^3y
xxxy	x^3y	yxxy	x^2y^2
xxyx	x^3y	yxyx	x^2y^2
xxyy	x^2y^2	yxyy	xy^3
xyxx	x^3y	yyxx	x^2y^2
xyxy	x^2y^2	yyxy	xy^3
xyyx	x^2y^2	yyyx	xy^3
xyyy	xy^3	yyyy	y^4

こちらもやはり、xばかり、あるいはyばかりというx^4とy^4は1パターンずつですが、それ以外にはx^3yとxy^3が4パターンずつ、x^2y^2が6パターンで、式で表すと次のようになります。

$$(x+y)^4 = x^4 + 4x^3y + 6x^2y^2 + 4xy^3 + y^4 \quad \cdots (16.3)$$

そろそろ全パターンあげる手間もたいへんになってきましたのでこのあたりで一度、これまでの傾向を整理しましょう。nを自然数とした場合の$(x+y)^n$について、（ ）を使わない形に整理する（これを展開すると言ったりします）と、次のようなことが言えそうです。

傾向１：「xだけ」「yだけ」を掛け合わせたx^nの項の係数は1になる。

傾向２：「xが1回であとはy」「yが1回であとはx」という項の係数はnになる。

傾向３：これまでxの次数が高い順に並べてみたが、どれも係数は左右対称で、真ん中よりの項ほど係数が大きい。なお、左右対称ということはxの次数が低い順、あるいは逆に言えばyの次数が高い順に並べてもやはり、「左右対称で真ん中の項が最も係数が大きい」ということになるはずである。

まず傾向１についてですが、いくらnの数が増えようと、「xだけ」「yだけ」を掛け合わせる組合せは1個しかないので、そりゃそうだという話です。

次に傾向２についてですが、「xが1回で残りがy」というのはたとえば先ほどの$(x+y)^4$の計算でいえば、xy^3という項の係数が最終的にn（この場合4）になった、というような話をしています。組合せを見て

いくと xyyy、yxyy、yyxy、yyyx、というように「n個の（　）のうちのどこかが x でそれ以外が y」にならなければいけないため、このような組合せはちょうど n 個考えられます。また同様に、「y が1回で残りが x」でも、xxxy、xxyx、xyxx、yxxx という n（この場合4）パターンの組合せが考えられるわけです。

　このように、傾向2に限らず今回考えている問題は、x と y の文字を仮に逆さにしても全く何も変わりません。交換法則に基づき、$(x+y)^n = (y+x)^n$ になるということは容易に理解できるでしょう。これが傾向3であげた「左右対称」ということです。

　あとは最後に残ったややこしい問題として、「なぜ真ん中の項の係数が最も大きいのか」という点について理解するために、4乗したときの真ん中の係数がなぜ6になるのか、というところを考えてみましょう。傾向2のときと同じように考えると、この係数は「n 個の（　）のうち2つが x で残りが y」と考えることができます。ではこの「n 個から2つを選ぶ組合せ」は何パターンあるでしょうか？ここでひとまず問題を3段階に分けて考えてみましょう。

手順1：n 個の中からまず1個を選ぶ。
手順2：残りの n−1 個の中から1個を選ぶ。
手順3：手順1×手順2の掛け算で総当たりを考える。

　たとえば先ほどの4乗の計算で言えばこの n は4で、手順1の時点では「（　）が1個目でも2個目でも3個目でも4個目でもよい」と n パターンが考えられます。しかし、次の手順2においては同じ場所の（　）同士を掛け合わせるわけにはいきませんから、残りの n−1 パターンの中から選ばなければいけません。そうするとひとまず4×3で12パターンではないか？と考えられます。

しかし、この考えは1つ見落としがあります。その見落としを確認するために、手順1と手順2でそれぞれ何番目の（ ）を選んだか、というところをまた表にまとめてみましょう。

図表 3-6

手順1	手順2	組合せ	手順1	手順2	組合せ
1	2	1-2	3	1	1-3
1	3	1-3	3	2	2-3
1	4	1-4	3	4	3-4
2	1	1-2	4	1	1-4
2	3	2-3	4	2	2-4
2	4	2-4	4	3	3-4

そうすると、実は同じ組合せが2つずつ出現していることがわかります。これは言われてみれば当たり前で「最初が3で次が4」でもその逆の「最初が4で次が3」でも、結局のところ「3番目の（ ）と4番目の（ ）を選ぶ」ことに変わりはないわけです。そのため先ほどの3つの手順に、最後4つめの手順を加えてやらなければいけません。

手順1：n個の中からまず1個を選ぶ。
手順2：残りの$n-1$個の中から1個を選ぶ。
手順3：手順1×手順2の掛け算で総当たりを考える。
手順4：手順3の総当たりのうち「同じ組合せになるパターン」がいくつずつあるかを考慮して割る。

今回で言えばそれが「裏表の2パターンずつ」なので、その数2で割ってやると、n個のものから2個を選ぶ組合せは$n \times (n-1) \div 2$という計算で求められることになります。このnが4であれば、$4 \times 3 \div 2 = 6$

となり、これが先ほどの x^2y^2 の項の係数に一致します。

ではこれが n 個の中から3個を選ぶ場合ではいかがでしょうか？先ほどと同様に手順を書くと、

- n 個の中からまず1個を選ぶ
- 残りの $n-1$ 個の中から1個を選ぶ
- さらに残りの $n-2$ 個の中から1個を選ぶ
- 上記3つのパターン数を掛け算して総当たりを考える
- 総当たりのうち「同じ組合せになるパターン」がいくつずつあるかを考慮して割る

ということになりますが、最後の「同じ組合せになるパターンがいくつずつ」というところだけがわかればこの問題は解決します。

たとえば n 個のうち a 個目、b 個目、c 個目という3つが選ばれる組合せにおいて、それぞれが手順1〜3の何番目に選ばれるかと考えると、全部で何パターンあるのでしょうか？これは、a、b、c の3つのものを並び替えるパターンを考えているのと同じことですが、試しに全パターンを列挙すると次のようになります。

図表 3-7

1番目	2番目	3番目
a	b	c
a	c	b
b	a	c
b	c	a
c	a	b
c	b	a

すなわち、答えとしては「6パターン」ということですが、具体的な答えだけしかわからないのでは、今後一般化して考えることはできず、毎回「全パターンを列挙する」ことは現実的ではありません。そこでこのパターンがどのようにして生じているのかを考えると、やはり先ほどと同様に次のような順番で考えることができます。

- a、b、c の 3 つのうちから 1 番目の文字を選ぶ
- 残り 2 つのうちから 2 番目の文字を選ぶ
- 最後の 1 つは自動的に決まる

　ここから、3×2×1＝6 パターンあったのだ、と解釈することができるでしょう。これがもし、a、b、c の 3 つではなく、a、b、c、d の 4 つだったとしても「4 つから 1 つを選び、残りの 3 つから 1 つを選び、残りの 2 つから 1 つを選び、最後の 1 つは自動的に決まる」ということで、4×3×2×1＝24 というように考えることができます。

　このように毎回毎回掛け算を書くのはたいへんなので、新しい記号を紹介しましょう。ある自然数 n を 1 つずつ減らしながら、1 になるまで掛け合わせるという計算を「階段状に数を減らしながら続ける掛け算」という意味で「n の階乗」と表現します。なお、すでに「掛け算」を「乗じる」と表現するという話は説明したところかと思います。「n の階乗」は数式中ではビックリマークを使って「$n!$」と書き表しますが、この意味を数式で確認しておくと、

$$n! = n \cdot (n-1) \cdot (n-2) \cdot \cdots \cdot 2 \cdot 1$$

ということになります。具体例をあげると、先ほどの、「a、b、c の 3 つが何番目に選ばれるのか」という並びのパターンを考えた際の計算は、「3 の階乗」すなわち「3!」でした。これは、

$$3! = 3 \cdot 2 \cdot 1 = 6$$

ということになります。

なお、計算の書き方が楽になるという事情から、自然数だけでなく「0の階乗」というものも特別に定義されています。先ほどは「3個を並べ替えるパターン」を考えた結果3!という計算になりましたが、ここで「0個を並べ替えるパターン」と言われたらどう考えればよいでしょうか？もちろん「0個は並び変えられないから0」と考えてもよいですが、その代わりに「0個だから『何もなし』という1パターンだけと考える」ことによって、階乗や組合せの数に関わる計算はだいぶシンプルに書き表すことができます。つまり、

$$0! = 1$$

というのが階乗の特別な定義です。

それでは「n個から3個を選ぶ組合せ」はこの階乗を使ってどのように表すことができるでしょうか？先ほどの手順を数式にしてみると、「順番に3個を選んだ総あたりのうち同じ組合せになるパターン」は3!だということがわかりましたので、

$$n\text{個から3個選ぶ組合せの数} = \frac{n \cdot (n-1) \cdot (n-2)}{3!} \quad \cdots (16.4)$$

と書き表すことができます。しかし、この分母は「!」を使って階乗でスッキリと書いてやれるのに、分子はそうはなっていません。3個を選ぶぐらいなのでまだ全部書いても何とかなりますが、これが「10個を選ぶ」場合などになると、10回も掛け算を書かなければいけないのはかなりの手間です。

なぜ分子が階乗の形になってないかと言えば、分子が「$\cdots \times 2 \times 1$」

という階乗の最後までたどり着いていないからです。そこで、これまでに何度も登場した「分子と分母に同じ数を掛けてもよい」というルールに従って、階乗を使った書き方にしてやりましょう。この(16.4)式右辺の分子と分母の両方に、$(n-3)$の階乗を掛けてやれば無事「階乗の最後までたどり着く」ことができます。すなわち、

n 個から3個選ぶ組合せの数

$$= \frac{n \cdot (n-1) \cdot (n-2)}{3!}$$
$$= \frac{n \cdot (n-1) \cdot (n-2) \cdot (n-3)!}{(n-3)! \cdot 3!}$$
$$= \frac{n \cdot (n-1) \cdot (n-2) \cdot (n-3) \cdot (n-4) \cdots 2 \cdot 1}{(n-3)! \cdot 3!}$$
$$= \frac{n!}{(n-3)! \cdot 3!} \quad \cdots (16.5)$$

というように考えてやれば、途中で切れずに無事分子も「階乗の最後までたどり着く」ことができましたし、分母も2つの階乗の掛け算でスッキリと表すことができています。これは n 個から3個選ぶ場合に限らず、1個選ぶ場合でも5個選ぶ場合でも、何なら100個選ぶ場合でも、n より小さい自然数個だけ選ぶのであれば同じことが言えます。アルファベットの並びで n の近くにある、i、j、k、l、m あたりはよく整数を表すために使われます（ただし n の次の o は数字のゼロと見分けがつきにくいためかあまり使われません）ので、たとえば「n 個から k 個選ぶ組合せ」と一般化してやると、これは次のように表されます。

$$_nC_k = \begin{pmatrix} n \\ k \end{pmatrix} = \frac{n!}{(n-k)! \cdot k!} \quad \cdots (16.6)$$

これら「＝」で繋がれたものはどれも全く同じ意味ですが、まず一番

左側の C というアルファベットを使った書き方は「コンビネーションのエヌのケー」というように読みます。また左から2番目の書き方は「エヌ、ケーの二項係数」というように読みます。いずれも「n 個から k 個選ぶ組合せ」の数を示す記号であり、階乗を使ってその意味を表すと一番右側のようになるわけです。

なお、「組合せ」を英語で言えばそのままコンビネーション（combination）ですので頭文字が C、というのはわかりますが、なぜこれを「二項係数」と呼ぶのでしょうか？それはここまで考えてきた「2つの項の足し算を n 乗したものを展開したときに、各項の係数がどうなるか」という答えがそのままこの「組合せの数」と対応しているからです。つまり (16.6) 式は全て、「n 個から k 個選ぶ組合せ」であると同時に、これまで考えてきたように「2つの項の足し算を n 乗したものを展開した場合に、2つめの項の次数が k になるものの係数」でもあります。このことを数式で表すと、次のようになります。

$$(x+y)^n$$
$$= \binom{n}{0} x^n + \binom{n}{1} x^{n-1} y + \cdots + \binom{n}{k} x^{n-k} y^k + \cdots + \binom{n}{n} y^n \quad \cdots (16.7)$$

これが、もともと考えようとしていた「$(x+y)$ の n 乗」の一般化した書き方であり、二項定理と呼ばれるものです。なお、高校では「コンビネーション」の書き方を主に使いますが、大学以降に読む専門書などでは「二項係数」の書き方をよく見ます。

ただし、(16.7) 式が成立するためには、先ほど「計算に便利だから」と考えた $0! = 1$ という特別な定義が必要になります。(16.7) 式の右辺の最初の項には「n 個から 0 個選ぶ組合せ」が出てきますし、最後の項には、「n 個から n 個全部選ぶ組合せ」が出てきます。これらを (16.6) 式に基づき計算するとどのようなことになるでしょうか？

実際にやってみると、

$$\begin{pmatrix} n \\ 0 \end{pmatrix} = \frac{n!}{(n-0)!0!} = \frac{n!}{n!0!} = \frac{1}{0!}$$

$$\begin{pmatrix} n \\ n \end{pmatrix} = \frac{n!}{(n-n)!n!} = \frac{n!}{0!n!} = \frac{1}{0!}$$

と、どちらも同じ形になっています。ここでもし、「0!」が定義されていなければこの計算はできませんし、同様に「0! = 0」と定義していた場合にもやはりこの計算はできません。0は何を掛けても必ず0なので、「1を0で割った答え」というものはありえないわけです。しかし「0! = 1」という先ほどの特別な定義を採用していれば、この答えは1です。これは先ほどの x^n や y^n といった項の係数とも整合的です。そして「n 個から0個を選ぶ組合せ」あるいは「n 個から n 個を選ぶ組合せ」の現実的な意味を考えれば、「何も選ばない」「全部選ぶ」という1パターンだと考えて間違いではないでしょう。よって、0! = 1と定義しておくことにより、いちいち $k=0$ か、あるいは $k=n$ か、という場合分けを考えておかなくても、同じ公式だけで状況を記述してやれることになります。

というわけで二項定理は(16.7)式の形で書き表せるわけですが、試しに $n=4$ としてこの計算を丁寧に追っかけてみると次のようになります。

$$\begin{aligned}
(x+y)^4 &= \begin{pmatrix} 4 \\ 0 \end{pmatrix} x^4 + \begin{pmatrix} 4 \\ 1 \end{pmatrix} x^3 y + \begin{pmatrix} 4 \\ 2 \end{pmatrix} x^2 y^2 + \begin{pmatrix} 4 \\ 3 \end{pmatrix} xy^3 + \begin{pmatrix} 4 \\ 4 \end{pmatrix} y^4 \\
&= \frac{4!}{(4-0)!0!} x^4 + \frac{4!}{(4-1)!1!} x^3 y + \frac{4!}{(4-2)!2!} x^2 y^2 \\
&\quad + \frac{4!}{(4-3)!3!} xy^3 + \frac{4!}{(4-4)!4!} y^4
\end{aligned}$$

$$= \frac{4!}{4!0!} x^4 + \frac{4!}{3!1!} x^3 y + \frac{4!}{2!2!} x^2 y^2 + \frac{4!}{1!3!} xy^3 + \frac{4!}{0!4!} y^4$$

$$= 1 \cdot x^4 + \frac{4 \cdot 3 \cdot 2 \cdot 1}{3 \cdot 2 \cdot 1 \cdot 1} x^3 y + \frac{4 \cdot 3 \cdot 2 \cdot 1}{2 \cdot 1 \cdot 2 \cdot 1} x^2 y^2 + \frac{4 \cdot 3 \cdot 2 \cdot 1}{1 \cdot 3 \cdot 2 \cdot 1} xy^3 + 1 \cdot y^4$$

$$= x^4 + 4x^3 y + 6x^2 y^2 + 4xy^3 + y^4$$

と、当り前ですが(16.3)式と完璧に一致します。これ以外にも、もし興味のある方がいたらこの二項定理を使って「nが5のときは？」「nが6のときは？」といろいろな計算を試しにやってみるとよいでしょう。

二項定理はただの3次関数や4次関数といったものよりも、より直接的に統計学と機械学習の勉強に役立ちます。なぜなら二項定理の応用として、「二項分布」と呼ばれるものがありますが、これは「あることが起こるか起こらないか」というものをモデル化する上で、統計学でも機械学習でも一般的によく使われる考え方です。次節ではこちらについて詳しく学んでいきましょう。

ちなみに、本書では細かく説明しませんが、ここまで行なってきたような組合せの計算を同様に行なうと、たとえば $(x+y+z)^n$ という計算をして展開した場合に、$x^p y^q z^r$ という項の係数が $\frac{n!}{p!q!r!}$ になるという、二項定理をさらに一般化した「多項定理」というものも考えることができますので、興味のある方はぜひこちらも調べてみましょう。

17
二項定理と組合せの数から
複雑な確率計算へ

　二項定理がわかっていれば、二項分布という統計学と機械学習の中で役に立つ考え方について学ぶことができます。「分布」というと堅苦しい感じもしますが、平たく言えば「どのようにバラついているか」という話です。二項分布がわかっていれば、ある出来事が一定の確率で起こるとした場合に、「何回中何回起こるか」についての確率を考えられるようになります。とりあえず次のようなお題について考えながら、「どう計算してどう役に立つのか」という点を考えていきましょう。

　　ここまで何度か問題文に登場した若き営業マンは悩んでいる。前章の最後に行なった単回帰分析の係数は 36 であり、これはすなわち「100 回訪問するごとに 36 件」あるいは「10 回訪問すれば 3、4 件程度は契約が取れる」という傾向を示していた。この結果は彼や彼の上司の感覚にもよく合致しているものである。
　　しかしながら、ここしばらくは顧客の反応が芳しくない。何とか自分なりに頑張ってはみたものの、10 回の訪問のうち、たった 2 回しか契約が成立しなかったのである。
　　自分に何か慢心がなかったか、顧客の求めるものが変わったのか、と悩む彼に対して上司は「ただの偶然で、たまたまそういうときもあるからあまり気にしない方がよい」とアドバイスする。
　　この上司のアドバイスはただの気休めなのだろうか？それとも本当に「ただの偶然」なのだろうか？

この問いに答えを出すため、仮に 1 回訪問するごとに契約が取れる確

率が 0.36（すなわち 36％）と考えたとき、「10 回訪問してそのうち 2 回以下しか契約が取れない」確率を考えてみましょう。

これがもし、第 1 章の最後に考えたように、「10 回行って 1 回も取れない確率」というならとてもシンプルです。現実には「最初の訪問先に厳しく断られたせいで気分が落ち込んで、次からの商談がうまくいかない」ということもなくはないでしょうが、計算がややこしくならないように、それぞれの訪問で契約が取れるかどうかは互いに全く独立な話だと仮定しましょう。

そうすると、「1 回目の訪問で取れない確率」も「2 回目の訪問で取れない確率」も、同じように $1-0.36$ と求められ、あとはこれを 10 回掛け合わせると「10 回連続で契約がとれない確率」が求められるというのが第 1 章で学んだ確率の計算方法です。

統計学や機械学習では確率を、probability の頭文字を取って大文字の「P」あるいは小文字の「p」で表すことがよくあります。また、仮に「契約が取れた回数」を x とすると、x が 1 になる確率という意味で $P(x=1)$ といった書き方をすることもあります。このような書き方を用いると、10 回訪問して 1 回も取れなかった、すなわち「0 回取れた」確率は、次のように求められます。

$$P(x=0) = (1-0.36)^{10} = 0.64^{10} \fallingdotseq 0.0115$$

すなわち、もし彼が「なぜか 10 回訪問して 1 件も契約が取れなかった」という経験を「たまたま」したのだとすれば、そんな確率は 1.15％ほどしかないということになります。今回はむしろ彼自身が悩んでいる状況ですが、もし別の社員が「いや〜、1 回営業行けば、だいたい 36％ぐらいの確率で契約取れるんですけどね、なんかたまたま運悪く 1.15％ぐらいの奇跡的な確率のことが起こって、10 回のうち 1 件も契約取れなかったんですよ！」と報告してきたとしたらどうでしょうか？そんな

奇跡が起こったと考えるよりは、「毎回36％の確率で契約を取れる」という前提を疑うか、あるいは単にサボって10回も営業に行ってなかったのではないか、と考えるのが自然です。

しかし、さすがに「1回も契約が取れなかった」わけではないので話はもう少しだけ複雑です。では次に、「10回の訪問で1回だけ契約が取れる確率」について考えてみましょう。

この計算が先ほどと違って少しややこしいのは「組合せの数」を意識する必要が出てくるからです。二項定理で x^n や y^n の係数が必ず1になったのと同様に、「10回全部契約が取れない」組合せは1パターンしかありません。しかし「10回中1回」だと、「1回目に取れてあとが取れない」とか、「2回目だけ取れてそれ以外が取れない」「3回目に取れてあとが取れない」……、というように全部で10パターンの組合せが考えられます。これは「10個から1つを選ぶ組合せ」すなわち $\binom{10}{1}$ のことだと考えられるでしょう。

ただし、組合せを考えさえすれば確率計算の掛け算自体は全て共通で問題ありません。「1回目に取れて残り取れない」という場合の確率は0.36の後に $(1-0.36)$ を9回掛けることになりますが、「2回目に取れて残り取れない」でも、それ以外の場合でも同じように0.36を1回、$(1-0.36)$ を残りの9回分掛け合わせる、ということに違いはないからです。

そうすると、「10回中1回取れる確率」を求めるための計算の手順は次のようになると考えられるでしょう。

- 10回中契約が取れるのが1回だけという組合せの数を考える
- 契約が取れる確率を1回掛ける
- 契約が取れない確率を残り9回分掛ける

よってこれを数式にすると次のように書くことができます。

$$P(x=1) = \binom{10}{1} \cdot 0.36^1 \cdot (1-0.36)^9 = 10 \cdot 0.36 \cdot 0.64^9 \fallingdotseq 0.0649$$

よって、このようなことが「たまたま」彼に起こる確率は6.49%ほど、ということもわかりました。ここで、ここまでの計算を一般化して考えておきましょう。10回中k回契約が取れる確率を求めたければ、先ほどの手順は、

- 10回中契約が取れるのがk回だけという組合せの数を考える
- 契約が取れる確率をk回掛ける
- 契約が取れない確率を残り$10-k$回掛ける

となり、式で表すとすれば次のようなものになります。

$$P(x=k) = \binom{10}{k} \cdot 0.36^k \cdot (1-0.36)^{10-k} \qquad \cdots (17.1)$$

よって、$k=2$すなわち「10回中2回だけ契約が取れる」という確率は次のように求められます。

$$\begin{aligned}
P(x=2) &= \binom{10}{2} \cdot 0.36^2 \cdot (1-0.36)^{10-2} \\
&= \frac{10!}{(10-2)!2!} \cdot 0.36^2 \cdot 0.64^8 \\
&= \frac{10 \cdot 9}{2 \cdot 1} \cdot 0.36^2 \cdot 0.64^8 \\
&= 45 \cdot 0.36^2 \cdot 0.64^8 \\
&\fallingdotseq 0.1642
\end{aligned}$$

よって、もともと知りたかった「10回訪問して2回以下しか取れない確率」とはこれらを合算して、

$$P(x=0) + P(x=1) + P(x=2)$$
$$\fallingdotseq 0.0115 + 0.0649 + 0.1642$$
$$= 0.2406$$

だということがわかりました。つまり、「36%の確率で契約を取れる人が10回中2回以下しか契約を取れなかった」ということがたまたま起こる確率はおよそ24%、あるいは「だいたい4分の1ぐらい」ということです。よって、上司の言う通り、偶然でも4回に1回程度は生じることが起きただけなので、自分のやり方や顧客、商品についてあれこれ考えてドツボにはまるよりは、ひとまず今まで通りの仕事を続けて様子をみてみた方がよさそうです。

なお、ここまで「10回中2回」という与えられたデータに対して「10回中2回以下」すなわち「10回中0回、1回、2回のいずれか」を考えましたが、これは統計学的なお作法です。これが10回という比較的少ない回数であったため「そのうちちょうど2件取れる確率」はある程度高いものになりましたが、もしこれが「1000回中200回」というようなものではどうでしょう？おそらく「ちょうど200回」になる確率は膨大の組合せのなかでごくわずかしかありません。なお気になる方は実際に今回と同じように計算してみるとよいですが、小数点のあとに0が27個ほど続く数が得られるはずです。

しかし、興味があるのは「ちょうど200回になるなんてキリがいい！」ということではなく、「1000回中200回程度しかとれないなんて……」という話であるはずです。200回ではなく199回でも198回でも、もちろん1回でも0回でもやはり落ち込むことでしょう。そんなわけで統計学では、「得られたデータがちょうど得られる確率」ではなく「得られたデータあるいはそれよりさらに極端な結果」が得られる確率を考えます。そしてこの確率が、ただの偶然だけでも当たり前のように得られる水準のものなのか、それとも偶然だけではそうそう得られないもの

なのかを判断する、というわけです。

今回の問題を考えるために用いた(17.1)式はさらに一般化して書いてやることもできます。つまり今回考えた0.36という値は「1回ごとに関心のある事象（今回の場合であれば契約が取れること）が起こる確率」ですが、これを一般化してpとでも表してやりましょう。そうすると、「n回中k回この事象が起こる確率」は次のように求められます。

$$P(x=k) = \binom{n}{k} \cdot p^k \cdot (1-p)^{n-k} \quad \cdots (17.2)$$

これは、二項係数を使って「xがいくつになる確率がいくつ」という分布あるいはバラつき方を示せるため、二項分布と呼ばれる確率分布です。また、今回でいう契約の取れた回数xのように、「毎回同じになるとは限らず、一定の確率でどのような値が生じるかが変わるような数」のことを確率変数と呼んだりもします。今回考えた、「nが10で、1回ごとに事象が起こる確率pが0.36」という二項分布について、試しにこの確率分布を棒グラフに示すと図表3-8のようになります。

図表 3-8

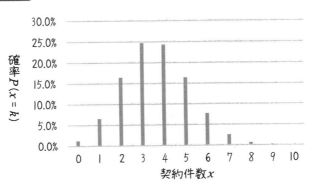

もちろんこれ以外にも、n や p という値が異なるさまざまな二項分布を考えることができますが、いずれにしても「1回1回の事象が独立に起こる確率 p から、n 回中 k 回事象が起こる確率をそれぞれ求める」という考え方はビジネスの中でもいろいろなことに応用がききます。今回扱ったのは「契約が取れるか取れないか」というものでしたが、独立性さえ仮定できるのであれば「顧客が離反するかしないか」「クレームが来るかこないか」「事故が起こるか起こらないか」といったさまざまな事象について、データから p や n といった値を推計することができます。そしてそこから、「k はだいたい何回〜何回ぐらいまでのことを考えておけばよいのか」とか、「k がだいたい何回を下回ったり何回を上回ったりしたら異常事態として警戒した方がよいのか」ということがわかるわけです。

　また、統計学や機械学習の勉強を進めているとさまざまな確率分布が登場しますが、二項分布はその中でも、二項定理のことさえ知っていれば直感的にわかりやすいものとなっています。

　つまり、「確率分布とは何か」という統計学と機械学習の大原則に入門するためにも、組合せの数や二項係数といった数学の考え方はとても大事なものだと言えるでしょう。

18

掛け算と割り算を楽にする指数の考え方

　ここまで、xを2乗したり3乗したり、といった関数について考えてきましたが、それ以外にもいろいろな関数が考えられます。関数とは「xの値が決まればyの値が決まる」というような法則性のことであり、このとき関数自体を抽象化すると、$y=f(x)$と表されます。fは function の頭文字である、という話もすでに皆さんは学びました。

　これまでに学んだ関数は$f(x)=x+3$といった線形な1次関数であったり、$f(x)=x^2+2x+1$といった2次関数であったりしたわけですが、世の中に「xが決まればyが決まる」という法則なんて他にいくらでも考えられるわけです。

　たとえば「xを何乗かする」というものではなく、「特定の数をx乗する」関数というのもあります。このような関数を指数関数と呼びますが、つまり、

$$y=f(x)=3^x$$

というような関数を考えるわけです。この数字や文字の右肩にある「何乗するのか」を指し示す部分のことを「指数」と呼びますが、指数がxになっているために指数関数と呼ばれます。これも、xが1ならyは3で、xが2ならyは9というように「xが決まればyが決まるルール」ですので間違いなく関数だと言えるでしょう。なおこの「3」という、「x乗される数」は「底（てい）」と呼ばれます。4でも5でもどんな数が底になることもありますし、$y=a^x$というように、底を抽象化して文字で表すこともあります。

貯金や借金の「雪だるま式」の複利計算でも指数関数は登場しますし、体の中に入った薬の成分も「1時間ごとに血液中の濃度が半分になるよう分解されていく」といった指数関数をもとにして、どれぐらいの量をどれぐらいの頻度で飲めばいいのかと考えたりします。たとえば「1年間の利息が3％の複利計算」であれば、x年後の返済額が元金の何倍になるかをyとして、$y = 1.03^x$ という指数関数を考えます。あるいは、1時間ごとに血中濃度が半分に分解されていく薬について、x時間後の血中濃度が最初の何倍になるかをyとして、$y = 0.5^x$ という指数関数を考えることもあるわけです。

　このように「何倍ずつ」あるいは「何分の1ずつ」という増え方をする物事について指数関数を用いるのはとても自然な考え方です。しかし、それ以外にももう1つ、指数関数を考える意味として「掛け算を足し算で考えられる」「割り算を引き算で考えられる」「何乗かする計算を掛け算で考えられる」「ルートの計算を割り算で考えられる」というような、計算を少し簡単に考えられるというところがあります。

　このありがたみを考えるために、次のような状況を考えてみましょう。

　　1バイトは英数字1文字分のデータ量であり、1キロバイトは1000バイト、1メガバイトは1000キロバイト、1ギガバイトは1000メガバイトであるとしたとき、100ギガバイトのディスクには英数字を何文字分記録しておくことができるか？

なお、正確に言うと1キロバイトは1000バイトではなく1024バイトであるというのが正しいコンピューターサイエンスの知識ですが、ややこしいことは抜きにして、上記の問題文について考えてみましょう。

　我々がふだん使う数は10ごとに位があがる十進法で表されているので、このような10の何乗という計算はとても楽です。たとえば2の10倍なら2の後に0を1つ書いて20という数になりますし、0が3つあ

る(すなわち10の3乗である)1000倍にするなら、3つ0を書いて2000という数になります。なお、このように同じ数を何回か掛けることを「かさねて掛ける」という意味で「累乗」と表現します。

よってまずは100ギガバイトが何メガバイトなのかという計算は、

$$100 \text{ ギガバイト} = 100 \times 1{,}000 \text{ メガバイト}$$

と考えられますが、おそらく多くの人が電卓を使うまでもなく「100,000メガバイトだろう」と暗算できたはずです。100であろうが1000であろうが、10の整数乗である数同士の掛け算を行なう限り、0の数を数えるだけで事足ります。すなわち、100の1000倍と考えて100の後に0を3つ書き足すか、1000の100倍と考えて1000の後に0を2つ書き足すと考えて、結局のところ「2個の0と3個の0を足して5個の0を書けばよい」ということになります。よって、

$$100 \text{ ギガバイト} = 100{,}000 \text{ メガバイト}$$

となるわけです。ここからさらにキロバイトやバイトという単位に直そうとした場合も全く同様に、

$$\begin{aligned}
100 \text{ ギガバイト} &= 100{,}000 \text{ メガバイト} \\
&= 100{,}000 \times 1{,}000 \text{ キロバイト (0が5個と3個)} \\
&= 100{,}000{,}000 \text{ キロバイト (0が全部で8個)} \\
&= 100{,}000{,}000 \times 1{,}000 \text{ バイト (0が8個と3個)} \\
&= 100{,}000{,}000{,}000 \text{ バイト (0が全部で11個)}
\end{aligned}$$

これを一、十、百、千……と数えていくと、英数字が1000億字分入ることがわかります。ここまでは丁寧に順を追って書きましたが、要す

るにこの計算は、

$100 \times 1000 \times 1000 \times 1000$（0が2個，3個，3個，3個）
$= 100,000,000,000$（0の数を全部足して11個）

という計算をやっているというだけの話です。ただ、これだけ0の数が増えてくると間違えずに数えるのもたいへんなので指数を使って10の何乗か、という書き方をしてみましょう。そうすると、ここまでの「0の数を数えればよい」という計算は次のように整理することができます。

$$10^2 \times 10^3 \times 10^3 \times 10^3 = 10^{2+3+3+3} = 10^{11}$$

つまり、同じ数を何乗かした数同士の掛け算である限り、掛け算は「何乗」という指数の足し算だけをしてやればよい、ということです。

このように、10の累乗についての計算であれば、多くの大人が無意識レベルで「ゼロの数をいくつ増やす／減らす」といった計算を使いこなしているはずです。この考え方を数学的に整理して、指数を扱うルールを覚えておきましょう。次のような6つのルールを覚えておけば、指数を使った累乗の計算に一通り困ることはないはずです。それぞれのルールについて、言葉で表現すると同時に数式でも書くために、2つのプラスの数 a、b と、プラスかマイナスかを問わない（ただし虚数などではなく実数の）数 m、n というものを考えてみましょう。

ルール1：同じ数を累乗したもの同士の掛け算は指数の足し算で表される。

$$a^m \cdot a^n = a^{m+n}$$

ルール2：同じ数を累乗したもの同士の割り算は指数の引き算で表される。

$$\frac{a^m}{a^n} = a^{m-n}$$

ルール3：ある数の0乗は1で、ある数をマイナス何乗かすると「『ある数の何乗』分の1」という数になる。

$$a^0 = 1, \quad a^{-n} = \frac{1}{a^n}$$

ルール4：「累乗の累乗」は指数の掛け算で表される。

$$(a^m)^n = a^{m \cdot n}$$

ルール5：掛け算してから累乗しても、別々に累乗してから掛け算しても同じ。

$$(a \cdot b)^n = a^n \cdot b^n$$

ルール6：割り算してから累乗しても、別々に累乗してから割り算しても同じ。

$$\left(\frac{a}{b}\right)^n = \frac{a^n}{b^n}$$

さて、それぞれのルールについて確認すると、まずルール1はここまでに考えてきた記憶容量の計算で確認してきたことです。すなわち、

$$100 \times 1000 = 10^2 \times 10^3 = 10^{2+3} = 10^5 = 100{,}000$$

というように、同じ数の累乗同士の掛け算であれば、右上の指数を足し算すればよいことを先ほど確認しました。これは10の累乗に限らず、2の累乗だろうが3の累乗だろうが、分数や小数、πの累乗などでも変わりありません。

次にルール2についてですが、たとえばこの100ギガバイトのディスクに対して、仮に「1万文字の英数字で書かれた文章をこのディスクには何本保存しておくことができるか」と言われればいかがでしょうか？このときもおそらく「0の数」すなわち10に対する指数だけで次のように計算ができるはずです。

$$\frac{100,000,000,000}{10,000} = \frac{10^{11}}{10^4} = 10^{11-4} = 10^7$$

すなわち、11個の0から4個を取り去って、残った10の7乗すなわち1000万本の文章を保存できる、というわけです。これが「同じ数の累乗の割り算」を指数の引き算で考えられるということです。

なお、このルール2からさらに、「ゼロ乗の数」や「マイナス乗の数」ということも考えることができます。それがルール3です。たとえば、「100ギガバイトのディスクに対して1本100ギガバイトの動画ファイルは何本入るか」と言われたら、「ちょうど1本丸々入る」ということはすぐにわかるはずですが、これをルール2で考えると、

$$\frac{10^{11}}{10^{11}} = 10^{11-11} = 10^0$$

ということになります。これが「ちょうど1本」ということなので、$10^0 = 1$ と考えておけばよいことになりますし、これはもちろん他の底でも全く同じことが言えます。つまり「何かの数の0乗は1と定義する」と、わざわざ例外的な事態を考えなくてもよくなり、とても便利です。

またさらに、ディスク容量の 10 倍するような動画ファイルを保存しようとしたらどうなるでしょうか？つまり、「100 ギガバイトのディスクに対して 1 本 1000 ギガバイトの動画ファイルは何本入るか」という状況であれば「10 分の 1 本しか保存できない」と考えるのが自然です。これをルール 2 で考えてみると、次のようになります。

$$\frac{10^{11}}{10^{12}} = 10^{11-12} = 10^{-1}$$

これが「10 分の 1」になるということを次のように考えます。

$$10^{-1} = \frac{1}{10} = \frac{1}{10^1}$$

つまり「マイナス何乗かする」というのは、「掛け算の逆」である割り算であり、「『何乗したもの』分の 1」あるいは「『何乗したもの』の逆数」と考えられるわけです。あるいは単純に、「掛け合わせたら 1 になる逆数」のことを次のように「もとの数のマイナス 1 乗」と表現することもあります。

$$x \cdot \frac{1}{x} = x \cdot x^{-1} = 1$$

このように考えれば、指数をマイナスの数まで広げて捉えることができるようになります。第 1 章ではマイナスの数の意義として「引き算の前後の数のどちらが大きいかに関わらず表せるようにして場合分けいらずにできる」という考え方を紹介しました。ここでさらに、マイナス乗という考え方を導入することによって、累乗についても抽象化して「分子と分母どちらが大きいか」を場合分けしなくてもよくなります。

さらに、累乗の累乗を指数の掛け算で考えられるというルール 4 ですが、こちらについても先ほどの 100 ギガバイトが何バイトか、という計

算を思い出してみましょう。先ほどは、

$$10^2 \times 10^3 \times 10^3 \times 10^3 = 10^{2+3+3+3} = 10^{11}$$

と指数の足し算を考えていましたが、「同じ指数を3回も足す」部分を、「同じ指数を3倍する」と考えてもよいわけです。すなわち、

$$10^2 \times 10^3 \times 10^3 \times 10^3 = 10^2 \times (10^3)^3 = 10^{2+3\times 3} = 10^{11}$$

と考えても全く同じことです。これが「累乗の累乗を指数の掛け算で考える」ということです。

なお、この考え方に基づくと、実は「ルート」あるいは「平方根」という計算について$\sqrt{}$という記号を使わなくても指数によって表せることがわかります。つまり、たとえば2乗したときに2になるプラスの数である$\sqrt{2}$を、指数xを使って次のように表すことができるとします。

$$\sqrt{2} = 2^x \quad \cdots (18.1)$$

本書で何度も登場する、「両辺に同じ操作をしてもよい」という原則に基づき、(18.1)式の両辺を2乗してみましょう。そうすると、左辺は$\sqrt{}$のない自然数である「2」になりますし、右辺は今学んだ「累乗の累乗は指数同士の掛け算」というルールによって、

$$(\sqrt{2})^2 = (2^x)^2$$
$$\Leftrightarrow \quad 2 = 2^{2x}$$
$$\Leftrightarrow \quad 2^1 = 2^{2x} \quad \cdots (18.2)$$

と考えられます。ここで、(18.2)式の両辺をみると、どちらも同じ底で

ある2の累乗なので、この指数同士が等しいはずです。よって、

$$\Leftrightarrow 1 = 2x$$
$$\Leftrightarrow \frac{1}{2} = x$$

と、xの値が求められました。この結果を(18.1)式に戻してやると次のようなことが言えます。

$$\sqrt{2} = 2^{\frac{1}{2}}$$

また、今回はたまたま「2の平方根と2の累乗」を用いた例を考えましたが、別に3でも100でもπでも、全く同じように考えることができるはずです。すなわち$\sqrt{}$を使って表される数は、「2分の1乗」とか「0.5乗」といった形で、指数を使って表すこともできるわけです。これで、分数の指数というものまで考えられるようになりました。

なお、2乗したらその数になるという「平方根」以外にも、3乗したらその数になる「立方根」とか、4乗したらそうなるという「4乗根」といった計算も存在しています。たとえば「3乗したら4になる数」は$\sqrt{}$の左上に数を書き加えて、$\sqrt[3]{4}$といったように表すことがありますが、これらも指数を使って表してやった方がスマートでしょう。次に示すように、「n乗したらaになる」という「aのn乗根」はすなわち、「aのn分の1乗」と表せることが、平方根と全く同じようにルール4から導かれます。

$$\sqrt[n]{a} = a^{\frac{1}{n}} \quad \text{のとき}$$
$$(\sqrt[n]{a})^n = (a^{\frac{1}{n}})^n = a$$

ここで、なぜ先ほど、aやbという底に対してプラスの数だけを考え

たかというところを補足しておきましょう。「-1の2乗は1」あるいは「0の3乗は0」といったように底がマイナスの数やゼロの整数乗を考えることはできます。

　しかし、「-1の2分の1乗」という今学んだ分数乗の考え方をしようとするとどうでしょうか？これはすなわち「-1の平方根」であり、要するに以前軽く触れた虚数iという数です。このあたりについて考えはじめるととてもややこしくなってきます。あるいは、先ほど「何かの数の0乗は1」と述べましたが、「0の0乗」が何かというものはとても難しい問題です。気になる方は「0の0乗」という言葉をwikipediaで検索していただければよいかと思いますが、「0!＝1とする」といったようなわかりやすい定義が存在しておらず、「（便宜上）1とする」という考え方もあれば、「どうやっても定義できない」とする考え方もあります。このように「0乗」とか「分数乗」といったところまで指数の考え方を拡張して計算のルールを整理するために、基本的に底がプラスの数の場合だけを考えて、もしどうしても底がマイナスになる指数の計算をしたければ「そのたびよく注意する」、というのがお作法というわけです。

　話を元に戻して、最後の2つ、ルール5とルール6についてはわざわざ言うほどのものでもないかもしれません。たとえば30の3乗という計算を考えた場合に、

$$30^3 = (3 \times 10)^3 = 3 \times 10 \times 3 \times 10 \times 3 \times 10$$

と考えることができますが、そのまま(3×10)を3回掛けあわせても、交換法則と結合法則に基づいて掛け算の順番を変えて$(3 \times 3 \times 3) \times (10 \times 10 \times 10)$と考えても、全く問題がないわけです。これは当然、分数の掛け算でも成り立つため、ルール6が同様に成立します。

　言われてみれば当たり前のような以上6つのルールですが、これらは

当然のように統計学や機械学習の中でも登場しますし、本書のこれ以降の内容でもこのような指数の計算ルールを用いた数式の操作が登場しますのでよく覚えておきましょう。

なお最後に、このように「0乗」や「マイナス乗」「分数乗」といったところも確認できたことですし、$y = a^x$ という指数関数についてグラフでイメージを確認しておきましょう。たとえば $a = 2$ というように1より大きい底であれば、次のようなものになります。

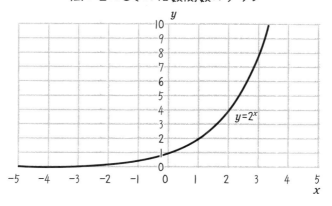

底の値によらず、x が0のとき y は1となり、x がそれより小さなマイナスの領域で、y は0から離れるほど「ほぼ0」といったごく小さな値になっていきますが、「ちょうど0」とか「マイナス」といった値にはなりません。そして x がプラスの領域では、y は x が大きければ大きいほど爆発的に大きな値となっていきます。よく、指数関数のこの爆発的な増え方の例として「厚さ 0.1mm の新聞紙を 26 回折ったら富士山より高くなる」と言われますが、2 の 26 乗は 6700 万ほどなので、0.1mm すなわち「1 万分の 1 メートル」に掛けると確かに 6700 メートルで富

士山より高くなります。また、落語家の始祖とも言われる曽呂利新左衛門は、豊臣秀吉から褒美をもらう際に、今日1粒のお米をもらい、翌日は2粒のお米をもらい、……というように、倍々にもらうお米を増やしていくという約束を取り付けたことで秀吉を困らせた、という逸話があるそうです。仮に2の30乗の計算をした後、お米1合がだいたい6500粒ぐらい、と計算すれば、確かにとんでもない数になることがわかるでしょう。

ただし、指数関数であれば必ずこうした右肩上がりの爆発的な増え方を示すかというとそうでもありません。底が1であれば何乗しようがずっと$y=1$という水平な直線が得られますし、逆に1より小さい底であれば次のように右肩下がりのグラフになります。

図表 3-10

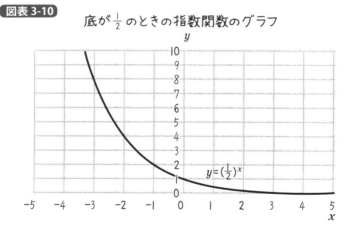

こちらは底が$\frac{1}{2}$の場合のグラフですが、先ほどとは逆に、xがプラスの領域では0から離れるに従って小さくなり、「yがほぼゼロ」というところに落ち着いていきます。一方マイナスの領域において、0から離れるほど、爆発的に大きなyの値を示す、というグラフになっていま

す。

　なお、もう1つ指数関数の重要な特徴として、底が1でないプラスの数でありさえすれば、増えるか減るかはさておき「xが決まればyが決まる」だけでなく、「逆にyがわかればxも決まる」という関係にあります。2次関数などでは「増えてから減る」とか「減ってから増える」といった動きを示していたため、たとえば同じyの値になるxの値が2つある場合が考えられました。$y=x^2$という関数において「$y=1$」という値がわかったとき、xは1かもしれないし、－1かもしれないわけです。しかし指数関数では、yが増えるなら増えっぱなし、逆に減るなら減りっぱなし、という挙動を示します。

　このようなことをプロっぽく言うと「単調に増える」とか「単調に減る」と表現します。(13.2)式を整理するときには少し誤魔化しながら書きましたが、この単調性によって、「両辺が等しく底も等しい」ことが「指数同士が等しい」ことと同値になるわけです。なお、細かい補足ですが、一般に数学の中で用いられる「単調に増える」「単調に減る」という表現は、指数関数のような「増えっぱなし」「減りっぱなし」だけではなく、「増えるもしくは途中で値が変わらないところもある（少なくとも減りはしない）」あるいは「減るもしくは途中で値が変わらないところもある（少なくとも増えはしない）」というものも含みます。

　また、この単調性によって生まれる、「逆にyがわかればxも（1つに）決まる」という関係こそが、対数関数の考え方を支えています。それでは次から指数関数の「逆」である対数関数について学んでいきましょう。

19

計算機を作りはじめた男
「底」を揃える対数の考え方

　指数関数に加えてもう1つ統計学や機械学習の中で頻繁に登場する関数に、対数関数と呼ばれるものがあります。前述のように対数関数とは「指数関数の逆」であり、一言で表現すると「ある数を何乗かしたときにちょうどその数になるやつ」という意味の関数です。より具体的に言うと、まず次のような数を考えます。

- 1以外のプラスの数である底 a
- どんな実数でもよい指数 y
- a を y 乗した値 x（これも当然プラスの数になります）

　つまり、$x=a^y$ という関係が成り立っているわけです。これがもしこれまでの慣例と文字を逆にして、「y が決まれば x が決まる」という関数を考えてよいのだとすれば、ただの指数関数です。しかし、知りたいのはその逆の「x が決まれば y も決まる」というものだった場合、今までに学んだ数学の書き方だけでは $y=f(x)$ という関数が何なのかを表すことができません。ただ、すでに述べたように底 a が1ではないプラスの値であったとすれば、「1より大きければ単調増加し、1より小さければ単調減少する」という性質を指数関数は持ちます。そのため、$x=a^y$ という関係が成立する場合の x が決まれば、y もやはり1つの値に決まるわけです。よって、言葉で書けば「a を y 乗したときにちょうど x になるような y」という関数を考えることになんの問題もありませんが、いちいち毎回このように文章を書くのはたいへんなので、数学ではこのことを「log（ログ）」という記号を使って表します。つまり、先ほど考

えた「1以外のプラスの実数である底 a」「プラスの実数 x」「何でもよいので実数 y」といったものに対して、

$$x = a^y \Leftrightarrow y = \log_a x \quad \cdots (19.1)$$

と表します。$\log_a x$ は「ログ a の x」と読み、log とは「ロガリズム」の略です。名付け親であるスコットランドの貴族ジョン・ネイピアは「ロゴス（神の言葉）」と「アリスモス（数字）」という言葉を組み合わせてこの名前をつけました。すなわち、今風に直訳すれば「神ってる数字」ということです。

たとえば、1000 は 10 の 3 乗ですが、これを対数として表すと、

$$10^3 = 1000 \Leftrightarrow \log_{10} 1000 = 3$$

という書き方になります。口に出して読むとすれば、「10 を底としたとき 1000 の対数は 3」という感じでしょうか。ただ、これだけだとなんでこんなややこしい書き方をするのかわからないと思いますし、ネイピアが「神ってる数字」なんていう大胆な名前をつけた意味もわからないかと思います。

しかし、ネイピアより 200 年ほど後に生まれた大数学者ラプラスは対数の発明に対して、「天文学者の寿命を倍に延ばした」とまで評価しています。これはもちろん、本当に天文学者の寿命が延びたという意味ではなく、天文学者が行なう「天文学的な」数を計算する手間を大きく削減して、生産性を倍にしたという意味です。

ネイピア以前の人類はそろばんのように「数を一時的に記憶しておく」仕組みを通して足し算や引き算を行なうための道具は持っていても、それよりややこしい掛け算や割り算のための道具は持っていませんでした。しかし、自身も数学と天文学を研究していたネイピアは、それまで

人類が手にしていなかった「計算を行なうための道具」を2つ生み出しました。1つが対数の計算結果をまとめた数表で、もう1つはネイピアの骨と呼ばれるものです。

図表 3-11

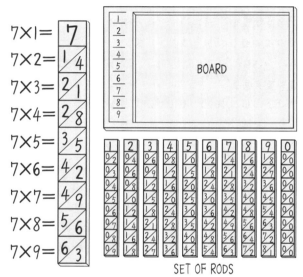

作成：Fabienkhan

　本書は数学史や技術史に関するものではないため詳細は説明しませんが、ネイピアの骨とは図のように、0～9までの九九の答えを、それぞれ「十の位が斜線の左上、一の位が斜線の右下」に来るように書いた棒とそれを並べるためボードからなります。これをうまく並べて使うと、掛け算や割り算、ルートの計算も機械的に行なうことができるそうです。

　さらに、後の世ではこのネイピアの骨の仕組みをもとに、歯車を使って計算ができるような機械が発明されていたり、今から説明する「対数の結果をまとめた表」などを自動的に計算して印刷できる機械が設計さ

れたりしました。実のところネイピアの2つの発明は、現代のコンピューターにまで至る計算機の歴史の1つの大きなターニングポイントだったと考えることもできるでしょう。

さて、そのように素晴らしい対数なのですが、ありがたみを理解するためには「天文学的な数の掛け算」に挑戦するのが一番ですので、次のような計算を電卓なしでやってみましょう。

90日間は何秒か？

この問題をどう計算してよいかわからない、という大人はおそらくそう多くはありません。次のような式を考えるところまではいくはずです。

$$90日の秒数 = 90日 \times 24時間 \times 60分 \times 60秒 \quad \cdots (19.2)$$

しかし、問題はかなり大きな数の掛け算になるために、電卓なしではかなりの手間と、計算ミスのリスクが生じてしまいます。天文学は天体の角度や暦の数字の計算をしなければいけない学問であり、電卓もない時代からこの程度の掛け算はふつうに必要とされました。しかし、実際やろうとするととんでもない手間がかかるわけです。

こうした計算において対数は効果を発揮するわけですが、対数を考える前にひとまず、(19.2)式を指数で考えてみましょう。たとえば $60 = 6 \times 10$ で $24 = 6 \times 4$ と、時間や暦に関わる数では6に絡んだ数が多くなりますが、

$$\begin{aligned}
90日の秒数 &= 90 \times 24 \times 60 \times 60 \\
&= 9 \times 10 \times 6 \times 4 \times 6 \times 10 \times 6 \times 10 \\
&= 9 \times 4 \times 6^3 \times 10^3 \\
&= 36 \times 6^3 \times 10^3 \\
&= 6^2 \times 6^3 \times 10^3
\end{aligned}$$

$$= 6^{2+3} \times 10^3$$
$$= 6^5 \times 10^3 \quad \cdots (19.3)$$

と考えれば、6の累乗と10の累乗の掛け算で表すことができます。もちろんこれをさらに分解して「2の累乗と3の累乗と5の累乗の掛け算」にすることもできますが、いったんここで止めておきます。

さて前節では全てが10の累乗で考えることができれば、指数の足し算や引き算だけで掛け算が考えられる、ということを学びましたが、(19.3)式の状態では6と10という2つの底が存在しているために、こうした操作を行なうことができません。しかしここで、どんな数かは未知ではあるものの、次のように考えたらいかがでしょうか？

$$6 = 10^{\frac{n}{m}} \quad \cdots (19.4)$$

10の整数乗だけを考えていたのでは、10の1乗は10で6より大きく、10の0乗はすでに述べたように1になり、6より小さくなってしまいます。しかし、先ほど平方根や立方根といった数を考えたように、10の分数乗という数を考えたって問題はないはずです。そうすると、「両辺をm乗する」という操作により、

$$\Leftrightarrow 6^m = (10^{\frac{n}{m}})^m = 10^{\frac{n}{m} \cdot m} = 10^n$$

となります。つまり、「6の何乗か」が「10の何乗か」という数とだいたい同じになるような数の組合せが見つけられれば、少なくとも「10を分数乗したら6になる」という数の近似値がわかることになります。

では図表3-12のように、実際に頑張って6の累乗を計算してみましょう。

ここから、6の9乗であれば、10の7乗である1000万という数とか

図表 3-12

6^1	6
6^2	36
6^3	216
6^4	1,296
6^5	7,776
6^6	46,656
6^7	279,936
6^8	1,679,616
6^9	10,077,696

なり近いことがわかります。よってこの結果を(19.4)式に戻してやると次のように、

$$6 \fallingdotseq 10^{\frac{7}{9}} \fallingdotseq 10^{0.778} \quad \cdots (19.5)$$

と計算することができたということです。この結果を、対数で表してやるとどうなるでしょうか？(19.1)式を見返してみると、

$$x = a^y \Leftrightarrow y = \log_a x \quad \cdots (19.1)$$

ということなので、この指数の書き方をしている方、つまり $x = a^y$ が(19.5)式にあたるとすれば、x が 6、y が 0.778 で a が 10 ということになるため、

$$0.778 \fallingdotseq \log_{10} 6$$

と書いてもよいわけです。すなわち、「10 を底とした 6 の対数は 0.778」ということです。このように、10 の整数乗とは考えられない数（たと

えば今回の 6) に対しても、対数の考えに基づけば無理やり「10 のおよそ何乗か」というように底を揃えることができます。このように底を揃えたことによって、元の (19.3) 式も 10 の指数だけで考えられるようになります。すなわち、

$$
\begin{aligned}
90 日の秒数 &= 6^5 \cdot 10^3 \\
&\fallingdotseq (10^{0.778})^5 \cdot 10^3 \\
&\fallingdotseq 10^{0.778 \cdot 5 + 3} \\
&= 10^{6.89} \qquad \cdots (19.6)
\end{aligned}
$$

と考えられるわけです。さて、ここから何がわかるでしょうか？

概算でよいのであれば (19.6) 式の時点でも、大まかに 90 日は 10 の「7 乗弱」ぐらいの秒数であることがわかります。10 の 7 乗とは 1000 万なので「数百万秒ぐらい」ということもわかります。ただ、もう少し何百何十万秒ぐらいなのか、というぐらいまで正確に知ろうとすると、端数の「10 の 0.89 乗」というところがどれぐらいの大きさなのかを知らなければいけません。これがわからないのであれば対数はただの「桁数ぐらいはわかる雑な計算」方法としか言えなかったでしょう。

しかし、前述のネイピアや、彼に影響を受けた天文学者ブリッグスの偉大なところは、単に数学的な概念や理屈を整理したところにあるのではなく、計算機もない時代に何年もの歳月をかけて、さまざまな「半端な数」の対数を計算し、表にまとめて出版しました。このようなものを数表と呼びますが、これは一言で言えば、「後世の人々が行なうであろう、掛け算や割り算、平方根といった計算を一度まとめて代わりにやってあげた」ということになります。もちろん後世の人がどんな掛け算をしたくなるのか、全パターンを列挙して「代わりにやってあげる」ことはできません。しかし、対数という道具は、ある程度の精度まででよければそのパターンを有限な組合せに限定してしまえる、という素晴らし

図表 3-13

x	$\log_{10} x$	x	$\log_{10} x$	x	$\log_{10} x$
1.1	0.041	4.1	0.613	7.1	0.851
1.2	0.079	4.2	0.623	7.2	0.857
1.3	0.114	4.3	0.634	7.3	0.863
1.4	0.146	4.4	0.644	7.4	0.869
1.5	0.176	4.5	0.653	7.5	0.875
1.6	0.204	4.6	0.663	7.6	0.881
1.7	0.230	4.7	0.672	7.7	0.887
1.8	0.255	4.8	0.681	7.8	0.892
1.9	0.279	4.9	0.690	7.9	0.898
2.0	0.301	5.0	0.699	8.0	0.903
2.1	0.322	5.1	0.708	8.1	0.909
2.2	0.342	5.2	0.716	8.2	0.914
2.3	0.362	5.3	0.724	8.3	0.919
2.4	0.380	5.4	0.732	8.4	0.924
2.5	0.398	5.5	0.740	8.5	0.929
2.6	0.415	5.6	0.748	8.6	0.935
2.7	0.431	5.7	0.756	8.7	0.940
2.8	0.447	5.8	0.763	8.8	0.945
2.9	0.462	5.9	0.771	8.9	0.949
3.0	0.477	6.0	0.778	9.0	0.954
3.1	0.491	6.1	0.785	9.1	0.959
3.2	0.505	6.2	0.792	9.2	0.964
3.3	0.519	6.3	0.799	9.3	0.968
3.4	0.532	6.4	0.806	9.4	0.973
3.5	0.544	6.5	0.813	9.5	0.979
3.6	0.556	6.6	0.820	9.6	0.982
3.7	0.568	6.7	0.826	9.7	0.987
3.8	0.580	6.8	0.833	9.8	0.991
3.9	0.591	6.9	0.839	9.9	0.996
4.0	0.602	7.0	0.845	10.0	1.000

い性質を持っているわけです。

　たとえばごくシンプルに、「最初の2桁ぐらいまでの概算がだいたいあってれば十分」というのであれば、図表3-13のような数表だけでありとあらゆる掛け算や割り算、平方根といった計算は事足ります。

　こちらは1.1〜10.0まで、0.1刻みで全ての数に対して10を底とする対数を計算した結果をまとめた数表です。こちらを見れば、先ほど言及した6の対数が0.778であるということもわかりますし、10の0.89乗という値に最も近いのは7.8だということがわかります。よってこの数表から、(19.6)式は、

$$90日の秒数 \\ \fallingdotseq 10^{6.89} = 10^{0.89+6} = 10^{0.89} \cdot 10^{6} \\ = 7.8 \cdot 100万 = 780万秒$$

と近似値を求められるわけです。なお、現代のコンピューターの恩恵を受けて(19.2)式を正確に計算した答えは7,776,000なので、確かに「最初の2桁ぐらいまでの概算」としてはうまくいっていることがわかります。

　また、仮に「ちょうど2平米ぐらいの正方形のスペースを作りたいんだけど、1辺の長さだいたい何mにしたらいいかなぁ」といったことが知りたければ平方根の計算が必要になりますが、もし電卓や「$\sqrt{2} \fallingdotseq 1.414$」といった暗記知識が存在していなくても、先ほどの対数表だけで「最初の2桁ぐらいまで」ならやはり概算できます。すなわち、

$$x^2 = 2 (ただし x>0) \Leftrightarrow x = \sqrt{2} = 2^{\frac{1}{2}}$$

ということになりますが、ここで2はだいたい10の何乗か、と先ほどの数表を見てみると「だいたい0.301乗」ということがわかります。

よって、

$$x = 2^{\frac{1}{2}} \fallingdotseq (10^{0.301})^{\frac{1}{2}} = 10^{0.301 \times \frac{1}{2}} \fallingdotseq 10^{0.1505}$$

と計算できます。あとはまた先ほどの数表から「10 の 0.1505 乗にいちばん近い数は」と見てみると、10 の 0.146 乗が 1.4 になる、というのが最も近いと読み取れます。よって、$\sqrt{2}$ は「上から 2 桁までの概算」でいえばだいたい 1.4 ということが、やはり数表と単純な計算だけで求められます。

　なお、今回は「上から 2 桁が合っていればよい」という精度の計算を行なう 0.1 刻みで 90 の対数の値をまとめた表を用いましたが、仮に上から 3 桁までの精度を求めたければ 900 個の、4 桁までの精度がいるなら 9000 個の対数の値がわかっていれば十分です。これはもちろんたいへんな作業ではありますが、誰かが一度やってその成果を共有してしまえば、他の人々は二度と行なう必要がありません。そして、数表を見るだけで天文学的な数字の掛け算や割り算、ルートといった計算も、ある程度の精度までであれば、ずいぶん速く正確に行なうことができます。このような手計算の手間を省くという発想によりその後の科学技術の進歩は大きく加速することに気づいていたからこそ、ネイピアは「神ってる数字」という大げさな名前をつけたのかもしれません。

　これは現代のソフトウェア開発や AI を使ったプロダクト開発においてもとても重要なアイディアでしょう。「面倒なことをその都度誰かが力業で頑張る」というのではなく、「有限なパターンに落とし込んで、一度誰かがまとめてしっかり作り込んで、全人類でその恩恵を受ける」ということが、人類の知恵と産業の発展においてはとても役に立つわけです。

　なお、こうした「対数をまとめた数表により天文学的な計算が楽にな

る」というところはコンピューターの出現によってそれほど重要な点ではなくなりましたが、それ以外にも対数には大きなメリットがあり、統計学や機械学習の中でも当たり前のように使われています。そのメリットとは何で、対数関数とはどのような性質を持った関数なのか、次節で詳しく学んでいきましょう。

20
対数の性質と計算のためのルール

　前節では対数の使い方と数表の存在を紹介し、対数のおかげで「ある程度の精度の計算であればどれだけややこしい掛け算・割り算・ルートの計算などもだいぶ簡単にできる」という素晴らしさについて説明しました。自分の父親ぐらいまでの世代の理系は計算尺と呼ばれる、対数を使って簡単に計算するための道具の使い方を習っていたそうです。

　こうした対数の素晴らしさはコンピューターの発達した今ではあまり実感しにくいかもしれませんが、しかしそれでも対数の「計算を楽にできる」という性質は、現代の統計学や機械学習の理論の中で今も役に立っています。そのためにもう少しだけ対数の性質について学んでいきましょう。

　まずは「計算方法」ではなく「関数自体」の性質を理解するためにグラフを見てみたいと思います。先ほど指数関数を説明する際には底が2または$\frac{1}{2}$(つまり0.5)という指数関数のグラフを見ましたが、同じ底の対数関数はそれぞれ図表3-14のようなものになります。

　すなわち、指数関数よりは増減が緩やかですが、底が1より大きければ単調増加で、1より小さければ単調減少する、という関数になります。なお底が(少なくとも正の実数の範囲内では)いくつであれ、「xが1のときyが0」という点を通り、xが0に近づくと、yはものすごいマイナスの数になったり(底が1より大きいとき)、あるいはとんでもなく大きくなったりする(底が1より小さいとき)、という性質があります。

　指数関数のところですでに「単調」という考え方を説明しました。指数関数では底が1でないプラスの実数であれば「ずっと減ることはなく増えっぱなし(底が1より大きいとき)」か、「ずっと増えることはなく

図表 3-14

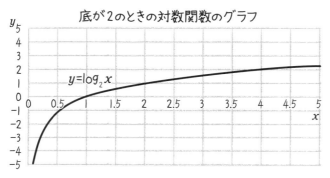

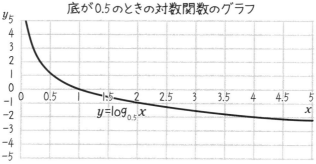

減りっぱなし（底が1より小さいとき）」かであり、それぞれを単調増加または単調減少と表現しました。対数関数についても同様であり、底が1より大きければ単調増加しますし、底が1より小さい正の数であれば単調減少します。このような性質から、ある数の対数が考えられるとき、その数とその対数は1対1で対応しています。対数という言葉自体、このように「対応する数」というような意味でつけられたのかもしれません。

　これが後で詳しく述べる「方程式の両辺の対数をとって考える」というやり方が許される背景にある理由です。

また、なんでわざわざ「対数をとって考える」のかと言えば、それが「少し楽な計算に置き換えられるときがある」からです。たとえば累乗の計算よりは掛け算の方が楽ですし、掛け算よりは足し算の方が楽です。これは人間が計算をしたり、数式をいじったりするときにもそうですし、コンピューターを使う場合にしてもそちらの方が計算にかかる手間が少なく、すなわち高速にできる傾向にあります。そうした対数の性質をうまく使って「数式を対数を使ってうまく整理する」という技術がこの後も何度か出てきます。そのために対数を使った計算方法について、次のような5つのルールを確認しておきましょう。

1ではないプラスの実数である底 a, b と、何でもよいのでプラスの実数 x, y という4つの数を考えたとき（ここでの x と y も関数を考えるときの慣例とは関係なくどんな文字を使っても構わない何かです）、次のようなルールが成り立ちます。

ルール1：「＝」が成り立っているプラスの実数同士に対して、同じ底で「両辺の対数をとって」考えてもやはり「＝」が成り立つ。

$$x = y \Leftrightarrow \log_a x = \log_a y$$

ルール2：logの中身の掛け算は対数の外側の足し算で考えられる。

$$\log_a xy = \log_a x + \log_a y$$

ルール3：logの中身の割り算は対数の外側の引き算と同じ。

$$\log_a \frac{x}{y} = \log_a x - \log_a y$$

ルール4：logの中身の累乗は対数の外側の掛け算で考えられる（こ

れは平方根や立方根でも同じことが言える）。

$$\log_a x^n = n \cdot \log_a x$$
$$\log_a \sqrt{x} = \log_a x^{\frac{1}{2}} = \frac{1}{2}\log_a x$$

ルール5：底を別の数に変えたければ次のように計算する。

$$\log_a x = \frac{\log_b x}{\log_b a}$$

　これらは全て対数ではなく指数の書き方で考えれば問題なく理解できるはずですが、一応一通り確認しておきましょう。まずルール1は「そりゃそうだ」という程度の話ですが、先ほども述べたような対数の「1対1の対応」という性質によって考えられるルールです。x に対応する対数 $\log_a x$ は1つしかなく、逆に $\log_a x$ に対応する x も1つしかありません。そうすると「同じ数それぞれの対数」も必ず同じ数になると考えられるわけです。

　次にルール2〜ルール4は全て指数関数で確認したルールを別の言葉で表現しているにすぎません。すなわち、$\log_a x$ とは「a をその数だけ累乗したら x になる数」であり、同様に $\log_a y$ とは「a をその数だけ累乗したら y になる数」なので、これを別の（まわりくどい）書き方をすれば次のようになります。

$$x = a^{\log_a x}、\quad y = a^{\log_a y} \quad \cdots (20.1)$$

　この考え方に基づいて、掛け算 $x \cdot y$ を指数の計算ルールに基づき考えてみると、

$$x \cdot y = a^{\log_a x} \cdot a^{\log_a y} = a^{\log_a x + \log_a y} \quad \cdots (20.2)$$

と考えられます。このようなとき、ルール1に基づけば、「等式が成り立っているときに両辺の対数も等しくなる」わけなので、$x \cdot y$ と $a^{\log_a x + \log_a y}$ の双方に対して「底が a の対数」を考えてもやはり等しくなるはずです。また、後者について「c を何乗かしたときにちょうど $a^{\log_a x + \log_a y}$ になる数」とは、そのまま a の右肩にある指数である $\log_a x + \log_a y$ のことになります。よって、

$$x \cdot y = a^{\log_a x + \log_a y}$$
$$\Leftrightarrow \log_a x \cdot y = \log_a a^{\log_a x + \log_a y}$$
$$\Leftrightarrow \log_a x \cdot y = \log_a x + \log_a y$$

と、ルール2の形になりました。これはルール3やルール4についても全く同じように考えられますので気になる方はぜひ試してみてください。

このほか、指数関数で確認したルールだけでは説明がつかないのが底の変換公式とも呼ばれるルール5です。ただし、このルールについても、対数をいったん指数に戻して考えたあと、ルール1に基づきその両辺に新たな底の対数を考える、というやり方でなぜこうなるのかを理解できるはずです。仮にルール5の左辺すなわち、「底を変換する前の対数」を z とでもおくと次のように表せます。

$$z = \log_a x \quad \cdots (20.3)$$

このことを指数の形で書くと、次のようになります。

$$\Leftrightarrow a^z = x \quad \cdots (20.4)$$

こちらには等式が成立していますし、x が正の実数である以上、左辺もやはり正の実数であるはずなのでルール1に基づき次のように「これ

らの対数同士も等しい」と考えられます。ここでは（1 ではないプラスの実数でさえあれば）どんな底を考えても問題ないはずなので、両辺に対して b を底とした対数を考えることにしましょう。そうすると、

$$\Leftrightarrow \log_b a^z = \log_b x \qquad \cdots (20.5)$$

ですし、ルール 4 に基づけば「対数の中身の累乗は対数の外側の掛け算」になるはずですので、

$$\Leftrightarrow z \cdot \log_b a = \log_b x$$
$$\Leftrightarrow z = \frac{\log_b x}{\log_b a} \qquad \cdots (20.6)$$

と考えてもよいでしょう。ただしここで(20.3)式に戻ると、$z = \log_a x$ なので、

$$\Leftrightarrow \log_a x = \frac{\log_b x}{\log_b a}$$

という、ルール 5 の底を変換するための式が導かれました。

　以上のうちルール 1 ～ルール 4 については、統計学や機械学習の中でも当たり前のように使う操作なので覚えておいていただけると幸いです。後で詳しく説明しますが、「両辺の対数をとって考える」「対数の中身の掛け算は外側の足し算で考える」「対数の中身の割り算は外側の引き算で考える」「対数の中身の累乗は外側の掛け算で考える」という対数の性質によって、ややこしい統計学や機械学習の計算がかなり楽に考えられるようになるはずです。

　それに比べるとルール 5 はあまり統計学や機械学習の中で使われているところを見たことがありませんが、それはなぜかと言えば、統計学や機械学習は先ほど数表を紹介した 10 よりも遥かに便利な底を使うこと

に統一されているからです。その底以外を使うことがないため、「底の変換」という作業が出てこないわけですが、「なぜこの底が便利なのか」という最大の理由である「微分・積分がめちゃくちゃしやすい」ということを後で詳しく説明するときにだけ、底の変換方法を使うのでいちおう本章の中で触れておきました。

ではこの便利な底というのはいったいどんな数なのでしょうか？次節から詳しくそちらについて説明していきたいと思います。

21
ネイピア数 e の意味と ロジスティック回帰
単純パーセプトロンの考え方

　ここまで対数がとても便利だということを学んできましたが、実は統計学や機械学習において、10という対数の底が使われることはあまりありません。それよりも圧倒的によく使われるのは「ネイピア数」と呼ばれるものです。ややこしいのはネイピア数自体を考え出したのはネイピアではなくヤコブ・ベルヌーイであり、さらにその後レオンハルト・オイラーが本格的にその性質を研究したと言われています。そのため、オイラー以降の慣例で、ネイピア数を表す記号としては小文字の e が用いられます。ネイピアがネイピア数を知っていたとは思えませんが、それでも彼の名前が使われるのは対数を生み出したネイピアへの後世からの敬意によるものでしょう。

　私はオイラーやベルヌーイの論文に目を通すほどの数学史の専門家ではありませんが、個人的な理解としては、ネイピア数に e という文字が使われるのは、指数関数（exponential function）の頭文字とかそういう理由なのではないか、と考えています。実際に、e の x 乗という指数関数のことを e^x と書き表すほか、$\exp(x)$ と書くこともあります。本書でも今後底が e を何乗かしたもの、という数式が何度か登場しますが、その指数部分がややこしい場合にはあまり小さい字でゴチャゴチャと書くことにならないよう、$\exp(x)$ という書き方をすることもあるので覚えておいてください。

　少し話はそれましたが、由来はさておきネイピア数 e というのが、統計学と機械学習のなかで最も一般的に使われる対数の底です。大学以降の専門書の多くは、しばしば log2 とか log3 といったように、底を省略

した形で対数が書かれています。しかし、ここで少しだけ注意しなければいけないのは、分野によって暗黙的に省略された底が異なるというところです。基本的に省略されるほどポピュラーな対数の底は2つしかなく、1つはすでに紹介した10で、もう1つが今から詳しく学ぶネイピア数eです。しかし、どちらが一般的に用いられるかは分野によって異なり、たとえば一部の工学や天文学の世界では、数の概算を行なう上で直感的に理解しやすいというメリットから、「底が10だと便利」と考えるそうです。しかし、少なくとも統計学や機械学習の世界では、対数といえば底がネイピア数eであると考えた方がよいでしょう。

なお、底が10の対数のことを常用対数、底がeの対数のことを自然対数と呼ぶこともあります。本書でも以後、特に底が書いていなければ、底がeの自然対数だとお考えください。また、たとえばエクセルで対数を求める場合、LOG10関数が常用対数、LN関数なら自然対数、LOG関数を使う場合は「底を自分で指定する」という形になりますが、このLN関数はlogarithm（対数）とnatural（自然）の頭文字をそれぞれとった表記でしょう。エクセル以外のツールやプログラムにおいてもこのあたりの仕様は微妙に異なります。

ではなぜ、統計学や機械学習の中では、ネイピア数eが対数の底としてよく使われるのでしょうか？その理由は「微分や積分をするときに便利だから」という一言に尽きるため、そのあたりの説明は後の章で改めてしようと思います。しかし、ネイピア数がいったいどういう数なのかについては次のような問題を通して、あらかじめここで説明しておきましょう。

あなたは「1年後に倍にして返すから100万円を貸して欲しい」と友人に頼み込んだ。つまり年利100%の借金ということである。

友人は「年利100%ではなく半年ごとに50%の複利という計算でもよいか？」と聞き、あなたは承諾する。すると友人はさらに「四半

期ごとに25%でもよいか？」「1日ごとに100%を365で割った利率でもよいか？」と聞くがあなたは承諾し、最終的に1年の期間を何分の1にしようが、同じ数で利率を割るのであれば全く問題ないと答えた。そうすると、友人は1分ごとの複利で利息を計算したいと言い出した。

この考え方が雪だるま式に適用された場合、1年後には倍以上支払わなければいけないことになるし、「トイチ（十日で一割）」という言葉に代表されるように、短い期間の複利計算は恐ろしいスピードで膨らむことも考えられる。

場合によってはこの後友人がさらに1分よりもっと短い時間、すなわち1秒や1ミリ秒での利息の計算を求めてくることも考えられるが、あなたは最大どれだけの金額を1年後に返さなければいけないことになるだろうか？（なお、法定金利がどうこうという点はこの問題では考えないことにする）

この問題を考えるにあたって、まずは友人が言い出した「計算する期間を1年の半分にするかわりに利率も100％の半分にする」という条件で複利計算を行なった場合を考えてみましょう。半年後には1.5倍、そして次の半年でさらに1.5倍ということで1年後の支払い金額が何倍になるかは次のように求められます。

$$\left(1+\frac{1}{2}\right)^2 = 1.5^2 = 2.25$$

確かに、元の1年後に倍、という条件よりも、複利計算では計算期間を短くした方がたくさん利息を支払わなければいけないことがわかります。さらに、計算期間と利率をそれぞれ4分の1にした場合は、次のようにさらにたくさん支払うことになっています。

$$\left(1+\frac{1}{4}\right)^4 = 1.25^4 \fallingdotseq 2.44$$

次にこれを一般化して「利息を n 分の1にする代わりに計算する期間を n 分の1にする」と考えてみましょう。そうすると、

$$1\text{年後に支払う金額} = 100\text{万円} \times \left(1+\frac{1}{n}\right)^n \quad \cdots (21.1)$$

と表すことができます。1分とは1年を365で割って、24で割って、60で割った期間ですが、頑張って計算すると $n=365\times24\times60=525{,}600$ と求められます。すなわち利率 $\frac{1}{n}$ はだいたい 0.00019% ということになります。コンピューターの力を借りてこの n の値を用いた(21.1)式の計算を実際に行なうと、

$$100\text{万円} \times \left(1+\frac{1}{525600}\right)^{525600} \fallingdotseq 2{,}718{,}279\text{円}$$

という結果になりました。さらにこの n を60倍して秒単位で計算してみましょう。

$$100\text{万円} \times \left(1+\frac{1}{31536000}\right)^{31536000} \fallingdotseq 2{,}718{,}282\text{円}$$

ここまで来ると期間を短くしてもたった3円しか支払金額は増えません。なお、実際に計算してみればわかりますが、ミリ秒にしても、ナノ秒にしても、1円未満の端数を切り捨てる限り 2,718,282 円からは全く変化しません。つまり、友人がいくら短い期間での複利計算をしてこようと、2.718282 倍以上には増えないと考えられるのです。

そしてこの「2.718……」という数こそがネイピア数です。またネイピア数はすでに述べた「比率で表されない」という無理数ですので、厳

密に言うと小数点以下の数はこれ以降もずーっと続きます。

すなわち、ネイピア数とはnがめちゃくちゃ大きいときの$\left(1+\dfrac{1}{n}\right)^n$という計算の結果である、ということです。この、「めちゃくちゃ大きい数」ということを数式で表すには、一般的に次のように書きます。

$$e = \lim_{n \to \infty}\left(1+\dfrac{1}{n}\right)^n \qquad \cdots (21.2)$$

lim というのは「リミット」すなわち極限という意味の記号です。また「∞」という記号はたまに街で見かけることもありますが、「無限大（むげんだい）」という記号で、nが「めちゃくちゃ大きくなる」場合の値がどうなるかを考えましょう、という意味です。声に出して読むとすれば「リミット n が無限大の～」という感じでしょうか。

統計学や機械学習でこのようなネイピア数をよく見かけるのが、ロジスティック関数あるいはシグモイド関数と呼ばれる関数です。ロジスティック回帰という、とてもポピュラーな統計解析手法においてもこの関数は使われていますし、ディープラーニングに関する専門書の中でもこの関数について言及されることがしばしばあります。なお、同時期に異なる分野で同じ手法が発明されたため、統計学者は「ロジスティック関数を用いたロジスティック回帰」と呼び、実質的にほぼ同じものを機械学習や人工知能の研究者は「シグモイド関数を用いた単純パーセプトロン」と呼ぶ傾向にあります。なお、ディープラーニングとは多層パーセプトロン（の中でも特に層の数がとても多いもの）であり、単純パーセプトロンとは、現在盛んに研究されているディープラーニングを含むニューラルネットワークと呼ばれる手法群の基礎や母体であると言ってもよいでしょう。本書ではどちらかというと、「ロジスティック関数」「ロジスティック回帰」という呼び方を主に採用しますが、このロジスティック回帰を理解することは統計学だけではなくディープラーニングなどの機械学習技術に興味のある人にとっても重要な意味を持つはずで

す。

それでは次のような状況を考えてみましょう。

あなたの経営するレストランは完全予約制をとっており、過去の予約台帳をよく調べて分析したところ、特に何のトラブルも起こさない限り、新規に来店した顧客の25％はその後1年以内に再び来店しているということがわかった。しかし、ダブルブッキングをしてしまったり注文された料理を間違えたり、隣席の客といさかいを起こしたり、というトラブルを起こしてしまった顧客のリピート率は10％まで低下する。

これまで全ての顧客に対して何かしらのトラブルが生じるにしてもせいぜい1つだけであったが、本日迎え入れた重要顧客に対しては運悪く2つのトラブルを起こしてしまった。この顧客が1年以内に再び来店してくれる確率は何％と考えられるだろうか？

ここでこれまでの線形な回帰分析を考えるとすれば、「1回トラブルを起こすごとに低下するリピート率は常に一定」ということになります。1回トラブルを起こすとリピート率が25％から10％へ、15ポイント下がることから、さらにもう1回トラブルを起こせばやはりもう15ポイントリピート率が下がり、リピート率が－5％になってしまうと考えられるでしょう。しかしこれは現実的ではありません。なぜならマイナスのリピート率、というものは実際にはありえないからです。

これまで行なってきた回帰分析は全て数と数の関係をみるものであり、横軸も縦軸もともにとんでもないマイナスだろうがとんでもないプラスだろうが、全ての範疇の数同士の関係を見るものでした。しかし、リピーターになるかどうかといった特定の状態に「あてはまるか／あてはまらないか」というのは数ではありませんし、「あてはまる割合」というのは数ですが、0から100％すなわち1までの値しかとりようがあり

ません。

　そこで、あてはまる場合を1、あてはまらない場合を0、というように数を割りあててみましょう。今回で言えば「リピートする」が1で「リピートしない」が0ということになります。統計学ではこのような変数のことを「ダミー変数」と呼びます。そして、リピート率とは「リピートダミー変数」の平均値だということもできるでしょう。

　すなわち、たとえば10人の顧客中3人がリピートしたとします。言うまでもなくこの場合のリピート率は3÷10で30％と求められます。これを別の見方で説明すると3人のリピートダミー変数は1で、残り7人のリピートダミー変数は0です。このリピートダミー変数の平均値をとると、

$$(1+1+1+0+0+0+0+0+0+0) \div 10$$
$$= 3 \div 10 = 30\%$$

と、全く同じ値が得られるわけです。

　このリピートダミー変数やその平均値であるリピート率は0〜1までの値しか取りえませんが、そのまま線形の回帰分析にかけてしまうと前述のような「リピート率−5％」という非現実な結果が得られてしまうこともあります。ロジスティック関数はこうした問題に対処するために、「とんでもないマイナスの値からとんでもないプラスの値まで」という回帰分析で考える数を、「最小値が0で最大値が1」というダミー変数や割合の形に変換してやるものだと言うことができるでしょう。

　結論から言えば、そのためのロジスティック関数とは次のようなものです。

$$f(x) = \frac{1}{1+e^{-(a+bx)}} = \frac{1}{1+\exp(-(a+bx))} \quad \cdots (21.3)$$

e の何乗、と書くか、$\exp(\ )$ という形で書くかは完全に好みの問題で、「どちらが使われることもあるから」と念のため両方ここで紹介しておきました。言うまでもなく e はネイピア数で、それを $-(a+bx)$ 乗する、というこの「$a+bx$」の部分がこれまで回帰分析で考えてきた直線の式です。この値は理論上、とんでもないマイナスの値から、とんでもなく大きなプラスの値まで取りえますが、それぞれの状況で(21.3)式の $f(x)$ はどのような値を取るでしょうか？

まず $a+bx$ が「とんでもないマイナスの値」を取った場合について考えてみましょう。そこにマイナスを掛けるので $-(a+bx)$ はただの「めちゃくちゃ大きな値」になります。e はおおよそ2.718という1より大きな値なのでこれをめちゃくちゃ大きな数で累乗すると、当然めちゃくちゃ大きな数になります。ここに1を足そうがやはり「めちゃくちゃ大きい数」であることに変わりはなく、「1をめちゃくちゃ大きな数で割った」答えはほぼ0、ということになるでしょう。よってこのとき、$f(x) ≒ 0$ になります。

同様に、$a+bx$ がプラスのとんでもなく大きな値の場合を考えてみましょう。

まず $e^{-(a+bx)}$ についてですが、すでに指数の計算ルールで学んだように「ある数のマイナスいくつか乗」とは、「1÷ある数のいくつか乗」ですので、次のように考えられます。

$$e^{-(a+bx)} = \frac{1}{e^{a+bx}}$$

ここで $a+bx$ が「めちゃくちゃ大きな数」だとすると、当然この答えは「1をめちゃくちゃ大きな数で割った数」すなわち「ほぼ0」ということになります。そうすると、$a+bx$ が「めちゃくちゃ大きな数」のとき、(21.3)式は次のようになります。

$$f(x) = \frac{1}{1+e^{-(a+bx)}} \fallingdotseq \frac{1}{1+0} = 1$$

つまり、$a+bx$ がとんでもなく大きなプラスの値であるとき、$f(x)$ はほぼ1になるということです。

さらにその間の「$a+bx$ がちょうど0になる」場合はどうでしょうか？これもすでに指数の計算ルールで学んだように $e^0=1$ になるので、このとき(21.3)式は、

$$f(x) = \frac{1}{1+e^{-(a+bx)}} = \frac{1}{1+e^0} = \frac{1}{1+1} = 0.5$$

と、0～1のちょうど真ん中にある値をとることがわかります。

以上が、とんでもないマイナスの値からとんでもないプラスの値までという回帰分析で考える数を、最小値が0で最大値が1という割合の形に変換してやる、ということです。なおロジスティック関数の一例として、一番単純な $a=0$ で $b=1$ となる場合をグラフに描くと次のようなものになります。

図表 3-15

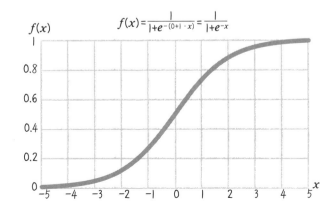

第3章　統計学と機械学習につながる二項定理、対数、三角関数

　また(21.3)式を別の視点から見ることもできます。ダミー変数やその平均値であるリピート率のような割合の指標は「proportion」や「probability」の頭文字をとってpで表されることが多いわけですが、リピート率をp、トラブルの回数をxとした場合に(21.3)式のようなロジスティック関数に基づいて次のような関係が成立しているとしましょう。そうすると、

$$p = \frac{1}{1+e^{-(a+bx)}} = \frac{1}{1+\dfrac{1}{e^{a+bx}}} \qquad \cdots (21.4)$$

と考えられます。これを何とか「$=a+bx$」という形になるように、変形してみましょう。まずは$e^{a+bx}=X$とでもおくと(21.4)式は次のように表されます。「分子と分母の両方をX倍する」という操作で次のように表されます。

$$p = \frac{1}{1+\dfrac{1}{X}} = \frac{X}{X+X\cdot\dfrac{1}{X}} = \frac{X}{X+1}$$

あとはこれを代数のルールに基づき次のように整理していきましょう。

$$\begin{aligned}
&\Leftrightarrow\ p(X+1) = X \\
&\Leftrightarrow\ pX + p = X \\
&\Leftrightarrow\ p = X - pX \\
&\Leftrightarrow\ p = (1-p)X \\
&\Leftrightarrow\ \frac{p}{1-p} = X \\
&\Leftrightarrow\ \frac{p}{1-p} = e^{a+bx}
\end{aligned}$$

ここで両辺に対して、対数の計算ルールに従い、「両辺について底がネイピア数の対数を考える」という操作を行ないましょう。そうすると言うまでもなく右辺についてはネイピア数の右肩にある指数部分がそのまま、ということになりますので、

$$\Leftrightarrow \log_e \frac{p}{1-p} = a + bx \qquad \cdots (21.5)$$

となります。この(21.5)式の形は専門用語でロジット関数と呼びます。すなわち、たとえば(21.5)式において a が 0 で b が 1 であれば、

$$x = \log_e \frac{y}{1-y}$$

となりますが、このとき「x は y のロジット関数で表される」ということになります。また、これまでの経過を見れば明らかなように、このとき逆に「y は x のロジスティック関数で表される」わけですが、このようなロジット関数とロジスティック関数の関係を互いに「逆関数」と表現することもあります。

　この(21.5)式に基づいて、さきほどのリピート率についての状況を考えてみましょう。トラブルの回数 x が 0 のときにリピート率 p は 25％、あるいは x が 1 のときに p が 10％だったという値をそれぞれ(21.5)式に代入して考えると次のようになります。

$$a + b \cdot 0 = \log_e \frac{0.25}{1 - 0.25} \fallingdotseq -1.1 \qquad \cdots (21.6)$$

$$a + b \cdot 1 = \log_e \frac{0.10}{1 - 0.10} \fallingdotseq -2.2 \qquad \cdots (21.7)$$

　最後の近似値計算はエクセルなどで行なえばすぐに出てきますし、ここまでのことがわかっていれば、あとはこれまですでに何度か行なった

連立方程式を解くだけです。(21.6)式の時点でそのまま切片 $a ≒ -1.1$ と近似値が求められていますし、この値を(21.7)式に代入すると次のように b も求められます。

$$b ≒ -2.2 - a = -2.2 - (-1.1) = -1.1$$

あとは問題となっていたトラブルが2回起こった場合のリピート率を推計するためには、これら a、b それぞれの値と x が2であるという条件を(21.4)式の方に代入すればよいだけです。すなわち、

$$p = \frac{1}{1 + \frac{1}{e^{a+bx}}} = \frac{1}{1 + \frac{1}{e^{-1.1-1.1 \cdot 2}}} = \frac{1}{1 + \frac{1}{e^{-3.3}}} ≒ \frac{1}{1 + 27.1} ≒ 3.6\%$$

と、「e の -3.3 乗」というところだけはエクセルなどの助けがいりますが、概ねトラブルを2回起こした場合のリピート率は3.6%ほど、という推計が行なえるわけです。言うまでもなくこれは単純な線形回帰で考えたような「非現実的なマイナスの値」などではありません。

なお、実際のデータに対してロジスティック回帰分析を行なう場合は連立方程式を解くわけではなく、実際には微分の知識が必要になります。さらに複雑なニューラルネットワークであればなおさらです。すでに述べたように、なぜネイピア数を使った指数関数や対数関数が統計学や機械学習で使われるのかと言えば「微分しやすいから」ですが、この性質は回帰係数の推定においてもとても役に立ちます。

本書の最後にはそこまできっちりと説明しますが、ひとまず統計学の主要な手法であり、また現在主流の機械学習手法の基礎にあるロジスティック回帰分析は、以上のような考え方で「ある状態を取るか取らないか」という定性的なデータを、数学的に取り扱いやすくしたものだ、ということを理解していただければ幸いです。

22
三平方の定理とデータの「距離」

　序章で述べたように本書は「統計学や機械学習の勉強がはじめられること」をゴールとして、大胆に幾何学の内容をカットし、代数学と解析学にフォーカスする内容としました。それでも、最低限知っておいた方がよい幾何学の知識として、三平方の定理（ピタゴラスの定理）と三角関数ぐらいは紹介しておきたいと思います。これらは図形の証明や、面積、体積の計算といった中高で習う幾何学だけでなく、統計学や機械学習の理解にも時々必要になるものだからです。そこでまずは三平方の定理の証明を、「代数学の力を借りたらどうなるか」体験してみましょう。

　私が学校で習ったときには三角形の相似がどうこうといったやり方で教えてもらった覚えがありますし、古代のギリシャで教えられていた解き方はさらにもっとややこしいものだったそうです。

　しかし、中高生が習うような代数学の考え方を使ってよいのであれば、とりあえず直角三角形を四枚、次のような形に並べることで証明は簡単に終わります。

図表 3-16　三平方の定理を証明するための図

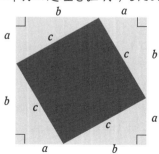

第3章　統計学と機械学習につながる二項定理、対数、三角関数

　どんなものでもよいので何か直角三角形を考えて、直角を挟む2つの辺の長さをそれぞれa、bとし、斜辺の長さをcとします。そしてこのような直角三角形を4つ、互いにaの長さの辺とbの長さの辺が一直線になるように、対称的にグルっと並べるとこの図のような状況が得られます。

　さて、この直角三角形において、三平方の定理とはすなわち次のように表されます。

$$a^2 + b^2 = c^2 \quad \cdots (22.1)$$

　つまり、3つの辺の平方（すなわち2乗したもの）についての関係だから三平方の定理というわけです。さてこのことを上記の図からどう証明すればよいのでしょうか？

　まず(22.1)式の右辺に注目してみましょう。c^2とは「1辺の長さがcの正方形の面積」と等しいわけですが、これは図の中で言えば中央にある、4つの斜辺で囲まれた黒い四角形の面積にあたります。この黒い四角形は同じcという長さの「4つの斜辺」に囲まれていますし、90度右に回転させようが左に回転させようが全く形が変わらないことからもわかる通り、「どこの角の大きさも同じ」なので、「1辺の長さがcの正方形」だと考えられるからです。

　また、この「黒い正方形の面積」について別の考え方で求めることもできるでしょう。この図の中には「1辺の長さが$a+b$の大きな正方形」を見ることもできますが、この面積からもとの直角三角形4枚分の面積を取り去ると、内側の黒い正方形の面積が残ると考えられるはずです。これらの考え方を数式で次のように表して整理します。

　　内側の黒い正方形の面積
　　＝外側の大きな正方形の面積－元の直角三角形の面積4つ分

$$c^2 = (a+b)^2 - 4 \cdot \frac{a \cdot b}{2}$$
$$= a^2 + 2ab + b^2 - 2ab$$
$$= a^2 + b^2$$

よって、これで三平方の定理の証明は完了です。この三平方の定理は統計学や機械学習でもしばしば使うことがありますが、どちらかというと(22.1)式そのままというよりは、次のように両辺の平方根（つまりルート）の形でデータ間の「距離」を考えるために使われることが多いようです。

$$c = \sqrt{a^2 + b^2} \qquad \cdots (22.2)$$

たとえば次のような状況を考えてみましょう。

　人事部で働くあなたは、営業部門と情報システム部門のそれぞれの部署から人員を補充してほしいと要望され、まだ配属の決まってない一名の採用者をどちらかに回せばよいかと考えている。
　あなたの会社では採用時に面接のほか、平均点や点のバラつき方が全く同じになるように作られた、言語能力と数学能力の2科目からなる職業適性試験を必ず用いることになっており、この採用者は言語能力で70点、数学能力で80点を取っていた。
　なお、過去の採用履歴を見ると、営業部門で働く社員の平均点は言語能力が80点で数学能力が50点、情報システム部門では言語能力が60点で数学能力は70点である。この結果から、この採用者は、どちらの部署の仕事や人員と親和性が高いと考えられるだろうか？

とりあえずわからない要因が2つあるのであれば、デカルト座標で表にしてみる、というのはこれまですでに皆さんが学んだ知恵です。試し

に言語能力を横軸に、数学能力を縦軸にとって、登場した採用者、営業部門、情報システム部門それぞれの得点を座標上に示してみると次のようになります。

図表 3-17

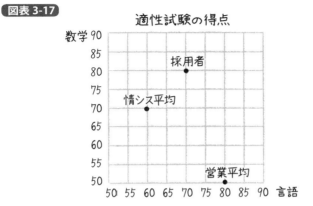

こちらを見れば何となく、採用者は情報システム部門の方の平均値と近そう、ということがわかりますが、だからといってこうした意思決定を行なうのに毎回視覚的に確認するのはたいへんです。また、今回はテストの科目が言語と数学の2種類だけだからよかったものの、4種類以上の科目を総合的に判断して親和性を考える、といった状況ではこのような座標を描くことができません。

ですが、ここで三平方の定理を使うという知恵があれば「座標上で見た何となくの距離」を数式で表すことができます。すなわち、たとえば採用者と情シス部門の間の距離について考えたければ、図表 3-18 のような三角形を考えればよいわけです。

デカルト座標は別名「直交座標」とも呼ばれ、横軸と縦軸は必ず直角に交わるように作られています。よって当然、それぞれの座標軸に沿うよう描かれた三角形も直角三角形になるわけで、(22.1)式で表される三

図表 3-18

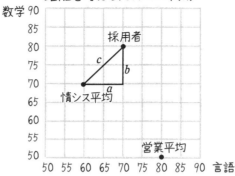

平方の定理が成り立ちます。

そして今知りたいのは c の長さ、すなわち言語能力と数学能力を総合的に判断した採用者と情報システム部門の平均点との間の距離なので、次のように三平方の定理を変形した(22.2)式を使ってやりましょう。

$$
\begin{aligned}
&採用者と情シス平均点との距離 c \\
&= \sqrt{a^2 + b^2} \\
&= \sqrt{(70-60)^2 + (80-70)^2} \\
&= \sqrt{10^2 + 10^2} \\
&= \sqrt{200}
\end{aligned}
$$

なお採用者はどちらの科目でも情報システム部門の平均点を上回っているため、わかりやすく今回は「採用者の得点－情報システム部門の平均点」という計算で a、b それぞれの長さを求めましたが、その後 a、b それぞれを2乗してしまうので、どちらからどちらを引いても（仮に低い点数から高い点数を引いてマイナスの値になっても）、結局のところ最終的な計算結果には何の影響もありません。

第3章　統計学と機械学習につながる二項定理、対数、三角関数

　同様に考えれば、採用者と営業部門の平均点との間の距離を求めることもできます。

$$\begin{aligned}
&採用者と営業部門平均点との距離\\
&=\sqrt{(70-80)^2+(80-50)^2}\\
&=\sqrt{(-10)^2+30^2}\\
&=\sqrt{1000}
\end{aligned}$$

　つまり、この採用者の試験成績は情報システム部門の平均値とは$\sqrt{200}$の距離にあるが、営業部門の平均値とは$\sqrt{1000}$の距離にある、ということです。気になる方は電卓を使って計算しても構いませんが、どちらが近いか、どちらが短いかと言えば明らかに前者であると言えるでしょう。なおこれらの近似値としては前者が約14、後者が約32という値になり、視覚的な値の読み取りと概ね一致しているはずです。

　しかし、今回の場合は言語と数学という2つの軸だけを考えていればよかったわけですが、これがもし3つ以上の軸を考えなければいけないとしたらどうすればよいでしょうか？

　たとえば同じように平均点やバラつき方を揃えた「英語能力のテスト」というものが存在していたとしましょう。先ほどの採用者は（日本語の）言語能力と数学能力は高いが英語はあまり得意ではない、一方つい最近退職してしまった1人の社員は、（日本語の）言語能力と数学能力は低いが、英語は飛びぬけて得意、という状況だったとします。営業部門に配属するか、情報システム部門に配属するか、というのとは別の話として、この採用者が退職した社員の後任を務められるかどうか判断するために、先ほどと同様にこの3つの点数から「両者の距離」を考えるとしたらどう計算すればよいでしょうか？

　結論から言えば次のような計算によってこの距離を求めることができます。

$$総合的な距離 = \sqrt{(言語の点差)^2 + (数学の点差)^2 + (英語の点差)^2}$$

なぜそうなるかを考えるために、次のような3次元上の直交座標における位置関係を見てみましょう。

図表 3-19

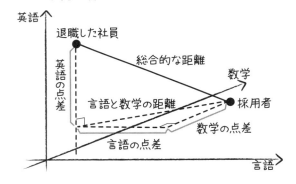

まずは退職した社員と採用者の間の「言語と数学の距離」を考えます。これは点線で描かれた「言語の点差」「数学の点差」を含む三角形について考えることになりますが、ここもやはり直交座標であるため直角三角形となり、三平方の定理を使って次のように求められます。

$$言語と数学の距離 = \sqrt{(言語の点差)^2 + (数学の点差)^2}$$

そうするとこの距離を使って、求めたい3つの軸を総合した距離を求めることができます。なぜなら「総合的な距離」「英語の点差」「言語と数学の距離」の3つもやはり直角三角形を作っているからで、こちらの三角形についても次のような三平方の定理が成り立ちます。

$$\text{総合的な距離} = \sqrt{(\text{言語と数学の距離})^2 + (\text{英語の点差})^2}$$

ここに先ほどの「言語と数学の距離」を代入すると次のようになります。

$$\text{総合的な距離} = \sqrt{(\sqrt{\text{言語の点差}^2 + \text{数学の点差}^2})^2 + (\text{英語の点差})^2}$$
$$= \sqrt{(\text{言語の点差})^2 + (\text{数学の点差})^2 + (\text{英語の点差})^2}$$

すなわち3つの軸で表される2点間の距離を求めようとすれば、3つそれぞれの軸における差を2乗して足し合わせて、最後に$\sqrt{}$をとればよい、ということになります。視覚的には表せない4つ以上の軸を考えなければいけない場合にもこれは同様で、統計学や機械学習で「距離」と言われたら、その最も基本的なものはこのように三平方の定理に基づいて「差分を2乗したものを足し合わせて$\sqrt{}$をとる」という考え方をします。

中学校や高校で習う幾何学では、我々が見たり触れたりできる2次元空間あるいは3次元空間上の図形をイメージしますが、統計学や機械学習ではそれ以上たくさんの次元を考えなければいけません。仮にテストの科目が5科目あるとすれば5次元空間を考えなければいけませんし、たとえ今回考えたように2科目しかなくても「言語能力と数学能力を総合した距離」といったものは座標上に示された抽象的な概念であり、見たり触れたりできるものではありません。

しかしながら、何度も述べてきたように数学の素晴らしいところは「現実を抽象化して捉えられる」ということです。座標上で表して見たり実際に触れたりできないような状況であっても「距離とはそれぞれの変数の差を2乗して足し合わせたものの$\sqrt{}$である」と定義してしまえば、数学的には扱えます。そして、このような定義の距離は、たとえばクラスター分析やサポートベクターマシンといった機械学習手法の中で役に

立っているわけです。

　なお、我々が小学校や中学校で習う幾何学は古代ギリシャの数学者の名前をとってユークリッド幾何学と呼ばれることがありますが、今回学んだ三平方の定理に基づいて計算される距離のことを特に区別して専門用語で「ユークリッド距離」と呼んだりすることも覚えておくとよいでしょう。

　ユークリッド距離以外にも統計学や機械学習の中でさまざまな「距離」の定義が用いられていますが、ここまでの内容を理解して、「4次元以上の我々が認識できないような多次元でも一般化して距離という概念が定義できる」という根本的なアイディアを理解していれば、「ユークリッド距離の不便なところをうまく解消した何か」として、より発展的な距離の定義も理解することができるはずです。

23

幾何学に対する代数の力業
最低限の三角関数

　三平方の定理について理解ができたら次は三角関数について学んでいきましょう。

　数学の苦手な大人の中には、三角関数なんて役に立たないと主張する人もいます。しかし、実際のところ三角関数とはとても便利な道具です。なぜなら、中学校で習うような幾何学の問題について、図形を作図して、補助線を引いたりどことどこの角度が一致するかを見つけるセンスがなくても、代数学的な処理だけで考えられるようになるからです。

　たとえば次のような、2つの辺の長さとその間の角度のみがわかっている三角形の面積を求めなければいけない場合を考えてみましょう。

図表 3-20

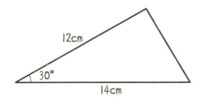

　この3つの条件がわかっていれば三角形は1つに定まりますが、この時点ではどこも直角になっておらず、「底辺×高さ÷2」という公式を使うことができません。これが中学生のテストであれば、30°というキリのよい角度を頼りに、補助線を引いて図形の中のどこが正三角形になっているかを考えたり、そこへ三平方の定理を適用して、何とか「高さ」を求めようというところですが、三角関数を知っていればもっと機

械的に計算することができます。

図表 3-21

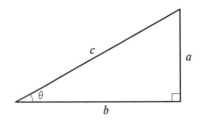

数学では慣例的に角度のことを「θ(シータ)」を使って表しますが、このような直角三角形を考えたとき、角度θが決まれば残りの直角じゃない方の角度も決まり、a、b、cそれぞれの値がどんなものであっても必ず「相似」な三角形になります。つまり、大きさは異っていても、拡大したり縮小したりすればピタリと同じ形になるという関係になるわけです。角度が全て同じであれば、仮にaをもとの長さの2倍にするとbとcも2倍になり、「bはaの何倍か」とか「cはaの何倍か」といった比率は変わりません。そしてθが決まれば$\frac{a}{c}$や$\frac{b}{c}$、$\frac{a}{b}$といった値が決まるということは、これまでxの関数を$f(x)$と表していたのと同じく、これらが「θの関数」であるということです。なおそれぞれ、sin(サイン)、cos(コサイン)、tan(タンジェント)と呼ばれ、次のように対応しています。

$$\sin\theta = \frac{a}{c}、\cos\theta = \frac{b}{c}、\tan\theta = \frac{a}{b}$$

どれがどれだかわからなくなったときには、図表3-22のようにそれぞれの三角関数の頭文字を思い返して筆記体のs、c、tをそれぞれどの順番で書くか、という覚え方もあります。

図表 3-22

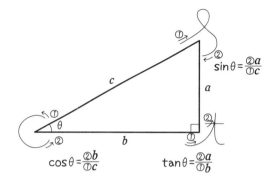

　また、これら3つの口でも圧倒的によく使うのは sin と cos なので、直角三角形における、底辺×高さ÷2 という三角形の面積の求め方の中で「高さが斜辺の何倍かを示すのが sin」で「底辺が斜辺の何倍かを示すのが cos」と覚えておいてもよいでしょう。高校で習う力学に慣れてくると、「斜めの力や動きを分解する際に、縦方向の成分が sin で横方向の成分が cos」という考えが自然と身についたりもします。

　すなわち、先ほどの「どこが直角になっているかわからず、補助線を引いたりしなければそのままでは面積が求められない」三角形について、三角関数を使えば強引に高さがどうなっているかを求めることができるわけです。$\sin\theta$ は「θ が決まったときの、高さが斜辺の何倍か」という関数なので、「12cm のところが斜辺の直角三角形」を考えると、図表 3-23 の点線の部分が 12cm の $\sin 30°$ 倍である、ということがわかるわけです。

　よって「底辺×高さ÷2」という三角形の面積の求め方に従えば、この三角形の面積は次のように求められます。

$$\text{面積} = 14\text{cm} \times 12\text{cm} \times \sin 30° \div 2 \qquad \cdots (23.1)$$

図表 3-23

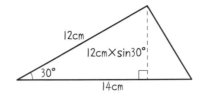

これは別に 12cm や 14cm といった具体的な数字でなくても成立します。三角形の 2 つの辺の長さがそれぞれ a、b とわかっていて、その間の角度も θ だとわかっているのであれば、その面積は

$$面積 = \frac{1}{2}ab \cdot \sin\theta \quad \cdots (23.2)$$

と求められるわけです。あとは $\sin\theta$ がいくつなのか、という話ですが、皆さんはすでに対数のところで「誰かが一度頑張って計算してまとめておけば、以後他の人はそれを見るだけで計算できる」という数表の考え方を知っているはずです。高校までは主に 30°、45°、60°、90° といった幾何学的にわかりやすい、三角定規に出てくるような角度を主に扱いますが、数表を見てもよいのであればこれに限らず、どんな角度の三角形でもこのやり方で面積を求めることができるわけです。たとえば高校で暗記が求められる三角関数の値をまとめると次のようになっています。

図表 3-24

θ	$\sin\theta$	$\cos\theta$
30°	$\frac{1}{2}$	$\frac{\sqrt{3}}{2}$
45°	$\frac{\sqrt{2}}{2}$	$\frac{\sqrt{2}}{2}$
60°	$\frac{\sqrt{3}}{2}$	$\frac{1}{2}$

ここから $\sin 30° = \dfrac{1}{2}$ という値を用いて(23.1)式を実際に計算してみると、この三角形の面積は 42cm^2 ということになります。

　これ以外にも三角関数の数表があれば、直線的な図形や立体にまつわる、長さや角度、面積、体積といったものを計算することがずいぶん楽になります。今のようにコンピューターのない時代、三角関数の数表は物作りのためにはとても役立ちました。しかし本書のゴールはそこではなく、高校で習う三角関数のトリッキーな計算方法や、証明方法のアイディアについては一切ふれません。しかしなぜそれでも三角関数についてここで言及したかといえば、ベクトルの計算を理解する上で、最低限の三角関数を知らなければいけないからです。そしてベクトルが理解できなければ、それより複雑な行列の計算も理解できず、当たり前のように行列を使って書かれた統計学や機械学習の専門書を読むことが難しくなってしまいます。ですので、最低限「sin は直角三角形の高さが斜辺の何倍か」「cos は直角三角形の底辺が斜辺の何倍か」というようなイメージづけだけはしておいていただけると助かります。

　なお余談ですが、ディープラーニングを含むニューラルネットワークに関する専門書を読むと、tanh（ハイパボリックタンジェント）関数という一見三角関数の tan 関数と似てそうなものが出てきますが、高校で習う三角関数とは別物であるので特にそのあたりの関係性を気にする必要はありません。こちらについてはむしろネイピア数を用いた指数関数との関係性で理解しておいた方がよいですよ、という点についても念のため補足して、次に進みたいと思います。

24

拡張された三角関数の定義
弧度法と単位円による考え方

　前節では統計学や機械学習で必要なベクトルの計算を理解するための最低限度の三角関数の考え方について紹介しましたが、実際に専門書の中でどう三角関数が使われているかということを読み解くためにはあと2つほど理解しなければいけないことがあります。それが「弧度法」と「単位円」です。

　前節では中学生にもわかるような書き方で紹介しましたが、大学以降の専門書で出てくる三角関数では「θの角度が何度」というようには書かれておらず、おそらく円周率πに絡んだ数式が並んでいることでしょう。このことを理解するためには「弧度法」を理解する必要がありますので、まずはこちらについて説明していきましょう。

　私たちは小学校以降、「一周が360°で直角はその4分の1である90°」という考え方に慣れていますが、このことに絶対的な基準があるわけではありません。たとえば10進法の考え方に合わせて「一周が1000で、直角なら250」という角度の単位を使おう、と国際的会議で定められたとしても、数値が変わるだけで数学的には何の問題もありません。しいて言うならこの定義を用いて困るところは、「正三角形の角の大きさが166.6666……」などと、一般的な図形の角度の説明の多くが半端な数になってしまうことぐらいでしょうか。

　ものの測り方は多くの場合、歴史的な慣例に由来しますが、一方で近代になるに従いそれをより客観的あるいは便利なものに見直そうという流れも生じます。たとえば長さについても、東アジア地域の「尺」とか、英語圏で使われていた「ヤード」といった、人間の体の長さを基準にした長さの単位は伝統的に各国で使われていましたが、現在（アメリカを

除く）世界中で一般的に使われる長さの単位は、地球の外周を基準に作られたメートルです。

これと同様に、角度についても「伝統的に1周が360度」というものではなく、より客観的で便利な定義が考えられるようになりました。それが弧度法であり、角度を「弧の長さが半径の何倍か」という形で定義しようというのです。逆に「1周が360°」とする角度の定義は度数法と呼ばれます。

弧とは、円の一部を切り取った曲線のことで、扇の形の「丸くなった部分」と考えればよいかもしれません。すなわち次のような図の実線で示された曲線が「弧」でありその長さを使って角度を表そうというのです。

図表 3-25

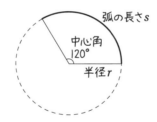

実際にこの扇形の弧の長さを求めてみると、これは円周全体の「360分の120」すなわち約分すると「3分の1」という長さであり、また円周全体の長さは「直径の円周率倍」あるいは「半径の2倍の円周率倍」なので、次のように求められます。

$$\text{弧の長さ } s = 2 \cdot r \cdot \pi \cdot \frac{120}{360} = r \cdot \frac{2\pi}{3} \quad \cdots (24.1)$$

つまり、弧の長さ s は半径 r の $\frac{2\pi}{3}$ 倍なので、度数法における120°とい

う角度は、弧度法においては$\frac{2\pi}{3}$だということになります。

これをもう少し一般化して中心角が120°ではなく度数法でα度だったとしましょう。αはアルファと読み、英字のaに該当するギリシャ文字です。幾何学の問題では前述のθもそうですが、点や長さ、角度などのうち何を表そうとしているのかを区別するために、よく英字とギリシャ文字を使い分けます。

少し話はそれましたが、(24.1)式の「120」というところをαに変えると次のようになります。

$$弧の長さ s = 2 \cdot r \cdot \pi \cdot \frac{\alpha}{360} = r \cdot \frac{2\pi\alpha}{360} = r \cdot \frac{\pi\alpha}{180} \quad \cdots (24.2)$$

$$\Leftrightarrow \frac{s}{r} = \frac{\pi\alpha}{180} \quad \cdots (24.3)$$

(24.3)式の左辺が弧度法による角度の定義である「弧は半径の何倍か」という値ですので、度数法で角度がα度だと与えられたら、π倍して180で割れば弧度法の角度になるということです。なお弧度法の角度の単位は「何度」ではなく「何ラジアン」と呼びます。ここでたとえば中学校までで馴染みのありそうな角度について度数法と弧度法の値は次のような表にまとめられます。

図表 3-26

度数法	弧度法	度数法	弧度法
30°	$\frac{1}{6}\pi$	120°	$\frac{2}{3}\pi$
45°	$\frac{1}{4}\pi$	135°	$\frac{3}{4}\pi$
60°	$\frac{1}{3}\pi$	150°	$\frac{5}{6}\pi$
90°	$\frac{1}{2}\pi$	180°	π

第3章　統計学と機械学習につながる二項定理、対数、三角関数

　つまり、「一周が2πで、直角はその4分の1の$\frac{1}{2}\pi$」というように角度を定義し直したというわけです。ただ、これだけではなんでわざわざ弧度法で考えなければいけないのかというありがたみはわかりにくいかもしれません。弧度法を使う最も大きな恩恵は微積分を考えるときに現れるのですが、中学生でも享受できるようなありがたみを1つ挙げると、「弧度法の方が扇形の弧の長さや面積を求める式がシンプルになる」というところがあります。

　まず弧の長さについての計算である、先ほどの(24.2)式をみてみましょう。これは度数法によって記述された角度αから弧の長さを求めるために、このようなややこしい式になっていたわけですが、「弧は半径の何倍か」という弧度法で表された角度を使えば弧の長さは、半径と角度を掛けただけで求められます。これを数式で表現すると、弧度法による角度をθとしたとき、

$$\frac{s}{r}=\theta \Leftrightarrow 弧の長さ s = r\theta \qquad \cdots (24.4)$$

ということになります。たとえば半径が30cmで中心角が120°の扇形の弧の長さは？と言われても即答はできませんが、同じことを弧度法で、半径が30cmで中心角が$\frac{2}{3}\pi$の扇形の弧の長さは？と言われれば、単純な掛け算で次のように求められます。

$$30 \cdot \frac{2}{3}\pi = 20\pi \fallingdotseq 20 \cdot 3.14 = 62.8 (\text{cm})$$

　これは面積についても同様です。先ほどの中心角が120°だった扇形について、今度は弧の長さではなく面積を求めてみましょう。小学校で習うように、円全体の面積は「半径×半径×円周率」であり、この扇形の面積はそのうち「360分の120」ですから、次のように面積を求められます。

239

$$扇形の面積 = \pi r^2 \cdot \frac{120}{360} = \frac{\pi r^2}{3}$$

これを先ほどと同様に「度数法の角度 α」で一般化して書くと次のようになります。

$$扇形の面積 = \pi r^2 \cdot \frac{\alpha}{360} \qquad \cdots (24.5)$$

しかしこれが弧度法ではどうなるでしょうか？ (24.3)式の左辺は弧度法の角度 θ の定義であり、よってこれと等しい右辺についても θ と等しくなるはずです。よって次のように考えてみましょう。

$$\frac{\pi \alpha}{180} = \theta \Leftrightarrow \alpha = \frac{180\theta}{\pi}$$

これを(24.5)式に代入すると次のようになります。

$$扇形の面積 = \pi r^2 \cdot \frac{180\theta}{360\pi} = \frac{r^2 \theta}{2} \qquad \cdots (24.6)$$

(24.6)式を見ると、弧度法を使えば扇形の面積はキレイに π も 180 も約分されて、「半径を2乗して半分にして弧度法の角度を掛けるだけでよい」という式になっています。よってたとえば先ほどの半径が 30cm で中心角が $\frac{2}{3}\pi$ の扇形について、今度は弧の長さではなく面積を聞かれたら、次のように簡単に求められます。

$$30 \cdot 30 \cdot \frac{2}{3}\pi \cdot \frac{1}{2} = 300\pi \fallingdotseq 942 \, (\text{cm}^2)$$

また、(24.6)式に対して別の見方をすれば扇形の面積は「半径×弧の長さ÷2」であると考えることもできます。先ほど述べたように弧の長さは「半径×弧度法の角度」なので、

$$\text{扇形の面積} = \frac{r^2\theta}{2} = \frac{r \cdot r\theta}{2} = \frac{rs}{2}$$

となるわけです。これは三角形の面積が「底辺×高さ÷2」だというのと似たような形なので、こちらの方が覚えやすい、という方もいるかもしれません。

　大学以降で使う三角関数においても、基本的にこのような弧度法に基づいた表記が用いられますが、これには数式がシンプルになる、というメリットがあります。$\sin\frac{1}{6}\pi$ などと書いてあると一見難しそうですが、ここまで何度も学んできたように、代数学的に考える対象は「実際の値」自体ではなく「それを抽象化して文字や記号で表したもの」です。実際の角度が $\frac{1}{6}\pi$ だろうが $\frac{1}{4}\pi$ だろうが、数式上では θ とか α といった記号で抽象化してしまうので、数式自体がキレイになるような角度の定義を考えていた方が余計なストレスを減らせるでしょう。

　またさらに、三角関数の数式的な扱いをシンプルにするために、大学以降の数学で主に用いられる三角関数は「直角三角形の内角が〜」というものではなく、単位円と呼ばれるものに基づく形で定義されます。単位円とは xy 座標上の原点、つまり「x も y も 0 のところ」を中心とした半径 1 の円のことを言います。我々はたとえば「1 リットルの水の重さを 1 キログラムとする」というように、その単位で表された「1」という数が何なのかという形でいろいろな単位を定義します。それと同様に、「半径 1 の円」を単位円と呼びます。この単位円を使うと、図表3-27 のように三角関数を定義できるわけです。

　まずは単位円の中に「x 軸のプラス側の方」から反時計回りに角度 θ だけ回転させた直線（より正確に言うと半直線）を考え、その直線が円と交差する点を考えます。この点の x 座標が $\cos\theta$ で、y 座標が $\sin\theta$ だと定義するわけです。すでに述べたように、この図は x と y の「直交座標」を用いているため、縦の点線は x 軸と直交し、ここに 1 つの直角三

図表 3-27

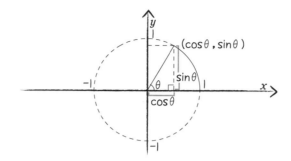

角形を考えることができます。

　また、円の半径はどこをとっても同じ長さであり、斜辺は必ず1であると考えられます。先ほど説明したsinやcosの定義だとそれぞれ「縦の辺が斜辺の何倍か」「横の辺が斜辺の何倍か」と考えましたが、斜辺の長さが1であれば横の辺、縦の辺それぞれの長さ自体をそのままsinθやcosθの値と考えることができます。「半径1」の単位円を考えることで、話がシンプルになりました。

　そしてこの単位円を使った定義であればθの角度が90°より大きくても、さらには180°より大きくても、どんなθに対しても考えることができるというメリットがあります。「直角三角形の斜辺がどうこう」という定義では、三角形の内側の角の大きさを合計したものが180°であり、すでに1つの角度が90°と決まっている以上、どう頑張っても90°以上の角度に対するsinやcosは定義することができませんし、sinやcosの値が「マイナスになる」ということもありません。しかし、この単位円を使った定義であればそれらのどちらも考えることができます。

　これがなぜありがたいかという理由は、本書の最初で「マイナスの数」を考えたのと同じようなものです。引き算を「大きな数から小さな数を引くものでないといけない」と考えていたのでは未知の数を扱うこ

とができず、いちいちどちらの数が大きいか小さいか、という場合分けを考えなければいけないがこれはたいへん面倒くさい、という話をしました。これと同様に、三角関数を「0度から90度までの角度で考えるもの」と考えていたのでは、場合分けが面倒になってしまいます。

たとえば次のような、「ある角が150°で、その角を挟む辺の長さが両方10cmの二等辺三角形の面積を求めろ」と言われた場合を考えてみましょう。

図表 3-28

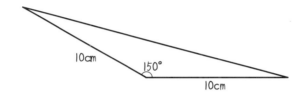

$\sin 150°$が何か、ということさえ決まっているのであれば前節の(23.2)式に基づき次のようにこの面積を求めることができます。

$$面積 = \frac{1}{2}ab\sin\theta = \frac{1}{2}\cdot 10\cdot 10\cdot \sin 150° = 50\cdot \sin 150°$$

しかし「直角三角形の定義」では、このような三角関数の値がわかりません。そのため、たとえば図表 3-29 のように補助線を引いて考えなければいけません。

つまり、$\sin 150°$を考える代わりに、点線で示すような直角三角形における$10\sin 30°$という高さを考え、それを使って元の三角形の面積を求めるというわけです。このようにいちいちθという抽象化した角度が90°より小さいのか大きいのかを考えなければいけない、というのでは代数学的な操作が面倒です。

図表 3-29

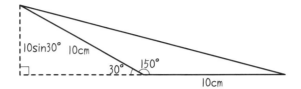

しかし単位円による定義であればそうした場合分けは必要ありません。sin150°という値であっても次のように考えられるわけです。

図表 3-30

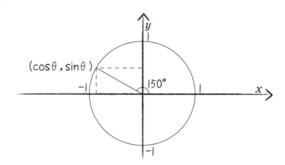

そんなわけで三角関数は単位円と座標という定義が用いられます。この場合、sin や cos の値は θ の値によってはマイナスの値を取ることもあります。たとえば図表 3-26 の数表にもあったとおり、θ が $\frac{\pi}{4}$ すなわち度数法における 45°のとき、$\sin\theta$ も $\cos\theta$ も $\frac{\sqrt{2}}{2}$ という値をとります。そこからさらに π すなわち 180°だけ回転させた場合（このとき θ は $\frac{\pi}{4} + \pi$ で $\frac{5\pi}{4}$ ということになります）、$\sin\theta$ も $\cos\theta$ も $-\frac{\sqrt{2}}{2}$ という値になります。

図表 3-31

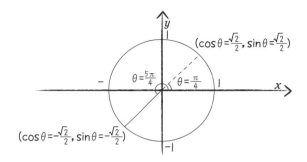

　これ以外にも、高校で覚える範囲の、角度と sin や cos の値を表にまとめると図表 3-32 のようになります。

　また先ほど「場合分けをしなくてよい」という単位円による三角関数の定義のメリットを述べましたが、この表で扱っていない領域の角度に対しても三角関数を考えることができます。たとえば角度が 2π（つまり 360°）より大きければ「何周かして同じところになる」ことになりますし、逆に角度がマイナスであっても「逆に回って同じところになる」ということが考えられます。たとえば 3π（つまり 540°）という値に対応する三角関数を単位円で考えると「1 周してさらに半周で π（つまり 180°）と同じところにくる」と考えれば定義できますし、$-\pi$（つまり − 180°）と言われた場合も、やはり「逆に回って π（つまり 180°）と同じところにくる」と考えられるわけです。当然、表には載っていない「中途半端な数」に対しても、単位円の角度とその x 座標や y 座標を考えられない、ということも全くありません。このように考えていけば、どんな実数の値に対しても三角関数が定義できるのだとわかるでしょう。

　「直角三角形の辺が斜辺の何倍か」という素朴な定義と違い、sin や cos がマイナスということになるとどう解釈してよいのか戸惑う方もいらっしゃるかもしれません。しかし、このように取り扱っておくことで、

図表 3-32

度数法	弧度法	$\sin\theta$	$\cos\theta$
0°	0	0	1
30°	$\frac{1}{6}\pi$	$\frac{1}{2}$	$\frac{\sqrt{3}}{2}$
45°	$\frac{1}{4}\pi$	$\frac{\sqrt{2}}{2}$	$\frac{\sqrt{2}}{2}$
60°	$\frac{1}{3}\pi$	$\frac{\sqrt{3}}{2}$	$\frac{1}{2}$
90°	$\frac{1}{2}\pi$	1	0
120°	$\frac{2}{3}\pi$	$\frac{\sqrt{3}}{2}$	$-\frac{1}{2}$
135°	$\frac{3}{4}\pi$	$\frac{\sqrt{2}}{2}$	$-\frac{\sqrt{2}}{2}$
150°	$\frac{5}{6}\pi$	$\frac{1}{2}$	$-\frac{\sqrt{3}}{2}$
180°	π	0	-1
210°	$\frac{7}{6}\pi$	$-\frac{1}{2}$	$-\frac{\sqrt{3}}{2}$
225°	$\frac{5}{4}\pi$	$-\frac{\sqrt{2}}{2}$	$-\frac{\sqrt{2}}{2}$
240°	$\frac{4}{3}\pi$	$-\frac{\sqrt{3}}{2}$	$-\frac{1}{2}$
270°	$\frac{3}{2}\pi$	-1	0
300°	$\frac{5}{3}\pi$	$-\frac{\sqrt{3}}{2}$	$\frac{1}{2}$
315°	$\frac{7}{4}\pi$	$-\frac{\sqrt{2}}{2}$	$\frac{\sqrt{2}}{2}$
330°	$\frac{11}{6}\pi$	$-\frac{1}{2}$	$\frac{\sqrt{3}}{2}$
360°	2π	0	1

数式の操作は楽になり、ベクトルの理解に役立ちます。

次章から、ベクトルとは何で、なぜ三角関数が役に立つのかを見ていきますので「単位円の中でx座標が$\cos$でy座標が$\sin$」というところだけは頭に入れておいていただけると幸いです。

第4章

統計学と機械学習のための Σ、ベクトル、行列

25
たくさんの数をまとめて書きたい
添え字表記とΣの計算

　本書のゴールは統計学や機械学習の専門書が読めるような準備を行なうことですが、これらはどちらもデータを扱う学問です。本書の中ではこれまでもごく簡単なデータ、たとえば1年目〜3年目までの営業訪問回数と契約件数、といったものを題材に取り扱ってきましたが、現実のデータはふつうそれより遥かに大量にあります。たとえば1000人に100項目の調査を行なった、なんていうのはかわいいレベルで、100万人の顧客の購買履歴だとか、1枚数十万ピクセルもの画像が何万枚も、ということだってあります。

　すでに第2章の時点で指摘したように、このような状況では、「抽象化しなければいけない数に対して、英字や記号が足りなくなる」という事態に陥ってしまいます。英字は26文字だけで、ギリシャ文字も24字しかありません。これらの大文字と小文字を全部合わせても100文字程しかないわけです。ここで「鈴木さんの来店回数をaとして、佐藤さんの来店回数をbとして……」などという形で数を文字で表していたのでは、100人分のデータさえ分析することがおぼつかなくなってしまいます。そこで分析する対象が100人いようが1000人いようが大丈夫なように同じ変数は全て同じ文字で表します。そして、たとえば顧客ごとの来店回数をxとするならば、（別に順番は何でもいいですが）1人めの来店回数をx_1、2人めの来店回数をx_2……、これらを一般化して「i番目の顧客の購買金額をx_iとする」という添え字記法を使うというお話をすでにしました。

　ですがこれでもまだまだ安心ではありません。人数についてはiが増えることで対応できますが、分析したい項目が100を超えていれば、

「来店回数が x_i で、その人の年齢が y_i で、世帯年収が z_i で……」と考えているうちに文字を使い切ってしまいます。

そこでさらに統計学や機械学習では、「j 番目の変数を x_j とし、i 番目の人の x_j の値を x_{ij} とする」という考え方をします。ここで慣例的に j を使うのは「アルファベット順で i の次の文字」だからでしょう。

なお、こんな書き方をしていたら、たとえば x_{11} と書いてあった場合に「11番目の変数」という意味なのか「1番目の人の1番目の変数の値」という意味なのか、見分けにくいじゃないかと思われる方もいるかもしれません。しかし、実際にこうした問題が起こることはありません。なぜなら、添え字記法はあくまで抽象化のための手続きであり、数式上には x_1 や x_2 といった「最初の方」、あるいは「変数の数は全部で k」「分析する人数は全部で n」といった「最後の方」だけを例として挙げて、途中は全て「…」と流されることになります。よって、よっぽど何か特別な事情でもない限り、中途半端に「11番目の〜」というところに言及することはありません。すなわち、x_{11} と書いてあれば基本的に「1番目の人の1番目の変数の値」だと理解すればよいでしょう。

高校ではこのような添え字の使い方を「数列」という範囲の中で習いますが、本書ではほとんど扱いません。高校で習う数列とは、同じ数だけ増えていくとか、同じ倍率で減っていくといった、一定の規則に従うものばかりでしたが、現実のデータがそうした規則に従うことはほとんどないからです。ごくごく限られた目的で、たとえば「顧客の1年間あたりの離脱率が60%だとした場合、新規で獲得した顧客は平均して何年間継続して購買してくれるか」といった計算をすることがあったりはしますし、ここでは「一定の倍率で増える／減る」という等比数列の計算が役に立ちます。

しかし一方で、十分な期間顧客のデータが蓄積されていれば、わざわざそうした不確実な仮定をおいて計算するまでもなく、「実際に10年前に獲得した新規顧客の一番最近の購買までの期間はどれほどか」という

集計をした方がよいこともあるかもしれません。興味のある方は「KPIの計算」あるいは「ビジネス数学」といった勉強をしていただけるとおそらくこうした等比数列の使い方なども学べるのではないかと思いますが、「統計学と機械学習ができるよう準備する」というスコープからは外れますので、本書ではこちらについて言及しません。

ただし、高校の数列の分野で習う Σ という記号については、統計学や機械学習を勉強する中でしばしば遭遇しますので、ここから本書でも説明しておきたいと思います。Σは「シグマ」と読むギリシャ文字の大文字で、発音としては英字の「s」に対応します。英語では合計することや合計値自体のことをサム（sum）と呼ぶので、その頭文字だと考えておけばよいでしょう。

たとえば添え字の書き方で「n 人の顧客について、i 番目の人の購買金額を x_i とする」と定義したときに、合計購買金額は次のように書き表せます。

$$合計購買金額 = x_1 + x_2 + x_3 + \cdots + x_n = \sum_{i=1}^{n} x_i$$

このシグマの部分をもし音読するとしたら「シグマのアイが 1 からエヌまでのエックスアイ」という感じでしょうか。なお、最もよく見る Σ は「添え字の i が 1 から n まで」というものですが、これに限らず「0 から n まで」とか「1 から $n+1$ まで」などといったものもないわけではありません。合計値については当たり前すぎてわざわざこういう書き方をすることはありませんが、だいたい統計学の教科書には最初の方で平均値の定義として次のようなものが紹介されています。

$$平均値\ \bar{x} = \frac{x_1 + x_2 + x_3 + \cdots + x_n}{n} = \frac{1}{n}\sum_{i=1}^{n} x_i \qquad \cdots (25.1)$$

なお、データから計算されたxの平均値について、上に横棒をつけて$\bar{x}$と表す、というのは統計学の慣例で、音読するときには「エックスバー」と呼んだりします。このようにΣを使えばいちいち「…」と具体例を書くよりもよりシンプルに書き表すことができます。添え字を使ってデータの値を表す、というのは統計学と機械学習の大原則ですし、「それらを全部足したやつ」という操作は小学生にとっての足し算ぐらいのレベルで頻繁に登場します。そうすると、最低限「Σの記号を見ても何のストレスにならない」ぐらいの数学リテラシーがなければ、どれだけフレンドリーに書かれた統計学の専門書であっても読み通すことが難しいかもしれません。

　たいていの統計学の教科書で平均値の次に習うのは分散や標準偏差、すなわち「xのバラツキかたは大きいのか小さいのか」という指標ですが、これもやはりΣを使って記述した方が便利です。分散や標準偏差自体についての説明に興味がある方は『統計学が最強の学問である　実践編』にとても詳しく説明したのでぜひそちらを読んでいただければと思いますが、Σの書き方に慣れるために本書でも少しだけ扱いましょう。

　まず分散とは「全体的にデータは平均値からどれぐらいズレているのか」を示すものです。平均値を上回っていても、下回っていてもズレはズレですので、プラス方向のズレもマイナス方向のズレも両方プラスの値にして「ズレの大きさ」を考えなければいけません。しかし、すでに第2章の最小二乗法のところで触れたように、「マイナスの値ならプラスにして、プラスの値ならそのままにする」という絶対値の考え方は場合分けが面倒です。そこで最小二乗法と同じく、「平均値からのズレを2乗した値」を考え、その平均値を計算したら分散が求められます。

　(25.1)式のようにデータから計算された、xの平均値$\bar{x}$を使って、nが十分に大きいときには、分散は次のような式で求められます。

$$x\text{の分散} = \frac{(x_1-\bar{x})^2 + (x_2-\bar{x})^2 + \cdots + (x_n-\bar{x})^2}{n}$$

$$= \frac{1}{n}\sum_{i=1}^{n}(x_i-\bar{x})^2 \quad \cdots (25.2)$$

また、こうして求められた分散の平方根のうちプラスの値をとるものが標準偏差と呼ばれる指標です。すなわち、n が十分に大きいときには、

$$\text{標準偏差} = \sqrt{\frac{1}{n}\sum_{i=1}^{n}(x_i-\bar{x})^2}$$

と標準偏差が求められるということです。「n が十分に大きくないときはどうなのか」ということが気になる方は、前述の『実践編』を読んでいただければ幸いです。

このように書くことで、長々と平均値からのズレがどうこうと言葉で書かなくても、すっきりと式で表すことができます。また、大学1年生で習うような基礎統計学では、Σで書き表された数式をいじって証明をする、ということがしばしば行なわれます。これについていくためには、Σの計算に対してどのような操作をしてよいのか、という最低限のルールが必要になることでしょう。仮に、Σのあとに指定される「何を1からnまで足すか」という部分を「Σの中身」、Σの前に書かれるような、「足しあわされた合計に対してどう計算するか」という処理を「Σの外側」とでも表現した場合に、Σの計算には次のようなルールがあります。

ルール1：Σの中身が何らかの項の足し算や引き算になっているとき、項全てを足したり引いたりした後でΣを考えても、それぞれの項についてのΣを考えた後に足したり引いたりしてもよい。逆に、1からnまで、といったところが同じΣが複数あったら、別々にΣを考えても、中身をまとめてからΣを考えてもよい。

$$\sum_{i=1}^{n}(a_i+b_i)=\sum_{i=1}^{n}a_i+\sum_{i=1}^{n}b_i$$

ルール2：Σの中身に、添え字を示すiとは関係なく一定の値（定数と呼ぶ）が掛けられている場合、掛け算したもののΣを考えてもよいし、その定数をΣの外側に持ってきて、Σを考えた後に掛け算をしてもよい。逆にΣの外側にある掛け算をΣの中身全てに適用してもよい。

$$\sum_{i=1}^{n}ca_i=c\sum_{i=1}^{n}a_i$$

ルール3：Σの中身が定数だけである場合、添え字を示すiがいくつであろうとこの定数は変化しないので「定数をいくつ足すか」を考えて掛け算をしたらよい。逆にこのルールに則って、Σの外側にある足し算や引き算を無理やりΣの中身に持ってきてもよい。

$$\sum_{i=1}^{n}c=nc$$

ルール1についてはわざわざ証明するまでもない当たり前の話ですが、強いて言えば「足し算は交換法則に則って足す順番を考えてよい」というところからすぐに導かれるものです。こちらは項の数が2つに限らず、3つでも4つでも同じことができますし、「4つの項を2つずつに分ける」といったことをしてもよいわけです。足し算のところがマイナスでも成り立ちますが、掛け算や割り算といった他の計算では成り立たないことに注意しておきましょう。

次にルール2については、これも「分配法則から簡単に導かれる」という話ですが、定数cが分数でもよいと考えれば、こちらは掛け算だけでなく割り算でも成立することがすぐにわかるはずです。

さらに、ルール1とルール2をまとめて一気に行なうこともあります。

すなわち、次のように数式を操作しても全く問題ありません。

$$\sum_{i=1}^{n} c(a_i + b_i) = c\sum_{i=1}^{n} a_i + c\sum_{i=1}^{n} b_i$$

ここまではごく当たり前の話ですが、ルール3で示すように「定数の足し算（あるいは定数がマイナスのときであれば引き算）」については、Σの中身で考えるか外側で考えるかを変える場合に注意が必要です。たとえばΣの中身にある「定数の足し算」を外側に持ってきたいとき、これを丁寧に数式で書けば、

$$\sum_{i=1}^{n} (c + a_i) = \sum_{i=1}^{n} c + \sum_{i=1}^{n} a_i = n \cdot c + \sum_{i=1}^{n} a_i$$

と、「Σの中身にある定数の足し算（と引き算）」をΣの外側に出すときにはn倍して考えなければいけないことに注意しなければいけません。逆もまた然りで、「Σの外側にある定数の足し算（と引き算）」をΣの内側で考えたい場合には、次のように「逆にn分の1倍」して考える必要があります。

$$c + \sum_{i=1}^{n} a_i = n \cdot \frac{c}{n} + \sum_{i=1}^{n} a_i = \sum_{i=1}^{n} \frac{c}{n} + \sum_{i=1}^{n} a_i = \sum_{i=1}^{n} \left(\frac{c}{n} + a_i \right)$$

また、常にn倍していればよいというわけではなく、このルールの大事なところは「Σの中でいくつの項を足すのか」を注意しなければいけないところです。たとえば前述のように「添え字が0からnまで$(n+1)$項足し合わせる」というΣであれば、当然ながらルール3は次のようになるわけです。

$$\sum_{i=0}^{n} c = (n+1)c$$

　いくつか補足させていただきましたが、こうしたΣの計算ルールがわかっていれば、統計学の入門書はずいぶんと読みやすくなるはずです。基本的な統計学の指標や手法はしばしばΣによって記述されており、「なぜそうなるか」という数式的な説明では当然このようなΣの計算ルールに基づいた操作がなされます。そこについていければ「なるほど」となりますし、ついていけなければそこからの内容が頭に入っていかなくなるかもしれません。

　たとえばごく基本的な平均値の性質について、次のような状況を通して「Σの計算ルールに基づく数式の扱い」に慣れてみましょう。

　あなたの勤める食品メーカーでは新製品に関するテストマーケティングを行なうため、インタビュールームで10人の調査協力者に試食してもらい、その満足度を100点満点で採点してもらうことにした。全ての協力者は90点以上の高評価を下しており、担当者一同ほっと一息ついてきたところに、突然社長がふらっとやってきて「そうか、それで平均点は何点なんだ？」と聞いてくる。

　今日の仕事はインタビューだけだと思っていたのでインタビュールームにパソコンはなく、ペンと手帳しか持ってきていない。携帯電話には電卓アプリも入っていたような気もするが、これまで一度も使ったことがなく、ここで初めて試すのはこころもとない。

　10名の回答した満足度はそれぞれ図表4-1のようなものだったとすると、短気な社長をイラつかせないように、できるだけ速く手計算で平均点を出すためにはどうすればよいか？

図表 4-1

調査協力者	満足度
1人目	98
2人目	99
3人目	96
4人目	91
5人目	99
6人目	91
7人目	94
8人目	93
9人目	99
10人目	90

　結論から言えば、このような状況でお勧めの手計算の方法は「どこか仮の基準点を決め、そこからの増減について平均を取った後で基準点に足す」というものです。すなわち、$(98+99+96+\cdots+90) \div 10$ と計算するのではなく、たとえば90点という基準点を決めて、それぞれのデータから90を引き、$(8+9+6+\cdots+0) \div 10$ と計算してから、その「90からの差の平均」を90という値に足してやればいいというわけです。全てのデータは90点台で、一の位の端数だけを取り出してやるのは暗算ですぐにできますし、2桁の足し算よりは1桁の足し算の方が簡単なわけなので、おそらくこちらの方が速く計算できるのではないでしょうか。

　なお、この計算方法を数式で表すと、この「90」のような基準となる定数を c とでもしたときに、次のようなことが成り立つのだと言っていることになります。

$$\text{平均値} \frac{1}{n}\sum_{i=1}^{n} x_i = c + \frac{1}{n}\sum_{i=1}^{n}(x_i - c) \qquad \cdots (25.3)$$

　この考え方に基づくと、10名の調査協力者が回答した満足度の平均値は次のように簡単に求められるわけです。

$$\text{平均値} = 90 + \frac{1}{10}(8+9+6+1+9+1+4+3+9+0)$$

　またこのような暗算を少し簡単にするためには、交換法則と結合法則に基づき「足し算はどの順番で考えてもいい」というところを応用して、やりやすい足し算から先にやるとよいでしょう。たとえば「2つの数を足すと10になる」というところはキリがよく計算しやすいので、下記のように並び変えてから計算すれば暗算の手間は少し減ります。

$$\begin{aligned}
\text{平均値} &= 90 + \frac{1}{10}(9+1+9+1+6+4+8+3+9+0) \\
&= 90 + \frac{1}{10}(10+10+10+8+3+9) \\
&= 90 + \frac{1}{10}(30+11+9) \\
&= 90 + \frac{1}{10}(30+20) \\
&= 90 + \frac{50}{10} \\
&= 95
\end{aligned}$$

　つまり、満足度の平均値は95点だ、というわけです。答えとしてはこれで終わりですが、なぜこのような計算方法で平均値が求められるんだ、と社長に突っ込まれるかもしれません。このようなときのために、先ほどのΣの計算ルールに基づく数学的な理屈を理解しておきましょう。
　(25.3)式の右辺からスタートして左辺の形を目指すために、まずは

ルール1に基づいて次のようにΣの中身をバラしましょう。

$$c + \frac{1}{n}\sum_{i=1}^{n}(x_i - c) = c + \frac{1}{n}\left(\sum_{i=1}^{n} x_i - \sum_{i=1}^{n} c\right)$$

ここに分配法則を適用すると、次のような形になります。

$$= c + \frac{1}{n}\sum_{i=1}^{n} x_i - \frac{1}{n}\sum_{i=1}^{n} c$$

そして、この3つめの項は「中身が定数だけのΣ」なので、ルール3に基づき「定数がいくつあるか」を考えればΣを外してやることができます。当然ここでは定数cがn個あるので、下記のようになります。

$$= c + \frac{1}{n}\sum_{i=1}^{n} x_i - \frac{1}{n} \cdot nc$$

$$= c + \frac{1}{n}\sum_{i=1}^{n} x_i - c$$

そうすると、Σや添え字と無関係な定数cから同じ定数cを引くことになり、結果としてもともとの平均値の定義である(25.3)式の左辺だけが残るというわけです。

以上はあくまでごく基本的な平均値の性質についての話でしたが、統計学の入門書の多くは、これ以外にも、平均値や分散、あるいはすでに学んだ回帰分析の回帰係数といったさまざまな指標について、Σを使って計算方法や性質について説明してくれます。具体的なデータではなく一般化して話そうとすると、どうしてもデータの数自体を抽象化して「n個全部足し合わせる」といった表現になりますし、具体例を挙げたり、途中の計算式を「・・・」と書いたりするよりは、Σを使った表記の方がだいぶシンプルです。

よって、最低限Σの計算にさえ慣れてしまえば統計学の入門については困らないのですが、そこからさらに本格的に勉強しようとするとΣよりさらに高密度にデータをまとめて記述することに慣れなければいけません。そのための道具がベクトルや行列ですので、次節からこちらについても詳しく学んでいきましょう。

26
Σより高密度に書くための
ベクトル入門

　前節では添え字とΣを使ってデータをまとめて扱うやり方を学びましたが、実のところ統計学の本の中でも文系向けや大学1年生向けの入門書のレベルを超えると、あまりΣを使った書き方を目にしません。工学部などで教えられることの多い機械学習に関してはなおさらで、Σよりさらに高密度にデータを記述できるベクトルや行列の使い方に慣れていなければ、すぐに置き去りにされてしまうことでしょう。理系の学生のほとんどは大学1年生の頃にベクトルと行列の扱いを学ぶ線形代数と呼ばれる数学の科目を学びますので、大学の先生たちも専門書を執筆するにあたり当たり前のように線形代数的な記述を用います。しかし、文系だけど統計学や機械学習を勉強したい、という多くの大人たちは、そうした専門書の内容をわかりにくいものと感じます。また、だからと言って線形代数を勉強しなおそうとしても、それはそれで難しくて挫折する、という悲劇も日本各地で耳にします。

　そもそも、高校で習うベクトルとは、2次元や3次元といった現実世界の中で「力や進行方向の向き」を表すものとして習いましたが、統計学と機械学習では「向き」という具体的なイメージとは無関係に使われます。なぜなら、単純にベクトルや行列は、Σを使う以上に膨大な件数と項目数のデータをシンプルに記述する上でとても便利だからです。

　もちろんこれ以外にもベクトルや行列自体にはさまざまなメリットがあります。たとえば線形代数を学ぶと、3次元の映像を描くにあたって「視点を回転させる」といった幾何学的な処理を考えやすくなりますし、膨大な数の連立方程式を機械的に解きやすくもなります。大学1年生で習う線形代数の授業やそこで用いられる教科書はこうした目的でベクト

ルや行列を扱えるようになることがスコープの中に含まれています。

　しかし、こと統計学と機械学習の勉強をはじめる準備ということで言えば、線形代数の教科書を全て理解している必要はありません。とても単純に、「線形代数の記法に慣れているかどうか」あるいは別の言い方をすれば「線形代数の記法に恐れを抱かないかどうか」というところだけが大きな境目だと言ってよいでしょう。この壁を乗り越えただけで、読みこなせる統計学や機械学習の資料のレベルが大きく異なってきます。そのため本書では、「統計学と機械学習でよく使われる線形代数の記法に慣れる」というところのみに絞って、最低限の線形代数の内容を説明していきたいと思います。

　そんなわけでまずはベクトルから話をはじめましょう。ベクトルを簡単に言えば「複数の別々な数をまとめて書いたもの」です。

　たとえば高校で習う「別々な数」は前述のように、空間上における「横の値と縦の値」「東西の値と南北の値」のようなものですが、別に「年齢と来店回数」でも構いませんし、「Aさんの来店回数とBさんの来店回数」のようなものでも構いません。またベクトルの中に含まれる要素は、高校で習うように2つや3つに限ったわけではなく、いくつでも構いません。いずれにしてもこれらをひとまとめに、（　）の中に並べて書きます。なお、これまでに用いてきた、1つずつ個別に考えられる数のことは「スカラー」と呼びます。

　ベクトルとスカラーの計算を対比させるために、まずは次のようなスカラーの計算について考えてみましょう。

　初めて神戸に出張したあなたは、朝一番に現地支社へ挨拶をしに行き、そこから顧客との商談に行く予定だった。JR神戸線は東西方向に走っており、現地支社は「宿泊するホテルの最寄駅から東に3駅」進んだ駅前にあり、顧客のオフィスは「現地支社から東に5駅」進んだところにある。

その日うっかり寝坊して慌てたあなたは部屋に路線図を忘れ、またこんなときに限って携帯電話の充電が切れている。急いで降りた駅前には現地支社が見つからず、そこではじめてあなたはホテルから支社までの移動と、支社から顧客オフィスまでの移動を取り違え、「ホテルから東に5駅」進んでしまったことに気がついた。

　ここから支社にたどり着くためにはどちらに何駅進めばよく、また支社への挨拶をスキップして顧客のオフィスへ直接向かうためには、どちらへ何駅進めばよいだろうか？

　この位置関係を、ホテルの場所を基準にして図にすると、次のように表すことができます。

図表 4-2

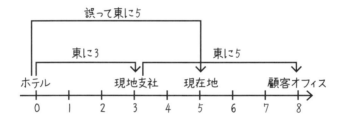

　つまり、誤った現在地から直接顧客オフィスに行きたければ、ここから東に3駅進めばよいだけです。当たり前ですが、3駅東に進んでから5駅東に進んでも、5駅東に進んでから3駅東に進んでも同じです。これは、3＋5＝5＋3という交換法則として学んだ計算ルールでした。

　では現地支社に寄ろうとすればどうすればよいでしょうか？答えは2駅西に戻るすなわち「－2駅東に進む」ということですが、これは次のような計算で求められます。

現在地から支社への移動
　＝ホテルから支社への移動 − ホテルから現在地への移動
　＝（＋3）−（＋5）
　＝ − 2　　・・・(26.1)

　これを別の言葉で表現すると、「現在地から支社への移動」を「現在地からホテルへの移動」と「ホテルから支社への移動」に分けて考えたとも言えるでしょう。つまり、

　　現在地から支社への移動
　＝現在地からホテルへの移動 ＋ ホテルから支社への移動
　＝「ホテルから現在地への移動」の逆 ＋ ホテルから支社への移動
　＝ −（ホテルから現在地への移動）＋ ホテルから支社への移動
　＝ − 5 ＋ 3
　＝ − 2　　・・・(26.2)

と考えてもよいわけです。なお、先ほどの「現在地から顧客オフィスまで」も同様に考えられます。

　　現在地から顧客オフィスまでの移動
　＝現在地からホテル ＋ ホテルから支社 ＋ 支社から顧客
　＝ −（ホテルから現在地）＋ ホテルから支社 ＋ 支社から顧客
　＝ − 5 ＋ 3 ＋ 5
　＝ 3　　・・・(26.3)

　このように、「逆方向（西）に進む」ということをマイナスで表せるおかげで、どちらにどれだけ移動すればよいかを図に示さなくても整理できます。これはベクトルでも全く同じ話なので、少しだけ条件を変え

て、次のような状況を考えてみましょう。

　初めてニューヨークに出張したあなたは、朝一番に現地支社へ挨拶をしに行き、そこから顧客と商談に行く予定だった。ニューヨークは碁盤の目のように道路が整然と交差する街であり、現地支社は「宿泊するホテルから東に5ブロック・北に2ブロック」進んだところにあり、顧客のオフィスは「現地支社から東に1ブロック・北に4ブロック」進んだところにある。

　その日うっかり寝坊して慌てたあなたは部屋に地図を忘れ、またこんなときに限って携帯電話の充電が切れている。急いで行った場所には現地支社が見つからず、そこではじめてあなたはホテルから支社までの移動と、支社から顧客オフィスまでの移動を取り違え、「ホテルから東に1ブロック・北に4ブロック」進んでしまったことに気がついた。

　ここから支社にたどり着くためにはどちらに何ブロック進めばよく、また支社への挨拶をスキップして顧客のオフィスへ直接向かうためには、どちらへ何ブロック進めばよいだろうか？

　こちらもホテルを起点にして東方向をx軸に、北方向をy軸にとって座標上で確認してみましょう。

　図表4-3を見れば明らかに、ここから直接顧客オフィスまで向かおうとすれば「東に5、北に2」だけ、すなわち「最初にホテルから支社まで向かうはずだった分」進めばいいことがわかりますが、これは全く先ほどの神戸の例と同じ話です。すなわち「東に5・北に2」進んだ後に「東に1・北に4」進んでも、逆に「東に1・北に4」進んだ後に「東に5・北に2」進んでも、同じことなのです。ベクトルを使った数式では、このことを次のように書くことができます。

図表 4-3

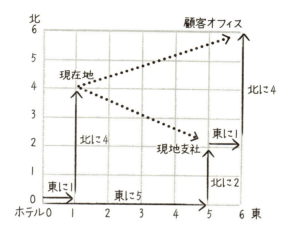

$$(5\ 2) + (1\ 4) = (1\ 4) + (5\ 2)$$
$$= (1+5\ \ 4+2) = (6\ 6)$$

　先ほどのスカラーとの唯一の違いは、東西方向と南北方向を、それぞれ別々に足す、ということだけです。いくら東に進もうが南北方向には何の影響もないし、逆にいくら北に進もうが東西方向には何の影響もないので当たり前の話です。なお、今回の「東西方向」と「南北方向」のように、別々に考える数のことをベクトルの「成分」と呼ぶこともあります。また、本書では採用しませんが、ベクトルを表す際に成分と成分の間をコンマ（,）で区切る人もいます。

　そして、このことは(26.3)式と同様にも考えることができます。すなわち、

　　現在地から顧客オフィスまでの移動
　　＝現在地からホテル＋ホテルから支社＋支社から顧客

$$= -(ホテルから現在地) + ホテルから支社 + 支社から顧客$$
$$= -(1\ 4) + (5\ 2) + (1\ 4)$$
$$= (-1+5+1\ \ -4+2+4)$$
$$= (5\ 2)$$

と考えても同じことが言えるわけです。同様に、(26.2)式のように現在地から支社までどう行けばよいか、という話も、

$$現在地から支社への移動$$
$$= 現在地からホテル + ホテルから支社$$
$$= -(ホテルから現在地) + ホテルから支社$$
$$= -(1\ 4) + (5\ 2)$$
$$= (-1+5\ \ -4+2)$$
$$= (4\ -2)$$

と求められます。確かに座標を見れば、現在地から「東へ4・南へ2」すなわち「東へ4・北へ−2」移動すれば、支社にたどり着けるようになっています。

　なお、ここでやったように、「現在地から顧客オフィスまでの移動」を「現在地からホテル」＋「ホテルから支社」＋「支社から顧客オフィス」という3つのベクトルの和に分解して考える、ということはベクトルを扱った数式の操作ではしばしば行なわれますが、これをしばしば「しりとり法」と呼ぶ人もいます。たとえば2人で行なうしりとりで、自分の番で「ゴ」からはじまる言葉を言わなければならず、相手に「リ」からはじまる言葉を言わせたいとしましょう（なお余談ですが、相手に何度も「リ」ではじまる言葉を考えさせてネタ切れを狙う、というのは自分の仲間内で「リ攻め」と呼ばれる戦術でした）。ここで直接「ゴではじまってリで終わる」という言葉が思いつかなかった場合、た

とえば「ゴリラ・ラッパ・パセリ」という並びで間接的に「リからはじまる言葉を言わせる」といったやり方が考えられるはずです。これと同様ベクトルでも、直接的に「現在地から顧客オフィスまで」というベクトルがわからないときに、「現在地からホテル・ホテルから支社・支社から顧客オフィス」としりとりが成立していれば分解して考えてもよい、というのが「しりとり法」の考え方です。

このように「東西方向と南北方向」というように別々の数をひとまとめで書くベクトルですが、その計算のルールはスカラーと共通したところがいくつもありますし、一部スカラーと同じように考えてはいけないところもあります。そのため一通りの計算ルールを確認しておきたいと思いますが、そのために2つのスカラーp、qと、次のような3つのn次元ベクトルを考えましょう。なお、ベクトルが「n次元」というのはn個の成分でできているベクトル、という意味です。

$$\boldsymbol{a} = (a_1\ a_2\ \cdots\ a_n)$$
$$\boldsymbol{b} = (b_1\ b_2\ \cdots\ b_n)$$
$$\boldsymbol{c} = (c_1\ c_2\ \cdots\ c_n)$$

ちなみに、ベクトルを表すときに高校では上に矢印をつけて$\vec{x}$などと表すやり方を習いますが、統計学や機械学習の本では「太字にする」というところでスカラーと区別しているものの方が多いので本書でもそうした書き方を採用します。このような2つのスカラーと3つの（同じ次元の）ベクトルに対して、次のような計算ルールを考えることができます。

ルール1：同じ次元のベクトル同士で足し算を行なうと「同じ場所の成分同士の足し算」を成分とするベクトルになる。逆に言えば、異なる次元のベクトル同士あるいはベクトルとスカラーの足し算を考える

ことはできない。

$$a+b = (a_1+b_1 \quad a_2+b_2 \quad \cdots \quad a_n+b_n)$$

ルール２：各成分の足し算の中で交換法則・結合法則が成り立つため、同じ次元のベクトルの足し算においても同様に交換法則・結合法則が成り立つ。

$$a+b = b+a$$
$$(a+b)+c = a+(b+c)$$

ルール３：あるベクトルと足しても全く同じベクトルになるものは「ゼロベクトル」と呼ばれ、慣例的に太字のゼロで表す。なおゼロベクトルとは当然ながら「足すベクトルと同じ次元で成分が全て０のベクトル」である。

$$a+0 = a$$
$$0 = (0 \quad 0 \quad \cdots \quad 0)$$

ルール４：あるベクトルに足すことで「ゼロベクトル」になるというベクトルのことを「逆ベクトル」と呼んでマイナスをつけて表す。引き算は「逆ベクトルの足し算」と考えるがこれはスカラーの引き算を「マイナスの数の足し算」と考えていたのと同じことである。

$$a+(-a) = 0$$

ルール５：ベクトルをスカラー倍することは可能で、全ての成分をスカラー倍したベクトルになる。なお「スカラーで割る」という計算は

「スカラー分の1倍」という掛け算だと考えればよい。

$$p \cdot \boldsymbol{a} = (p \cdot a_1 \quad p \cdot a_2 \quad \cdots \quad p \cdot a_n)$$

ルール6：ベクトルの和とスカラー倍の計算について分配法則が成り立つ。また、スカラーの掛け算が複数ある場合について、スカラー部分については結合法則が成り立つ。

$$(p+q)\boldsymbol{a} = p\boldsymbol{a} + q\boldsymbol{a}$$
$$p(\boldsymbol{a}+\boldsymbol{b}) = p\boldsymbol{a} + p\boldsymbol{b}$$
$$(pq)\boldsymbol{a} = p(q\boldsymbol{a})$$

ルール7：当たり前のようだがベクトルの1倍は同じベクトルになるし、ベクトルの－1倍は前述の「逆ベクトル」になる。ベクトルの0倍はゼロベクトルである。

$$1\boldsymbol{a} = \boldsymbol{a}$$
$$(-1)\boldsymbol{a} = -\boldsymbol{a}$$
$$0\boldsymbol{a} = \boldsymbol{0}$$

これらのどれもが、「要するにスカラーと同じように扱っていい」という話であり、証明をしたければルール1のベクトルの足し算と、ルール5のベクトルのスカラー倍の定義に基づいて「成分ごとに計算してみたら確かに成り立つね」と確認すればいいだけの話です。本書ではわざわざそこに紙面を割きませんが、気になる方はぜひチャレンジしてみましょう。

では逆に、スカラーと同じようにやってはいけない計算は何なのでしょうか？答えは「ベクトル同士の掛け算や割り算」です。同じ次元の

ベクトル同士では「掛け算のようなもの」が定義されており、一方でベクトル同士の割り算というものはありません。「内積」あるいは「ドット積」と呼ばれる「掛け算のようなもの」が、Σより高密度にデータの扱いを記述する目的で統計学と機械学習では頻繁に用いられます。

それでは次節から、ベクトルの内積について考えていきましょう。

第4章 統計学と機械学習のためのΣ、ベクトル、行列

27
ベクトルの内積とΣの関係

　ここからベクトルの内積について説明していきますが、その前に「ベクトルの大きさ（長さ）」ということについて考えてみましょう。

図表 4-4

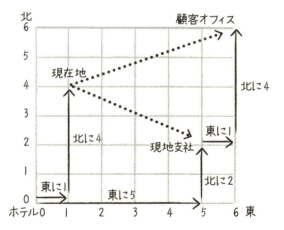

　先ほどのニューヨークの例では、「ホテルから現地支社」というベクトル(5 2)と、「現地支社から顧客オフィス」というベクトル(1 4)というベクトルが出てきましたが、どちらが大きいベクトルでしょうか？

　この例ではそれぞれの街区には建物が入っていて、斜めに移動することができるとは限りませんから「ホテルから支社までは7ブロック分移動」「支社から顧客までは5ブロック分移動」と考えて、前者が長いと考えられるかもしれません。しかし、直線距離で移動できるとしてもやはりホテルから支社までの距離の方が長くなることを皆さんはすでに三

271

平方の定理を使って計算できるはずです。すなわち、

$$\text{ホテルから支社までの距離} = (5\ \ 2)\text{の大きさ} = \sqrt{5^2+2^2} = \sqrt{29}$$
$$\text{支社から顧客までの距離} = (1\ \ 4)\text{の大きさ} = \sqrt{1^2+4^2} = \sqrt{17}$$

と考えれば明らかに前者の方が大きいことになります。また、すでに述べたようにこのようなユークリッド距離は3次元だろうが4次元だろうが成り立ちますので、前節で用いたn次元ベクトル$\boldsymbol{a} = (a_1\ \ a_2 \cdots a_n)$について、この大きさは次のように表せます。

$$\text{ベクトル } \boldsymbol{a} \text{ の大きさ} = \|\boldsymbol{a}\| = \sqrt{a_1^2 + a_2^2 + \cdots + a_n^2}$$

この縦の二重線(高校までは一重線で習うためこちらを使う人もいます)で挟むというのが「ベクトルの大きさ」という意味の記号で、どんなベクトルであれ必ずその大きさは0以上のスカラーになります(なお、大きさが0になるのはゼロベクトルだけです)。

ちなみに、これとよく似た記号でスカラーに対する絶対値を表すとき、スカラーを縦の一重線で挟むという書き方がありますが、実のところ両者は「全く同じこと」をしているとも考えられるでしょう。つまり、

$$|-2| = 2$$

というように、| |の中身が0やプラスの値ならそのままの数を、中身がマイナスのときにはそれをマイナス1倍した(あるいはマイナスの記号を取り去った)数にする、というのが絶対値の考え方です。しかしこのスカラーの値を無理やり「1次元のベクトル」と考えて、「ベクトルの大きさ」を求めた場合、絶対値と同じ計算をしていることになります。すなわち、1次元のベクトル$\boldsymbol{x} = (-2)$と考えたとき、このベクトル

の大きさは、

$$\|x\| = \sqrt{(-2)^2} = \sqrt{4} = 2$$

というように、やはり「マイナスだったらプラスになりそれ以外はそのままの数になる」という絶対値を計算していることになるわけです。それゆえに絶対値とベクトルの大きさの書き方は同じような表記になりますし、人によっては「両方同じ一重線」で書き表すことがあるのでしょう。

また、このような「ベクトルの大きさ」を、「ベクトルのノルム」と呼ぶこともあります。ここで紹介したノルムの計算はユークリッド距離と同じような計算を行なうという、最も一般的な「ユークリッドノルム」と呼ばれるものです。すでにユークリッド距離以外の距離について触れましたが、ユークリッドノルム以外のノルムが定義されることもあります。ただし、特に何の断りもなく $\|\ \|$ と書かれていたらユークリッドノルムと考えておいて問題はありません。

話は少しそれましたが、この「ベクトルの大きさ」と、「ベクトルがなす角度 θ（要するに2本のベクトルがどういう角度で交わっているか）」を用いて、次のようにベクトルの内積あるいはドット積が定義されます。

$$a \cdot b = \|a\| \|b\| \cos\theta \quad \cdots (27.1)$$

なお、スカラーでは掛け算を「×」と表しても「・」と表してもあるいは何も記号をはさまずに文字を続けて書いても大丈夫ですが、内積は2種類のベクトル同士の掛け算を区別するために「・」を使って表さなければいけないという点は注意しましょう。これが内積を「ドット積」と呼ぶこともあるという理由です。なお、スカラー同士の掛け算とは異

なり、内積で「・」を省略することもありません。

なぜこのように、三角関数を使ってベクトルの内積を計算しなければいけないのでしょうか？ここで少しだけベクトルの内積の幾何学的な意味を考えてみましょう。(27.1)式右辺の後半にある $\|b\|\cos\theta$ という部分が一体何を示しているかを含めて図示すると、次のように表すことができます。

図表 4-5

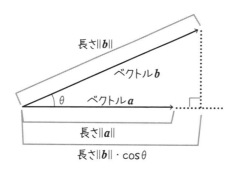

つまり、ベクトル b が斜辺で、底辺がベクトル a と同じ向きになるような直角三角形を考えてみると、$\cos\theta$ の定義からこの底辺の長さは $\|b\|\cos\theta$ になります。内積はこの長さと、ベクトル a の長さ $\|a\|$ を掛けたものなので、イメージ的には「お互いの向きを揃えて掛けたもの」と理解できるかもしれません。

これは逆に、「ベクトル a を斜辺に、底辺がベクトル b と同じ向きに一致するような直角三角形」を考えても同じことです。そうすると $\|b\|$ に底辺の長さ $\|a\|\cos\theta$ を掛けることになりますが、それぞれのベクトルの長さも $\cos\theta$ もスカラーなので、掛け算の順番はどうなっても一緒です。つまりベクトルの内積にも、「前後を入れ替えても大丈夫」という次のような交換法則が成立しているということです。

$$a \cdot b = b \cdot a \quad \cdots (27.2)$$

さらに、このような図で考えれば、ベクトルのスカラー倍が絡む場合の内積についてもやはり計算順序を入れ替えてよいことがすぐに確認できます。仮にベクトル a の長さをそのまま p 倍したベクトル pa と b の内積を考えると、$(pa) \cdot b = p\|a\|\|b\|\cos\theta$ となります。これは、$a \cdot b$ という内積をスカラー倍した $p(a \cdot b)$ でも、あるいは、b を p 倍したものと a の内積 $a \cdot (pb)$ でも同じ値になるわけです。つまり、

$$(pa) \cdot b = p(a \cdot b) = a \cdot (pb) \quad \cdots (27.3)$$

ということになります。

また、交換法則だけではなく、ベクトルの内積では分配法則も成り立ちます。こちらは少しややこしい話ですが、次のような図で確認してみましょう。

図表 4-6

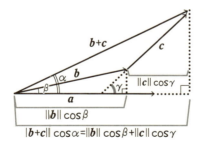

$\|b+c\|\cos\alpha = \|b\|\cos\beta + \|c\|\cos\gamma$

こちらでは、ベクトル b とベクトル c を足したベクトル $(b+c)$ を考え、これと a との内積について考えてみます。すでに説明した「しりとり法」に則り、ベクトル $(b+c)$ は図のようになります。ここで、ベクトル

a とベクトル $(b+c)$ のなす角度は $α$ で、ベクトル a とベクトル b のなす角度は $β$、ベクトル a とベクトル c のなす角度は $γ$（ガンマ）で表すことにします。なお、ガンマは $α$、$β$ に続く3番目のギリシャ文字で、英字の a、b、c のようにギリシャ文字の最初の3文字が $α$、$β$、$γ$ ということになります。

先ほどと同様に、「b が斜辺で底辺がベクトル a と同じ向きの直角三角形」を考えるとその底辺の長さは $\|b\|\cosβ$ になりますし、同様に「c が斜辺で……」と考えた場合の底辺の長さは $\|c\|\cosγ$、そして、「ベクトル $(b+c)$ が斜辺で……」と考えた場合の長さは言うまでもなく $\|b+c\|\cosα$ ですが、この長さは b、c それぞれに対応する底辺の長さを足したものと一致しています。よって数式的には次に示すように、「スカラーのときと同様に、足してから掛けても、それぞれ掛けてから足しても大丈夫」という次のような分配法則が成り立つということです。

$$a \cdot (b+c) = a \cdot b + a \cdot c \quad \cdots (27.4)$$

ちなみに本書では三角関数を「ベクトルの理解に必要だから」と最低限紹介しましたが、逆に本書で三角関数を使うのはほぼこの内積についての話で最後です。

なお、スカラーにおいて成り立っていた3つの計算ルールのうち、結合法則だけはベクトルの内積において成り立ちません。すなわち「たまたま一致する」という状況を除けば、

$$a \cdot (b \cdot c) \neq (a \cdot b) \cdot c \quad \cdots (27.5)$$

ということです。その理由は明らかで、内積は「2つのベクトルの大きさ」と「なす角度の cos」を掛けあわせたスカラーになるからです。スカラー倍するということはベクトルの向きは変わらず、その大きさだけ

が変わるはずですが、そうすると(27.5)式のベクトル a とベクトル c の向きが一緒でなければいけません。現実にはそうしたことはほとんどなく、結合法則が成り立たないわけです。

この3つの法則の中でも特に、分配法則が成り立つことは統計学と機械学習の中で素晴らしく役に立ちます。なぜなら、この性質のお陰で先ほどのように定義したベクトルの内積が、ベクトルの各成分をお互いに掛けて足し合わせたものと一致するわけです。すなわち、これまでと同様に、ともに n 次元のベクトルである $a = (a_1\ a_2 \cdots a_n)$ と、$b = (b_1\ b_2 \cdots b_n)$ を考えると、次のような関係が成り立つことが示されます。

$$a \cdot b = \|a\|\ \|b\| \cos\theta\ = \sum_{i=1}^{n} a_i b_i \quad \cdots (27.6)$$

これが、「Σの代わりにベクトルを使って表す」という統計学と機械学習の専門的な書き方が成立している理由だと言ってもよいでしょう。Σを使った書き方より「太字にして掛け算を書くだけでいい」というベクトルの掛け算の方がさらにシンプルなものであることは言うまでもありません。

なぜ(27.6)式が成り立つのか、ひとまずごく単純な例で確認するために、a、b ともに直交座標系において x 方向と y 方向それぞれに成分を持つ2次元ベクトルだったと考えてみましょう。つまり、$a = (a_1\ a_2)$ と $b = (b_1\ b_2)$ について、(27.6)式が成り立つことを確認してみるわけです。また、これらベクトルの計算を各成分で考えるために、次のようなベクトルを考えます。

$$x = (1\ 0),\ y = (0\ 1)$$

すなわち、これらはそれぞれ互いに直交する「x 軸の方向だけ」あるいは「y 軸の方向だけ」に1という成分を持ったベクトルだということ

です。なお「1つの要素だけが1であとは0」ということは当然次のように考えればどちらも大きさが1であると考えられます。

$$\|x\| = \sqrt{1^2 + 0^2} = 1, \ \|y\| = \sqrt{0^2 + 1^2} = 1$$

このベクトル x、y を用いると、ベクトル a、b はそれぞれ次のように表すことができます。

$$a = (a_1 \ a_2) = a_1 x + a_2 y \quad \cdots (27.7)$$
$$b = (b_1 \ b_2) = b_1 x + b_2 y \quad \cdots (27.8)$$

このことを使って内積 $a \cdot b$ を表し、分配法則に基づいて計算を進めてみましょう。そうすると、

$$a \cdot b = (a_1 x + a_2 y) \cdot (b_1 x + b_2 y)$$
$$= a_1 x \cdot b_1 x + a_1 x \cdot b_2 y + a_2 y \cdot b_1 x + a_2 y \cdot b_2 y$$

となります。太字かどうかで区別している通り、ベクトル a、b の各成分はスカラーですし、「スカラー倍の絡む内積の計算順序は入れ替え可能」というルールをすでに皆さんは学んだはずです。そうすると、

$$a \cdot b = a_1 b_1 x \cdot x + a_1 b_2 x \cdot y + a_2 b_1 y \cdot x + a_2 b_2 y \cdot y \quad \cdots (27.9)$$

と考えられます。さてここで、ベクトル x と y の定義を思い出しましょう。$x = (1 \ 0)$、$y = (0 \ 1)$ であり、これらは互いに直交するものです。気になる方は単位円を思い出して確認していただければと思いますが、直交するということは、$\cos 90° = 0$ なので、内積 $x \cdot y$ あるいは $y \cdot x$ の値は 0 になります。また、同じベクトル同士の内積である $x \cdot x$ や $y \cdot y$ は、

cos0°=1なので単純に「ベクトルの大きさを2乗したもの」になりますが、先ほどすでに述べたように、ベクトルxとyの大きさはどちらも1でした。よって(27.9)式は次のように計算することができます。

$$\begin{aligned}
\boldsymbol{a}\cdot\boldsymbol{b} &= a_1b_1\boldsymbol{x}\cdot\boldsymbol{x} + a_1b_2\boldsymbol{x}\cdot\boldsymbol{y} + a_2b_1\boldsymbol{y}\cdot\boldsymbol{x} + a_2b_2\boldsymbol{y}\cdot\boldsymbol{y} \\
&= a_1b_1\|\boldsymbol{x}\|^2 + a_1b_20 + a_1b_20 + a_2b_2\|\boldsymbol{y}\|^2 \\
&= a_1b_1(1)^2 + 0 + 0 + a_2b_2(1)^2 \\
&= a_1b_1 + a_2b_2
\end{aligned}$$

よって、少なくとも2次元ベクトル同士の内積において(27.6)式が成り立つことは確認できました。そして、これは2次元ベクトルに限った話ではなく、本書ではわざわざやりませんが、「長さが1で、互いに直交する1方向だけのベクトル」をn個考えさえすれば、n次元ベクトルでもやはり同じように証明することができます。そんなわけで統計学や機械学習の多くの専門書において、(27.6)式の考え方に基づき、Σの代わりにベクトルの内積を使った書き方が用いられるわけです。最低限、ベクトルの内積を見たら(27.6)式を思い出して、「各成分を掛け合わせたものを全部足したやつ」というイメージがわかなければ、こうした専門書を読むのに苦労するかもしれません。

次節からは統計学や機械学習の中でどのようにこの内積の書き方が用いられているかを詳しく説明しますが、念のためもう1つの「掛け算のようなもの」である「外積」についても軽く触れておきましょう。

外積は別名「クロス積」と呼ばれ、「・」ではなく「×」で掛け算を表します。たとえば2次元ベクトル$\boldsymbol{a}$と$\boldsymbol{b}$の外積は$\boldsymbol{a}\times\boldsymbol{b}$で、その大きさは$\|\boldsymbol{a}\|\|\boldsymbol{b}\|\sin\theta$となります。これだけを聞くと「なんだsinとcosが違うだけか」と思うかもしれませんが、外積と内積との最大の違いは、内積の結果がスカラーであったのに対し、外積の結果はベクトルになるという点です。つまり外積は大きさだけを求めればよいのではなく、

「その向きがどちらか」という点についても注意しなければいけません。電磁気学などでは「電磁力は電気のベクトルと磁石のベクトルの外積」といったような考え方をしますが、統計学や機械学習を勉強していて「外積がわからないから困る」という状況を私は全く思いつきませんし、n 次元ベクトルに対しては外積が定義されていません。

　それでは次節から統計学と機械学習の中でとてもよく使う内積について、具体的な用途を説明していきたいと思います。

28

統計学での内積の使い方

それではここから、添え字とΣの書き方の代わりに、ベクトルの内積をどう使って統計学の説明がされるのかというところを学んでいきましょう。

たとえば添え字とΣを使って書かれる統計学の重要な概念の1つに、相関係数と言われるものがあります。現代最もよく使われる相関係数は統計学者カール・ピアソンによって発明されたことから「ピアソンの相関係数」とも呼ばれますが、いきなりΣを使った数式で書くと次のようなものです。

$$\text{相関係数} = \frac{\sum_{i=1}^{n}(x_i - \bar{x})(y_i - \bar{y})}{\sqrt{\sum_{i=1}^{n}(x_i - \bar{x})^2}\sqrt{\sum_{i=1}^{n}(y_i - \bar{y})^2}} \quad \cdots (28.1)$$

なお、これまで「$i=1$ から n まで」という情報をΣの記号の上下に書いていましたが、このようにΣの右上と右下に少しずらして書いても全く同じ意味になります。この式全体をもう少し詳しく説明すると、i 番目の調査対象から得られた2つの変数 x、y について「どの程度関連性が強そうか」といったことを求めようとしています。x と y はたとえば「身長と体重」でも「満足度と来店回数」でも「学生時代の成績と成人後の年収」でも何でも構いませんが、当然同じ i 番目の調査対象のデータは x_i と y_i に対応していなければいけません。

仮に全てのデータで $x_i = y_i$ というように何のバラツキもなく x_i と y_i の大小が直線的に一致するような状況だったとすれば分子と分母は同じ値になり、相関係数は1になります。逆に $x_i = -y_i$ というように、直線的だが大小が真逆になるとしたら相関係数は−1になります。実際のデータはその間で、「x が大きいほど y も大きいという傾向にあるのかどう

か」の判断に使うわけです。たとえばこの相関係数がいったいどういうものかをもう少し詳しく理解するために、次のような状況を題材として考えてみましょう。

　前述のテストマーケティングを行なった食品会社において、1人の役員から「事前調査での満足度が高かったからといって果たしてこの商品は売れるのだろうか？」という疑問が発せられた。そこであなたは1年前に行なった同様の調査協力者に連絡を取り、その後1年間で去年試食してもらった新商品を何回買ったかを聞き、次のようなデータにまとめた。少なくともこの調査協力者たちにおいて、満足度が高い回答者ほどその後も購買回数が高い傾向にあると言えるだろうか？

図表 4-7

回答者(i)	満足度(x)	購買回数(y)
1人目	85	8
2人目	73	6
3人目	52	2
4人目	88	2
5人目	98	9
6人目	81	7
7人目	92	9
8人目	87	8
9人目	96	5
10人目	88	4

このようなシンプルなデータをもとに実際に相関係数を求めてみながらイメージをつかんでいきましょう。(28.1)式に基づいて相関係数を計算するにあたり、まず必要なのはx、yそれぞれの平均値です。すでに学んだ(25.3)式のような「少し楽な平均値の暗算方法」を使っても、電卓を使ってもいいのでとりあえず満足度（x）と購買回数（y）の平均値を計算すると、それぞれ84あるいは6という結果が得られます。そうすると今度は元の値からこの平均値を引いた値、すなわち$x_i - \bar{x}$や$y_i - \bar{y}$を求めてみましょう。

図表 4-8

回答者	満足度-平均値 $x_i - \bar{x}$	購買回数-平均値 $y_i - \bar{y}$
1人目	1	2
2人目	-11	0
3人目	-32	-4
4人目	4	-4
5人目	14	3
6人目	-3	1
7人目	8	3
8人目	3	2
9人目	12	-1
10人目	4	-2

あとはこれらを掛け合わせたものと、それぞれの2乗を考えて合計を計算すれば、相関係数の算出に必要な値は一通り得られます。すなわち、図表4-9のように求められるわけです。

図表 4-9

回答者	$x_i-\bar{x}$	$y_i-\bar{y}$	$(x_i-\bar{x})(y_i-\bar{y})$	$(x_i-\bar{x})^2$	$(y_i-\bar{y})^2$
1人目	1	2	2	1	4
2人目	-11	0	0	121	0
3人目	-32	-4	128	1024	16
4人目	4	-4	-16	16	16
5人目	14	3	42	196	9
6人目	-3	1	-3	9	1
7人目	8	3	24	64	9
8人目	3	2	6	9	4
9人目	12	-1	-12	144	1
10人目	4	-2	-8	16	4
合計			163	1600	64

よってここから相関係数を求めると、

$$相関係数 = \frac{\sum_{i=1}^n (x_i-\bar{x})(y_i-\bar{y})}{\sqrt{\sum_{i=1}^n (x_i-\bar{x})^2}\sqrt{\sum_{i=1}^n (y_i-\bar{y})^2}}$$

$$= \frac{163}{\sqrt{1600}\sqrt{64}} = \frac{163}{40 \cdot 8} = \frac{163}{320} \fallingdotseq 0.51$$

という結果になりました。多くの統計学の入門書に書かれているような相関係数の目安に基づくと、これぐらいの値は「まあまあの相関」と判断されます。おそらくこの程度であれば「満足度だけで購買回数が左右されるというほどでもないし、だからといって無関係というほどでもない」といった結論になるでしょうか。

以上が「とりあえず手計算でイメージをつかんでみよう」という練習ですが、次になぜこのような形で相関係数が定義できるのか、という直

感的な説明を試みてみましょう。先ほどのデータを座標上に示し（このようなグラフを散布図と読んだりします）、xとyそれぞれの平均値がどこかという補助線を引くと次のようになります。

図表 4-10

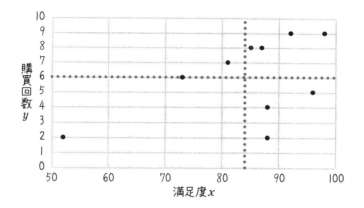

「満足度が高ければ購買回数も高い傾向にある」「逆に満足度が低ければ購買回数も低い傾向にある」という状況であれば「相関が高い」と表現されます。このことをこちらの散布図に照らし合わせると、「xもyも平均値より高い」という点線で区切られた右上の領域と、「xもyも平均値より低い」という点線で区切られた左下の領域にデータが集中しているはずです。さらに言えば、問題はただ単に「平均値より高いか低いか」ではありません。仮に相関が高いとすれば、xがめちゃくちゃ高ければ当然yもめちゃくちゃ高くなっている、というように、「xとyのそれぞれの平均値より高い度合い」「それぞれの平均値より低い度合い」はバランスが取れていた方が相関が高そう、ということになりそうです。

さてここで、(28.1)式右辺の分子を見返してみましょう。

$$(28.1)\text{式右辺の分子} = \sum_{i=1}^{n}(x_i - \bar{x})(y_i - \bar{y})$$

　この Σ の中身はこの「x と y がどちらもバランスよく高い（または低い）」という状況で大きくなる値です。せっかく x が平均値よりめちゃくちゃ大きくても y が平均値と全く一緒では 0 にしかなりませんし、一方が平均値より大きく他方が平均値より小さいという状況ではマイナスの値になってしまうわけです。

　ただ、こうして計算した分子の値だけでは判断材料になりません。そこで −1〜1 までの範囲になるよう工夫したのが (28.1) 式の分母というわけです。この分母の方は (25.2) 式で示した分散と似た形が見えますが、要するに「x 自体あるいは y 自体はそれぞれどれぐらいバラつくものなのか」という指標が分母に来ているわけです。この値で分子を割ってやることで、うまく最小で −1 から最大で +1 の範囲に収まるようにしています。

　以上のような話は統計学の入門書でしばしば書かれる説明ですが、ベクトルや内積の計算がわかっていれば別の見方で相関係数を説明することができます。それは「相関係数とは、x、y それぞれの平均値からのズレをベクトルとしたときに、これらのベクトルのなす角の cos である」というものです。あるいはこれを別の言い方をすれば「これらのベクトルの内積をそれぞれのベクトルの大きさで割ったもの」ということもできます。

　このことを数式で表すために、次のような 2 つの n 次元ベクトルを考えましょう。言うまでもなくそれぞれ n 人分のデータから得られた「変数 x、y の平均値からのズレ」を表すベクトルです。

$$\boldsymbol{p} = (x_1 - \bar{x} \quad x_2 - \bar{x} \quad \cdots \quad x_n - \bar{x})$$
$$\boldsymbol{q} = (y_1 - \bar{y} \quad y_2 - \bar{y} \quad \cdots \quad y_n - \bar{y})$$

さて、このベクトル p と q のなす角の大きさを θ とすると、相関係数は次のように表される、というのが「ベクトルで考えた相関係数の捉え方」です。

$$\text{相関係数} = \cos\theta = \frac{\|p\|\|q\|\cos\theta}{\|p\|\|q\|} = \frac{p \cdot q}{\|p\|\|q\|} \qquad \cdots (28.2)$$

実際に(28.2)式の一番右にある辺を操作して、(28.1)式のような相関係数の形にしてみましょう。前節で述べたように内積は成分の掛け算の Σ で表されるので、まずこの分子について次のように考えることができます。

$$p \cdot q = (x_1 - \bar{x})(y_1 - \bar{y}) + (x_2 - \bar{x})(y_2 - \bar{y}) + \cdots + (x_n - \bar{x})(y_n - \bar{y})$$

$$= \sum_{i=1}^{n}(x_i - \bar{x})(y_i - \bar{y})$$

これはベクトルの内積を成分ごとに考えて Σ を使ってまとめた、というだけの話であって何も難しいことはしていませんが、確かに(28.1)式の分子と全く同じ形になっています。

では次に、分母の方にある $\|p\|$ についてはどうでしょうか？ベクトルの大きさについては、ユークリッド距離を求めるときと同様に「各成分を2乗して足し合わせて $\sqrt{}$ をとったものである」という考え方をすでに学びました。そうすると、

$$\|p\| = \sqrt{(x_1 - \bar{x})^2 + (x_2 - \bar{x})^2 + \cdots + (x_n - \bar{x})^2}$$

$$= \sqrt{\sum_{i=1}^{n}(x_i - \bar{x})^2}$$

と、やはりこちらも「ベクトルの大きさの定義に従って書いた式を Σ で

まとめました」というだけで(28.1)式の分母で見かけた形になりますし、同様に考えれば、

$$\|q\| = \sqrt{(y_1-\bar{y})^2 + (y_2-\bar{y})^2 + \cdots + (y_n-\bar{y})^2}$$
$$= \sqrt{\sum_{i=1}^{n}(y_i-\bar{y})^2}$$

となります。よって(28.2)式の一番右の辺は、

$$\frac{p \cdot q}{\|p\|\|q\|} = \frac{\sum_{i=1}^{n}(x_i-\bar{x})(y_i-\bar{y})}{\sqrt{\sum_{i=1}^{n}(x_i-\bar{x})^2} \cdot \sqrt{\sum_{i=1}^{n}(y_i-\bar{y})^2}}$$

となり、確かに「相関係数とは、x、yそれぞれの平均値からのズレをベクトルとしたときに、これらのベクトルのなす角のcosである」ということを確認することができました。cosの値であるならば単位円に基づき−1から1までの値しか取らないことは高校生でもわかりますし、「xとyの平均値からのズレ方の向きがどの程度揃っているのか」「ある程度同じ向きを向いているのかそれとも逆方向を向いているのか」というのが、ベクトル的な意味での相関係数の理解になります。また、文章を分析するテキストマイニングの領域では2つの文章の類似性の指標としてコサイン距離と呼ばれるものを使いますが、これも同じような考え方に基づいていると考えて構いません。

なお、経験的な相関係数の目安として「0.7以上なら相関が強い」という記述がさまざまな統計学の入門書の中には書かれていますが、これを角度で考えた場合にどのような解釈が成立するでしょうか？すでに数表で示したように$\cos 45°$（弧度法で$\frac{\pi}{4}$）が$\frac{\sqrt{2}}{2} \fallingdotseq 0.71$なので、「ベクトルのなす角度が$45°$以内」と言われれば確かにある程度同じ方向を向いているといっていいような気がします。

(28.1)式のようにΣの中がごちゃごちゃした状態と比べれば(28.2)式

はかなりシンプルに相関係数を記述しています。「同じ i で対応しているもの同士を掛けて、最後にまとめて足す」という操作が統計学や機械学習では頻繁に登場し、それゆえにΣと添え字が便利な記述方法になるわけですが、それはそのまま、「ベクトルの内積で考えるともっと楽」ということになるわけです。

そして、このようなベクトルの内積がもたらすメリットのおかげで、相関係数よりはるかに複雑な統計手法や機械学習手法であっても簡単に数式で議論できるようになるのです。

29

ベクトル以上に高密度な書き方
行列を使って回帰分析を表してみよう

　前節ではベクトルと内積の書き方によってΣと添え字よりももっと高密度にデータの扱い方を記述するやり方を学びました。本書の第2章ではデータに対して最もあてはまりがよくなるよう $y = a + bx$ という直線を推定する単回帰分析という統計手法を紹介しましたが、これもベクトルを使って書くことができます。

　第2章の例では、全部で n 年間のデータを使って、営業訪問回数 x と取れた契約の件数 y の関係を単回帰分析で考えました。このとき、i 年目の営業訪問回数は x_i、契約件数は y_i ということになり、ベクトルで表すと次のようになります。

$$\boldsymbol{x} = \begin{pmatrix} x_1 & x_2 & \cdots & x_n \end{pmatrix}$$
$$\boldsymbol{y} = \begin{pmatrix} y_1 & y_2 & \cdots & y_n \end{pmatrix}$$

　また、それぞれの x_i と y_i について、$y_i = a + bx_i$ という関係が直接成り立っているわけではないことに注意しましょう。この左辺と右辺の間にイコールが成立すれば理想的ですが、どうやっても直線からのズレが生じてしまうかもしれません。そこで第2章でもその i 年目のデータにおける直線からのズレを ε_i として考えましたが、これをベクトルで表現すると、次のようになります。

$$\boldsymbol{\varepsilon} = \begin{pmatrix} \varepsilon_1 & \varepsilon_2 & \cdots & \varepsilon_n \end{pmatrix}$$

　この i 年目のデータにおける直線からのズレを示すベクトルを使えば、

第4章 統計学と機械学習のためのΣ、ベクトル、行列

単回帰分析はベクトル形式で次のように表されそうです。

$$y = a + bx + \varepsilon$$

ただし、ここで注意しなければいけないのは、y は n 次元ベクトルで、x をスカラー（回帰係数）倍したものも n 次元ベクトルで、ズレを示す ε も n 次元ベクトルだというのに、切片 a はもとの定義のままではスカラーであるということです。すでに学んだ「異なる次元のベクトルの足し算はできない」「スカラーとベクトルの足し算はできない」というルールに基づき、たとえば切片も同じく n 次元ベクトルとして、次のように定義しなければこの足し算は成立しないわけです。

$$\boldsymbol{a} = \begin{pmatrix} a & a & \cdots & a \end{pmatrix}$$

同じ数が n 個並ぶだけのベクトル、というのは何かムダな気もしますが、この問題は後で行列を学べば解決しますので、いったんこの n 次元ベクトルの切片を使って単回帰分析の考え方を次のように考えることにしましょう。

$$\boldsymbol{y} = \boldsymbol{a} + b\boldsymbol{x} + \boldsymbol{\varepsilon} \quad \cdots (29.1)$$

そしてこの ε_i^2 の合計が最小のものを求めよう、というのが単回帰分析で行なった最小二乗法の考え方でした。ちなみにこの「ε_i^2 の合計」ということをΣとベクトルそれぞれで書き表すと次のようになります。

$$\varepsilon_i^2 \text{の合計} = \sum_{i=1}^{n} \varepsilon_i^2 = \boldsymbol{\varepsilon} \cdot \boldsymbol{\varepsilon} = \|\boldsymbol{\varepsilon}\|^2 \quad \cdots (29.2)$$

「i 番目のもの同士の掛け算の和」がベクトルの内積で表されること、

そして、同じ向き（なす角が0）のベクトルの内積は $\cos\theta = 1$ となるため、単にベクトルの大きさ同士の掛け算と同じことになると、皆さんは前節ですでに学びました。

よって(29.1)式と(29.2)式を合わせると、最小化したい「ズレの平方和（2乗の合計）」は次のように考えることができます。

$$y = a + bx + \varepsilon$$
$$\Leftrightarrow \varepsilon = y - a - bx$$

この両辺のベクトルの大きさの2乗を考えると、

$$\varepsilon \cdot \varepsilon = (y - a - bx) \cdot (y - a - bx) \qquad \cdots (29.3)$$

となります。このようにベクトルを使うことで、何行にも渡る連立方程式にせずともシンプルに「ズレの平方和」を考えられるようになりました。あとは(29.3)式の右辺が最小になるような a と b は何か、ということがわかればよいわけですが、これについては微分を使って考えた方が圧倒的に楽なので後の章で学ぶまで少々お待ちください。

それより先に、ベクトル自体もまとめて書く、という行列の考え方について説明したいと思います。たとえば第2章では「契約件数 y という結果変数と、その大小をよく説明するかもしれない訪問回数 x という説明変数」という、2つの変数の間の関係を考えました。手法自体はとても単純なものでしたが、統計学と機械学習の根本的な考え方はすでにここに登場しています。すなわち、どれほど複雑な手法であったとしても、統計学と機械学習は基本的に「x の値によって y の値がどうなるかを説明できるような数学的モデルを考え、できるだけそのモデルから導かれる理論上の y の値と、実際の y の値が近いものであるようにしたい」ということを考えるわけです。

しかし、この説明変数 x は1つに限った話ではありません。たとえば次のような状況ではどのように考えたらよいでしょうか？

　第2章で取り上げた営業マンは自分の過去のデータだけでなく、同じ会社に勤める全国の営業マンのデータを用いて営業訪問の回数と契約件数の関係を分析することを思いついた。幸い彼の会社は1年前から営業活動の管理システムを導入しており、誰がいつどこの顧客を訪問したかという履歴と、誰が担当営業としてどのような契約を取れたか、という履歴が全て残っていたのである。
　だがいざ分析をはじめようとすると、先輩たちからさまざまな意見をもらうようになる。「俺みたいに営業経験が長くなってくると同じ訪問回数でも確実に契約を取れるようになってくる」「人口密度の高い大都市の事業所に配属されると、顧客のオフィスも密集していて訪問しやすいがその分競合も多く、たくさん回らないとなかなか契約が取れない」「うちの会社はなぜか昔から年齢問わず女性のパフォーマンスが高く、同じ訪問回数でも確実に契約を取ってきている気がする」などである。
　言われてみれば確かにそういう気もした彼は、こうした条件も加味した形で分析をしたいと思うし、営業活動の管理システムにはこうしたデータも揃っている。さて、彼はいったいどのように分析すればよいだろうか？

第2章では1つの説明変数 x と、1つの結果変数 y の間の関係を直線的に捉える単回帰分析を行ないましたが、もちろん世の中で考えられる説明変数の数が1つだけということはありません。これだけ世の中にデータが集まってくると、特に何か新しい調査を行なわなくても、10個でも20個でも、あるいは100個や1000個の説明変数だって考えられるようになっています。

そして1000個説明変数が考えられるから1000回単回帰分析を行なう、というのではたいへんな作業ですし、「同じ訪問回数でも営業経験の長さによって取れる契約件数が変わってくる」といった複数の説明変数同士が絡み合う関係性について捉えられるわけではありません。そこで行なうのが複数の説明変数を一気に使って分析する重回帰分析という手法です。

　説明変数が場合によっては100個にも1000個にもなるかもしれない、というのでは1つ1つの説明変数に文字を割りあてるわけにもいきません。そこで重回帰分析では、yとεについては先ほどと同じ定義をそのまま使えますが、説明変数については、k個ある説明変数のうちj番目のものをx_jとして、そしてn人いるうちi番目の営業スタッフの説明変数x_jの値をx_{ij}として、次のようにk個のn次元ベクトルを定義します。

$$\bm{x_1} = (x_{11} \quad x_{21} \cdots x_{n1})$$
$$\bm{x_2} = (x_{12} \quad x_{22} \cdots x_{n2})$$
$$\vdots$$
$$\bm{x_k} = (x_{1k} \quad x_{2k} \cdots x_{nk})$$

　なお、数学的にはどちらがnでどちらがkでも問題ないわけですが、統計学でも機械学習でも伝統的にnの文字は今回でいう分析対象とする営業スタッフの人数のように「データの件数」のために用いられます。一方説明変数の数についてはn以外であれば何でもよいのですが、アルファベット順でnの近くにあるkやmといった文字がよく使われます。ただし、nの次の文字であるoは数字のゼロと混同されやすいため、「ゼロっぽい」意味を持つものにしか使われません。

　また単回帰分析では切片がaで傾き（回帰係数）がbという文字を使っていましたが、後者についても説明変数が増えてくると文字が足りなくなってしまいます。そこで、「j番目の説明変数に対応する回帰係

数」を b_j あるいは b に対応するギリシャ文字を使って $β_j$ で表す、というのが重回帰分析の慣例的な書き方です（本書では $β_j$ を用います）。またさらに、そうやってたくさんの回帰係数をまとめて $β$ で表すのであれば、わざわざ切片だけを特別扱いして、「a」という文字を用いるのももったいなくなってきます。よって、切片は a ではなく「0番目の回帰係数」ということで、b_0 とか $β_0$ と表す、というのも統計学の慣例です。これがわざわざ本書がここまで、単回帰分析のような直線を表す式を中高生が習う文字の使い方とは逆に $y = a + bx$ と表してきた理由です。

このような慣例に従うと、重回帰分析も単回帰分析における (29.1) 式と同じように、ベクトルを使った書き方で次のように表せることになります。

$$\boldsymbol{y} = \boldsymbol{β_0} + β_1 \boldsymbol{x_1} + β_2 \boldsymbol{x_2} + \cdots + β_k \boldsymbol{x_k} + \boldsymbol{ε} \quad \cdots (29.4)$$

(29.1) 式と同様に、切片が n 次元ベクトルでなければこの式が成立しない、という問題を抱えていますが、それでもこれらを全て x_{ij} という添え字つきのスカラーだけで表そうとしたらとんでもない手間です。そうした意味でベクトルを使った表記はありがたいところなのですが、行列を使うとこれをさらに簡単に書くことができます。

皆さんはすでに添え字を使って書かれたスカラーをまとめてベクトルにする、という考え方を学びましたが、それをさらにまとめてはダメというルールはどこにもありません。このように添え字のついたベクトルをまとめたものが行列です。たとえば k 個の n 次元ベクトルで表される説明変数について、1個の行列にまとめて考えましょう。すなわち先ほど、

$$\boldsymbol{x_1} = (x_{11} \quad x_{21} \cdots x_{n1})$$

と、添え字のついたスカラーをまとめてベクトルにしたのと同様に、

説明変数をまとめた行列 $X = (x_1\ x_2 \cdots x_k)$

といったようなものを考えれば(29.4)式はもっとシンプルに書けるはずです。なおベクトルは太字で表しましたが、行列はさらに「大文字の太字」で表すことが慣例ですのでこのような書き方になります。おそらくは「スカラーやベクトルよりたくさん要素が含まれていて大きいもの」というイメージからこのような書き方が好まれるのでしょう。

ただし注意しなければいけないのは「ベクトルをまとめて書く」ことは、ただベクトルの成分を横にずらずらと並べて書けばよい、ということではありません。ベクトルの中の成分でも、x_{11} と x_{21} は「違う人の同じ説明変数」ですし、一方 x_{11} と x_{12} は「違う説明変数だが同じ人のデータ」といった対応関係があります。せっかく整理されていたものをごっちゃにして並べてしまう、というのではうまい計算方法の書き表し方を考えることができません。

そこで、これまでベクトルは全て横書きで並べてきていましたが、これを縦に並べて考えてみましょう。すなわち、

$$x_1 = \begin{pmatrix} x_{11} \\ x_{21} \\ \vdots \\ x_{n1} \end{pmatrix},\ x_2 = \begin{pmatrix} x_{12} \\ x_{22} \\ \vdots \\ x_{n2} \end{pmatrix},\ \cdots x_k = \begin{pmatrix} x_{1k} \\ x_{2k} \\ \vdots \\ x_{nk} \end{pmatrix}$$

というように考えるわけです。そうすると、

説明変数をまとめた行列 $X = (x_1\ x_2 \cdots x_k)$

$$= \begin{pmatrix} x_{11} & x_{12} & & x_{1k} \\ x_{21} & x_{22} & \cdots & x_{2k} \\ \vdots & \vdots & & \vdots \\ x_{n1} & x_{n2} & & x_{nk} \end{pmatrix} \quad \cdots (29.5)$$

というように、「データの件数n行分×項目の数k列分」という長方形の形にまとめることができます。

なお、行列が出てこないベクトルとスカラーだけの計算をしているときには区別する必要がありませんが、線形代数ではベクトルのうち横並びのもののことを「行ベクトル」、縦並びのものを「列ベクトル」と言います。日本語は縦書きと横書きのどちらにおいても「改行」という言葉が使われますのでどっちがどっちか混同しがちですが、少なくとも数学において行とは横に並ぶもので、列とは縦に並ぶものです。私は学生時代、迷ったら漢字の右側の「つくり」を見ろと教わりました。「行」の右側には横線が2本並んでいて、「列」の右側には縦線が2本並んでいるというわけです。そしてこの行と列を両方含むから「行列」と呼ばれます。

また同様に、結果変数y、回帰係数（と切片をまとめた）β、モデルからのズレを示すεについても次のような列ベクトルを考えます。

$$\boldsymbol{y} = \begin{pmatrix} y_1 \\ y_2 \\ \vdots \\ y_n \end{pmatrix}, \quad \boldsymbol{\beta} = \begin{pmatrix} \beta_0 \\ \beta_1 \\ \vdots \\ \beta_k \end{pmatrix}, \quad \boldsymbol{\varepsilon} = \begin{pmatrix} \varepsilon_1 \\ \varepsilon_2 \\ \vdots \\ \varepsilon_n \end{pmatrix} \quad \cdots (29.6)$$

あとはこれらをうまく使えば、次のようなシンプルな式で重回帰分析が何かを書き表すことができるはずです。

$$\boldsymbol{y} = \boldsymbol{X}\boldsymbol{\beta} + \boldsymbol{\varepsilon} \quad \cdots (29.7)$$

このような書き方ができれば、「データが何件（何人分）あるか」といったところを抽象化してシンプルに書けるだけでなく、「説明変数が何項目あるか」といったところも抽象化してまとめることができます。100項目あろうが1000項目あろうが、重回帰分析と言えばこの(29.7)式

で表されるものである、というのはとてもシンプルで便利な書き方ではないでしょうか。重回帰分析は「たくさんの変数を使って一気に分析する」という意味で、多変量解析と呼ばれる分析手法の1つですが、これ以外にも多変量解析を勉強しようとすると、変数がいくつあっても一般化して表せる線形代数の書き方がとても役に立ちます。

ただし、この書き方へ辿りつくためにはあと少しだけハードルがあります。行列計算のルールについては次節で詳しく説明しようと思いますが、ここで最低限必要な「行列とベクトルの掛け算とは何か」というところだけを説明しておきましょう。

ごく単純な例として、次のような2行3列の行列と、3行の列ベクトルの掛け算を考えます。

$$\begin{pmatrix} a & b & c \\ d & e & f \end{pmatrix} \begin{pmatrix} p \\ q \\ r \end{pmatrix}$$

この両者の掛け算を行なう際、まずは左側の行列の1行目と、右側の列ベクトルについて、内積の計算と同じように「1番目の成分は1番目同士、2番目の成分は2番目同士、3番目の成分は3番目同士」と掛け合わせたものを全部足します。すなわち、

$$\begin{pmatrix} a & b & c \\ d & e & f \end{pmatrix} \begin{pmatrix} p \\ q \\ r \end{pmatrix} = \begin{pmatrix} ap + bq + cr \\ ? \end{pmatrix}$$

となります。それができたら今度は左の行列の2行目について同じ計算をします。その計算結果は答えの行列（あるいはベクトル）の2行目に書きます。すると、

第4章　統計学と機械学習のためのΣ、ベクトル、行列

$$\begin{pmatrix} a & b & c \\ d & e & f \end{pmatrix} \begin{pmatrix} p \\ q \\ r \end{pmatrix} = \begin{pmatrix} ap+bq+cr \\ dp+eq+fr \end{pmatrix}$$

というようになりました。これが重回帰分析で行なう行列とベクトルの掛け算です。

　すなわち、2行3列の行列に3行1列のベクトルを掛けた結果、2行1列のベクトルができました。これを一般化して書くと、「m行n列の行列」に「n行1列のベクトル」を掛けると、「m行1列のベクトルができあがる」ということです。当然、この左側の行列の列数nと、ベクトルの行数nは一致していなければいけません。後で詳しく説明しますが、行列の掛け算ができるかどうか、というところにも「しりとり」のようなルールが存在しており、左側の列数と右側の行数があっていなければ掛け算を考えることはできません。これは、ベクトルの内積でも異なる次元のベクトル同士では計算が成立しなかったのと同じです。

　しかし、(29.7)式において、行列 X は「n行k列」であるのに対して、ベクトル β は「$(k+1)$ 行1列」です。このままでは掛け算が成立しません。しかし、この違いは行列 X には切片に関する列が含まれていない一方で、ベクトル β には回帰係数と切片の両方が含まれている、というだけの話です。つまり、次のように「xの値と関係なく必ず同じ値を切片に掛け算する」という列を行列 X に追加する形で定義をし直せば問題は解決です。

$$X = \begin{pmatrix} 1 & x_{11} & x_{12} & & x_{1k} \\ 1 & x_{21} & x_{22} & \cdots & x_{2k} \\ \vdots & \vdots & \vdots & & \vdots \\ 1 & x_{n1} & x_{n2} & & x_{nk} \end{pmatrix} \quad \cdots (29.8)$$

　さて、これで無事材料は全て揃ったので、(29.6)式と(29.8)式の定義

に従って(29.7)式を実際に計算してみましょう。

$$y = X\beta + \varepsilon$$
$$\Leftrightarrow \begin{pmatrix} y_1 \\ y_2 \\ \vdots \\ y_n \end{pmatrix} = \begin{pmatrix} 1 & x_{11} & x_{12} & & x_{1k} \\ 1 & x_{21} & x_{22} & \cdots & x_{2k} \\ \vdots & \vdots & \vdots & & \vdots \\ 1 & x_{n1} & x_{n2} & & x_{nk} \end{pmatrix} \begin{pmatrix} \beta_0 \\ \beta_1 \\ \vdots \\ \beta_k \end{pmatrix} + \begin{pmatrix} \varepsilon_1 \\ \varepsilon_2 \\ \vdots \\ \varepsilon_n \end{pmatrix}$$

ここで、行列とベクトルの掛け算 $X\beta$ はさきほどの例に示したように、X の1行目と β の内積が1行目、X の2行目と β の内積が2行目、というような値をとる列ベクトルになります。まずは1行目を計算すると、

$$\begin{pmatrix} y_1 \\ y_2 \\ \vdots \\ y_n \end{pmatrix} = \begin{pmatrix} 1 & x_{11} & x_{12} & & x_{1k} \\ 1 & x_{21} & x_{22} & \cdots & x_{2k} \\ \vdots & \vdots & \vdots & & \vdots \\ 1 & x_{n1} & x_{n2} & & x_{nk} \end{pmatrix} \begin{pmatrix} \beta_0 \\ \beta_1 \\ \vdots \\ \beta_k \end{pmatrix} + \begin{pmatrix} \varepsilon_1 \\ \varepsilon_2 \\ \vdots \\ \varepsilon_n \end{pmatrix}$$
$$= \begin{pmatrix} \beta_0 + \beta_1 x_{11} + \cdots + \beta_k x_{1k} \\ ? \\ \vdots \\ ? \end{pmatrix} + \begin{pmatrix} \varepsilon_1 \\ \varepsilon_2 \\ \vdots \\ \varepsilon_n \end{pmatrix}$$

となります。同様に2行目以下を計算すると、

$$\begin{pmatrix} y_1 \\ y_2 \\ \vdots \\ y_n \end{pmatrix} = \begin{pmatrix} \beta_0 + \beta_1 x_{11} + \cdots + \beta_k x_{1k} \\ \beta_0 + \beta_1 x_{21} + \cdots + \beta_k x_{2k} \\ \vdots \\ \beta_0 + \beta_1 x_{n1} + \cdots + \beta_k x_{nk} \end{pmatrix} + \begin{pmatrix} \varepsilon_1 \\ \varepsilon_2 \\ \vdots \\ \varepsilon_n \end{pmatrix} \quad \cdots (29.9)$$

ということになります。(29.9)式に登場しているのは両辺ともに全て n 行の列ベクトルであり、これらの足し算というのは単純に同じ場所の成分を足しているだけに過ぎません。すなわち(29.9)式をベクトルを使わずに書くとしたら、次のように n 個（今回の例であれば分析に用いる営

業マンの数などデータの件数）の数式を並べなければいけないわけです。

$$y_1 = \beta_0 + \beta_1 x_{11} + \cdots + \beta_k x_{1k} + \varepsilon_1$$
$$y_2 = \beta_0 + \beta_1 x_{21} + \cdots + \beta_k x_{2k} + \varepsilon_2$$
$$\vdots$$
$$y_n = \beta_0 + \beta_1 x_{n1} + \cdots + \beta_k x_{nk} + \varepsilon_n$$

　もちろんこのような式から、相関係数のときのようにΣを使って「重回帰分析の回帰係数がいくつになるか」という求め方を記述することも不可能ではありませんが、式がごちゃごちゃしてわかりにくくなってしまいます。ですがこれだけごちゃごちゃした式を、ベクトルと行列という道具を使えば、$y = X\beta + \varepsilon$、とたった数文字だけで表せてしまいます。こうした表記になれていれば専門書も読みやすいものになりますし、慣れていなければその抽象化についてこられず「結局どういうことかわからない」ということになってしまうかもしれません。

　なお、(29.1)式の時点で「後で行列を学べば解決する」とスルーしていた、単回帰分析の切片について「同じ数だけがn個並んだベクトルを考える」という問題も、皆さんはすでに解決策を学んでいるはずです。つまり、単回帰分析であっても説明変数をn次元のベクトルではなく、次のような「xの値と関係なく必ず同じ値を切片に掛け算する」という列を含むn行2列の行列で考えればよいわけです。そうすれば重回帰分析のときと同様に、切片と回帰係数をまとめた、2行の列ベクトルとの次のような掛け算を考えるだけでよくなります。

$$\begin{pmatrix} y_1 \\ y_2 \\ \vdots \\ y_n \end{pmatrix} = \begin{pmatrix} 1 & x_1 \\ 1 & x_2 \\ \vdots & \vdots \\ 1 & x_n \end{pmatrix} \begin{pmatrix} a \\ b \end{pmatrix} + \begin{pmatrix} \varepsilon_1 \\ \varepsilon_2 \\ \vdots \\ \varepsilon_n \end{pmatrix}$$

またこの「左の列の成分が全て1で右の列に説明変数の値が並ぶ」行列を X、そして切片と回帰係数をまとめた列ベクトルを β とすれば、こちらもやはり(29.7)式に示す「重回帰分析の式」である $y = X\beta + \varepsilon$ と全く変わりありません。説明変数が何項目あっても(29.7)式で表されるということは、逆に説明変数が1項目しかなかったとしてもやはり(29.7)式で表されるということです。

皆さんも本書を通してぜひ、このように複雑なことをシンプルに書き表すことができる線形代数の書き方に慣れていただければ幸いです。

30
行列計算同士の四則演算

　このように、行列を使えば添え字とΣよりも、そしてさらにベクトルよりも、さらに高密度かつシンプルに示したいことを数式で表すことができます。しかし、どのような計算がアリで、どのような計算がナシか、ということがわかっていなければ、いくらシンプルに書き表されていたとしてもそこから手のつけようがありません。

　現在行列の範囲は高校のカリキュラムからは外れ、大学1年生でいきなり習いはじめることになっていますが、ここで最低限の行列の取り扱い方について学んでおきましょう。なお「最低限」というのは何かというと、本書の目的は統計学と機械学習の専門書を読みはじめられる最低限の準備を行なうことですので、大学1年生が習うような行列の性質のうちこの目的に関わってこないようなものには言及しないということです。

　まずはベクトルのところで考えたように「足し算・引き算・スカラー倍」という点についてルールを確認しておきましょう。これらは基本的にベクトルと同様なものになっていますが、そこで考えたスカラーp、qのほか、以下のような同じ行数（m）と列数（n）の行列を3つ考えて説明していきます。

$$A = \begin{pmatrix} a_{11} & \cdots & a_{1n} \\ \vdots & \ddots & \vdots \\ a_{m1} & \cdots & a_{mn} \end{pmatrix}, \quad B = \begin{pmatrix} b_{11} & \cdots & b_{1n} \\ \vdots & \ddots & \vdots \\ b_{m1} & \cdots & b_{mn} \end{pmatrix}, \quad C = \begin{pmatrix} c_{11} & \cdots & c_{1n} \\ \vdots & \ddots & \vdots \\ c_{m1} & \cdots & c_{mn} \end{pmatrix}$$

ルール1：同じ形、すなわち行数と列数がともに同じ行列同士の足し算を行なうと、「同じ場所の成分同士の足し算」を成分とする行列になる。「同じ形でないといけない」ということは逆に言えば、異なる行数・列数の行列同士や、行列とベクトル、あるいは行列とスカラー、

といった足し算を考えることはできない。

$$A + B = \begin{pmatrix} a_{11} + b_{11} & \cdots & a_{1n} + b_{1n} \\ \vdots & \ddots & \vdots \\ a_{m1} + b_{m1} & \cdots & a_{mn} + b_{mn} \end{pmatrix}$$

ルール２：各成分の足し算の中で交換法則・結合法則が成り立つため、同じ形の行列の足し算においても同様に交換法則・結合法則が成り立つ。

$$A + B = B + A$$
$$(A + B) + C = A + (B + C)$$

ルール３：行列に対してスカラー倍することは可能で、「全ての成分をスカラー倍した行列」になる。なお、「スカラーで割る」という計算は「スカラー分の１倍」と考えればよく、行列の引き算は「－１倍した行列の足し算」として考えられる。

$$pA = \begin{pmatrix} p \cdot a_{11} & \cdots & p \cdot a_{1n} \\ \vdots & \ddots & \vdots \\ p \cdot a_{m1} & \cdots & p \cdot a_{mn} \end{pmatrix}$$

$$A - B = A + (-1)B = \begin{pmatrix} a_{11} - b_{11} & \cdots & a_{1n} - b_{1n} \\ \vdots & \ddots & \vdots \\ a_{m1} - b_{m1} & \cdots & a_{mn} - b_{mn} \end{pmatrix}$$

ルール４：行列とスカラーの掛け算において分配法則が成り立つ。また、スカラーの掛け算が複数ある場合について、スカラー部分については順番を入れ替えて計算してもよい（結合法則）。

$$(p + q)A = pA + qA$$
$$p(A + B) = pA + pB$$

第4章 統計学と機械学習のためのΣ、ベクトル、行列

$$(pq)\boldsymbol{A} = p(q\boldsymbol{A})$$

ルール5：どんな行数・列数であれ「全ての成分がゼロ」というゼロ行列というものも考えられる。ゼロ行列は慣例的に大文字かつ太字の$\boldsymbol{O}$で表されることが多く、当り前だが同じ形（行数・列数）の行列に対して足しても引いても、元の行列から変化しない。

$$\boldsymbol{O} = \begin{pmatrix} 0 & \cdots & 0 \\ \vdots & \ddots & \vdots \\ 0 & \cdots & 0 \end{pmatrix}$$

$$\boldsymbol{A} + \boldsymbol{O} = \boldsymbol{A} - \boldsymbol{O} = \boldsymbol{A}$$

ルール6：当たり前のようだが行列の1倍は同じ行列になるし、行列の0倍はゼロ行列である。またある行列から同じ行列を引くとゼロ行列になる。

$$1\boldsymbol{A} = \begin{pmatrix} 1 \cdot a_{11} & \cdots & 1 \cdot a_{1n} \\ \vdots & \ddots & \vdots \\ 1 \cdot a_{m1} & \cdots & 1 \cdot a_{mn} \end{pmatrix} = \boldsymbol{A}$$

$$0\boldsymbol{A} = \begin{pmatrix} 0 \cdot a_{11} & \cdots & 0 \cdot a_{1n} \\ \vdots & \ddots & \vdots \\ 0 \cdot a_{m1} & \cdots & 0 \cdot a_{mn} \end{pmatrix} = \begin{pmatrix} 0 & \cdots & 0 \\ \vdots & \ddots & \vdots \\ 0 & \cdots & 0 \end{pmatrix} = \boldsymbol{O}$$

$$\boldsymbol{A} - \boldsymbol{A} = \boldsymbol{A} + (-1)\boldsymbol{A} = \begin{pmatrix} a_{11} - a_{11} & \cdots & a_{1n} - a_{1n} \\ \vdots & \ddots & \vdots \\ a_{m1} - a_{m1} & \cdots & a_{mn} - a_{mn} \end{pmatrix} = \boldsymbol{O}$$

これらはベクトルおよびスカラーと同様で「中学生ぐらいの感覚でふつうに計算していれば大丈夫」というようなルールばかりですし、証明もルール1とルール3で定義される「行列同士の足し算とスカラー倍の計算」に則って実際に各成分を計算してみるだけですぐに確認できるようなものばかりです。本書では特にそのあたりに紙面を割きませんが、気になる方は「行列の考え方に慣れ親しむ練習」として、実際に手を動

かしてみるとよいでしょう。

　しかし、中学生の感覚だけで取り扱うことが難しいのは「行列同士の掛け算はどう考えたらよいのか」というところでしょう。先ほどすでに「行列とベクトルの掛け算」を考えましたが、これをもう少し一般化すると行列同士の掛け算というものが考えられます。つまり、「縦1列に値の並ぶ列ベクトルは1列だけという特殊な行列」「横1行に値の並ぶ行ベクトルは1行だけという特殊な行列」と考えて、行列とベクトルの掛け算をあくまで「行列同士の掛け算の特殊な一部」だと捉えるわけです。

　ただし、行列同士の場合においても左側の行列の列数と右側の行列の行数が揃っていないといけないことに変わりはありません。すなわち、左側が k 行 m 列の行列で右側が m 行 n 列の行列の掛け算、というものは考えられますが、その左右を逆転させることはできない、ということです。ゆえに、行列の掛け算においては交換法則がふつう成り立ちません。そして、「左側が k 行 m 列の行列で右側が m 行 n 列の行列の掛け算」というものを行なうと、その結果 k 行 n 列の行列が得られます。つまり、「共通している左の列数／右の行数」が消えて、「左の行数×右の列数」の行列が得られるというわけです。

　なお、3つ以上の行列の掛け算も考えられますが、その際も同じように必ず掛け算の左右で左側の列数と右側の行数が揃っている必要があります。つまり、

$$k 行 l 列の行列 \cdot l 行 m 列の行列 \cdot m 行 n 列の行列 = k 行 n 列の行列$$

というような掛け算が成立するわけです。

　このような行列の形と掛け算についてのルールも「しりとり」と表現されることがあります。しりとりでは「リンゴ・ゴリラ・ラッパ」というように、必ず前の言葉の終わりと、後の言葉のはじまりが一致してい

なければいけません。そして、この3語の途中経過はさておき、3語のはじまりは『リ』で3語の終わりは『パ』であることに変わりありません。

これと同様のことが行列の掛け算でも言えるわけです。左側の後に書かれる列数と右側の先に書かれる行数が必ず一致する必要があり、そして途中経過はさておき、掛け算の一番左に書かれた行数と、一番右に書かれた列数を持つ行列が生じるわけです。

$$k行\,\fbox{l列}\cdot\fbox{l行}\,\fbox{m列}\cdot\fbox{m行}\,n列 = k行\,n列$$

これは2つの行列の掛け算だろうが、3つの行列の掛け算だろうが100や1000の行列の掛け算だろうが全く変わりません。

以上が行列同士の掛け算における「形」のルールですが、では行列の中身にはどのような値が入るのでしょうか?ひとまず次のような簡単な行列で行列同士の掛け算をどのように行なうかを追っかけてみましょう。

$$\begin{pmatrix} a & b & c \\ d & e & f \end{pmatrix} \begin{pmatrix} g & h \\ i & j \\ k & l \end{pmatrix}$$

これは2行3列の行列と、3行2列の行列の掛け算なので、さきほどの「しりとり」ルールに基づけば2行2列の行列ができあがるはずです。まずは先ほどの行列とベクトルの計算と同様に、左側の1行目と右側の1列目の掛け算を考えましょう。これが掛け算の答えとなる行列の「1行目の1列目」に入ります。すなわち、

$$\begin{pmatrix} \fbox{$a\ b\ c$} \\ d\ e\ f \end{pmatrix} \begin{pmatrix} \fbox{g} & h \\ \fbox{i} & j \\ \fbox{k} & l \end{pmatrix} = \begin{pmatrix} \fbox{$ag+bi+ck$} & ? \\ ? & ? \end{pmatrix}$$

というように、ここでもやはり「1つめの要素と1つめの要素を掛けて、

2つめの要素と2つめの要素を掛けて、3つめの要素と3つめの要素を掛けて、全部足したもの」という内積と同様の計算を行なうわけです。

そして次に行なうのは、左側の1行目と右側の2列目です。その答えが、掛け算の答えの「1行目の2列目」に入ります。

$$\begin{pmatrix} a & b & c \\ d & e & f \end{pmatrix} \begin{pmatrix} g & h \\ i & j \\ k & l \end{pmatrix} = \begin{pmatrix} ag+bi+ck & ah+bj+cl \\ ? & ? \end{pmatrix}$$

以後も「左側の m 行目」と「右側の n 列目」について内積と同様の計算を行ない、その結果が答えの行列の「m 行目の n 列目」に入ります。すなわち、次の「左側の2行目と右側の1列目」であれば、

$$\begin{pmatrix} a & b & c \\ d & e & f \end{pmatrix} \begin{pmatrix} g & h \\ i & j \\ k & l \end{pmatrix} = \begin{pmatrix} ag+bi+ck & ah+bj+cl \\ dg+ei+fk & ? \end{pmatrix}$$

ですし、最後の「左側の2行目と右側の2列目」であれば、

$$\begin{pmatrix} a & b & c \\ d & e & f \end{pmatrix} \begin{pmatrix} g & h \\ i & j \\ k & l \end{pmatrix} = \begin{pmatrix} ag+bi+ck & ah+bj+cl \\ dg+ei+fk & dh+ej+fl \end{pmatrix} \quad \cdots (30.1)$$

となるわけです。これが行列同士の掛け算ということになります。

これを一般化して書くと、AB という掛け算を考えられる（A の列数が m で B の行数も m というような）行列 A、B を考えたとき、AB の i 行目の j 列目の成分は、A の i 行目の1列目の成分 a_{i1} と B の1行目の j 列目の成分 b_{1j} を掛け、A の i 行目の2列目の成分 a_{i2} と B の2行目の j 列目の成分 b_{2j} を掛け……、最後に A の i 行目最後の m 列目 a_{im} と B の m 行目 j 列目の成分 b_{mj} を掛けて、全部足したものになります。これを Σ で書くと、次のようになります。

$$\text{行列 } \boldsymbol{AB} \text{ の } i \text{ 行目で } j \text{ 列目の成分} = \sum_{k=1}^{m} a_{ik} b_{kj} \quad \cdots (30.2)$$

　以上が行列の掛け算についての基本的な定義ですが、こちらにどのような計算ルールが成立するか、最低限必要なものを確認しておきましょう。今度は $\boldsymbol{ABC}$ という掛け算が成り立つように、k 行 l 列の行列 $\boldsymbol{A}$、l 行 m 列の行列 $\boldsymbol{B}$、m 行 r 列の行列 $\boldsymbol{C}$ を考えます。それに、$\boldsymbol{B}$ と同じ形の l 行 m 列の行列を2つ、$\boldsymbol{B}_1$ と $\boldsymbol{B}_2$ というものを考えることにします。

ルール1：すでに述べたように行列の掛け算において左右を入れ替えた際に必ずしも掛け算が成立するとは限らず、一般に交換法則は成り立たない。

$$\boldsymbol{AB} \neq \boldsymbol{BA}$$

ルール2：複数の行列の掛け算が行列の形上成立するのであれば、結合法則は成り立つ。

$$(\boldsymbol{AB})\boldsymbol{C} = \boldsymbol{A}(\boldsymbol{BC})$$

ルール3：行列の形上それぞれの足し算・掛け算が成立するのであれば分配法則も（掛け算の左右を問わず）成り立つ。

$$\boldsymbol{A}(\boldsymbol{B}_1 + \boldsymbol{B}_2) = \boldsymbol{AB}_1 + \boldsymbol{AB}_2$$
$$(\boldsymbol{B}_1 + \boldsymbol{B}_2)\boldsymbol{C} = \boldsymbol{B}_1\boldsymbol{C} + \boldsymbol{B}_2\boldsymbol{C}$$

ルール4：ある行列に対して掛け算可能なゼロ行列 $\boldsymbol{O}$ を考えたとき、このゼロ行列を左から掛けようが右から掛けようがその答えは必ずゼ

ロ行列になる(なお、下記の数式で=の前後にある O は「全く同じ O という行列」という意味ではなく、「掛け算によって行数や列数は変わるかもしれないがいずれにしてもゼロ行列である」という意味です)。

$$AO = O$$
$$OA = O$$

ルール5:行列のスカラー倍が絡む行列の掛け算において、スカラー部分の計算順序は入れ替えてよい。

$$pA \cdot B = p(A \cdot B) = A \cdot (pB)$$

以上のルールは全て、(30.2)式の定義に従い、掛け算の成分がどのように Σ で表されるかを考えた上で、Σ の計算ルールに則って数式を操作すれば簡単に証明できるものばかりですので、本書で紙面は割きませんが気になる方はぜひチャレンジしてみましょう。

また、掛け算が考えられたら割り算はどうなのか、というところが気になる方もいらっしゃるかと思いますが、行列の割り算にあたるものに「逆行列」という考え方があります。逆行列は、行数と列数が同じ行列(これを正方形だという意味で正方行列と呼びます)にしか定義できませんが、その説明を行なうために、ある正方行列に対して左から掛けようが右から掛けようが、全く同じ正方行列になる「単位行列」と呼ばれるものを考えましょう。単位行列は英語で identity matrix、つまり「同一になる行列」「常に同じになる行列」という頭文字を取って慣例的に大文字 I で表されます。あるいは、ドイツ語では単位行列のことを Einheitsmatrix と呼ぶためか、人によっては単位行列を I ではなく E で表す人もいます。スカラーでいう「1」も、「1メートルは地球の外周を

第 4 章 統計学と機械学習のための Σ、ベクトル、行列

基準に〜」という単位に使われますし、あるスカラーの値に対して 1 倍という掛け算を行なっても全く同じ値になりますが、これと同様のものを正方行列について考えてやるわけです。3 行 3 列の正方行列に対応する単位行列 I を例に考えてみましょう。そうすると、

$$\begin{pmatrix} a & b & c \\ d & e & f \\ g & h & i \end{pmatrix} I = I \begin{pmatrix} a & b & c \\ d & e & f \\ g & h & i \end{pmatrix} = \begin{pmatrix} a & b & c \\ d & e & f \\ g & h & i \end{pmatrix}$$

と考えられるわけですが、このような条件を満たす I とは次のような行列です。

$$I = \begin{pmatrix} 1 & 0 & 0 \\ 0 & 1 & 0 \\ 0 & 0 & 1 \end{pmatrix}$$

つまり、「もとの行列」と同じ行数・列数の正方行列で、左から右下に向かって対角線上に 1 が並び(これを「対角成分が 1」と表現します)、それ以外の成分は 0 というのが単位行列です。実際に少し丁寧に計算してみると、

$$\begin{pmatrix} a & b & c \\ d & e & f \\ g & h & i \end{pmatrix} \begin{pmatrix} 1 & 0 & 0 \\ 0 & 1 & 0 \\ 0 & 0 & 1 \end{pmatrix}$$
$$= \begin{pmatrix} 1a+0b+0c & 0a+1b+0c & 0a+0b+1c \\ 1d+0e+0f & 0d+1e+0f & 0d+0e+1f \\ 1g+0h+0i & 0g+1h+0i & 0g+0h+1i \end{pmatrix}$$
$$= \begin{pmatrix} a & b & c \\ d & e & f \\ g & h & i \end{pmatrix}$$

となり、右側から掛けた場合に全く同じ行列が得られることがわかります。逆にこの単位行列を左側から掛けた場合にも同じようになることを

311

ぜひ確認してみてください。

なお、このようなことが考えられるのが「元の行列も単位行列も同じ形の正方行列のときだけ」であることには注意しましょう。先ほどのしりとりルールで考えればこれはごく当たり前の話です。m行m列・m行m列という正方行列同士の掛け算であればその答えもm行m列の正方行列になりますが、m行n列（$m \neq n$）という行数・列数の行列に対して、左からも右からも掛けられる行列は、しりとりルールに従えばn行m列という行数・列数が反対の行列しかあり得ません。しかし、このような行列を左側から掛けても、右側から掛けても、次のようにもとの行列と同じ形にはならないわけです。

「左からn行m列の行列」・「もとのm行n列の行列」＝「n行n列」
「もとのm行n列の行列」・「右からn行m列の行列」＝「m行m列」

このように、正方行列でのみ考えられる単位行列を使って、正方行列Aに対する逆行列が次のように定義されます。

$$A \cdot A^{-1} = A^{-1} \cdot A = I \quad \cdots (30.3)$$

つまり、左から掛けても右から掛けても、「対角成分が1でそれ以外は0」という同じ行数・列数の単位行列になるという行列のことを逆行列と定義するわけです。すでにスカラーにおいて、「掛けると1になる数を逆数と呼ぶ」「割り算とは逆数倍である」「逆数のことをマイナス1乗と表現する」という話をしました。要するにスカラーaに対して次のような逆数a^{-1}を考えられるという話と同じようなことを(30.3)式は示しています。

$$a \cdot \frac{1}{a} = a \cdot a^{-1} = 1$$

　このように、行列の割り算に相当するものとして「逆行列の掛け算」を考えます。なお、全ての正方行列に対して必ずしも逆行列が存在するわけではなく、「逆行列が存在する行列」のことを専門用語で正則行列と呼びます。「正則」などと言われると堅苦しく小難しい感じがしますが、英語で言えばレギュラーマトリックス、すなわち「ふつうの行列」ぐらいの意味ですのでそれほど怖がることはありません。

　ただし、実際に与えられた行列から逆行列を手計算するのは2×2の正方行列や3×3の正方行列でさえ比較的ややこしい作業であり、100×100などであれば人間が行なうのは確実に非現実的なレベルになります。1940年代後半に経済学者のワシリー・レオンチェフは統計学者のジェローム・コーンフィールドの助けを得て「各産業分野間でどれだけ原材料を購入したり製品を販売したりしているか」をまとめた産業連関分析を行なったそうですが、この情報は産業分類の数×産業分類の数という正方行列で表されます。レオンチェフとコーンフィールドは産業を24に分類したため、ここから何かしらの逆算を行なおうとすると、24×24の正方行列の逆行列を求めなければいけないことになりますが、彼らの試算によれば「手計算だと毎日働き続けても数百年かかる」ということになったそうです。彼らは最終的に、当時の（現代の感覚で言えばとても原始的な）コンピューターを使ってこの計算に成功し、後にレオンチェフはノーベル経済学賞を受賞することになるのですが、それぐらい逆行列の計算は人間には面倒で、コンピューターがとても役に立つ領域です。たとえば数百もの説明変数を使った重回帰分析を現代において簡単に行なうことができるのも、「とんでもない大きさの行列の逆行列」が簡単かつ高速に計算できるようになったITの進歩のおかげだと言ってよいでしょう。

そのような理由から、本書では一般的な大学の線形代数の教科書に書かれているような「逆行列を手計算する方法」について言及しません。もし計算したければ手計算の方法を覚えるよりも、たとえば無料で使える統計ソフトRをご自身のパソコンにインストールして、行列のデータを入力し、solve（A）とでも入力した方が遥かに高速で正確です。これだけで、100×100 だろうが 1000×1000 だろうが「手計算では一生かけても終わらない」レベルの逆行列を、ほぼ一瞬のうちに求めることができます。それよりも大事なのは、「正方行列の割り算は逆行列の掛け算で考え、A^{-1} といった書き方をする」という考え方自体を覚えていることであり、行列形式で書かれた考え方の道筋を、混乱せずに追いかけられるようになることだと私は考えています。

　さて、ここまで行列同士の足し算、引き算、掛け算と割り算という基本的な計算のルールについて見てきました。ざっくりまとめて言えば、スカラーと異なるところとして注意しなければいけないのは「行数・列数によって計算が成立するかしないかが変わる」「掛け算では交換法則が成り立たず左右を入れ替える際には注意が必要」「割り算は正方行列かつ逆行列が存在する正則行列に対してのみ逆行列の掛け算という形で定義される」というところでしょう。

　この中でも特に気をつけなければいけないのは、「交換法則が成り立たない」というところです。このせいで数式をシンプルにするために掛け算の順番を入れ替えて考えたい、というときに一筋縄ではいきません。どうしても掛け算の順番を入れ替えて考えたいのであれば、その最終手段は「転置」と呼ばれる操作です。転置とは「行と列を入れ替える」という意味ですが、このあたりに言及しはじめると少し話がややこしくなるので、ここでいったん区切って、次節で詳しく説明しようと思います。

　ひょっとすると勘の良い方であれば行列の掛け算に関するルールが、「1 行だけあるいは 1 列だけといった特殊な行列」であるベクトルの掛け算である内積と少し異なっていたことに違和感を覚えられたかもしれ

ません。ベクトルの内積では交換法則が成り立っていたのに行列の掛け算では御法度でした。一方で、ベクトルの内積では結合法則が成り立たないのに行列の掛け算では結合法則が成立します。それがなぜかを説明するためにも転置という概念は必要で、これがわかっていればベクトルを正しく「特殊な行列」として統一的に扱ってやることができるようになるでしょう。

31
行列をひっくり返す転置行列と正規方程式の考え方

　ここまで、行列の基本的な計算である、足し算、引き算、掛け算、割り算ということについては前節で学びました。ただ、掛け算の中でも「交換法則が成り立たないが掛け算の順番を左右逆にして整理したい」といった場合には行列を転置した転置行列の考え方を使わなければいけません。

　転置を英語で言うときには「入れ替える」とか「移し替える」といった意味の transpose という言葉が用いられます。行列の転置を表すとき、この頭文字をとって、行列の右上や左上に、大文字の T や小文字の t、あるいは最初の 2 文字で tr と書くほか、もっとシンプルに「´(ダッシュ)」を右上につけることで表現することもあります。つまり、行列 A に対して、下記のようなものは全て「行列 A を転置したもの(行列 A の転置行列)」という意味で用いられます。

$$A^T = {}^t\!A = A^{tr} = A'$$

　本書ではこのうち、右上に T と書く記法を採用したいと思いますが、「同じ行列 A を T 乗(T 回掛け算)したもの」ではないことに注意しましょう。たとえば先ほどの「簡単な行列の例」を転置すると次のようになります。

$$\begin{pmatrix} a & b & c \\ d & e & f \end{pmatrix}^T = \begin{pmatrix} a & d \\ b & e \\ c & f \end{pmatrix}$$

すなわち1行目を1列目に、2行目を2列目に、逆に1列目は1行目に、2列目は2行目に、というように行と列を入れ替えるわけです。これを一般化すると、m 行 n 列の行列 A において「i 行目で j 列目の成分が a_{ij}」というものを考えると、A^T は n 行 m 列の行列で、「a_{ij} は j 行目で i 列目の成分にくる」ということです。

このことを使って、どうしても行列の掛け算の順番を逆にして考えたいときには「転置して順番を逆にしたものの転置」といった操作を行なうことになります。すなわち、k 行 m 列の行列 A と、m 行 n 列の行列 B を考えたときに、

$$AB = (B^T A^T)^T \quad \cdots (31.1)$$

という計算を使うわけです。ひとまずこちらが成り立つことを次のように簡単な例で確認しておきましょう。

$$\begin{pmatrix} a & b & c \\ d & e & f \end{pmatrix} \begin{pmatrix} g & h \\ i & j \\ k & l \end{pmatrix} = \left(\begin{pmatrix} g & h \\ i & j \\ k & l \end{pmatrix}^T \begin{pmatrix} a & b & c \\ d & e & f \end{pmatrix}^T \right)^T \quad \cdots (31.2)$$

言うまでもなく、この左辺は先ほどすでに行列の掛け算を確認したものと全く同じ形であり、(30.1)式によれば次のように計算されていました。

$$\begin{pmatrix} a & b & c \\ d & e & f \end{pmatrix} \begin{pmatrix} g & h \\ i & j \\ k & l \end{pmatrix} = \begin{pmatrix} ag+bi+ck & ah+bj+cl \\ dg+ei+fk & dh+ej+fl \end{pmatrix} \quad \cdots (30.1)$$

また、(31.2)式の右辺を実際に計算してみると、次のようになります。

$$\left(\begin{pmatrix} g & h \\ i & j \\ k & l \end{pmatrix}^T \begin{pmatrix} a & b & c \\ d & e & f \end{pmatrix}^T \right)^T$$

$$= \left(\begin{pmatrix} g & i & k \\ h & j & l \end{pmatrix} \begin{pmatrix} a & d \\ b & e \\ c & f \end{pmatrix} \right)^T$$

$$= \begin{pmatrix} ga+ib+kc & gd+ie+kf \\ ha+jb+lc & hd+je+lf \end{pmatrix}^T$$

$$= \begin{pmatrix} ga+ib+kc & ha+jb+lc \\ gd+ie+kf & hd+je+lf \end{pmatrix}$$

　ここで、要素内の掛け算は単純なスカラーの計算なので、交換法則に基づきたとえば $ga = ag$ というように順番を入れ替えても全く問題ありません。そこで全ての要素内の掛け算について、アルファベット順に並びを揃えると、

$$= \begin{pmatrix} ag+bi+ck & ah+bj+cl \\ dg+ei+fk & dh+ej+fl \end{pmatrix}$$

となります。見比べてみていただければ明らかなように、こちらは(30.1)式の右辺と全く同じものであり、よって、(31.2)式の左辺と右辺が等しいことを確認することができました。

　なお、このような行列の掛け算と転置に関する法則性を、「単純で具体的な一例」で確認するだけでなく、もう少し一般化した形でなぜそうなるかと考えてみましょう。A の列数が m で B の行数も m というような行列 A、B の掛け算についての成分がどうなるかをまとめた(30.2)式を見返すと、次のようになっていました。

$$\text{行列 } AB \text{ の } i \text{ 行目で } j \text{ 列目の成分} = \sum_{k=1}^{m} a_{ik} b_{kj} \quad \cdots (30.2)$$

　このとき、転置された B^T の列数が m で A^T の行数も m になりますので、形的には $B^T A^T$ という掛け算は全く問題ありません。また(30.2)式に基づいて、行列 $B^T A^T$ について i 行目で j 列目の成分はどのように考

えられるでしょうか？転置の定義に基づけば、A^T、B^Tともに、もとの行列のi行目でj列目の成分a_{ij}やb_{ij}がj行目でi列目に来ているわけです。逆に言えば、A^T、B^Tのi行目でj列目の成分はa_{ji}、b_{ji}になっていることになります。よって、行列B^TA^Tのi行目でj列目の成分は次のようになります。

$$\text{行列 } B^TA^T \text{ の}i\text{行目で}j\text{列目の成分} = \sum_{k=1}^{m} b_{ki}a_{jk} \quad \cdots(31.3)$$

ただし、知りたいのはこれをさらに転置した$(B^TA^T)^T$の成分がどうなるかという話です。(31.3)式からさらに転置すると、この右辺の中のiとjが反対になるので、次のようになります。

$$\text{行列 } (B^TA^T)^T \text{ の } i \text{ 行目で} j \text{列目の成分} = \sum_{k=1}^{m} b_{kj}a_{ik} \quad \cdots(31.4)$$

さて、ここで(31.4)式右辺にあるΣの中身を見てみましょう。このΣの中身の計算はただのスカラーの計算なので、交換法則に基づき左右を入れ替えても問題ありません。そうすると行列ABのi行目でj列目の成分を表した(30.2)式の右辺と全く同じ形になります。よって、行列の掛け算が「転置して掛け算の順番を入れ替えたものの転置」で表されるという(31.1)式が一般化された形で確認できたことになります。

「どうしても行列の掛け算の順番を入れ替えたい」というときにはこのようなルールに基づく数式の操作を行なうことになるのですが、これ以外にも転置行列を扱うときにはいくつかルールがありますので、主要なものについて次のように確認しておきましょう。形は問わずABという掛け算の成立する行列A、Bとスカラーcを考えると、次のようなことが言えます。

ルール1：当たり前だが転置したものをさらに転置すると元の行列に

なる。

$$(A^T)^T = A$$

ルール２：足してから転置しても転置してから足しても同じである。

$$(A+B)^T = A^T + B^T$$

ルール３：スカラー倍してから転置しても転置してからスカラー倍しても同じである。

$$(cA)^T = cA^T$$

ルール４：行列の掛け算の転置は左右を入れ替えた転置行列の掛け算である。

$$(AB)^T = B^T A^T$$

ルール５：逆行列の存在する正則行列であるならば、逆行列にしてから転置しても転置してから逆行列にしても同じである。

$$(A^{-1})^T = (A^T)^{-1}$$

ルール１〜３については、転置の定義に基づいて行列の成分を考えればすぐに証明できるものばかりですのでぜひ興味のある方はチャレンジしていただければ幸いですが、ルール４はせっかく先ほど証明した(31.1)式とルール１の組合せで考えた方が簡単に証明できます。つまり、わざわざルールとして書くまでもなく転置の定義上「等しい行列同士を

転置してもやはり等しい」ことは明らかなわけですが、次のように(31.1)式の両辺を転置して、ルール1を適用すればすぐにルール4の形が得られます。

$$AB = (B^T A^T)^T \quad \cdots (31.1)$$
$$\Leftrightarrow (AB)^T = ((B^T A^T)^T)^T = B^T A^T$$

そしてこのルール4に基づくと、ルール5も簡単に証明できますので行列の扱いに慣れるためにここで触れておきましょう。$A \cdot B$という掛け算さえ成立するなら行列A、Bはそれぞれどのようなものでもよいので、仮にAが逆行列の存在する正則行列で、Bがその逆行列すなわちA^{-1}だったとします。そうするとルール4に基づき次のようなことが言えます。

$$(AA^{-1})^T = (A^{-1})^T A^T$$

ここで、この左辺の( )の中身は逆行列の定義上単位行列になります。そして単位行列は「対角成分が1でそれ以外は0」という正方行列ですが、「1行目の1列目」とか「2行目の2列目」といった対角成分は転置しても場所が変わらず、それ以外は全て0であることに変わりありませんし、正方行列なので転置しても全く行列の形は変わりません。よって、

$$\Leftrightarrow (I)^T = (A^{-1})^T A^T$$
$$\Leftrightarrow \quad I = (A^{-1})^T A^T$$

となります。

(30.3)式を見返すと、逆行列とは$AA^{-1} = A^{-1}A = I$となるようなものでしたので、掛け算の順番を逆にしたものについても同様に考えてみま

しょう。そうすると、

$$(A^{-1}A)^T = A^T(A^{-1})^T$$
$$\Leftrightarrow I = A^T(A^{-1})^T$$

となります。つまり、A^T に対して左から掛けても右から掛けても単位行列 I となる $(A^{-1})^T$ は、定義から A^T にとっての逆行列だと言えます。これがルール5です。

　以上のような行列の転置という考え方を踏まえて、前節で説明した行列の掛け算に関するルールが、「1行だけあるいは1列だけといった特殊な行列」であるベクトルの掛け算である内積と少し異なっていたことについて説明しておきましょう。

　ベクトルとは「1行だけの行列である行ベクトル」または「1列だけの行列である列ベクトル」だと考えられるという話をしましたが、実はベクトルの内積は、行列の掛け算とは少し異なる計算方法です。どこが異なるのか、と言えば「暗黙的に左側のベクトルが行ベクトルで右側が列ベクトルという前提で行列の掛け算を行ないスカラーにする」という行列の掛け算の特殊な形だと言えるでしょう。

　つまり、同じ m 次元のベクトルが2つあったときに、内積を計算するというのは、必ず「1行m列・m行1列」という行列の掛け算によってしりとりルールに基づき「1行1列のスカラー」という答えが得られるわけです。よって仮に数式の中で掛け算の順序が逆になっていたとしても、ベクトルの内積では必ず「1行m列・m行1列」という形で掛け算を考えるために交換法則が成り立ちます。一方これを行列の掛け算と考えた場合には、掛け算の順番を逆にすると「m行1列・1行m列」と考えることになり、その答えは m 行 m 列の行列になります。よって掛け算の順番を入れ替えることにより、一方の答えはスカラーで一方の答

えは行列というように、交換法則が成り立ちません。

同様に、結合法則においても、ベクトルの内積では「必ず掛け算の左側が行ベクトルで右側が列ベクトル」と考えるために成り立たなくなってしまいます。たとえば $a \cdot b \cdot c$ という3つのベクトルの掛け算を考える際に、これが内積だと考えると $(a \cdot b) \cdot c$ と左側の掛け算を先に行なう場合、b は列ベクトルであると考えることになりますが、$a \cdot (b \cdot c)$ と右側の掛け算を先に行なう場合、b は行ベクトルであると考えることになります。そのため一般的な行列の掛け算では成立する結合法則が、ベクトルの内積では成立しません。

しかしながら行列を使った計算にベクトル同士の掛け算である内積を登場させてはいけない、ということではありません。転置という考え方を使い、そして数式中で明示的に「行ベクトルなのか列ベクトルなのか」を示しておけば、「1行しかない／1列しかない特殊な行列」として掛け算を行なうこともできます。

たとえば先ほど相関係数が次のようなベクトルの内積と大きさを使って表される、という話をしました。

$$p = (x_1 - \bar{x} \quad x_2 - \bar{x} \cdots x_n - \bar{x})$$
$$q = (y_1 - \bar{y} \quad y_2 - \bar{y} \cdots y_n - \bar{y})$$

$$相関係数 = \frac{p \cdot q}{\|p\| \, \|q\|}$$

これは「行列がなくベクトルとスカラーしか存在しない話」であれば $p \cdot q$ という記述が内積だと明らかにわかるため問題ありませんが、もしこれが「明示的に行ベクトルか列ベクトルかを区別している話」であるとするならばこのような掛け算は成り立ちません。仮に「成分が横に並んでいるからどちらも1行 n 列の行ベクトルかな？」と考えると、行列の掛け算のしりとりルールから、「1行 n 列・1行 n 列」の掛け算はし

りとりが成立していないじゃないか、ということになってしまいます。

そのため、「暗黙的に左側が行ベクトルで右側が列ベクトルの掛け算」という部分を取っ払って、どちらが行ベクトルでどちらが列ベクトルなのかはっきり表す、というやり方を取りましょう。線形代数では慣例的に、座標などと区別するためなのか出てくるベクトルをふつう列ベクトルとして定義します。そして、「ここは行ベクトルですよ」と示したい場合、転置の書き方を使って「列ベクトルを転置したやつです」と示します。そうすることによっていちいち定義にさかのぼって「どのベクトルが行ベクトルでどのベクトルが列ベクトルか」と確認する手間が省けるわけです。

このような書き方をすると、上記の相関係数の式は次のように示されます。

$$p = \begin{pmatrix} x_1 - \bar{x} \\ x_2 - \bar{x} \\ \vdots \\ x_n - \bar{x} \end{pmatrix}, \quad q = \begin{pmatrix} y_1 - \bar{y} \\ y_2 - \bar{y} \\ \vdots \\ y_n - \bar{y} \end{pmatrix}$$

$$相関係数 = \frac{p^T \cdot q}{\sqrt{p^T \cdot p} \sqrt{q^T \cdot q}}$$

このように書けば、明示的にどちらが行ベクトルでどちらが列ベクトルかがわかります。また「ベクトルの大きさ」の部分についても、あえて縦の二重線を使った書き方ではなく、「同じベクトル同士で内積をとって得られたスカラーの正の平方根」という計算過程がわかるように、このような書き方をする人がいますので一応こちらで紹介しておきました。

なお、最近の本ではあまり見かけなくなったような気もしますが、古い教科書などではベクトルの定義を次のように「転置した行ベクトルの方」で表しているものもあります。

$$\boldsymbol{p}^T = (x_1 - \bar{x} \quad x_2 - \bar{x} \quad \cdots \quad x_n - \bar{x})$$

もちろんこちらも「$\boldsymbol{p}$は列ベクトルですよ」という同じ意味を示すわけですが、これはおそらく単純に、「そっちの方が少ない紙面で済むから」もしくは「そっちの方がレイアウトが楽だから」といったような書き手の事情でしょう。最近はワープロソフトもずいぶんと数式編集がやりやすくなっていますし、TeX や LaTeX というツールを使えば、誰でも数式を含む文書をキレイに整形することができます。しかし、そうしたツールの存在していなかった時代であれば、横書きの文章の中に突然縦書きの列ベクトルが登場する形よりも、上付き文字とスペースぐらいで表現できるこちらの書き方を好んだ人もいるのかもしれません。

少し話はそれましたが、ここまでのことがわかっていれば、行列を使って書き表された統計手法や機械学習手法について、どのように考えているかを一通り追えるようになっているはずです。

たとえば重回帰分析をはじめとした多くの統計手法の中では正規方程式というものを考えますが、これはどのようなものなのでしょうか？重回帰分析を行列で表した(29.7)式を見返してみましょう。

$$\boldsymbol{y} = \boldsymbol{X}\boldsymbol{\beta} + \boldsymbol{\varepsilon} \qquad \cdots (29.7)$$

ここで $\boldsymbol{y}$ と $\boldsymbol{\varepsilon}$ は「データの件数 n 行 × 1 列の列ベクトル」、$\boldsymbol{X}$ は「データの件数 n 行 × (説明変数の数 $k+1$) 列の行列」、$\boldsymbol{\beta}$ は「(説明変数の数 $k+1$) 行 × 1 列の列ベクトル」でした。なお、念のため(29.7)式を成分で表示すると次のようになります。

$$\begin{pmatrix} y_1 \\ y_2 \\ \vdots \\ y_n \end{pmatrix} = \begin{pmatrix} 1 & x_{11} & x_{12} & & x_{1k} \\ 1 & x_{21} & x_{22} & \cdots & x_{2k} \\ \vdots & \vdots & \vdots & & \vdots \\ 1 & x_{n1} & x_{n2} & & x_{nk} \end{pmatrix} \begin{pmatrix} \beta_0 \\ \beta_1 \\ \vdots \\ \beta_k \end{pmatrix} + \begin{pmatrix} \varepsilon_1 \\ \varepsilon_2 \\ \vdots \\ \varepsilon_n \end{pmatrix}$$

さて、重回帰分析とは単回帰分析のときと同様に、最小二乗法によってベクトル $\boldsymbol{\beta}$ を推定する方法でした。最小二乗法とはスカラー的な言い方をすれば ε の各成分を 2 乗した、ε_1^2 や ε_2^2 を合計したものを最小化するやり方でした。これをベクトル的に言えば内積 $\varepsilon \cdot \varepsilon$ を最小化したものということになりますし、これを行列の掛け算として明示的に書けば、$\varepsilon^T \cdot \varepsilon$ という行ベクトルと列ベクトルの掛け算の結果得られるスカラーを最小化したいということになります。ではこの値はどうやって求められるかというと、(29.7)式から、

$$\boldsymbol{y} = \boldsymbol{X}\boldsymbol{\beta} + \boldsymbol{\varepsilon}$$
$$\Leftrightarrow \boldsymbol{\varepsilon} = \boldsymbol{y} - \boldsymbol{X}\boldsymbol{\beta}$$

なので、

$$\varepsilon^T \varepsilon = (\boldsymbol{y} - \boldsymbol{X}\boldsymbol{\beta})^T (\boldsymbol{y} - \boldsymbol{X}\boldsymbol{\beta})$$

ということになります。さてこの右辺について、ただの引き算と掛け算なら分配法則が使えますが、転置が邪魔なので、先ほど挙げた転置行列の計算ルール 2 とルール 4 を使ってやりましょう。すなわち「足して（もちろん引いて）から転置しても転置してから足して（引いて）も同じ $(\boldsymbol{A} + \boldsymbol{B})^T = \boldsymbol{A}^T + \boldsymbol{B}^T$」というのと、「行列の掛け算の転置は左右を入れ替えた転置行列の掛け算 $(\boldsymbol{AB})^T = \boldsymbol{B}^T \boldsymbol{A}^T$」という話です。そうすると、

$$\begin{aligned}\varepsilon^T \varepsilon &= (\boldsymbol{y} - \boldsymbol{X}\boldsymbol{\beta})^T (\boldsymbol{y} - \boldsymbol{X}\boldsymbol{\beta}) \\ &= (\boldsymbol{y}^T - (\boldsymbol{X}\boldsymbol{\beta})^T)(\boldsymbol{y} - \boldsymbol{X}\boldsymbol{\beta}) \\ &= (\boldsymbol{y}^T - \boldsymbol{\beta}^T \boldsymbol{X}^T)(\boldsymbol{y} - \boldsymbol{X}\boldsymbol{\beta})\end{aligned}$$

となり、分配法則が使えるようになりました。よって、左右の順番を混

同しないように気をつけながら計算すると、

$$\varepsilon^T\varepsilon = y^Ty - y^TX\beta - \beta^TX^Ty + \beta^TX^TX\beta \quad \cdots (31.5)$$

と、整理することができました。

さて、次に注意したいのは、この(31.5)式の両辺にある各項がどのような形の行列やベクトルになっているのか、というところですが、実はこれら全てスカラーになっています。「行ベクトルと列ベクトルの掛け算」である $\varepsilon^T\varepsilon$ は内積と同じくスカラーになりますし、同様に y^Ty もスカラーです。$y^TX\beta$ は、1行 n 列・n 行 $(k+1)$ 列・$(k+1)$ 行 1 列の掛け算なのでしりとりを考えると、こちらも1行1列すなわちスカラーになります。$\beta^TX^TX\beta$ も同様に、1行 $(k+1)$ 列・$(k+1)$ 行 n 列・n 行 $(k+1)$ 列・$(k+1)$ 行 1 列の掛け算なので、やはりしりとりルールに基づき1行1列のスカラーになります。

そしてスカラーになるということは転置してもしなくても全く同じ、ということなので、たとえば(31.5)式右辺の2つめの項について、やはり転置についてのルール4に基づき、次のように考えることができます。

$$y^TX\beta = (y^TX\beta)^T = \beta^TX^Ty$$

言うまでもなくこれは(31.5)式右辺第三項と全く同じ形です。よって、

$$\varepsilon^T\varepsilon = y^Ty - 2\beta^TX^Ty + \beta^TX^TX\beta \quad \cdots (31.6)$$

と、だいぶシンプルな形になってきました。あとはこの(31.6)式をベクトル β で微分したものがゼロベクトル $\mathbf{0}$ である、としたものが正規方程式と呼ばれるものです。これも英語では normal equation なので「ふつうの方程式」ぐらいの意味で覚えておけば怖くありません。どうベク

トルで微分するのか、そしてなぜ **0** であるとするのかは第 6 章で詳しく説明しますが、答えだけを先に述べると、次のようになります。

$$\text{正規方程式}: 2X^TX\beta - 2X^Ty = 0 \quad \cdots (31.7)$$

あとはさらにこの正規方程式を操作して $\beta =$ という形にできれば OK です。そのために必要なことは、「左右の向きに注意しながら両辺に同じものを足したり掛けたりする」という本章で学んだ線形代数の次のような基本です。この X^TX は $(K+1)$ 行 $(K+1)$ 列の正方行列であり、

$$
\begin{aligned}
& 2X^TX\beta - 2X^Ty = 0 \\
\Leftrightarrow \quad & 2X^TX\beta = 2X^Ty \\
\Leftrightarrow \quad & X^TX\beta = X^Ty \\
\Leftrightarrow \quad & (X^TX)^{-1} \cdot X^TX\beta = (X^TX)^{-1} \cdot X^Ty \\
\Leftrightarrow \quad & I \cdot \beta = (X^TX)^{-1} \cdot X^Ty \\
\Leftrightarrow \quad & \beta = (X^TX)^{-1} \cdot X^Ty \quad \cdots (31.8)
\end{aligned}
$$

と考えられます。あとはこの右辺の計算だけなんとかできれば、どんな結果変数 y と説明変数 X のデータが来ても、最小二乗法に基づき、「最もモデルと実際の結果変数のズレを小さくするような β」が求められるということです。

専門書を見ればおそらく多くの統計手法や機械学習手法が、このような行列の形で手法の意味や、係数の推定方法を記述していることでしょう。これらについても、本章で学んだ行列の足し算、引き算、掛け算、割り算すなわち逆行列と、転置の考え方さえ理解していれば、「何がなんだかよくわからないけど難しそうで頭に入ってこない」ということにはならないはずです。

ただ、行列にはさまざまな性質のものがあります。また「逆行列の存

在する行列」を正則行列と呼ぶように、特定の性質を持っているかどうかで分類される「○○行列」と呼ばれる名前もたくさんあります。本書は最初の取っ掛かりとして重要な部分にフォーカスをおいて、最低限の記述を心がけましたが、今後皆さんが本格的に統計学や機械学習を学ぼうとする際に、「○○行列」とか「行列の□□」だとかいった知らない単語が出てきたら、インターネットで検索したり、大学1〜2年生向けの教科書で勉強したり、ということが必要になってくるかもしれません。たとえば主成分分析と言う手法を理解しようとすれば行列の固有値と固有ベクトルという概念が必要になってきます。あるいは、機械学習に関わる勉強をしていると、アダマール積だとかクロネッカー積だとかいった、一般的な大学1〜2年生の専門書にはあまり含まれていない行列の計算方法が登場することもあるかもしれません（ただし、こちらはたいていの機械学習の入門書において、当り前のように出てくるというよりは初出の際に定義から説明してくれているはずです）。

　しかしながら、そうした勉強をはじめるにしても、本書がここまでに紹介した行列に関する内容は大きく役に立つはずです。少なくとも行列で書かれた数式に対する恐れやアレルギーのような気持ちがなくなりさえすれば、多くの専門書に書いてある知恵を皆さんの力にしやすくなるのではないでしょうか。ぜひ、今後さまざまな勉強を通して「添え字やΣの記述がまだるっこしく感じる」というところまで線形代数に慣れていただければ幸いです。

　それでは、次章ではいったん行列とベクトルの世界からスカラーの世界に戻って、統計学と機械学習の勉強で必要な最低限の微積分の考え方を学んでいきましょう。

第5章

統計学と機械学習のための微分・積分

32

関数の「ちょうどいいところ」を探して
統計学と機械学習のための微分入門

　ここまで皆さんは代数学の基礎からはじまり、一通り線形代数の基礎まで学んで、重回帰分析のような変数がたくさんある多変量解析の手法について、行列とベクトルでシンプルに記述したり、数式を操作したり、ということができるようになりました。

　あとは微分と積分の考え方だけを学べば、中学校から大学1〜2年生までに習う数学のうち、統計学と機械学習を理解するのに重要な考え方を一通り身につけたことになります。微分と積分についても高校までに習う書き方ではなく、大学以降の書き方を使って専門書を読む準備を進めていきたいと思いますが、そもそもなぜ統計学や機械学習では微分が必要なのでしょうか？

　その一番の理由は、「関数のちょうどいいところ」を簡単に探すためです。たとえば第2章では、$y = a + bx + \varepsilon$ という式で表される単回帰分析について、「ちょうどズレの2乗和が小さくなるところ」を探すために、平方完成というややこしい計算を行ないました。a、b はそれぞれ、大きすぎてもズレが大きくなり、小さすぎてもズレが大きくなり、どこかに両者の「ちょうどよいところ」が存在するはずですが、それを探すために微分の考え方がとても便利なわけです。

　では微分とは何か、という話ですが、一言で表現するならば、「点で捉えた傾きを求めること」です。たとえば第2章では顧客のダイレクトメールを受け取った数 x と購買金額 y との間に図表5-1のような2次関数を考えました。

　直線で示される1次関数とは違って、この2次関数の傾きがいくつか、という質問は一言で答えることができません。つまり、直線的な1次関

図表 5-1

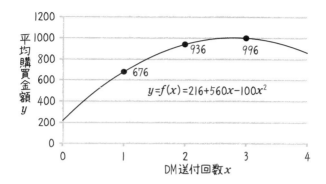

数と異なり、2次関数ではxが1から2に1増える場合と、xが2から3に1増える場合で、xが1増えるごとにyがいくつ増えるかという傾きが異なっているわけです。

だから2次関数のような曲線において、傾きがいくつかと聞かれれば「xがいくつのときの傾きなのか」ということを考えなければいけません。そしてさらに正確に言えば、傾きとは「xが増えた分の何倍yが増えるか」ということです。同じxの値を起点としていても、曲線であるということは、たとえばxが1から1.5に増えた場合と、xが1から1.1に増えた場合というだけでも傾きは異なってくるわけです。

試しに先ほどのDMと購買金額の関係について、xがいくつのときにyがいくつになり、xが1のときを基準としてx、yはいくつ増え、yの増加量はxの増加量の何倍なのか、ということを図表5-2にまとめてみましょう。「どれだけ増えたか/減ったか」という差分を英語ではdifferenceと呼び、その頭文字dに対応するギリシャ文字は「Δ（デルタ）」なので、Δxと書いたりします。こちらの表の見方を説明すると、たとえばxが1から1.1に増えたとき、xは0.1増えますがyは676から711に35だけ増えます。よってこのときyの増加量はxの増加量の350

図表 5-2

x	y	Δx	Δy	$\Delta y \div \Delta x$(傾き)
1.0	676	—	—	—
1.1	711	0.1	35	350
1.2	744	0.2	68	340
1.3	775	0.3	99	330
1.4	804	0.4	128	320
1.5	831	0.5	155	310
1.6	856	0.6	180	300
1.7	879	0.7	203	290
1.8	900	0.8	224	280
1.9	919	0.9	243	270
2.0	936	1.0	260	260

倍である、と考えられるわけです。

　図表5-2を見るとxの変化量を小さくすればするほど傾きが大きくなる、という傾向が見てとれますが、それにも限界があります。試しにもっと細かく、xが1.00000から1.00010まで、0.00001刻みに同じような表を描いたとしたらどのようになるでしょうか？

　図表5-3を見ると、xを1から0.00010だけ増やした場合の傾きは359.990ですが、もっと小さく0.00001だけ増やした場合を考えても傾きはほぼ変わらず、359.999にしかなりません。なぜこのようなことになるのかを確認するために、この2次関数のグラフを$x=1$の周りでめちゃくちゃ大きく拡大して、「xが1.00000から1.00010までの領域」で見てみましょう。そうすると図表5-4のようなグラフになっています。

　ここまで拡大すると、もとが放物線でも見た目上はほとんど直線と区別できません。「ほぼ直線」ということは「ほぼ傾きは一定」ということであり、このグラフの中での傾きは「ほぼ360」という値です。この

図表 5-3

x	y	Δx	Δy	$\Delta y \div \Delta x$（傾き）
1.00000	676.0000	—	—	—
1.00001	676.0036	0.00001	0.0036	359.999
1.00002	676.0072	0.00002	0.0072	359.998
1.00003	676.0108	0.00003	0.0108	359.997
1.00004	676.0144	0.00004	0.0144	359.996
1.00005	676.0180	0.00005	0.0180	359.995
1.00006	676.0216	0.00006	0.0216	359.994
1.00007	676.0252	0.00007	0.0252	359.993
1.00008	676.0288	0.00008	0.0288	359.992
1.00009	676.0324	0.00009	0.0324	359.991
1.00010	676.0360	0.00010	0.0360	359.990

図表 5-4

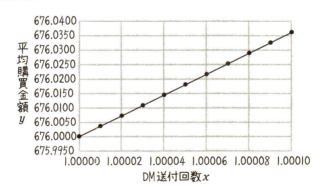

ように「狭い範囲をめちゃくちゃ大きく拡大していく」という考え方をすれば、曲線についても「点で捉えた傾き」が考えられます。おそらくさらにもっと大きく拡大して考えれば、$x=1$ という点におけるこの関

数の傾きは、「かなり高い精度でほぼ360」となりそうです。

ではどれだけ大きく拡大して、xを1からいくつ分増やした場合の傾きを考えたらよいのでしょうか？0.00001は確かにかなり小さい数ですが「点」というからにはもっと小さくできます。だったら0.000000001がいいのか、0.0000000000001がいいのか、といくらでも小さくできてしまいそうですが、Δxがそれらよりもさらに「めちゃくちゃ小さいほぼゼロの数（ただしゼロでもマイナスでもない）」だったとしましょう。皆さんはすでにネイピア数のところで「めちゃくちゃ大きい数」を表すための方法を学んだはずなので、それと同様に「$y=f(x)$をxで微分したもの」を次のように定義します。

$$\frac{dy}{dx} = \frac{d}{dx}f(x) = \lim_{\Delta x \to 0} \frac{\Delta y}{\Delta x} = \lim_{\Delta x \to 0} \frac{f(x+\Delta x) - f(x)}{\Delta x} \quad \cdots (32.1)$$

つまり、「xをめちゃくちゃ小さい数だけ増やしたときに、$y=f(x)$はそのめちゃくちゃ小さな数の何倍増えるのか」ということを数式で表しただけです。先ほどの表で傾きとは$\Delta y \div \Delta x$であると示しましたが、このΔxを0.00001をさらにめちゃくちゃ小さくしたときの傾きが微分である、というわけです。「微小な値で割り算をするから微分」と覚えておけばよいかもしれませんし、dxとかdyとかいう記号も先ほど述べた通りdifference（差分）という英語に由来する書き方です。またこのようにlimの記号を使って表されたものを「極限」と呼んだりもします。

なお、高校ではyや$f(x)$を微分したもの、という意味でy'や$f'(x)$という記号を使いますが、この書き方は統計学や機械学習の専門書であまり見かけないように思います。そのため、本書でも以後、(32.1)式で示したように、dxやdyといったように小文字のdを使った書き方を採用します。なお、「′（ダッシュ）」を使った書き方は主にジョゼフ・ルイ・ラグランジュが使った微分の表記法で、小文字のdを使った分数のような書き方は、ゴットフリート・ライプニッツによる表記法です。微

第5章　統計学と機械学習のための微分・積分

積分は1人の数学者だけで発明されたというわけではなく、彼ら以外にもアイザック・ニュートンなどを含め多くの学者がその発展に貢献したため、現在あまり使われないものも含めると、これまでさまざまな記法が用いられたそうです。

では実際に、この$f(x)$に前述のダイレクトメールxと購買金額yに関する2次関数をあてはめて考えてみましょう。そうすると、

$y = f(x) = 216 + 560x - 100x^2$ より、

$$\frac{d}{dx}f(x) = \lim_{\Delta x \to 0} \frac{f(x+\Delta x) - f(x)}{\Delta x}$$
$$= \lim_{\Delta x \to 0} \frac{216 + 560(x+\Delta x) - 100(x+\Delta x)^2 - (216 + 560x - 100x^2)}{\Delta x}$$

という形になります。ここでいったんややこしい$(x+\Delta x)^2$の部分は無視して整理を進めると、

$$= \lim_{\Delta x \to 0} \frac{216 + 560x + 560\Delta x - 100(x+\Delta x)^2 - 216 - 560x + 100x^2}{\Delta x}$$
$$= \lim_{\Delta x \to 0} \frac{560\Delta x - 100(x+\Delta x)^2 + 100x^2}{\Delta x}$$

と、同じ項が引き算で消去されました。次に$(x+\Delta x)^2$にも手を入れると、2次関数のときに学んだ「足し算の2乗の公式」に基づき、次のように計算できます。

$$= \lim_{\Delta x \to 0} \frac{560\Delta x - 100(x^2 + 2x\Delta x + (\Delta x)^2) + 100x^2}{\Delta x}$$
$$= \lim_{\Delta x \to 0} \frac{560\Delta x - 100x^2 - 200x\Delta x - 100(\Delta x)^2 + 100x^2}{\Delta x}$$
$$= \lim_{\Delta x \to 0} \frac{560\Delta x - 200x\Delta x - 100(\Delta x)^2}{\Delta x}$$

と、だいぶシンプルになってきました。次は分子分母を共通したΔxで割ってやりましょう。そうすると、

$$= \lim_{\Delta x \to 0} (560 - 200x - 100\Delta x)$$

という形になります。最後にΔxは「めちゃくちゃ小さい数」だという条件を考慮するとこの数を100倍したぐらいでは、まだほぼゼロと考えて構いません。よって、

$$= 560 - 200x$$

という式が得られました。すなわち、

$y = f(x) = 216 + 560x - 100x^2$のとき、

$$\frac{d}{dx}f(x) = \lim_{\Delta x \to 0} \frac{f(x + \Delta x) - f(x)}{\Delta x} = 560 - 200x \quad \cdots (32.2)$$

であるということがわかったわけです。先ほどxが1のところからごくわずかに増やして傾きを求めるとだいたい360になりそう、ということを確認しましたが、このことは(32.2)式から簡単に求められます。$x = 1$という値を代入すれば、

$$\frac{d}{dx}f(1) = 560 - 200 \cdot 1 = 360$$

という値が求められるわけです。あるいはこれが$x = 2$であれば、同様に160という値が得られます。このように、実際に「0.00001だけ増やした場合の傾きは……」などと計算しなくても、簡単に「点で捉えた傾き」を求められるようにするのが関数の微分という考え方です。また、

(32.2)式右辺のように微分によって得られた関数を導関数と呼ぶこともあります。この導関数を使って、たとえば「xがいくつか」という値が決まれば、傾きがいくつかという値が「導かれる」というわけです。

そして、統計学や機械学習で微分を使うときは基本的に、「導関数が0になるのはどういうときか」を考えるためです。これによって、面倒な平方完成の計算で求めた「ちょうどいいところ」を簡単に探すことができるようになります。なぜなら、導関数が0になるということは、その点での傾きが0になるということであり、「ここまでは増えていたけどここからは減る」とか、逆に「ここまでは減ってたけどここからは増える」といったポイントを見つけることに役立ちます。

今回の「DMの数xと購買金額yの関係を表す2次関数」で言えば、グラフを見れば明らかなように、「xが少なすぎてもダメで多すぎてもダメ」というものでした。これを傾きという観点で言えば、xが少なすぎるときには「xが増えればyも増える」というプラスの傾きが存在しており、逆にxが多すぎるときには「xが増えればyが減る」というマイナスの傾きが存在しているということです。よって、微分によってちょうどyが増えも減りもしないポイントを見つけることができれば、それが「ちょうどいいところ」であると考えられます。試しに(32.2)式の導関数を使ってこの「ちょうどいいところ」を計算してみましょう。

$\frac{d}{dx}f(x) = 560 - 200x = 0$とすると、

$$\Leftrightarrow 200x = 560$$
$$\Leftrightarrow x = \frac{560}{200} = 2.8$$

当然、第2章で平方完成を使って求めた「ちょうどいいダイレクトメールの数」と一致する答えを得ることができました。もしよければここで平方完成のときの数式を見返してください。導関数が0になるところを求める、というのは平方完成よりもずいぶんと簡単な計算で「ちょ

うどいいところ」を探す方法だということが実感できるのではないでしょうか。

　もちろんどんな関数でも必ず微分すると「ちょうどいいところ」が見つかるかというとそうでもありません。たとえば第3章の最初では次のような3次関数を考えましたが、この導関数が0になる、すなわち傾きが0の場所を見つけても、そこでyが最大になるとか最小になることはありません。xが3より大きければ、そこからずっとxが大きいほど際限なくyの値も大きくなりますし、逆にxが1より小さければ、xの値が小さいほどyの値も際限なく小さくなります。

図表 5-5

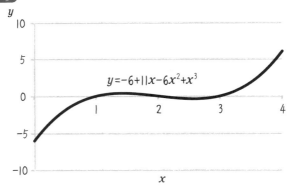

$y = -6 + 11x - 6x^2 + x^3$

　ただし、統計学や機械学習においてモデルを推定する際に限って言えば、全ての手法は基本的に、回帰係数などが「大きすぎても小さすぎてもモデルと実際のデータのズレが大きくなり、どこかにちょうどいいところが存在している」という性質を持つようになっています。そのため、特に断りもなく「微分してゼロとなるように」という考え方が当たり前のように使われています。重回帰分析ではもちろん、いわゆるディープラーニングでも（細かい部分はさておき）基本的には「微分してゼロと

なるようなちょうどいいところ」を探すことで、実データによく合うモデルを求めるわけです。

　以上が統計学や機械学習における微分の意味です。ここから実際に関数が与えられたときにどう導関数を計算するか、というルールについて学んでいきたいと思います。

33

n 次関数の微分の仕方

前節では微分とは何か、そして統計学や機械学習における意味を学びましたが、実際に使いこなそうとすれば「関数からどのように計算すればよいのか」という計算のルールを知る必要があります。

実際、毎回(32.1)式のように考えていたのではたいへんなので、ふつうメジャーな関数と導関数の関係については公式を覚えた方がよいでしょう。たとえば本書は関数の話を $y=a+bx$ や $y=a+bx+cx^2$ など、n が自然数（プラスの整数）のときの x の n 次関数すなわち $f(x)=x^n$ の仲間から考えはじめました。じつはこのような $f(x)$ に対する導関数は次のような単純な計算で求められます。

$$\frac{d}{dx}x^n = nx^{n-1} \qquad \cdots (33.1)$$

つまり、「右上の指数を1つ減らして、元の指数倍する」という計算を行なうだけで、x の n 乗の関数を微分することができるというわけです。このことを証明するために、まずは(32.1)式の微分の定義に基づき、(33.1)式の左辺がどうなるかを考えてみましょう。

$$\frac{d}{dx}x^n = \lim_{\Delta x \to 0} \frac{(x+\Delta x)^n - x^n}{\Delta x} \qquad \cdots (33.2)$$

ここからスタートして次に二項定理に基づいて $(x+\Delta x)^n$ がどうなるかと数式を展開すると、

$$= \lim_{\Delta x \to 0} \frac{(x^n + nx^{n-1}\Delta x + \frac{n!}{(n-2)!2!}x^{n-2}\Delta x^2 + \cdots) - x^n}{\Delta x}$$

となります。ここで分子側をよく見てみると、左端と右端に、x^n、$-x^n$ という打ち消し合う項がありますので、

$$= \lim_{\Delta x \to 0} \frac{nx^{n-1}\Delta x + \frac{n!}{(n-2)!2!}x^{n-2}\Delta x^2 + \cdots}{\Delta x}$$

となりますし、ここから分子と分母をともに Δx で割ると、

$$= \lim_{\Delta x \to 0} \left(nx^{n-1} + \frac{n!}{(n-2)!2!}x^{n-2}\Delta x + \cdots \right)$$

となります。ただし、先ほど考えたように Δx はめちゃくちゃ小さい数ですので、「・・・」より後も含めて Δx がかかっている項は全て、「ほぼゼロだ」と無視することができます。よって残る項は

$$= nx^{n-1}$$

のみです。これで無事(33.1)式を証明することができました。

また、実を言うと(33.1)式は、n が自然数のときだけでなく、負の整数のときにも（少し注意するところはありますが）適用することができます。皆さんはすでに、「ある数の $-n$ 乗」が「ある数の n 乗の逆数」あるいは「ある数の n 乗分の1」といった値になることを学んできましたが、こうした場合においても実は(33.1)式が成り立ちます。こちらについても証明してみましょう。n が自然数だったとして x の負の整数乗である x^{-n} について導関数を考えることにすると、微分の定義に基づき、

$$\frac{d}{dx}x^{-n} = \frac{d}{dx}\left(\frac{1}{x^n}\right) = \lim_{\Delta x \to 0} \frac{\frac{1}{(x+\Delta x)^n} - \frac{1}{x^n}}{\Delta x} \quad \cdots (33.3)$$

というところから数式がスタートします。ここでまずは右辺の分子の形を揃えるために、「分子と分母に同じ数を掛けてよい」というルールに基づき通分したいと思います。すなわち、

$$= \lim_{\Delta x \to 0} \frac{\dfrac{1}{(x+\Delta x)^n} \cdot \dfrac{x^n}{x^n} - \dfrac{1}{x^n} \cdot \dfrac{(x+\Delta x)^n}{(x+\Delta x)^n}}{\Delta x}$$

$$= \lim_{\Delta x \to 0} \frac{\dfrac{x^n - (x+\Delta x)^n}{(x+\Delta x)^n \cdot x^n}}{\Delta x}$$

$$= \lim_{\Delta x \to 0} \frac{1}{\Delta x} \cdot \frac{x^n - (x+\Delta x)^n}{(x+\Delta x)^n \cdot x^n}$$

という形にすることができます。ここで、右側の大きな分数（元の分数の分子）の分子に注目してみましょう。これは先ほど n が正のときの証明を行なうために考えた、(33.2)式の分子と似た形であり、単に引き算の順番を逆にしたものになっています。「引き算の順番を逆にする」というのは -1 を掛けるのと同じことですし、交換法則や結合法則に基づき、掛け算の順番はどう入れ替えてもよいので、次のように考えれば(33.2)式と同じ形が現れます。

$$= \lim_{\Delta x \to 0} \frac{1}{\Delta x} \cdot \frac{-1 \cdot ((x+\Delta x)^n - x^n)}{(x+\Delta x)^n \cdot x^n}$$

$$= \lim_{\Delta x \to 0} \frac{(x+\Delta x)^n - x^n}{\Delta x} \cdot \frac{-1}{(x+\Delta x)^n \cdot x^n} \qquad \cdots (33.4)$$

(33.2)式がどうなるかと言われれば「nx^{n-1} となる」ということがすでにわかっていますので、あとは右側の分数の分母がどうなるかだけがわかれば問題は解決です。よって、この部分だけを取り出して、Δx がほぼ0のときにどうなるかを計算してみましょう。こちらもやはり二項分布から、

$$\lim_{\Delta x \to 0} (x+\Delta x)^n \cdot x^n$$
$$= \lim_{\Delta x \to 0} \left(\left(x^n + nx^{n-1}\Delta x + \frac{n!}{(n-2)!2!} x^{n-2}\Delta x^2 + \cdots \right) \cdot x^n \right)$$
$$= \lim_{\Delta x \to 0} \left(x^{2n} + nx^{2n-1}\Delta x + \frac{n!}{(n-2)!2!} x^{2n-2}\Delta x^2 + \cdots \right)$$

と計算されますが、ここでも Δx がかかっている項は0だと無視できます。そうすると、

$$= x^{2n}$$

と、無事求めることができました。なお、本書で詳しくはやりませんが、このような場合、lim の中身で掛け算してから極限を考えても、別々に極限を考えてから掛け算しても同じ結果になる、という性質があります。このことを使って(33.4)式を整理すると、

$$\frac{d}{dx} x^{-n} = \lim_{\Delta x \to 0} \frac{(x+\Delta x)^n - x^n}{\Delta x} \cdot \frac{-1}{(x+\Delta x)^n \cdot x^n}$$
$$= nx^{n-1} \cdot \frac{-1}{x^{2n}}$$
$$= \frac{-nx^{n-1}}{x^{2n}}$$

となります。指数関数のところで学んだように、「同じ底の指数関数において割り算は指数の引き算で考えられる」というルールに基づくと、

$$= -n \cdot (x^{n-1-2n})$$
$$= -n \cdot (x^{-n-1})$$
$$= -nx^{-n-1} \quad \cdots (33.5)$$

と整理することができます。よって、x を負の整数($-n$)乗したものの

導関数も、「指数を1つ減らして指数倍する」という(33.1)式の考え方で全く問題がないことになります。仮にこの負の整数を $m = -n$ とすれば(33.5)式は、

$$\frac{d}{dx}x^{-n} = -nx^{-n-1}$$
$$\Leftrightarrow \frac{d}{dx}x^m = mx^{m-1}$$

と、(33.1)式と全く同じ形になることがすぐにわかるでしょう。

なお、先ほど「少し注意するところはありますが」という話をしましたが、それは何かというと、負の整数乗の関数において $x = 0$ の場合にどうなるのかというところです。ここで(33.3)式を見返してみましょう。

$$\frac{d}{dx}x^{-n} = \lim_{\Delta x \to 0} \frac{\frac{1}{(x+\Delta x)^n} - \frac{1}{x^n}}{\Delta x} \quad \cdots (33.3)$$

ここで、「Δx で割る」ところについては「めちゃくちゃ小さいけど0ではない値」なので問題ありませんでしたが、右辺の分子には「x^n で割る」という部分が登場します。x が0のとき、当然 x^n も0ですので、ここで $1 \div 0$ という計算をしてしまうことになるわけです。0を何倍しても1にはならないため、このような計算は成り立ちません。そのため、負の整数乗するようなときには、x が0かどうか、というところにだけ注意しなければいけません。なお、x の負の整数乗、という関数のうち、最もシンプルなものは $y = x^{-1}$ ですが、これは要するに小学校で習う反比例の関係です。この関数をグラフに示すと、図表5-6のようになります。

こちらを見ると、実際に $x = 0$ という点では「傾き」という考え方が

図表 5-6

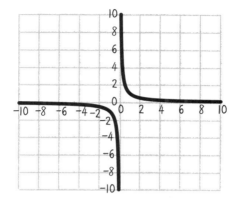

成立しないことがわかっていただけるでしょうか。本書ではこれ以上この問題に深入りしませんが、大学の微積分の教科書などではこのような問題について詳しく議論していますので、気になった方はそちらを見ていただければ幸いです。

なお、「正の整数」「負の整数」とくれば、残る整数は「0」しかありません。指数関数のところで学んだように、xの0乗は1ですが、$y=f(x)=x^0=1$という関数の微分はどうなるでしょうか？この問題はもちろん、(32.1)式の微分の定義に基づいて議論することもできますが、「xの値がどうあれ常に$y=1$」という関数について傾きを考えるまでもありません。常にyが同じ値なのであればxが増えようがyの値が変化するわけもなく、「傾きは0」というごく当たり前の結論が得られます。

これで一通り、xを整数乗した関数についての微分ができるようになりましたが、もちろん実際に計算するときには$f(x)=x^n$という式がそのまま出てくるわけではありません。先ほどのDMと購買金額についての$f(x)=-100x^2+560x+216$といった関数などを見てもわかる通り、「2

次関数」とは言え x の2乗だけでなく、x の1乗や定数といった項も混ざっていますし、それぞれの項には係数があるわけです。

そこで必要になるのが、複数の関数が組み合わされた関数に対する導関数がどうなるか、という話です。微分に関する主要なルールとして、次のようなものを覚えておけば、基本的な n 次関数についての微分は一通りできるようになるはずです。以下、x についての2つの関数 $f(x)$ と $g(x)$ と、x と無関係な定数 a というものを考えて、それぞれのルールを見ていきましょう。

ルール1：2つの関数を足してから微分しても、それぞれ微分してから足してもよい。

$$\frac{d}{dx}(f(x)+g(x))=\frac{d}{dx}f(x)+\frac{d}{dx}g(x)$$

ルール2：関数を定数倍してから微分しても、微分してから定数倍してもよい。

$$\frac{d}{dx}(a\cdot f(x))=a\cdot\frac{d}{dx}f(x)$$

ルール3：関数同士の掛け算の微分は、それぞれの「元の関数と相手の導関数の掛け算」を足したものになる。

$$\frac{d}{dx}(f(x)\cdot g(x))=f(x)\cdot\frac{d}{dx}g(x)+g(x)\cdot\frac{d}{dx}f(x)$$

ルール4：関数同士の割り算の微分は、それぞれの「元の関数と相手の導関数の掛け算」を引いたもの（引き算の順番に注意）を「分母の方の関数の2乗」で割ったものになる。

第5章 統計学と機械学習のための微分・積分

$$\frac{d}{dx}\left(\frac{g(x)}{f(x)}\right) = \frac{f(x) \cdot \frac{d}{dx}g(x) - g(x) \cdot \frac{d}{dx}f(x)}{(f(x))^2}$$

これらの4つのルールは全て、これまでと同様に微分の定義に従って計算していけば証明できるものばかりですので、興味のある方はぜひチャレンジしてみましょう。また、どうしても途中で詰まってしまった場合も、これらは全て高校の参考書でも必ず取り扱われるものですので、少し検索すればすぐにどう証明するかを見つけられるはずです。

ただ、これらのうちルール1とルール2の、関数の足し算と定数倍というところさえわかっていればn次関数の微分について簡単に行なうことができます。これらはまとめて次のように表されることもあります。

$$\frac{d}{dx}(a \cdot f(x) + b \cdot g(x)) = a \cdot \frac{d}{dx}f(x) + b \cdot \frac{d}{dx}g(x)$$

もちろん、この式におけるbはaと同様xと無関係な定数を表します。このことと、(33.1)式の「指数を1つ減らして指数倍する」というルールおよび、「定数の項の微分は0」になるというルールがわかっていれば、n（整数）次関数の微分は簡単に計算できます。たとえば先ほどのDMの数と購買金額に関する2次関数であれば、

$y = f(x) = -100x^2 + 560x + 216$のとき、

$$\begin{aligned}\frac{dy}{dx} &= \frac{d}{dx}f(x) = \frac{d}{dx}(-100x^2 + 560x + 216) \\ &= -100 \cdot \frac{d}{dx}x^2 + 560 \cdot \frac{d}{dx}x + 216 \cdot \frac{d}{dx}1 \\ &= -100 \cdot (2x^{2-1}) + 560 \cdot (1 \cdot x^{1-1}) + 216 \cdot 0\end{aligned}$$

$$= -100 \cdot 2x + 560 \cdot x^0$$
$$= -200x + 560$$

と、(32.2)式と全く同じ答えが得られました。

このような計算ルールを使えば、$f(x+\Delta x)$ がどうこうと、定義に戻ってややこしく考えることなく、基本的な関数の微分を行なうことができるようになるでしょう。

34

統計学と機械学習で積分を
必要とするところ
連続値に対する確率密度関数

　基本的な微分の考え方が理解できたら今度は積分についても考えていきましょう。

　微分では関数を細かく分けて、傾きすなわち関数の変化量を細かい「点」で捉えたものだと説明しましたが、積分は細かく分けて考えた関数の値をいっぱいあつめて、「面」や「立体」などの大きさを捉えるものだと考えることができます。

　そしてなぜ統計学や機械学習の中で積分を理解した方がよいかというと、一番の理由は、「確率密度関数を理解するため」です。積分の説明に入る前に、確率密度関数とは何で、なぜ積分が必要になるかを理解するために、次のような状況を考えてみましょう。

　あるエンジニアは上司から作業期間の見積もりが甘いというお叱りを受けた。上司から彼にふられる業務は基本的にいつも同じような内容であり、1週間（5営業日）ほどで完了することが多いため上司にもそう伝える。しかし、たまたま2〜3日ほどですぐに業務が完了することもあるし、自分のコンディションや細かな作業内容の違いにより、それ以上の期間が必要になることもある。

　このうち特に大きな問題になるのは後者の読み間違いで、後の作業の手待ちや、納品を間に合わせるために残業代や外注費などムダなコストをかける必要が生じてしまうのだ。

　そのため上司はこのエンジニアに作業期間として、「平均何日」「何日の可能性が最も多い」というものではなく、数学的根拠とともに、

「バッファ込みでこれだけの期間あれば95％大丈夫」という数字を見積もれと要請する。

その日の帰り、彼がプロジェクトマネジメントに関する書籍を調べた結果、「三角分布」と呼ばれるものを使えば何とかそうした数学的根拠を示せそうだということがわかった。「いくら何でも1日では絶対ムリ」「最も可能性が高いのはちょうど5日」「さすがに2週間（10営業日）以上かかることはあり得ない」といった経験則をもとに、上司が言う「95％大丈夫」な作業期間はどう見積もればよいだろうか？

まずは三角分布について説明しておきましょう。今回扱う三角分布とは、グラフで示せば次のようになる確率密度関数を持った連続確率分布です。

図表 5-7

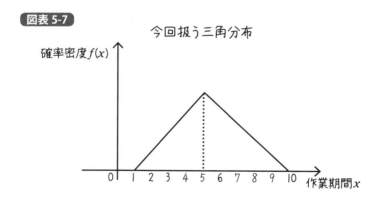

このように、確率密度分布が三角形の形だから三角分布、というわけですが、「確率密度」とか「連続」とはどういうことでしょうか？

そのことを説明する前に、第3章ですでに紹介した「連続ではない」数の確率分布である二項分布を思い出しましょう。あちらは10回の訪

間で何件の契約が取れる確率が何％か、ということを考え、次のような棒グラフにまとめました。

図表 5-8

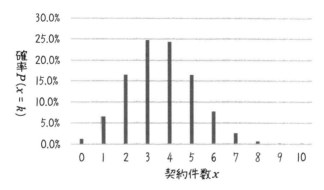

このようなまとめ方が可能なのは、取れる契約件数という値が、整数という「飛び飛びの値」しか取らないからです。この「飛び飛び」というのを、「離れて散っている」という意味で「離散」とか「離散的」と表現します。10回訪問して取れた契約は3.1件とか2.9件などといった中途半端な値には絶対なりえませんから、取り得る値が離れて散っている、というわけです。

しかし、作業期間については必ずしも整数の値になるとは限りません。整数の間のどのような「中途半端な値」にだってなり得ます。

「ちょうど4日で作業が終わる」とは、たとえばある日の始業開始時間から作業をはじめ、ちょうど4日目の就業時間ピッタリに作業が完了する、ということです。しかし、数日単位で作業期間がバラつく業務において、こんな奇跡はなかなか訪れません。「だいたい4日」であっても、少し時間が余って別の書類やメールの返信を片付けたり、逆にあとちょっとだからと残業したり、ということになるはずです。このような

場合の作業期間をもう少し精密に表現すれば、「だいたい3.9日」や「だいたい4.1日」ということになります。あるいは、ストップウォッチでコンマ1秒とかいうところまで測ろうと思えば、もっと細かく小数点以下の日数を考えられるのかもしれません。

もちろんそこまで細かい時間を考える必要はありませんが、作業期間は「やろうと思えばいくらでも細かく分けて測れる」ということで、これを「離散」ではなく「連続」した値だと表現します。

そして横軸が連続しているということは、たとえばミリ秒単位で測定して「ちょうど4日」になる確率はほぼゼロです。日常会話の中で「4日」と言っている時間の長さは、正確には「ちょうど4日」を意味しているのではなく、たとえば3.5日以上4.5日未満の間のどこかになる、という意味だったり、3.95日以上4.05日未満のどこかになる、という意味なわけです。

二項分布のような離散確率分布では確率を先ほど棒グラフに示したように「線の長さ」で表しました。しかし、三角分布のような連続確率分布では「幅」を考えなければいけません。これは別の言葉で言えば、「グラフで示された曲線の下側の面積の大きさ」が確率に該当するということです。

その場合、縦軸は「確率」それ自体ではなく、「横軸の値がいくつからいくつまで」という幅を考慮した上で確率の大きさを示すようなものでなければいけません。このような縦軸のことを「確率密度」と呼びます。そしてこの確率密度がデタラメな値などではなく変数xの値によって決まるものであるならば、それはxの関数ということであり、「確率密度関数$f(x)$」と表現されます。

そんなわけで先ほどのグラフを見返してみましょう。「いくら何でも1日では絶対ムリ」「最も可能性が高いのはちょうど5日」「さすがに2週間（10営業日）以上かかることはあり得ない」といった経験則から、考えられるのは1日～10日の間で、最も確率密度が大きいのは5日、

というグラフになっています。ここから、たとえば「5日以内に終わる確率」を出したければ、この三角形のうち、点線の左側の面積を求めます。

　統計学や機械学習で登場する一般的な確率密度関数はこれよりも複雑な数式で表される曲線になりますが、今回のような三角分布の面積を考えるだけなら、小中学生レベルの幾何学でも何とかなります。それ以外に必要な知識は「確率を表す面積は全部で1」という確率密度関数についての性質だけです。これは言うまでもなく第1章で学んだ「全事象Ω」が起こる確率は1（つまり100%）というルールに由来します。今回の場合、全事象とは「考えうる全ての作業期間」というところであり、作業期間が理論上1〜10日の間の値しか取りえないと考えるのであれば、作業期間が1日以上10日以下の確率は当然1（100%）だと考えなければいけません。

　次節で詳しく積分の考え方を説明する前に、いったん幾何学的なやり方での三角分布の考え方も紹介しておきましょう。「確率を示す面積は全部で1」という知識を使うと、次のようにまず三角形の「高さ」が求められます。すなわち底辺の長さは $10-1=9$ と求められるので、

$$面積 = 底辺 \times 高さ \div 2$$
$$\Leftrightarrow \quad 1 = 9 \times 高さ \times \frac{1}{2}$$
$$\Leftrightarrow 高さ = 1 \times \frac{1}{9} \times 2 = \frac{2}{9}$$

というわけです。この「高さ」とはもちろん、作業期間5日に対応する確率密度 $f(5)$ です。

　そしてこの高さが分かれば、点線の左側と右側それぞれの三角形の面積、すなわち「5日以内に作業が終わる確率」と「5日では作業が終わらない確率」が求められます。前者の底辺は長さが $5-1=4$ と求められ、

同様に後者の底辺は長さが10−5＝5と求められます。よって、

$$5日以内に作業が終わる確率 = 4 \times \frac{2}{9} \times \frac{1}{2} = \frac{4}{9}$$

$$5日で作業が終わらない確率 = 5 \times \frac{2}{9} \times \frac{1}{2} = \frac{5}{9}$$

と、全体の確率1を底辺の長さである4対5に分けたものであると求められるわけです。つまり、この問題のエンジニアはいつも「5日で終わります」と答えていたそうですが、平均するとそう9回答えたうちの5回という確率で、遅延や残業が生じてしまうことになってしまいます。これでは上司から叱られても仕方がありません。

また、知りたかったことは「95%大丈夫という作業期間」という話でしたが、これも次のように考えれば小中学生の幾何学で求めることができます。

図表 5-9

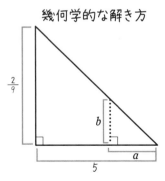

こちらは先ほどの三角分布の右側、すなわち「5日という作業期間を守れなかった」側の直角三角形を切り出したもので、先ほども述べたように、底面が5で高さが$\frac{2}{9}$、よって面積は$\frac{5}{9}$という直角三角形ですが、

この右端に底辺の長さが a の小さい直角三角形を考えてみます。この三角形の高さを b とでもしましょう。これら 2 つの直角三角形は大きさこそ違え同じ形、つまり相似です。相似だということは辺の比も同じはずですので、次の式が成り立ちます。

$$\frac{\frac{2}{9}}{5} = \frac{b}{a}$$

ここから b がいくつになるかを求めてみましょう。

$$\frac{\frac{2}{9}}{5} = \frac{b}{a}$$

$$\Leftrightarrow \frac{\frac{2}{9}}{5} \cdot 5a = \frac{b}{a} \cdot 5a$$

$$\Leftrightarrow \frac{2}{9}a = 5b$$

$$\Leftrightarrow \frac{2}{9 \cdot 5}a = \frac{5b}{5}$$

$$\Leftrightarrow \frac{2}{45}a = b$$

よって、右端の小さな直角三角形の面積は、「底辺×高さ÷2」という計算から、

$$小さな直角三角形の面積 = a \times b \div 2 = a \cdot \frac{2a}{45} \cdot \frac{1}{2} = \frac{a^2}{45}$$

と求められるはずです。第 1 章で習った余事象の考え方に基づけば、この面積が全体の 5% となるような a がいくつか、という計算をすれば、

逆に「それ以外の確率が95%である」というところがわかります。よって、

$$\frac{a^2}{45} = 0.05 = \frac{1}{20}$$
$$\Leftrightarrow \frac{a^2}{45} \cdot 45 = \frac{1}{20} \cdot 45$$
$$\Leftrightarrow a^2 = \frac{45}{20} = \frac{9}{4}$$

であり、a は当然プラスの数ですので、

$$a = \sqrt{\frac{9}{4}} = \frac{3}{2} = 1.5$$

と求めることができます。

　この答えを元の三角分布全体と照らし合わせてみましょう。最高で10日の作業期間から「残り1.5日以内に終わる確率」が5%で、「1.5日以上余裕を持って終わらせる確率が95%」ということになります。すなわち、10 − 1.5 で「8.5日以内には終わります」とこのエンジニアが答えておけば、95%の確率でそれ以上に作業期間がかかって後の工程に迷惑がかかることはない、という数学的な根拠を示せます。

　以上が三角分布というとても単純な分布を例にした、確率密度関数の面積の求め方でした。ただし、実際に統計学や機械学習でよく使われる確率密度関数は三角分布などよりはるかに複雑で、中高生レベルの幾何学などで対処できるものではありません。そのような確率分布に対して面積、すなわちどこからどこまでの値をとる確率がどれくらいなのか、ということを計算しようとすれば積分の知識が不可欠になります。

　そのため次節では、この同じ三角分布の面積を、幾何学の知識ではなく積分の計算でどう考えればよいか学んでいきたいと思います。

第5章 統計学と機械学習のための微分・積分

35

小さく分けていっぱい集めて
統計学と機械学習のための積分の基礎

　前節では「作業期間」のような連続的な値に対する確率密度関数の例として三角分布を紹介し、幾何学的なやり方で面積を求めたり、逆に面積がちょうどある値をとるのはどういう状況か、と逆算してみました。

　しかし、統計学や機械学習で実際に用いる確率密度関数は三角分布などより複雑な曲線で、面積を考えようとすれば、どうしても積分の考え方が必要になってきます。

　さきほど、積分は細かく分けて考えた関数の値をいっぱい集めて、「面」や「立体」などの大きさを捉えるものだという説明をしましたが、今回の場合、たとえば三角分布を細かく縦に切り刻んで「ものすごく細い四角形」を考えてみましょう。微分のときと同様に0.00001刻みでグラフを拡大してみます。

図表 5-10

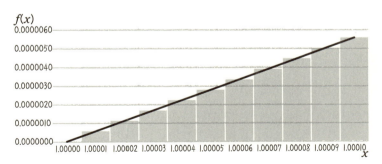

359

そうすると、確率密度関数の下、軸までの面積というのは、概ね長方形を集めたもので計算できることがわかります。長方形の左上は確率密度関数 $f(x)$ を表す線からはみ出していますし、逆に右上には隙間が残っていますが、長方形の幅が「めちゃくちゃ小さい値」であれば、このはみ出しや隙間の面積は無視して問題のない程度のものになります。これらの長方形の幅は 0.00001 で、高さはそれぞれの x に対応した確率密度関数の値 $f(x)$ です。積分においては最終的に長方形の幅は 0.00001 などよりもっとめちゃくちゃ狭いものを考えるため、微分のときと同様に dx としましょう。そうすると1つ1つの長方形の面積は $f(x)\cdot dx$ と求められます。

　このようなものすごく幅の狭い長方形を、考え得る全ての x の値について集めます。すなわち今回で言えば作業期間がちょうど1日で終わる場合から、ギリギリ10日かかる場合まで全て足し合わせれば、それが「考え得る全事象の確率1」ということになります。しかし「細かく分けた長方形をどこからどこまで全部足し合わせる」という作業を、毎回言葉で表すのはたいへんなので、数学では「インテグラル記号」あるいは「積分記号」と呼ばれるものを使って次のように表します。

$$\int_{x=1}^{x=10} f(x)\,dx = 1 \qquad \cdots (35.1)$$

　こちらの読み方は「インテグラルエックスが1から10までのエフエックスディーエックス」という感じでしょうか。いろいろな会社のハードウェアやソフトウェアを集めて IT システムを作る仕事を「システムインテグレーション」と呼んだりしますが、「インテグラル」というのも同じ語源でしょう。ちなみに積分をインテグラル記号で表す方法もライプニッツにより提案されました。インテグラル記号が英字の S に似ているのは、Σ と同様に合計を表す sum の頭文字に由来するそうです。

なお今回は、丁寧に「x が 1 から 10 まで」というところを $x=1$、$x=10$ と書きましたが、どうせ x についての話だろうとわかる場合は「$x=$」を省略して、インテグラル記号の右下と右上それぞれに 1 と 10 という値だけを書いても構いません。

また、今回もともと知りたかったことは、(35.1)式に示したような「x が 1 から 10 までの面積は 1」ということではなく、「x が 1 からいつまでの面積がちょうど 95% すなわち 0.95 になるのか」という点でした。この「いつまで」という未知の数を「t 日後」として表すと次のようになります。

$$\int_{x=1}^{x=t} f(x)\,dx = 0.95 \quad \cdots (35.2)$$

さて、次に考えるべきはこの確率密度関数 $f(x)$ と x がどういう関係にあるのかというところですが、結論から言うと $f(x)$ は次のように表すことができます。

$$f(x) = \begin{cases} -\dfrac{1}{18} + \dfrac{1}{18}x & (1 \leq x < 5) \\ \dfrac{4}{9} - \dfrac{2}{45}x & (5 \leq x < 10) \quad \cdots (35.3) \\ 0 & (x < 1,\ 10 \leq x) \end{cases}$$

つまり x が 1〜5 までの区間における直線を表す式と、x が 5 から 10 までの区間における直線の式、そしてそれ以外の区間において確率密度関数の値は全て 0、ということです。こちらを図に示すと次のようになります。

図表 5-11

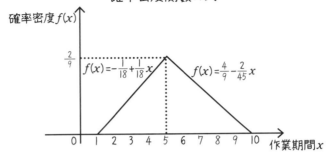

つまり、左側の($1 \leq x < 5$)という領域においては、「横軸xが1で縦軸$f(x)$が0」という点と、「横軸xが5で縦軸$f(x)$が$\frac{2}{9}$」という点を通るような直線に従います。一方、右側の($5 \leq x < 10$)という領域においては、「横軸xが5で縦軸$f(x)$が$\frac{2}{9}$」という点と、「横軸xが10で縦軸$f(x)$が0」という点を通るような直線に従う、ということです。皆さんはすでに第2章において連立方程式を使い、2点を通る直線の数式を求める方法を学んでいますので、ここではわざわざ計算しませんが、気になる方はぜひこれらの点を通るという条件から(35.3)式が得られるか挑戦してみましょう。

このように、xの範囲に応じて$f(x)$を表す式が変わる場合、積分でもxの範囲ごとに分けて考えるということをしばしば行ないます。すなわち、たとえば(35.1)式ではxが1から10まで、という範囲の積分を考えましたが、「xが1から5まで」と「5から10まで」を合わせたものだと、別々に考えてもよいわけです。そうすると、(35.1)式は(35.3)式に基づき、より具体的に、

$$\int_{x=1}^{x=10} f(x)\,dx$$
$$= \int_{x=1}^{x=5} \left(-\frac{1}{18} + \frac{2}{18}x\right)dx + \int_{x=5}^{x=10}\left(\frac{4}{9} - \frac{2}{45}x\right)dx \quad \cdots (35.4)$$

と表すこともできます。全体の三角形を「x が 1 から 5 までの三角形」と「x が 5 から 10 までの三角形」に分けているだけですね。

あとはこの積分の計算だけですので、積分に関する次のような基本ルールを覚えましょう。ある関数 $F(x)$ を x で微分した場合に $f(x)$ になり、ある関数 $G(x)$ を x で微分した場合に $g(x)$ になる、という状況を考えて、これ以外に x と無関係な定数 p というものを考えます。

ルール1：ある関数 $F(x)$ を x で微分した場合に $f(x)$ となるとき $F(x)$ は $f(x)$ にとっての「もとの関数」というような意味で原始関数と呼ばれ、逆に $f(x)$ の不定積分を求めると $F(x) + C$ となる。なお C は積分定数と呼ばれる x と無関係な定数である。

$$\frac{d}{dx}F(x) = f(x)\ のとき、\int f(x)\,dx = F(x) + C$$

ルール2：ある $f(x)$ を「どこからどこまでと決まった区間（これを積分区間と呼びます）の積分」というのは不定積分ではなく定積分と呼ばれ、$f(x)$ の不定積分が $F(x) + C$ なら「a から b までの定積分」は $F(b) - F(a)$ で求められる。

$$\frac{d}{dx}F(x) = f(x)\ のとき、\int_c^b f(x)\,dx = F(b) - F(a)$$

ルール3：定積分の「a から b まで」という積分区間を「a から c までと c から b まで」というように分割して考えるのは自由だが「b から a まで」と逆向きに考える場合はマイナスをつけて考えなければい

けない。

$$\int_a^b f(x)\,dx = \int_a^c f(x)\,dx + \int_c^b f(x)\,dx$$

$$\int_a^b f(x)\,dx = -\int_b^a f(x)\,dx$$

ルール４：定積分、不定積分を問わず、積分記号の中身を定数倍してから積分の計算をしても、積分の計算をしてから定数倍してもどっちでもよい。

$$\int p \cdot f(x)\,dx = p \cdot \int f(x)\,dx$$

ルール５：定積分、不定積分を問わず、積分記号の中身を足し合わせてから積分の計算をしても、積分の計算をしてから足し合わせてもどっちでもよい。

$$\int (f(x) + g(x))\,dx = \int f(x)\,dx + \int g(x)\,dx$$

ルール６：基本的な x の n 乗の関数についての不定積分は次のように考えられる（ただし $n = -1$ のときは除く）。

$$\int x^n dx = \frac{1}{n+1} x^{n+1} + C$$

ルール７：定積分、不定積分を問わず、関数同士の掛け算の積分については少しややこしいが、次のように計算することができる。このやり方を部分積分と呼ぶ。

第5章 統計学と機械学習のための微分・積分

$$\frac{d}{dx}F(x) = f(x), \quad \frac{d}{dx}G(x) = g(x) \text{ としたとき}$$

$$\int (f(x) \cdot G(x)) dx = F(x) \cdot G(x) - \int (F(x) \cdot g(x)) dx$$

なぜこのようなルールが成立するのか、1つずつ確認していきましょう。まずはルール1について、先ほどの「拡大したグラフ」を思い返してください。1.00000のところからある値xまでの三角分布の面積は間違いなくxの値によって決まる値ですので関数であると考えられますが、これを仮に$F(x)$とした場合、その微分はどうなるでしょうか？

図表 5-12

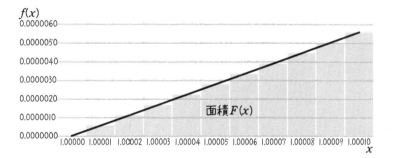

このグラフの中ではxが0.00001ずつ増えるごとに、およそ0.00001・$f(x)$という面積分だけ面積$F(x)$が増えています。$F(x)$の微分とは、定義上「xがわずかに増えたときにそのxの増え方の何倍$F(x)$が増えるのか」という話ですので、当然その答えは0.00001・$f(x)$÷0.00001で「およそ$f(x)$」であると求められるでしょう。また、このxの増分が0.00001よりもっと小さなdxという値だとすると、この長方形の左上のはみ出しや右上の隙間はもっと小さなものになり、無視できるものになります。

よって、このことを数式で表すと、

$$\frac{d}{dx}F(x) = \frac{F(x+dx) - F(x)}{dx} = \frac{f(x) \cdot dx}{dx} = f(x) \qquad \cdots (35.5)$$

となります。このように「関数の下側の面積 $F(x)$ を微分するとその関数の値 $f(x)$ になる」というわけですが、積分は逆に「小さな長方形の面積 $f(x) \cdot dx$ の値を集めて全体の面積 $F(x)$ を求めよう」という考え方です。よってある関数 $f(x)$ を積分するということは計算上、「微分したら $f(x)$ になる原始関数 $F(x)$ が何かを探そう」と考えることになります。

ただし、ここで注意しなければいけないのは $F(x)$ にどんな定数を足したものも、やはり微分すれば $f(x)$ となってしまう点です。これは「定数の微分は 0 になる」という微分の性質に由来しており、丁寧に書けば、

$$\frac{d}{dx}F(x) = f(x) \text{のとき、}$$
$$\frac{d}{dx}(F(x) + C) = \frac{d}{dx}F(x) + \frac{d}{dx}C = f(x) + 0 = f(x)$$

となるわけです。この「定数でさえあればどんな値でもよい何か」というものがルール1で述べた積分定数です。慣例的に C という文字が使われるのは一定という意味を表す「コンスタント（constant）」の頭文字でしょう。なお、このように何かの関数の積分がどのような関数になるかを考えることを不定積分と呼びますが、不定積分だけでは積分定数がわからず、どうしても C を求めたいときには、不定積分する関数 $f(x)$ だけでなく、「ある x の値に対して $F(x)$ がどのような値になる」といった別の条件を用いたりします。

積分定数がわからないのでは、今回やろうとしているように積分によって面積を求めることができないように思えるかもしれませんが、そんなことはありません。なぜなら、「どこからどこまで」という積分区

間が「定まって」さえいれば、この積分定数がどんな値であれ、積分の計算にあたって気にする必要はなくなるからです。これを不定積分に対して定積分と呼びます。

たとえば、今回の「左側の三角形」のように、確率密度関数$f(x)$のxが1から5までという区間の定積分を考えてみます。この$f(x)$の不定積分が$F(x)+C$だったとすると、次のようにこのCの値が何であれ計算上何の問題もなく消えてしまいます。

$$\int_1^5 f(x)\,dx = (F(5)+C) - (F(1)+C) = F(5) - F(1)$$

これを言葉で表現するとしたら、「xが1から5までという区間」における面積を知りたい場合に、必要な情報は「1から5までに増えた分の面積$f(x)dx$の合計」であり、スタート地点であるxが1のときの面積がいくつであれ全く問題ないから、と考えることもできるでしょう。

このように「どこからどこまで」という範囲が決まっている定積分であれば、同じ積分定数同士が引き算で消えてしまうというのがルール2の考え方です。

またこのルール2に基づくと、ルール3は簡単に証明できます。たとえば1つめにあげた「積分区間を分割して考えてもいい」という点についてですが、この右辺を変形していくと

$$\int_a^c f(x)\,dx + \int_c^b f(x)\,dx \\ = F(c) - F(a) + F(b) - F(c) \\ = F(b) - F(a) \\ = \int_a^b f(x)\,dx$$

と、仮に積分区間を分割して考えても結局のところ同じ定積分を考えていることがわかります。また、もう1つの「区間を逆にする」という点

についても、

$$-\int_b^a f(x)\,dx$$
$$= -(F(a) - F(b))$$
$$= F(b) - F(a)$$
$$= \int_a^b f(x)\,dx$$

と、やはり簡単に一致することが確かめられます。

さらにルール4とルール5はどちらもすでに学んだ微分についてのルールから簡単に理解できます。$F(x)$を微分すると$f(x)$になる、という関係が成立している状況で、「関数同士を足し算してから微分しても微分してから足し算してもよい」、あるいは「関数を定数倍してから微分しても微分してから定数倍してもよい」という微分のルールを積分記号で言い換えたにすぎません。

これはルール6についても同様で、xのn乗の関数の微分のルールをもとに、「不定積分とは『微分したらこの関数になる原始関数』が何かを考えること」というところから逆算したに過ぎません。このルールに基づけば、

$$\frac{d}{dx}\left(\frac{1}{n+1}x^{n+1}\right) = \frac{1}{n+1}\cdot(n+1)\cdot x^{n+1-1} = x^n$$

と計算できますので、これをルール1にあてはめて表したものがルール6になります。あとは、不定積分の場合に積分定数Cを忘れないようにすることと、nが-1のときだけは「これだと0の割り算になってしまう」というところだけを気をつけましょう。もちろん$n = -1$すなわち$f(x) = x^{-1}$という関数に対する積分が計算できないわけではありませんが、このような場合については後で説明します。

最後のルール7は少しややこしいですが、これも微分における「関数

の掛け算の微分」というルールを積分側で言い換えただけの話です。すなわち、ある関数 $F(x)$ を x で微分した場合に $f(x)$ になり、ある関数 $G(x)$ を x で微分した場合に $g(x)$ になる、という状況で2つの関数の積 $F(x) \cdot G(x)$ に対して微分を行なうと、

$$\frac{d}{dx}(F(x) \cdot G(x)) = F(x) \cdot \frac{d}{dx}G(x) + G(x) \cdot \frac{d}{dx}F(x)$$

になるというルールをすでに微分のところで学びました。ここで、$F(x)$ を x で微分した場合に $f(x)$ になり、$G(x)$ を x で微分した場合に $g(x)$ になると考えれば右辺は、

$$\frac{d}{dx}(F(x) \cdot G(x)) = F(x) \cdot g(x) + G(x) \cdot f(x)$$

ということになります。また、「不定積分とは『微分したらこの関数になる原始関数』が何かを考えること」という考え方に従えば、この左辺を積分したら $F(x) \cdot G(x)$ になるはずですので、右辺の方にはルール5を適用すると、

$$F(x) \cdot G(x) = \int (F(x) \cdot g(x)) dx + \int (G(x) \cdot f(x)) dx$$

となります。あとは右辺の第1項を両辺から引いて、辺の左右や積分の中にある掛け算の順番を入れ替えれば、ルール7と全く同じ形になることが確認できるでしょう。実際にこの部分積分を考える際には、掛け合わされる関数のうち、どちらを $f(x)$ と見て、どちらを $G(x)$ とみるか、すなわち「どちらの不定積分を考えどちらの微分を考えるか」というところに慣れが必要かもしれません。この選択を間違えると、せっかく部分積分を使おうという発想に辿りつきながら、余計にややこしい数式の形になって、いつまでも計算ができない、ということもあります。この

点についてのコツは、本書の後の方で実際に部分積分を使って説明する箇所があるのでそこで詳しく説明することにしましょう。

　最後の部分積分だけは少しややこしいですが、それ以外の6つのルールだけでもきちっと覚えておけば、三角分布のような基本的な関数の積分で困ることはありません。まずは(35.4)式のうち、x が1から5までという範囲にある左側の三角形について積分を計算してみましょう。まずはルール4とルール5に基づき、足し算と定数をばらして考えると、

$$\int_{x=1}^{x=5}\left(-\frac{1}{18}+\frac{1}{18}x\right)dx = -\frac{1}{18}\int_{x=1}^{x=5}1dx + \frac{1}{18}\int_{x=1}^{x=5}xdx$$

となります。この右辺はどちらも x の n 乗の関数ですので、ルール6に基づけば次のように計算されますし、右辺第1項については、「微分したら1になる関数は？」と考えればすぐに答えが出るかもしれません。

$$= -\frac{1}{18}[x]_1^5 + \frac{1}{18}\left[\frac{1}{2}x^2\right]_1^5 \quad \cdots (35.6)$$

　ここで1つ初めて見る数式の書き方が登場しました。この [ ] という角ばったカッコの中身には不定積分の式（のうち積分定数は何でもよいがふつう最もシンプルに定数項が0になるもの）が書かれています。また [ ] の右下と右上にはインテグラル記号の右下と右上に書いたのと同じ、積分区間を示す数字を書きます。こうすることによって積分の計算の途中で一息ついて、「不定積分を考える手順」と「不定積分で得られた式に積分区間の値を代入して計算する手順」を分けられます。

　さて、一息ついた後はルール2に基づき、定積分の計算を続けましょう。次のように、[ ] の中身にそれぞれの積分区間の値を代入して計算してみます。そうすると、

第5章 統計学と機械学習のための微分・積分

$$
\begin{aligned}
&= -\frac{1}{18}(5-1) + \frac{1}{18}\left(\frac{1}{2} \cdot 25 - \frac{1}{2} \cdot 1\right) \\
&= -\frac{4}{18} + \frac{25-1}{18 \cdot 2} \\
&= -\frac{4}{18} + \frac{24}{18 \cdot 2} \\
&= -\frac{4}{18} + \frac{12}{18} = \frac{8}{18} = \frac{4}{9}
\end{aligned}
$$

と、無事幾何学的な計算で求めたのと同じ、左側の三角形の面積は $\frac{4}{9}$ つまり 0.444… という値であるという答えになりました。そうすると当然、(35.2)式で表したような、面積がちょうど 0.95 となる x の値 t というのは 5〜10 の範囲にあると考えられ、

$$
\begin{aligned}
\int_1^t f(x) \cdot dx &= \int_1^5 \left(-\frac{1}{18} + \frac{1}{18}x\right)dx + \int_5^t \left(\frac{4}{9} - \frac{2}{45}x\right)dx \\
&= \frac{4}{9} + \int_5^t \left(\frac{4}{9} - \frac{2}{45}x\right)dx \quad \cdots (35.7)
\end{aligned}
$$

というように表されます。よってこの面積が 0.95 になるというところから先ほどと同様に計算していくと、

$$
\begin{aligned}
0.95 - \frac{4}{9} &= \int_5^t \left(\frac{4}{9} - \frac{2}{45}x\right)dx \\
\Leftrightarrow \quad \frac{19}{20} - \frac{4}{9} &= \int_5^t \frac{4}{9}dx - \int_5^t \frac{2}{45}xdx \\
\Leftrightarrow \quad \frac{19 \cdot 9 - 4 \cdot 20}{180} &= \frac{4}{9}\int_5^t 1 dx - \frac{2}{45}\int_5^t x dx \\
\Leftrightarrow \quad \frac{171 - 80}{180} &= \frac{4}{9}[x]_5^t - \frac{2}{45}\left[\frac{1}{2}x^2\right]_5^t \\
\Leftrightarrow \quad \frac{91}{180} &= \frac{4}{9}(t-5) - \frac{2}{45}\left(\frac{1}{2}t^2 - \frac{25}{2}\right) \\
\Leftrightarrow \quad \frac{91}{180} &= \frac{4}{9}t - \frac{20}{9} - \frac{t^2}{45} + \frac{25}{45}
\end{aligned}
$$

$$\Leftrightarrow 91 = 180 \cdot \frac{4}{9} t - 180 \cdot \frac{20}{9} - 180 \cdot \frac{t^2}{45} + 180 \cdot \frac{25}{45}$$

$$\Leftrightarrow 91 = 80t - 400 - 4t^2 + 100$$

$$\Leftrightarrow 4t^2 - 80t + 400 - 100 + 91 = 0$$

$$\Leftrightarrow 4(t^2 - 20t) + 391 = 0$$

$$\Leftrightarrow 4(t - 10)^2 - 400 + 391 = 0$$

$$\Leftrightarrow 4(t - 10)^2 - 9 = 0$$

$$\Leftrightarrow (t - 10)^2 = \frac{9}{4}$$

$$\Leftrightarrow t - 10 = \pm \frac{3}{2}$$

$$\Leftrightarrow t = 10 \pm 1.5$$

となり、よって、t は 8.5 または 11.5 だという答えが得られました。また、t は 5 から 10 の間の値であるという制約があるため、これら 2 つの解のうち $t = 8.5$ が、「ちょうどそれまでに終わる確率が 95% になる作業期間」と考えられます。無事こちらも、先ほど幾何学的に求めた答えと一致しました。

　以上が三角分布に対して積分を計算して面積を求めるという一連の流れになります。実際に現代の統計学や機械学習において、このような手計算を使って確率を考えるということはほぼなく、ふつう、数表や分析ツールの関数を使います。しかし、「確率密度関数は定積分で確率を求めるものである」という点と、本節で扱ったような基本的な積分の計算方法自体については、さまざまな手法や概念を理解する上でしばしば登場するものなのでしっかり覚えておきましょう。

36

微積分記号に対する操作とライプニッツ記法の意味

　ここまで皆さんは基本的な n 次関数について、微分と積分の基本ルールを学んできましたが、実は高校で習う主要なもののうち「合成関数の微分」や「置換積分」と呼ばれる方法についてだけはまだ言及していません。

　これは少しややこしいので話が長くなるから、というところももちろんありますが、高校で習うようなラグランジュ記法ではなく、大学以降で主に使うライプニッツ記法の素晴らしさという観点で説明した方がよいだろうという意図で本節にまとめます。

　まずは合成関数の微分とは何かですが、第2章からこれまで何度か登場した「DMを送りすぎるとむしろ購買金額が下がる」という2次関数を例に考えてみましょう。こちらを平方完成させた式とグラフは次のようなものでした。

図表 5-13

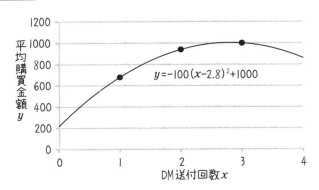

ここから先ほどは( )²のところを計算してから各項を1つずつ微分していく、という正攻法の微分によって、「$x=2.8$のときに傾きは0になる」という結論を得ました。しかし、合成関数の微分という考え方に基づき「何で微分するか」を置き換えればもっと簡単に微分の計算ができます。

　何を置き換えるのかというと、何の文字でもよいのですがたとえばこの関数であれば$u=x-2.8$とでも置いてやれば、数式は次のようにシンプルになります。

$$y = -100(x-2.8)^2 + 1000$$
$$= -100u^2 + 1000 \quad \cdots (36.1)$$

またこのとき、もしyをxではなくuで微分しろと言われたのであれば、その計算は次のようにとても簡単です。

$$\frac{dy}{du} = -100 \cdot 2u = -200u \quad \cdots (36.2)$$

　ただし、これはあくまで「yをuで微分したもの」であり、本来知りたかった「yをxで微分したもの」ではありません。しかし、ライプニッツ記法を用いた合成関数の微分では、あたかも一般的な分数の代数計算のように、「分子と分母に同じものを掛ける」と考えるだけで、知りたかった「yをxで微分したもの」の答えにたどり着けます。すなわち、

$$\frac{dy}{dx} = \frac{dy}{du} \cdot \frac{du}{dx} \quad \cdots (36.3)$$

と考えられるわけです。さて、この(36.3)式を見てみると、右辺は(36.2)式で考えた「yをuで微分したもの」と「uをxで微分したもの」

を掛け合わせたものです。これを分数のように計算すれば、分母と分子それぞれの du が打ち消し合って左辺の形になります。そして $u = x - 2.8$ を x で微分するのもとても簡単で、その答えは1になります。よって(36.3)式は、

$$\frac{dy}{dx} = \frac{dy}{du} \cdot \frac{du}{dx} = -200u \cdot 1 = -200(x - 2.8)$$

となります。先ほどの正攻法での微分と同様、合成関数の微分という考え方によってもやはり同じく傾きが0になるのは $x = 2.8$ のときだとわかりましたが、こちらの計算の方がより簡単です。2次関数などより複雑な関数であればそれだけ、こうしたやり方のメリットも大きくなることでしょう。

この合成関数の微分という考え方はディープラーニングなどにおいてもとても重要な役割を果たしていますので、なぜそうなるのかを少し丁寧に、微分の定義に基づいて確認しておきましょう。先ほどの計算では、$u = g(x) = x - 2.8$ と、$y = f(u) = -100u^2 + 1000$ という2つの関数を「合成」した $f(g(x))$ という関数(これを合成関数と呼びます)を扱いました。$f(u)$ の u のところに $g(x)$ を入れこんだような書き方です。これを一般化して考えることにすると、微分の定義から、

$$\frac{d}{dx} f(g(x)) = \lim_{\Delta x \to 0} \frac{f(g(x + \Delta x)) - f(g(x))}{\Delta x} \quad \cdots (36.4)$$

となりますが、ここで $\Delta u = g(x + \Delta x) - g(x)$ というものを考えたらどうなるでしょうか?これは $u = g(x)$ の x が Δx だけ増えたときに u がどれだけ増えるか、というものです。当然 Δx がめちゃめちゃ小さければ Δu もめちゃくちゃ小さくなるので $\Delta u \to 0$ と考えても問題ないはずです。また、Δu が「めちゃくちゃ小さい」ものであっても0でさえなければ、

分子と分母に同じ数を掛けても問題ないはずです。よって、(36.4)式は、

$$\frac{d}{dx}f(g(x)) = \lim_{\Delta x \to 0}\frac{f(g(x+\Delta x))-f(g(x))}{\Delta u}\cdot\frac{g(x+\Delta x)-g(x)}{\Delta x} \quad \cdots(36.5)$$

と表せます。また、

$$\Delta u = g(x+\Delta x) - g(x)$$
$$\Leftrightarrow g(x+\Delta x) = g(x) + \Delta u$$

なのでここでも先ほど触れた、lim の中身で掛け算してから極限を考えても、別々に極限を考えてから掛け算しても同じ結果になる、という性質を使うと(36.5)式は、

$$= \lim_{\Delta u \to 0}\frac{f(g(x)+\Delta u)-f(g(x))}{\Delta u}\cdot\lim_{\Delta x \to 0}\frac{g(x+\Delta x)-g(x)}{\Delta x}$$

という形にすることができます。$y=f(u)$、$u=g(x)$ という最初の定義と、もともとの微分の考え方に基づくとこれはそのまま、

$$= \frac{dy}{du}\cdot\frac{du}{dx}$$

と、合成関数の微分の考え方が成り立つことが確認できました。本書ではこれ以上詳しく証明などを行なうことをしませんが、このような考え方が背景にあるためライプニッツ記法の dx や dy といった記法は、あたかも代数における分数のように扱える便利なものだということを覚えておきましょう。

　これは微分に限らず、積分についても同じことが言えます。なお、積分の場合は同じように何で積分するかを「置き換える」積分という意味で「置換積分」と呼びます。たとえば前節の三角分布について、x が 1

から5までの範囲における積分を、置換積分で求めたらどうなるでしょうか?

$$\int_1^5 \left(-\frac{1}{18} + \frac{1}{18}x\right)dx = \frac{1}{18}\int_1^5 (x-1)\,dx \qquad \cdots (36.6)$$

と、もとの式を変形した上で、$u = x - 1$ と置換してみます。そうすると、まずはこの u を x で微分して、

$$\frac{du}{dx} = 1$$

と求められますが、これを「代数における分数のようなもの」と考えてみましょう。そうすると $du = dx$ と考えてもよさそうですし、逆に x を u で微分しても1になる、と考えられます。

このような考え方によって、積分においても「x の代わりに u で積分の計算をする」という置き換えが可能になりますが、定積分を求める場合には積分区間についても注意しなければいけません。つまり、「x が1から5まで」という積分区間が、u についてはどこからどこまでにあたるのかを考えなければいけない、ということです。言うまでもなく、$u = x - 1$ なので、この積分区間は「u が0から4まで」というところに該当します。よって(36.6)式は、

$$\begin{aligned}
\frac{1}{18}\int_{x=1}^{x=5} (x-1)\,dx &= \frac{1}{18}\int_{u=0}^{u=4} \left(u \cdot \frac{dx}{du}\right)du \\
&= \frac{1}{18}\int_0^4 (u \cdot 1)\,du \\
&= \frac{1}{18}\int_0^4 u\,du
\end{aligned}$$

と置き換えることができます。あとは u の原始関数(のうち定数項が最もシンプルなもの)を考えれば、

$$= \frac{1}{18}\left[\frac{1}{2}u^2\right]_0^4 = \frac{1}{18}\left(\frac{1}{2}\cdot 16 - 0\right) = \frac{8}{18} = \frac{4}{9}$$

というように面積を求めることもできます。ややこしい関数の積分を計算する際にこうした置換を行なうことで簡単に計算できるようになるということがしばしばあります。

また、ライプニッツ記法で「分数のように考えられる」というメリットは、単に微分や積分を置き換えて考えられるというに留まりません。理学部や工学部、経済学部などでは、「微分したものについての法則性」から関数を導き出すという微分方程式の考え方を習いますが、これもライプニッツ記法の「分数のように考えられる」というところがとても役に立ちます。

実は高校で習う物理や化学の公式も、微分方程式に基づけばすんなりとその意義が理解できるのですが、本書はあくまで「例題なども全てビジネスマン向け」のものであるので次のような状況を考えてみましょう。

> あなたは大手玩具メーカーに勤め、低年齢の男児向け商品企画を担当している。流行のサイクルを早い段階で捉えられるかどうかがこの仕事のカギだが、どのように考えたらよいだろうか？この問いに悩んだあなたが上司に相談したところ、この分野の自社製品の売れ方について次のような一見矛盾した２つの経験則を教えてもらうことができた。
>
> １）一定期間にある商品がいくつ売れるかは広告などよりも子どもたちの口コミに大きな影響を受けており、「その時点でのユーザー数が多ければ多いほどそれに比例してユーザー数の伸びも大きくなる」ということが言える。
> ２）一方でほとんどの子どもに行き渡ってしまえばそれ以上商品が売

れることはなく、「全潜在顧客のうちまだユーザーとなっていない子どもの人数が多ければ多いほどそれに比例してユーザー数の伸びも大きくなる」という側面もある。

このような経験則をもとに、時間経過に応じて商品がどのように売れていくかという関係性がどのようになっているかを考えよう。

たとえばすでに商品を購入したユーザー数を y、発売からの時間を t としたときに、y は t の関数になっているはずですが、上司の経験則はユーザー数 y と時間 t の関係ではなく、「ある時点でのユーザー数の伸び」に関するものでした。「t が増えるにつれて y がどれだけ増えるのか」を点で捉えるとすれば、それはすなわち「y を t で微分したもの」ということです。ここまで変数 x について微分か積分を考えてきましたが、もちろんそれ以外の文字を使えないということはありません。この「微分したもの」について方程式を考えると、それは微分方程式と呼ばれます。

上司の経験則によれば、「ユーザー数の伸び」あるいは「y を t で微分したもの」は、y の値自体と「全潜在顧客のうちまだユーザーとなっていない子どもの人数」の両方に比例するということなので、全潜在顧客数を N、比例定数を a とでもおいて次のように数式で表してみましょう。

$$\frac{dy}{dt} = ay(N-y) \quad \cdots (36.7)$$

この(36.7)式をなんとかすれば y と t の関係がわかるはずです。基本的な微分方程式は次のようなたった2つの手順で解くことができますので、実際にやってみましょう。

手順1：ライプニッツ記法が「分数と同じように扱える」ことを利用

して、その「分子側」に関係するものを一方の辺に、「分母側」に関係するものを他方の辺に集める。なお、定数に関してはどちらの辺にあっても構わない。

手順2：両辺の不定積分を求めて整理する。

手順1に従うと、たとえば今回の場合であれば、dy に関係するものを左辺に、dt に関係するものを右辺に、定数はどちらでも、と整理します。(36.7)式の両辺を dt 倍して、$y(N-y)$ で割る、と考えると次のような形が得られます。

$$\frac{1}{y(N-y)} \cdot dy = a \cdot dt \qquad \cdots (36.8)$$

また、右辺については簡単に不定積分が考えられそうな定数だけの形になっていますが、左辺は分母が少しややこしい形なので、次のように2つの分数の足し算だと考えるのが積分の計算でしばしば使われる定石です。

$$\begin{aligned}\frac{1}{y}+\frac{1}{N-y} &= \frac{N-y}{y(N-y)}+\frac{y}{y(N-y)} \\ &= \frac{N-y+y}{y(N-y)} = \frac{N}{y(N-y)} \qquad \cdots (36.9)\end{aligned}$$

すなわち、(36.8)式の左辺は(36.9)式を N で割ったものだということです。よって、

$$(36.8) \Leftrightarrow \frac{1}{N} \cdot \left(\frac{1}{y}+\frac{1}{N-y}\right) \cdot dy = a \cdot dt$$

となります。ここまで整理できれば両辺の不定積分を考えればよく、

第5章 統計学と機械学習のための微分・積分

$$\frac{1}{N} \cdot \left(\int \frac{1}{y} \cdot dy + \int \frac{1}{N-y} \cdot dy \right) = a \int 1 dt \quad \cdots (36.10)$$

という計算さえできれば、「上司の経験則から考えられる t の経過とともに y がどう変化するかという関数」が求められることになります。このうち、右辺の不定積分はとても簡単で、たとえ t についてであっても「微分したら1になる原始関数を考える」という基本は同じです。よって、

$$a \int 1 dt = at + C$$

となりますが、左辺についてはどうでしょうか？これまで、n 次関数の不定積分は（積分定数を無視して書くと）、

$$\int y^n dy = \frac{1}{n+1} y^{n+1}$$

であるというように考えてきましたが、実は(36.10)式の左辺には先ほど注意した「−1乗の積分」というケースが登場してしまっています。

このような x の−1乗の関数の積分を考えるためには、実は指数関数と対数関数に関する微分や積分という考え方が必要になります。逆に、これらを理解していれば、今問題となった「−1乗の積分」だけでなく、どんな実数 n に対しても「x の n 乗の関数の積分」が求められるようになります。すなわち、たとえば $y = \sqrt{x} = x^{\frac{1}{2}}$ といった関数に対しても微分や積分が考えられるようになるわけです。

そんなわけで次節では指数関数と対数関数の微分と積分について学びたいと思いますので、この微分方程式の答えがどうなるのかはもう少々お待ちください。

37

指数関数・対数関数の微分/積分とネイピア数の意味

ここまでですでに、皆さんは「−1乗の積分」という1つだけの例外を除いて、xのn（整数）乗という項だけで構成される関数の微分や積分が考えられるようになりました。この最後の例外を解決するためにも、指数関数と対数関数についてどう微分や積分を考えればよいか学んでおきましょう。

第3章ではネイピア数eについて、「微分するのに便利だからだ」という話を後で説明しますと言いました。まずはこのことについて考えていきましょう。結論から先に言えば、ネイピア数を使って表された指数関数e^xは、関数と導関数が一緒、というとても素晴らしい性質を持っています。すなわち、

$$\frac{d}{dx}e^x = e^x \qquad \cdots (37.1)$$

ということです。なぜこうなるのか、$f(x) = e^x$として、微分の定義に従って次のように考えてみましょう。

$$\frac{d}{dx}f(x) = \lim_{\Delta x \to 0}\frac{f(x+\Delta x)-f(x)}{\Delta x} = \lim_{\Delta x \to 0}\frac{e^{x+\Delta x}-e^x}{\Delta x}$$

この右辺について、すでに学んだように「指数部分の足し算」は「元の数の掛け算」なので、

$$= \lim_{\Delta x \to 0}\frac{e^x \cdot e^{\Delta x} - e^x}{\Delta x}$$

$$= \lim_{\Delta x \to 0} \frac{e^x \cdot (e^{\Delta x} - 1)}{\Delta x}$$

となります。ただし、e^x は Δx と無関係なのでこれは $\lim_{\Delta x \to 0}$ という部分の外側に出しても問題ありません。そうすると、

$$\frac{d}{dx}e^x = e^x \cdot \lim_{\Delta x \to 0} \frac{e^{\Delta x} - 1}{\Delta x} \quad \cdots (37.2)$$

というところまで整理することができました。さてここで、$e^{\Delta x} - 1 = t$ とおいてみましょう。e^0 が1であることを考えれば、Δx がめちゃくちゃ小さい（0に近い）とき、この t もめちゃくちゃ小さい（0に近い）値になるはずです。また、

$$e^{\Delta x} - 1 = t$$
$$\Leftrightarrow \quad e^{\Delta x} = t + 1$$

であり、この両辺の自然対数を考えると、

$$\Delta x = \log(t + 1)$$

ということになります。よって、t の逆数という指数が少し見づらくなりますが、(37.2)式はこの t を使って次のように表すことができます。

$$\frac{d}{dx}e^x = e^x \cdot \lim_{t \to 0} \frac{t}{\log(t+1)}$$

$$= e^x \cdot \lim_{t \to 0} \frac{1}{\frac{1}{t}\log(t+1)}$$

$$= e^x \cdot \lim_{t \to 0} \frac{1}{\log(t+1)^{\frac{1}{t}}} \quad \cdots (37.3)$$

ここでネイピア数の定義を見直すと、第3章では、

$$e = \lim_{n \to \infty} \left(1 + \frac{1}{n}\right)^n$$

というように、「n がむちゃくちゃ大きいときの複利計算」を考えました。そうすると、「n 分の 1」という n の逆数は「めちゃくちゃ小さい（0 に近い）」ことになりますので、仮に t がこの n の逆数だったと考えてみましょう。そうすると、

$$e = \lim_{t \to 0} (1 + t)^{\frac{1}{t}} \qquad \cdots (37.4)$$

と、無事 (37.3) 式に登場する形が現れました。このことを使うと (37.3) 式は、

$$\frac{d}{dx} e^x = e^x \cdot \lim_{t \to 0} \frac{1}{\log (t+1)^{\frac{1}{t}}}$$
$$= e^x \cdot \frac{1}{\log e}$$

となります。言うまでもなく $\log e$ つまり「e を何乗かして e になる数」とは 1 のことなので、e^x は「微分してもそのまま同じ形」になることが確認できました。なお、本によっては (37.2) 式に出てきたような形をもとに、

$$\lim_{\Delta x \to 0} \frac{e^{\Delta x} - 1}{\Delta x} = 1$$

となるような数がネイピア数 e である、という定義をしているものもあります。

「微分してもそのまま同じ形」ということは、積分定数を抜きに言え

ば当然「積分もそのまま同じ形」ということです。このようなネイピア数の性質が次のような、統計学と機械学習の勉強に必要な指数関数と対数関数のルールを理解する上で中心的な役割を果たします。

ルール1：底が e の指数関数は微分しても積分しても同じ関数になる。

$$\frac{d}{dx}e^x = e^x$$

$$\int e^x dx = e^x + C$$

ルール2：底が e の対数関数を微分すると $\frac{1}{x}$ になり、逆に n 次関数のルールで例外だった「マイナス1乗の積分」は $\log_e |x|$ になる。

$$\frac{d}{dx}\log_e x = \frac{1}{x}$$

$$\int x^{-1} dx = \int \frac{1}{x} dx = \log_e |x| + C$$

ルール3：底が e でない（この底を a とする）指数関数を微分した場合、もとの関数を $\log_e a$ 倍したものになり、積分を求める場合はもとの関数を $\log_e a$ で割ったものになる。

$$\frac{d}{dx}a^x = a^x \cdot \log_e a$$

$$\int a^x dx = \frac{a^x}{\log_e a} + C$$

ルール4：底が e でない（この底を a とする）対数関数を微分すると $\frac{1}{x}$ を $\log_e a$ で割ったものになる。

$$\frac{d}{dx}\log_a x = \frac{1}{\log_e a} \cdot \frac{1}{x}$$

ルール5：底が e の対数関数の積分は次のように求められる。

$$\int \log_e x = x \cdot \log x - x + C$$

これら指数関数と対数関数に関する計算ルールは統計学と機械学習を勉強する中でかなり頻繁に登場しますので本節では少し丁寧にその考え方を追いかけておきたいと思います。

ルール1についてはすでに確認しましたので次はルール2で示された、底がネイピア数の対数関数 $\log x$ の微分について考えてみましょう。なお、すでにことわったように本書では底の書いていない対数は全て底がネイピア数の自然対数であることに注意してください。こちらも微分の定義に従うと、

$$\frac{d}{dx}\log x = \lim_{\Delta x \to 0}\frac{\log(x+\Delta x) - \log x}{\Delta x}$$

となり、対数の計算ルールから、log 同士の引き算は log の中身の割り算になります。そうすると、

$$= \lim_{\Delta x \to 0}\frac{\log \dfrac{x+\Delta x}{x}}{\Delta x}$$
$$= \lim_{\Delta x \to 0}\frac{\log\left(1 + \dfrac{\Delta x}{x}\right)}{\Delta x} \quad \cdots (37.5)$$

となります。さてここで、(37.5)式の分子の中にある「Δx を x で割ったもの」について、その逆数を次のように、n とでも考えたらどうなるで

第5章 統計学と機械学習のための微分・積分

しょうか？

$$n = \frac{x}{\Delta x} \Leftrightarrow \Delta x = \frac{x}{n}$$

対数関数を考えられるような x は必ずプラスの値ですし、n がめちゃくちゃ大きいプラスの値のとき、Δx はめちゃくちゃ小さい0に近い値となります。この n の値を使って(37.5)式を表してみましょう。

$$\frac{d}{dx}\log x = \lim_{n \to \infty} \frac{\log\left(1 + \frac{1}{n}\right)}{\frac{x}{n}}$$

$$= \lim_{n \to \infty} \frac{n \cdot \log\left(1 + \frac{1}{n}\right)}{x}$$

また、この x を $\lim_{n \to \infty}$ の外側に持って行き、log に対する掛け算は log の中身の累乗、というすでに学んだ計算ルールに基づくと、

$$= \frac{1}{x} \cdot \lim_{n \to \infty} \log\left(1 + \frac{1}{n}\right)^n$$

$$= \frac{1}{x} \cdot \log \lim_{n \to \infty}\left(1 + \frac{1}{n}\right)^n$$

となります。この log の中身は最初に複利計算で考えたネイピア数の定義そのままなので、

$$= \frac{1}{x} \cdot \log e$$

$$= \frac{1}{x} \cdot 1$$

となります。なお、最後の変形は「e を何乗かしたときに e になる数は 1」というだけの話です。よって、

$$\frac{d}{dx}\log x = \frac{1}{x}$$

と求められます。

　また、このことを逆に考えれば、$\frac{1}{x}$ の原始関数として自然対数 $\log x$ が考えられるはずですが、1つだけ注意しなければいけないのは、「対数関数 $\log x$ において x は必ずプラスの値」という点です。なぜなら実数を考える限り、「e を何乗かしてマイナスの数になる」ということがあり得ないからです。よって、微分の逆の積分を考えるときにはこの x の部分に「必ずプラスになる」という絶対値を考えて、

$$\int \frac{1}{x}dx = \log|x| + C$$

と表されます。x が 0 より大きい範囲のことだけを考えてよいのであれば、ここを特に気にする必要はありませんが、これらがルール 2 として示した、前節で述べた n 次関数の積分の公式における唯一の注意点を埋める、「−1 乗の積分」の公式です。

　また、こうした対数の微分と合成関数の微分の考え方を使えば、n 次関数の微分と積分についての法則は n が整数の場合に限らず、分数でも無理数でも成り立つことがわかります。これまで何度も $y = f(x) = x^n$ という関数の微分や積分について考えてきましたが、この n が整数でなければ、これまでにやったような微分の定義に基づく証明は考えられません。しかし、「そのままの微分が難しければ両辺の対数をとってから微分しよう」という対数微分というやり方で、これまでに学んだ n 次関数の微分や積分の公式が成り立つことが確認できます。すなわち、

$$y = x^n$$
$$\Leftrightarrow \log y = n \cdot \log x$$

と両辺の対数をとって考えた状態で、この両辺をxで微分してみましょう。左辺と右辺が同じなのであれば、当然xで微分した場合にもイコールが成り立つはずです。右辺はルール2をそのまま使えば問題はありませんが、左辺については合成関数の微分の考え方に基づき、

$$\frac{d}{dx}(\log y) = \frac{d}{dx}(n \cdot \log x)$$
$$\Leftrightarrow \frac{d}{dy}(\log y) \cdot \frac{dy}{dx} = n \cdot \frac{1}{x}$$
$$\Leftrightarrow \frac{1}{y} \cdot \frac{dy}{dx} = \frac{n}{x}$$
$$\Leftrightarrow \frac{dy}{dx} = \frac{ny}{x}$$

と計算することができます。ここで、$y = x^n$というもとの定義に立ち返ると、

$$\Leftrightarrow \frac{dy}{dx} = \frac{n \cdot x^n}{x} = nx^{n-1}$$

と、これまでに考えていたn次関数の微分のルールが成り立つことが確認できました。ここで考えたnは、整数だろうが分数だろうが無理数だろうが何の問題もありませんので、たとえば$y = \sqrt{x} = x^{\frac{1}{2}}$などであっても、やはりこのルールが適用できることになります。本書ではこの問題についてこれ以上詳しい証明などはしませんが、微分がそうだというならばその逆である積分についても同様に考えられるということです。

さらに、この「無理数だろうが何だろうがn次関数の微分が成り立つ」ことと合成関数の微分を知っていれば、e以外の底についての指数

関数の微分がどうなるかもわかります。これが先ほど挙げたルール3です。この e でない指数の底を a としたとき、

$$a^x = e^u$$

というように、「a が底の指数関数」を無理やり「微分しやすい e が底の指数関数」として扱ってみましょう。このような u は両辺の自然対数を考えれば、

$$\Leftrightarrow \quad \log a^x = \log e^u$$
$$\Leftrightarrow x \cdot \log a = u \cdot \log e = u \cdot 1 = u$$

と求められます。そうすると、

$$f(x) = a^x = e^{x \cdot \log a}$$

と表すことができますが、この微分を $u = x \cdot \log a$ を使った合成関数の微分で考えれば、この u はただの x の定数倍なので、

$$\frac{du}{dx} = \log a$$

となります。そうすると、

$$\frac{d}{dx} f(x) = \frac{d}{dx} e^u$$
$$= \frac{d}{du} e^u \cdot \frac{du}{dx}$$
$$= e^u \cdot \log a$$

第5章　統計学と機械学習のための微分・積分

と整理できます。ここでもとの定義を見返すと $e^u = a^x$ なので、

$$\frac{d}{dx}a^x = a^x \cdot \log a$$

と、さすがにネイピア数の指数関数と違い、「微分しても元の関数のまま」とまではいかないものの、「元の関数の $\log a$ 倍」という比較的シンプルな形になることがわかります。これが逆に不定積分だと「元の関数を $\log a$ で割ったもの」になり、

$$\int a^x dx = \frac{a^x}{\log a} + C$$

と求められるわけです。

なお、「基本的に全部自然対数」という統計学と機械学習の中ではあまり使う機会はありませんが、e 以外の底の指数関数だけでなく、e 以外の底の対数関数についての微分ももちろん考えられます。こちらは第3章で学んだ底の変換公式を使えば簡単で、$y = f(x) = \log_a x$ とすると底の変換公式を使って自然対数にした場合、

$$y = f(x) = \frac{\log_e x}{\log_e a}$$

と考えられます。この $\log_e a$ は一見ややこしそうに見えても x と関係のない定数なので、

$$\frac{d}{dx}\log_a x = \frac{d}{dx}\left(\frac{\log_e x}{\log_e a}\right) = \frac{1}{\log_e a} \cdot \frac{d}{dx}\log_e x = \frac{1}{\log_e a} \cdot \frac{1}{x}$$

と、自然対数の場合の微分を「$\log_e a$ で割ったもの」と考えればOKということになります。

あとは「微分の逆」というだけでは説明できない「対数関数の積分は

どうなるのか」というところが最後のルール5です。この考え方を理解するために、まずは$u = \log x$とする置換積分を考えてみましょう。

$$\int \log x\, dx = \int u \cdot \frac{dx}{du} du$$

さてここでxをuで微分したらどうなるでしょうか？対数の定義から、$u = \log x$ということは$e^u = x$なので、ルール1に基づくと、「xをuで微分したらe^uになる」ということになります。よって、

$$= \int u \cdot e^u du$$

となります。さて、ここでe^uは微分しても積分しても変わらず、uは微分した方が1になって計算が楽になります。こういう状況は部分積分が威力を発揮するところです。部分積分とは、次のように考えるものでした。

$$\int (f(x) \cdot G(x))\, dx = F(x) \cdot G(x) - \int (F(x) \cdot g(x))\, dx$$

つまり、2つの関数が掛け合わされた関数の積分を考えるとき、そのままでは計算しにくい場合に「一方の関数の不定積分と他方の関数の微分」を考えた方が楽になるかも、というのが部分積分の考え方です。今回で言えばe^uの方は微分も積分も変わりありませんが、uの方は微分すると1になって掛け算するときに消えます。よって、こちらを$G(x)$と考えれば計算が楽になりそうです。そうすると、

$$\int \log x\, dx = \int e^u \cdot u\, du$$
$$= e^u \cdot u - \int e^u \cdot 1\, du$$

$$= u \cdot e^u - e^u + C$$
$$= e^u(u-1) + C$$

となります。また、u をもとの $\log x$ に戻してやると、

$$= e^{\log x}(\log x - 1) + C = x(\log x - 1) + C = x \cdot \log x - x + C$$

と、ルール5で表された形になることがわかりました。

そして、以上のような5つのルールのうち最初の2つだけでもわかれば、前節で積み残した微分方程式を解くことができます。前節では

$$\frac{1}{N}\left(\int \frac{1}{y}dy + \int \frac{1}{N-y}dy\right) = a\int dt \quad \cdots (36.10)$$

というところで止まっていましたが、まずこの(36.10)式左辺の1つめの積分については今学んだ公式通り、

$$\int \frac{1}{y}dy = \log|y| + C$$

と考えられます。なお実際には「ユーザー数がマイナスの人数」ということは考えられないため、今回のケースについては y の絶対値記号は不要でしょう。次に左辺2つめの積分についてですが、こちらは $u=N-y$ という置換積分を考えます。そうすると、

$$\int \frac{1}{N-y}dy = \int \frac{1}{u} \cdot \frac{dy}{du}du$$

となりますが、$u=N-y \Leftrightarrow y=N-u$ であり、y を u で微分すると -1 になります。よって、

$$\int \frac{1}{N-y} dy = \int \frac{1}{u} \cdot (-1) du = -\log|u| + C = -\log|N-y| + C$$

と考えられます。ここでもやはり「全潜在顧客から現ユーザー数を引いたもの」がマイナスの値であるとは考えられず、こちらの絶対値記号も今回無視してよいはずです。よって、(36.10)式の両辺の不定積分は、積分定数を C_1、C_2、C_3 とそれぞれ「別物ですよ」という意味で添え字をつけて区別しておくと、

$$\frac{1}{N}(\log y + C_1 - \log(N-y) + C_2) = at + C_3$$
$$\Leftrightarrow \quad \log y + C_1 - \log(N-y) + C_2 = Nat + NC_3$$
$$\Leftrightarrow \quad \log y - \log(N-y) = Nat + NC_3 - C_1 - C_2 \quad \cdots (37.6)$$

と計算できます。さてここで、対数同士の引き算は「対数の中身の割り算」になります。また、もともと積分定数 C_1、C_2、C_3 は「定数ならどんな数でも大丈夫ですよ」というだけの意味なので、新たに $C = NC_3 - C_1 - C_2$ という新しい「どんな数でも大丈夫ですよ」という定数を考えましょう。そうすると(37.6)式は、

$$\Leftrightarrow \log \frac{y}{N-y} = Nat + C$$

とだいぶシンプルに表すことができるようになりました。さらに、自然対数の定義から「e を $Nat+C$ 乗するとちょうど左辺の対数の中身になる」と考えられるので

$$\Leftrightarrow \frac{y}{N-y} = e^{Nat+C}$$

となります。あとはこれを $y=$ という形にしてやれば、ユーザー数 y を

第5章 統計学と機械学習のための微分・積分

時間 t の関数として表したいという目的は達成です。すなわち、

$$\Leftrightarrow \quad y = e^{Nat+C}(N-y)$$
$$\Leftrightarrow \quad y = Ne^{Nat+C} - e^{Nat+C}y$$
$$\Leftrightarrow \quad e^{Nat+C}y + y = Ne^{Nat+C}$$
$$\Leftrightarrow \quad (e^{Nat+C}+1)y = Ne^{Nat+C}$$
$$\Leftrightarrow \quad y = N \cdot \frac{e^{Nat+C}}{e^{Nat+C}+1} = N \cdot \frac{1}{1+\frac{1}{e^{Nat+C}}}$$
$$\Leftrightarrow \quad y = N \cdot \frac{1}{1+e^{-(Nat+C)}} \quad \cdots (37.7)$$

というのが、上司から教えられた2つの経験則から考えられる、y と t の関係だということになります。

勘の良い方はお気づきかもしれませんが、この(37.7)式で表される関数とは、潜在顧客数 N に第3章で学んだロジスティック関数あるいはシグモイド関数と呼ばれるものを掛け合わせたものです。残った問題は N、a、c といった定数をどう求めるか、というところですが、そちらも以前ロジスティック回帰のところで考えたように、「実際のデータによく合うような値の組合せ」を考えればよいだけの話です。これらについてはいったん未知の文字として、横軸に t を、縦軸に y をとり、t が経過するにつれ y がどう変化するかというグラフを描いてみましょう。そうすると図表5-14のように、最初は0に近いところから指数関数的に増加するものの、徐々に勢いは落ちて潜在顧客数 N に収束するS字曲線を描きます。

なお、今回考えた「既存ユーザー数と残りの潜在顧客数に比例して増加する」という数理モデルは、昔から感染症の流行を説明するのにもよく使われているものです。また、経営学でもよく引用される、社会学者エベレット・ロジャースが提唱した「イノベーション普及理論」を表す

図表 5-14

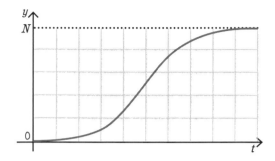

場合にもこうしたＳ字曲線が模式的に描かれることがあります。感染症が「現在の感染者数と、まだ一度も感染しておらず免疫のない人の数に比例して新規感染者が増える」のと同様に、新しい消費行動や考え方が普及する際にもこのようなメカニズムが背後にあるのかもしれません。

　このようなロジスティック関数あるいはシグモイド関数はかつてニューラルネットワークの中で中心的な役割を果たしていたため、ディープラーニングに関する専門的な勉強をはじめるとしばしば出合うことになるでしょう。たとえば多くの教科書にはシグモイド関数を $f(x)$ とした場合にそれを微分したものが $(1-f(x))\cdot f(x)$ で表されるという記述がありますが、これも本書で学んだ n 次関数の微分、合成関数の微分、e を底とする指数関数の微分の考え方を使えば簡単に証明することができます。たとえば次のように一番シンプルなシグモイド関数を考えてみましょう。

$$f(x) = \frac{1}{1+e^{-x}}$$

　ここで、この右辺の分母を $u=1+e^{-x}$ とし、e の指数を $v=-x$ とする2段階の置換を考えると、まず

$$\frac{du}{dx} = \frac{d}{dv}(1+e^v) \cdot \frac{dv}{dx} = e^v \cdot (-1) = -e^{-x}$$

と考えられます。これを使うと、

$$\frac{d}{dx}f(x) = \frac{d}{du}u^{-1} \cdot \frac{du}{dx} = -u^{-2}(-e^{-x}) = \frac{e^{-x}}{(1+e^{-x})^2}$$

と求められます。また $1-f(x)$ とは、

$$1-f(x) = 1 - \frac{1}{1+e^{-x}} = \frac{1+e^{-x}-1}{1+e^{-x}} = \frac{e^{-x}}{1+e^{-x}}$$

なので、

$$(1-f(x)) \cdot f(x) = \frac{e^{-x}}{1+e^{-x}} \cdot \frac{1}{1+e^{-x}}$$
$$= \frac{e^{-x}}{(1+e^{-x})^2} = \frac{d}{dx}f(x)$$

と、「シグモイド関数 $f(x)$ を微分したものが $(1-f(x)) \cdot f(x)$ で表される」ということを確認することができました。なお、このことは先ほど考えた微分方程式の問題において、ユーザー数の伸び方が「潜在顧客のうちまだユーザーになっていない割合」と「潜在顧客のうちユーザーになった割合」に比例する、という話と本質的には同じことを言っています。

　後述するように微分を行なう、ということは統計学においても機械学習においても、データに最もフィットするようなパラメーターは何か、と推定する上で欠かすことのできないものであり、このような微分の計算がしやすいという性質によってシグモイド関数は機械学習の中で長らく重宝されてきました。

　ここまで学んだ微積分の知識だけでも統計学や機械学習の勉強にはず

いぶん役に立つはずですが、それ以外に高校で習う微積分の公式のうち知っておくとよいものと言えば、

$$\frac{d}{dx}\sin x = \cos x 、\frac{d}{dx}\cos x = -\sin x$$

という三角関数の微分に関する公式ぐらいでしょうか。本書は統計学と機械学習を理解する上で重要度の低い幾何学の内容を大胆にカットしているため詳しく証明などは行ないませんが、加法定理と呼ばれる「角度の足し算に対する三角関数についての公式」を使ったり、単位円を使った図形的な証明を試みたり、といったいろいろな形でこのことは証明できます。もし興味のある方は高校の参考書やインターネット上のウェブサイトで調べてみてください。

38

最尤法の基本
微分と対数で「もっともらしいパラメーター」を探そう

　ここまででみなさんは概ね高校で習う微積分のうち統計学と機械学習の勉強に欠くことのできない内容を一通り押さえたことになります。次に、このような内容がどう統計学や機械学習の中で役に立つのか、という実践例を通して、微積分の理解を進めていきましょう。

　私の考える限り、統計学や機械学習の中で微積分を学ぶ最も大きな意味は、最尤法というやり方でデータに最もあてはまりのよいパラメーターを推定する、という現代の統計学と機械学習の大きな基礎を理解するためです。パラメーターとはたとえば回帰分析における回帰係数のようなものを指し、要するにこれができるからこそ「現実をよく説明できる重回帰分析のモデル」であるとか「うまいこと人間の行動を予測する人工知能の機能」といったものをこの世に作り出すことができるわけです。最新の高度な手法には最尤法よりさらに複雑なベイズ推定を行なうものもたくさんありますが、そうしたものを理解するのにも最尤法を理解しておいて損することはありません。

　最尤法とは「最も『もっともらしい』ものを考える」という日本語では発音がかぶって少しややこしい話になりますが、ごく基本的な考え方を理解するために次のような状況を考えてみましょう。

　あなたの会社で試験採用した営業スタッフに見込み顧客リストからランダムに抜き出した3件の営業訪問をお願いしたところ、1件目は契約が取れ、2件目では契約が取れず、3件目ではまた契約が取れた。この結果だけから、「彼が今後何度も何度も数え切れないほど見込み顧客へ訪問を続けたとして、そのうち何パーセントから契約を取

れる能力を持っているか」という成約率を推定するとしたら、どのように考えるのが「もっともらしい」だろうか？

ごく素朴な考え方は当然3件中2件の契約が取れたのだから平均して66.7%だろう、というものですが、本来の自力で言えば10%ぐらいしか取れないはずなのに、たまたま今回の3件の中に当たりの顧客がいた、という考え方もできます。逆に90%ぐらい取れるはずなのに、今回たまたま運悪く1回失敗してしまった、という可能性もあります。いろいろな可能性は考えられますが果たしてそのうちどれが一番「もっともらしい」のでしょうか？

そこで、最尤法ではまず、今回の「成約率」のようなパラメーターを未知だったとして、そのパラメーターと実際のデータが得られる確率の関係を関数として捉えます。すなわち今回で言えばたとえば成約率を θ とすると、θ の値に応じた実際のデータが得られる確率を計算することができます。θ の値に応じた、ということはこの確率は「θ によって決まる関数」だと考えられますし、「実際のデータが得られる確率」が高い方が「もっともらしい θ」であると考えられるはずです。よって、この θ によって決まる「尤もらしい度合い」のことを尤度関数と呼びます。「もっともらしい」は英語で言えば likely なので、その頭文字を取って尤度関数は慣例的に $L(\theta)$ と表されます。なお尤度を考えるパラメーターを表すときにはよく θ が使われるのですが、私が調べた範囲ではその由来が見つかりませんでした。

今回で言えば、成約率を θ とすると「1件訪問するごとに契約が取れる確率は θ」「取れない確率は $1-\theta$」であり、今回の「成功・失敗・成功」というデータが得られる確率はこれらの掛け算で、

$$L(\theta) = \theta \cdot (1-\theta) \cdot \theta = \theta^2 (1-\theta) \qquad \cdots (38.1)$$

と考えることができます。これが今回扱う尤度関数$L(\theta)$というわけです。

ここで試しに成約率$\theta = 10\%$であったり、$\theta = 90\%$であれば$L(\theta)$がどのようになるかを次のように計算してみましょう。

$$L(0.1) = 0.1^2 \cdot 0.9 = 0.009 = 0.9\%$$
$$L(0.9) = 0.9^2 \cdot 0.1 = 0.081 = 8.1\%$$

つまり、「成約率が10%だったとすればこのデータが得られる確率は0.9%で、90%だったとすればこのデータが得られる確率は8.1%」であることがわかりました。さすがに0.9%の確率でしか得られないデータが今回たまたま得られました、というのはムリがあるので、仮にこの2つの可能性のどちらが正しいか、と言われればおそらくまだ「成約率90%」と考えた方が妥当そうだということになるでしょう。

では20%だとどうでしょうか？あるいは50%だとどうでしょうか？いろいろとトライアルアンドエラーを重ねて、最もこの尤度の値が大きくなるところを探していけば一番「もっともらしい」パラメーターが推定できるわけですが、みなさんはすでに、もっと効率的に関数の「ちょうどよいところ」を探す方法を学んできたはずです。それが微分したものがゼロになる、という考え方です。

今回のケースに限らず尤度は基本的にパラメーターが「ちょうどよい値」から大きすぎても少なすぎても小さくなる、という山型の関数であるという特徴があります。よって、微分して0になるところを探せば、それが尤度を最大化する「ちょうどよい値」であると考えられるわけです。なお、実際に今回扱う成約率θとそれに応じた尤度関数$L(\theta)$の関係をグラフにすると次のようになっています。

図表 5-15

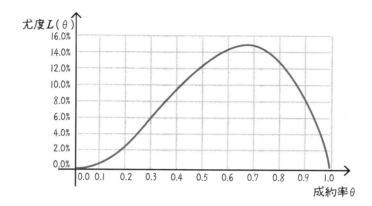

さて、では(38.1)式で表された$L(\theta)$をθで微分してみるとどうなるでしょうか？n次関数の微分の公式さえわかればこの計算は次のように簡単なものです。

$$L(\theta) = \theta^2(1-\theta) = \theta^2 - \theta^3 \text{より、}$$
$$\frac{d}{d\theta}L(\theta) = 2\theta^{2-1} - 3\theta^{3-1} = 2\theta - 3\theta^2 = \theta(2-3\theta)$$

つまり、これが0になる「ちょうどいいところ」を探すとすれば、

$$\frac{d}{d\theta}L(\theta) = \theta(2-3\theta) = 0 \text{とすると}$$
$$\Leftrightarrow \theta = 0 \text{ または } \frac{2}{3}$$

と求められます。$\theta=0$というところは、微分して0になったとしても尤度も0になってしまうので除外して、θが「3分の2」すなわち約66.7%というのが今回知りたかった「最ももっともらしい成約率の値」

ということになります。これは最初に考えた素朴な平均値あるいは割合の計算と全く同じですが、実はこうした計算にも思いのほかきちんとした数学的な裏付けがあるわけです。

なお、今回のようにたった3例だけのシンプルな計算であれば直接尤度を微分することもできますが、1つ1つのデータが得られる確率の計算が複雑で、なおかつデータ数も多い場合にはこのようなやり方はあまり賢明ではありません。仮に「100回行って何件取れたか」という話になっただけでも、100回の掛け算が必要になってくるわけです。こうなるといちいち具体的に数式を書くのすらたいへんでしょう。

そこで、尤度関数 $L(\theta)$ を一般化して書く考え方についても紹介しておきます。そのために、第1章のベイズの話のところで「条件が与えられたもとでの確率」を縦棒を使って表すという話をしましたが、この書き方を久しぶりに使います。あのときはたとえば「優秀」という条件が与えられたもとで「やる気」という言葉を使う確率を P(やる気 | 優秀)と表しました。それと同様に、x というデータが得られる確率を関数として $f(x)$ と考え、パラメーターが θ であるという条件を与えられたもとでの x というデータが得られる確率を $f(x|\theta)$ と表します。ただし、この x は1つではなくデータの数だけいくつも考えなければいけませんので、いつものように添え字を使って n 件のデータのうち i 番目のものが x_i と考えましょう。そうすると尤度関数はこの $f(x_i|\theta)$ をデータの件数分だけ全て掛け合わせたものになりますので次のように表されます。

$$L(\theta) = f(x_1|\theta) \cdot f(x_2|\theta) \cdot \cdots \cdot f(x_n|\theta) = \prod_{i=1}^{n} f(x_i|\theta) \qquad \cdots (38.2)$$

さてここでまた新しい、高校で習わない記号が登場しました。この Π（パイ）という大きなギリシャ文字は π の大文字です。ただし、円周率とは何の関係もなく、「掛け合わせ」という意味の英語である product

の頭文字にあたります。Σという記号について、合計という意味のsumの頭文字に相当するギリシャ文字だと説明しましたが、この「掛け算版」ということです。Σが「1番目からn番目まで全部足し合わせたもの」というのと全く同じで、Πでは「1番目からn番目まで全部掛け合わせたもの」という意味を示します。

しかし、Πという記号の意味がわかり、掛け算をまとめて書く方法がわかったとしてもこれを微分するとなるとかなりの手間です。微分の取り扱いルールの中でもこの「複数の関数の掛け算したものの微分」はかなり面倒なものであったことを覚えていますでしょうか？関数の足し算であれば「ばらして別々に微分すればよい」というとてもシンプルなルールでしたが、関数の掛け算であれば「片方はそのままでもう片方を微分したものを掛けて……」とだいぶややこしい計算をしなければいけません。これが2つの関数の掛け算ではなく、100だとか1000だとかの関数の掛け算になってしまうと、いったいどこからどう計算していいものやら途方に暮れてしまいます。

ですが、皆さんはすでに「掛け合わせ」を「足し合わせ」に変えるための「対数をとる」というやり方を知っているはずです。対数をとって考えれば、対数の中身の掛け算は対数の足し算という形になりますし、「関数の足し算の微分」も「対数の微分」もそれほど難しい計算ではありません。そのため尤度自体ではなく尤度の対数である「対数尤度」を考える、というのが最尤法による推定を考えるための定石になっています。またとても都合がよいことに、「尤度が最大になるところを探す」ことと、「対数尤度が最大になるところを探す」ことは全く同じ結果を生みます。

なぜなら、尤度は「θに応じた実際のデータが得られる確率」なので、0より小さくなることがありません。この区間の値についての自然対数は必ず、「尤度が大きくなればなるほどその自然対数である対数尤度も大きくなる」という関係にあるからです。試しにグラフにしてみると、

次のような状況です。

図表 5-16

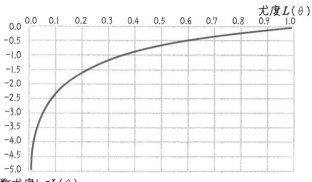

このような性質のおかげで、「対数尤度を微分して0とおき、対数尤度が最大となるところを探す」ことで、尤度が最大となるところを探す最尤法が実行できるわけです。

ここで実際に(38.2)式の対数尤度を考えてみると、掛け算を足し算に、ΠをΣに、と変換することができ、

$$\begin{aligned}
\log L(\theta) &= \log(f(x_1|\theta) \cdot f(x_2|\theta) \cdot \cdots \cdot f(x_n|\theta)) \\
&= \log f(x_1|\theta) + \log f(x_2|\theta) + \cdots + \log f(x_n|\theta) \\
&= \sum_{i=1}^{n} \log f(x_i|\theta) \quad \cdots (38.3)
\end{aligned}$$

と表現することができます。そしてこの対数尤度を微分しようとすれば、各項の微分をして足し合わせればよく、たとえば $u = f(x_i|\theta)$ という合成関数の微分を考えて、「ライプニッツ記法を分数のように」扱うと、

$$\frac{d}{d\theta}\log f(x_i|\theta) = \frac{d}{du}(\log u) \cdot \frac{du}{d\theta}$$

ですし、ここでは「自然対数の微分のルール」をそのまま使うことができます。よって、

$$= \frac{1}{u} \cdot \frac{du}{d\theta}$$
$$= \frac{1}{f(x_i|\theta)} \cdot \frac{d}{d\theta} f(x_i|\theta)$$

となるはずです。つまり、対数尤度の微分に出てくるΣの中身は、「1つ1つのデータが得られる確率をパラメーターで微分してその確率で割ったもの」になるということです。よって、これらを全て足し合わせた対数尤度の微分は次のように表されます。

$$\frac{d}{d\theta}\log L(\theta) = \sum_{i=1}^{n} \frac{1}{f(x_i|\theta)} \cdot \frac{d}{d\theta} f(x_i|\theta) \quad \cdots (38.4)$$

さて、このようなやり方で先ほどの成約率の最尤法による推定(これを略して最尤推定と呼ぶこともあります)を行なうと、契約が取れた場合と取れなかった場合のそれぞれにおいて、

契約が取れた場合は $f(x_i|\theta) = \theta$ であり $\quad \frac{d}{d\theta}f(x_i|\theta) = 1$
取れなかった場合は $f(x_i|\theta) = 1-\theta$ であり $\quad \frac{d}{d\theta}f(x_i|\theta) = -1$

と考えられます。よって(38.4)式に基づいて対数尤度の微分が0になる場合を考えると、

$$\frac{d}{d\theta}\log L(\theta) = \frac{1}{\theta}\cdot 1 + \frac{1}{1-\theta}\cdot(-1) + \frac{1}{\theta}\cdot 1$$
$$= \frac{2}{\theta} - \frac{1}{1-\theta}$$
$$= \frac{2-2\theta-\theta}{\theta(1-\theta)}$$
$$= \frac{2-3\theta}{\theta(1-\theta)}$$

となり、これが 0 になるとすればやはり θ が「3 分の 2」ということになります。こちらでも無事、先ほどと全く同じ結果を得ることができました。

初学者が統計学や機械学習の専門書を読むとき、「なぜか尤度というよくわからないものを微分してゼロになるところを探している」「なぜか今度は尤度ではなく対数尤度を微分しはじめた」というところで引っかかってしまうかもしれません。しかし、なぜこのようなことをするのかという理由を本節の内容でご理解いただけたでしょうか？「尤度とはパラメーターの値に応じた現実のデータが得られる確率」「この尤度が最大となるパラメーターの値が一番もっともらしい」「微分することでいつ尤度が最大になるかがわかる」「直接的に尤度を考えるよりも対数尤度の方が計算しやすい」というのが、本節で学んだ最尤法の基本です。

そしてこのような考え方は統計学と機械学習に共通した定石ですので、これがわかっているだけでも専門的な勉強はとても捗るのではないでしょうか。

39

ガウスの考えた「誤差の法則」と「ふつうの分布」

　前節では微分と対数の考え方が最尤法の中でどう役に立っているかを学びました。最尤法は統計学や機械学習における多くの手法の基礎にある考え方であり、専門的な勉強をはじめたら必ず目にするであろうといっても過言ではありません。しかし、本書のここまでの内容を学んでいれば「よくわからなくて挫折する」というリスクもずいぶんと減らせるのではないでしょうか。

　また本節、微積分に関する内容の締めくくりとして、正規分布がなぜあのような数式で表されるのか、という話についても説明しておきたいと思います。統計学や機械学習を勉強しようとする初学者が必ず正規分布の話を目にするはずなのに、初学者向けに「なぜこのようなものになるのか」という説明をきちんとしている入門書はごく限られています。なぜこのようなことになるかと言えば、微積分を使わない説明がめちゃくちゃ難しいからではないかというのが私の考え方です。

　おそらく多くの統計学の入門書は前半で図表5-17を出し、「平均値が0で標準偏差が1の標準正規分布のグラフと数式はこのような形です」ということが書いてあるはずです。

　これは三角分布と同様に、横軸は連続変数であり縦軸は確率密度を示しています。すなわち、積分の考えなくしては確率がどうこうと議論することができません。また、正規分布が「なぜこのような数式で表されるのか」という導出にはもともと微積分が使われています。そんなわけで、学生たちが高校までの微積分を覚えているかどうか疑わしいと感じている世界中の統計学の先生たちは、「なんでこういう数式になるんですか？」と生徒から素朴な質問をぶつけられたときに、やんわりかわす

図表 5-17

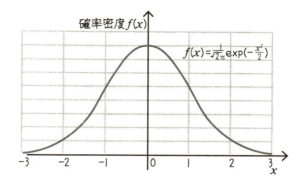

か、微妙な顔をされるリスクを覚悟しながら直球で微積分の考え方を投げ返すか、という選択を迫られることになるわけです。

本章はこの内容で最後になりますが、正規分布がこういう形ですよと言われて、「まあそんなものか」と納得できる方はもう次の章に進まれても構いません。そのうち統計学や機械学習の勉強で正規分布を見かけて、気になったときに読み返す、ぐらいの感じでもよいかもしれません。しかし、今まで一度でも正規分布について、何かもやもやしたものを抱えたことのある方でしたらぜひ読んでおいた方がよいでしょう。ここから少し話は長くなりますが、その歴史的な背景も含めて、初学者向けの本の中でスルーされがちな「なぜこのような形になっているか」というところを学ぶことで頭がクリアになるはずです。

本章ではすでに、微分方程式という高校では教えられていない考え方も紹介していますが、実はそれも「正規分布がなんでこんな形になっているのか」という、初学者の素朴な疑問に何とか答えるための準備という意味があります。

正規分布のことを英語では Normal Distribution と呼び、直訳すれば「ふつうのバラつき方」という感じですが、別名ガウス分布と呼ぶのは

数学者でもあり物理学者でもあるカール・フリードリヒ・ガウスが、データのバラつき方や誤差と正規分布の関係を整理したという功績に由来しています。

　数学、電磁気学、天文学などありとあらゆる分野に影響を与え、「19世紀最大の科学者」とか「科学の王者」とか言われることさえあるガウスですが、当時ガウスたちがいくら注意深く測定しても天体観測で得られたデータは実際の天体の位置から多少なりともズレたものになってしまいます。そこでガウスは、ズレた観測値からどう本当の値を推計したらよいのかというところから正規分布にたどり着きました。

　彼は誤差すなわち「本当の値と観測値のズレ」について考えるにあたり、まず次のようなことを仮定します。なお、下記の順番は必ずしもガウスの論文の中で登場した順番というわけではなく、本書の説明に応じた順番になっています。

仮定1：本当の値からプラス（過大）側であれマイナス（過小）側であれ観測値が大きくズレる確率は小さくズレる確率よりも小さい
仮定2：本当の値から「プラス（過大）側にズレる」確率と「マイナス（過小）側にズレる」確率はどちらが大きいということはなく対称的になるはずである
仮定3：本当の値の推測方法としては観測値の平均を考えるのがよいはず

　これらはあくまでガウスが考えた仮定ですが、人類の歴史の中でここから正規分布とデータのバラつきの関係がスタートしたと言っても過言ではありません。ガウスの論文そのままでは少し現代人には読みづらいので、表記方法などはこれまで皆さんが慣れ親しんだ現代の統計学の慣例に沿った形で、次のようにそのプロセスを追ってみましょう。

　まずn個のデータx_iについて、「本当の値」であるμからε_iずつズレ

ていたとしましょう。すなわち、

$$x_i = \mu + \varepsilon_i \qquad \cdots (39.1)$$

という状況です。μ は m に対応するギリシャ文字で、平均値 mean の頭文字を取って統計学では慣例的によく用いられます。今回の「本当の値」もガウスによって平均値でうまく推測できるはずと仮定されているので、この文字を用いました。また、観測値のズレ ε_i は連続的な値であり、ε の値に応じて決まる確率密度が $f(\varepsilon)$ であったとすると、ごく狭い w という幅の範囲で「ズレが ε 前後」になる確率は近似的に、横が w で縦が $f(\varepsilon)$ という長方形の面積、つまり $w \cdot f(\varepsilon)$ だと考えられる、というのがすでに三角分布のところで学んだ確率密度関数の考え方です。なお、今私が w という記号で幅を表したのは width の頭文字という意図ですが、特に慣例的によく使われるというわけではないことも言い添えておきます。

そして、前節で学んだ最尤法の考え方を体系立てたのは、現代的な統計学の礎を数多く生み出した統計学者ロナルド・フィッシャーですが、ガウスが正規分布を考えたときにもその原型のような考え方はすでに生まれていました。すなわち、それぞれの「ε_i 前後になる確率」が求められるのだとすれば、n 個の観測値が得られる確率はそれらの掛け合わせで求められ、このような「n 個の観測値が得られる確率」を最大化するような推測方法がよいだろう、とガウスは考えたわけです。

仮にこの確率を P とすると、先ほど考えたごく狭い w という幅で「ズレが ε 前後」になる確率は $w \cdot f(\varepsilon)$ であるという考え方に基づき、

$$P \simeq w \cdot f(\varepsilon_1) \cdot w \cdot f(\varepsilon_2) \cdot \cdots \cdot w \cdot f(\varepsilon_n) \qquad \cdots (39.2)$$

と表されるはずです。これを微分して 0 とおくことで P が最大になる

ところを探そうとガウスは考えました。このままだとややこしいので先ほど学んだように対数を考えて、$\log P$ が最大となる本当の値 μ はどのようなものか、と次のように考えましょう。そうすると前節と同様に掛け合わせを Σ の足し合わせで考えられるので、

$$\frac{d}{d\mu}\log P \fallingdotseq \frac{d}{d\mu}\log\left(w\cdot f(\varepsilon_1)\cdot w\cdot f(\varepsilon_2)\cdot\cdots\cdot w\cdot f(\varepsilon_n)\right)$$
$$= \frac{d}{d\mu}\sum_{i=1}^{n}(\log w + \log f(\varepsilon_i))$$

とシンプルにまとめられます。ただし、長方形の幅を示す w は μ が変わろうが関係のない定数であり、μ で微分する際には気にすることはありません。よって、

$$\frac{d}{d\mu}\log P \fallingdotseq \frac{d}{d\mu}\sum_{i=1}^{n}\log f(\varepsilon_i) \qquad \cdots(39.3)$$

とさらにシンプルにできます。つまり、どうしたらこの右辺が 0 になるか、というところから「確率 P が最大化される μ の値」が議論できそうです。このことを現代的に言えば、複数の ε_i について「同時」に考えた同時確率密度の最大化を考えよう、という話になります。(39.3) 式のままでは微分を考えるのがたいへんそうですが、いい感じの合成関数の微分を行なうために、最初に考えた (39.1) の定義に立ち返りましょう。

$$x_i = \mu + \varepsilon_i \Leftrightarrow \varepsilon_i = x_i - \mu$$

と考えれば、ε_i を μ で微分するのはとても簡単で、

第5章　統計学と機械学習のための微分・積分

$$\frac{d\varepsilon_i}{d\mu} = -1$$

となります。このことを使って、「ライプニッツ記法を分数のように」考えてみます。「微分してから足し合わせても足し合わせてから微分してもよい」というルールに基づけば、

$$\frac{d}{d\mu}\log P \fallingdotseq \frac{d}{d\mu}\sum_{i=1}^{n}\log f(\varepsilon_i)$$

$$= \sum_{i=1}^{n}\frac{d}{d\mu}\log f(\varepsilon_i)$$

$$= \sum_{i=1}^{n}\frac{d\varepsilon_i}{d\mu}\cdot\frac{d}{d\varepsilon_i}\log f(\varepsilon_i)$$

$$= \sum_{i=1}^{n}(-1)\cdot\frac{d}{d\varepsilon_i}\log f(\varepsilon_i)$$

$$= -\sum_{i=1}^{n}\frac{d}{d\varepsilon_i}\log f(\varepsilon_i) \quad \cdots (39.4)$$

と表すことができました。よってこの右辺がゼロになる「もっともらしい μ」を考えたいのならば、別にその「マイナス1倍したものが0」と考えてもいいはずなので、次の式を解けばよいことになります。

$$\sum_{i=1}^{n}\frac{d}{d\varepsilon_i}\log f(\varepsilon_i) = 0 \quad \cdots (39.5)$$

ここでもし確率密度関数 $f(\varepsilon)$ が何かをわかっていれば微分の計算を何とか頑張ってみよう、というところですが、ガウスはまだこれがどのような関数になるのかを知りません。その代わりに仮定3に基づいて、

413

「μ の推測値としては x の平均値を使うのがよいはず」というところからヒントを探りましょう。

(39.1)式をもとに、データから計算された x の平均値を現代の慣例に従って $\bar{x}$ とすると、Σ に関する計算ルールに基づいて次のように考えられます。

$$\bar{x} = \frac{1}{n}\sum_{i=1}^{n} x_i = \frac{1}{n}\sum_{i=1}^{n}(\mu + \varepsilon_i) = \frac{n\mu}{n} + \frac{1}{n}\sum_{i=1}^{n}\varepsilon_i$$

$$= \mu + \frac{1}{n}\sum_{i=1}^{n}\varepsilon_i \quad \cdots (39.6)$$

もしこれが μ の推測値として十分によいものだとすれば $\bar{x}=\mu$ と考えても問題はないはずですがそうすると、

$$\frac{1}{n}\sum_{i=1}^{n}\varepsilon_i = \bar{x} - \mu = 0$$

ということになります。このとき、n 分の1倍する前に Σ の時点で0になっていなければいけませんので、

$$\sum_{i=1}^{n}\varepsilon_i = 0 \quad \cdots (39.7)$$

だと考えられます。

さてここで、(39.5)式と(39.7)式を見比べてみましょう。どちらも規則正しく i 番目の ε についての項が並び、それが合計すると0になっています。そうすると、論理学的に言えば「手帳をキレイに使う仕事のできる人がこの世に少なくとも1人はいる」とかいうのと同様に、「平均

値が良い推定方法になる1つの例」として、(39.5)式のΣの中身が、(39.7)式のΣの中身すなわち ε_i の定数倍になっているという状況を考えてもよさそうです。すなわちこの定数を a とでもすると、

$$a\varepsilon_i = \frac{d}{d\varepsilon_i}\log f(\varepsilon_i) \quad \cdots (39.8)$$

となっていれば、この両辺のΣを考えた際に、

$$\sum_{i=1}^{n} a\varepsilon_i = \sum_{i=1}^{n} \frac{d}{d\varepsilon_i}\log f(\varepsilon_i)$$
$$\Leftrightarrow a\cdot\sum_{i=1}^{n} \varepsilon_i = \sum_{i=1}^{n} \frac{d}{d\varepsilon_i}\log f(\varepsilon_i)$$

であり、この左辺が(39.7)式から「0の定数倍でやはり0」となるため(39.5)式が満たされることになります。

では(39.8)式が成立するような確率密度関数 $f(\varepsilon)$ とはどのようなものでしょうか？ここで微分方程式の考え方を使ってみましょう。仮に $u = \log f(\varepsilon)$ とでも置換すれば(39.8)式は、

$$a\varepsilon_i = \frac{du}{d\varepsilon_i}$$

と表せますが、すでに学んだ手順に則って「u がらみを左辺に、ε がらみを右辺に、定数はどちらでも」と次のように整理してみましょう。

$$du = a\cdot\varepsilon_i\cdot d\varepsilon_i$$

あとはこの両辺を不定積分すると、

$$\int du = \int a \cdot \varepsilon_i \cdot d\varepsilon_i$$

$$\Leftrightarrow u + C_1 = \frac{1}{2} a\varepsilon_i^2 + C_2$$

$$\Leftrightarrow u = \frac{1}{2} a\varepsilon_i^2 + C_2 - C_1$$

という形になります。あとは u をもとの $\log f(\varepsilon)$ に戻すと、

$$\Leftrightarrow \log f(\varepsilon_i) = \frac{1}{2} a\varepsilon_i^2 + C_2 - C_1$$

となり、さらにこれまで何度かやってきたように、両辺の $\log$ を外して考えましょう。指数がゴチャゴチャするので e^x を $\exp(x)$ と書くような表記を用いれば、

$$\Leftrightarrow f(\varepsilon_i) = e^{\frac{1}{2} a\varepsilon_i^2 + C_2 - C_1} = e^{\frac{a\varepsilon_i^2}{2}} \cdot e^{C_2 - C_1} = e^{C_2 - C_1} \cdot \exp\left(\frac{a\varepsilon_i^2}{2}\right)$$

と整理できます。あとは、「C_2 も C_1 どんな値でもよいので何かしらの定数」というだけの話ですし e を底とする指数関数は正の値しかとらないので、$C = e^{C_2 - C_1}$ とでも「何かしら正の定数」を定義し直しましょう。そうすると、

$$\Leftrightarrow f(\varepsilon_i) = C \cdot \exp\left(\frac{a\varepsilon_i^2}{2}\right)$$

と、無事整理することができました。よって、i 番目のズレ ε_i が全てこのような確率密度を持つということを一般化して、ε に対する確率密度関数 $f(\varepsilon)$ を次のようにまとめてもよいでしょう。

$$f(\varepsilon) = C \cdot \exp\left(\frac{a\varepsilon^2}{2}\right) \qquad \cdots (39.9)$$

つまり、aとCという2つの定数がどうあれ、$f(\varepsilon)$が(39.9)式のような形になっていれば、「平均値が良い推測の方法になるはず」という、ガウスの仮定を満たす一例になるということです。

また、εが2乗されてから計算に用いられるということは、$f(2) = f(-2)$というように、プラスとマイナスの符号が異なっていても絶対値が同じなら生じる確率は同じになるはずなので、上記の仮定2も無事満たされました。

あとは仮定1の、「本当の値からプラス（過大）側であれマイナス（過小）側であれ観測値が大きくズレる確率は小さい」という部分ですが、これはaがマイナスの値でさえあれば成立します。なぜなら、0でないεの値に対してaがマイナスならeの指数も必ずマイナスの値になり、εが0から離れれば離れるほど$\exp\left(\dfrac{a\varepsilon^2}{2}\right)$の値は小さくなります。よって、先ほど注意したようにCが正の値であれば、仮定1も満たされます。

ではこのような条件を満たす一番シンプルなaの値として、-1というものを考えたらどうでしょうか？また、ここまで「本当の値からのズレ」であるεについてそのバラツキ方がどうなるかを考えてきましたが、これをより一般的に確率的なバラツキ方を示す変数xについて、「次のような確率密度関数に従っていれば平均値が真の値の良い推定方法となる」ということが言えるでしょう。

$$f(x) = C \cdot \exp\left(\dfrac{-x^2}{2}\right) \qquad \cdots (39.10)$$

さて、こちらを先ほどお見せした「平均値が0で標準偏差が1の標準正規分布の数式」と見比べると、定数C以外の部分については全く同じ形になることがわかっていただけるでしょう。なぜ正規分布がこのような形になっているか、という質問に対する答えを説明すると以上のようになります。あるいはこれらを一言で言えば、ガウスが「観測値の平

均が良い推測の方法となるのなら誤差はこういう確率密度で生じているはず」という仮定から、そのような性質を満たす確率密度関数の1つとして正規分布を導出した、ということになるでしょう。

　残る最後の問題はなぜこの(39.10)式の定数Cに円周率のルートが絡んでくるのか、というところですが、これは一言で答えれば「全事象の確率は1なので確率密度関数を全範囲で積分すると面積が1になるようにするため」というところになります。つまり、(39.10)式を$-\infty$から∞まで積分したら1になる、という条件から定数Cを逆算すると、最初に提示した「平均値が0で標準偏差が1の標準正規分布の数式」が得られるわけです。

　ただし、実際にそうした積分の計算をしようとすると、高校までに習う「1つの関数を1つの変数で積分する」という考え方だけではうまくいきません。次節では微積分に関する本章の締めくくりとして、重積分という「複数の変数で積分する」という考え方の基本を学び、標準正規分布の定数がなぜこの形になるのかを考えてみたいと思います。

40

複数の変数での積分
重積分という考え方

　前節ではガウスを追いながら「誤差の性質」に関する3つの仮定を満たす確率密度関数の1つとして正規分布が導出される、ということを学びましたが、最後に1つだけ残った課題が「なぜ定数Cが円周率を含んだあのような形になるのか」というところでした。一言で答えると、「全事象の確率が1になる」というところから、次のように「確率密度関数の$-\infty$から∞までの積分は1になる」と考えて、そこからCを逆算すると「円周率を含んだあのような形」が現れます。

$$1 = \int_{-\infty}^{\infty} C \cdot \exp\left(\frac{-x^2}{2}\right) dx \quad \cdots (40.1)$$

　しかし、実は高校までの1つの変数と1つの関数での積分、といった考え方ではこの計算を行なうことはできません。しかし面白いことに、(40.1)式を2つ掛け合わせた次のような式についてであれば、重積分という計算方法を使って考えることができます。

$$1^2 = \int_{-\infty}^{\infty} C \cdot \exp\left(\frac{-x^2}{2}\right) dx \cdot \int_{-\infty}^{\infty} C \cdot \exp\left(\frac{-y^2}{2}\right) dy \quad \cdots (40.2)$$

　もちろんこの左辺にある1の2乗は1です。また、xとyはどちらが説明変数でどちらが結果変数というようなものでもなく、「単に別々の2つの文字」であれば何でも構いません。そして(40.2)式は単に「1つの変数と1つの関数での積分」同士を2つ掛け算したものに過ぎませんが、この右辺は次のように「2つの変数での積分すなわち重積分」として考えることができます。

$$\Leftrightarrow 1 = \int_{-\infty}^{\infty} C \cdot \exp\left(\frac{-x^2}{2}\right) dx \cdot \int_{-\infty}^{\infty} C \cdot \exp\left(\frac{-y^2}{2}\right) dy$$
$$= \int_{-\infty}^{\infty}\int_{-\infty}^{\infty} C \cdot \exp\left(\frac{-x^2}{2}\right) \cdot C \cdot \exp\left(\frac{-y^2}{2}\right) dxdy \quad \cdots (40.3)$$

 つまり、この x についての積分と y についての積分を掛けあわせたものが、1つの関数の「x と y の両方での積分(重積分)」として考えられるということです。なお、一般にこのような2変数の重積分は幾何学的にどういう意味を持つかについて先に説明しておきましょう。一般に、x、y という変数によって値が定まる関数 $f(x,y)$ を、「x は a から b まで、y は c から d まで」という範囲で x と y で重積分を考える場合、数式では次のように表されます。

$$\int_c^d \int_a^b f(x,y)\, dxdy$$

 積分記号のうち、内側にある方が内側に dx と示された「x での積分」というところに対応し、外側にある方は外側に dy と示された「y での積分」というところに対応していることに注意しましょう。そして、これは幾何学的に言えば、もともとの1変数の積分が曲線の下の面積を表していたのと同様に、x、y それぞれの値に応じて高さが $f(x,y)$ となる立体において、「x は a から b まで、y は c から d まで」という範囲の体積を求めたことになります。また1変数の積分では「幅 dx の極細の長方形に分けて求めた面積を合算する」という考え方をしましたが、2変数の重積分では「底面の面積が $dx \cdot dy$ というごく小さな長方形を底面に持つ極細の直方体に分けて求めた体積を合算する」といった考え方をします。

大まかな重積分のイメージがつかめたところで話を(40.3)式に戻しましょう。このように「別々の掛け算の積と重積分が一致する」というのは、重積分の中でも計算が楽な「変数分離形」において適用できる数式操作のルールです。変数が分離できるとはどういうことかというと、(40.2)式や(40.3)式におけるxとyそれぞれの変数は別々に分離して考えられる形である、ということです。xだけの関数とyだけの関数の積で表されるような場合がこれに該当します。また、積分範囲についても、どちらも$-\infty$から∞ということで、お互いに何の影響も与えていません。

重積分においても「定数倍してからの積分も、積分の定数倍も同じ」といった、積分の基本ルールは共通しています。そして今回の状況でxにとってyは何の関係もない定数であり、逆にyにとってxは何の関係もない定数であるとも考えられます。よって、「一緒に掛け算してから重積分を考えても別々の積分を掛け合わせてもよい」という計算ルールが成り立ちます。このことを使って(40.3)式のような操作が許されるわけです。

では次に、(40.3)式右辺の積分の中身をもう少し整理してみましょう。「同じ底の指数関数の掛け算は指数同士の足し算」というルールを使えば、

$$1 = \int_{-\infty}^{\infty}\int_{-\infty}^{\infty} C \cdot \exp\left(\frac{-x^2}{2}\right) \cdot C \cdot \exp\left(\frac{-y^2}{2}\right) dxdy$$

$$= \int_{-\infty}^{\infty}\int_{-\infty}^{\infty} C^2 \exp\left(\frac{-x^2}{2} + \frac{-y^2}{2}\right) dxdy$$

$$= \int_{-\infty}^{\infty}\int_{-\infty}^{\infty} C^2 \exp\left(-\frac{x^2+y^2}{2}\right) dxdy \quad \cdots (40.4)$$

とまとめることができます。

(40.4)式の時点でもまだこのままでは積分の計算ができませんが、今

度は x と y をこれまで慣れ親しんだデカルト座標あるいは直交座標ではなく、極座標と言われるものに置換すれば積分が求められるようになります。直交座標では「x と y がともに 0 の点である原点を基準にして、そこから右にいくつ、上にいくつ」という形で座標を指定しました。一方で、極座標は同じ点の場所を「原点からどれくらい離れているかという距離と x 軸（のプラス側）との角度」で指定します。

　第3章で学んだ三角関数では、半径1の単位円周上で、「横軸 x の値が $\cos\theta$ で縦軸 y の値が $\sin\theta$」ということを学びましたが、この円の半径だけを変えてやれば、xy 平面上のどの位置についても半径 r と角度 θ で「ここ」と指定してやることができるわけです。このような座標の表し方を極座標と呼びます。

図表 5-18

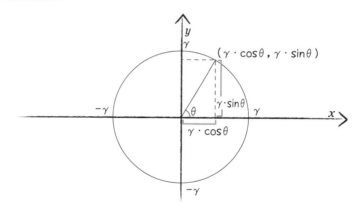

　そして図のように、x と y で表される直交座標の値を極座標で考えると次のように表されます。

$$x = r \cdot \cos\theta、y = r \cdot \sin\theta$$

このような変換を考えた上で、(40.4)式の積分の中身に登場する $x^2 + y^2$ という部分を r と θ で表そうとすればどのように考えればよいでしょうか？三平方の定理を使えば、次のようにとてもシンプルに表すことができます。

$$x^2 + y^2 = r^2$$

つまり、三平方の定理に基づけば $x^2 + y^2$ とは「底辺が x で高さが y の直角三角形の斜辺」を2乗したものですし、斜辺の長さは図の中で r と表されているのでこうなるわけです。このことを使うと、先ほどの(40.4)式における「積分記号の中身」は次のようにだいぶシンプルに表されます。

$$C^2 \cdot \exp\left(-\frac{x^2+y^2}{2}\right) = C^2 \cdot \exp\left(-\frac{r^2}{2}\right) \quad \cdots (40.5)$$

本書で最低限 sin と cos がどういうものかを単位円を使って説明したのは、具体的な物の面積や体積を考えるだけでなく、このような計算に便利だから、という代数学的な利点を三角関数が持っているからです。

また、x と y を r と θ で置換して積分を求めるのであれば、x と y での重積分において重要な「極細の直方体の底面積である小さな長方形の面積 $dx \cdot dy$」と、$dr \cdot d\theta$ の関係がどうなっているかを考えなければいけません。大学以降の数学ではこういうときに「ヤコビアン」という考え方を用いますが、それを知らなくとも今回のようにシンプルな例では、次のような図を描くことで置換積分に必要な $dx \cdot dy$ と $dr \cdot d\theta$ の関係を理解することができます。

図表 5-19

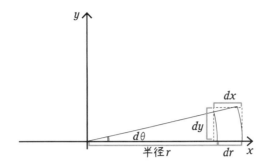

　ここでは、点線で示すごく小さな「$dx \cdot dy$ という面積の長方形」を考えた場合に、この長方形の面積をどう r と θ で表してやればよいかを考えます。これまでの微分や積分と同様に、「dx も dy も dr も $d\theta$ もごく小さい」という条件から、微妙に形が合わない隙間やはみ出しの部分の面積は無視できることにしましょう。この点線で囲われた「$dx \cdot dy$ という面積の長方形」の面積とほぼ一致するように dr と $d\theta$ で面積を表そうとすると、扇形の外側にある「バウムクーヘンの切れ端」のような領域を使うことになりそうです。

　この「バウムクーヘンの切れ端」は、もう少し数学的に表現すると、「半径が $r+dr$ で中心角が $d\theta$ の扇形の面積から半径が r で中心角が $d\theta$ の扇形の面積を引いたもの」ということになるでしょう。すでに第3章で学んだように、弧度法の角度を使えば扇形の面積は「半径を2乗して半分にして角度を掛けたもの」と計算できるので、仮にこの「バウムクーヘンの切れ端」と「$dx \cdot dy$ という面積の長方形」の面積が等しいとすると、次のようになります。

$$dx \cdot dy = \frac{1}{2}(r+dr)^2 \cdot d\theta - \frac{1}{2}r^2 d\theta$$

$$= \frac{r^2 + 2r \cdot dr + (dr)^2 - r^2}{2} \cdot d\theta$$

$$= \frac{2r \cdot dr + (dr)^2}{2} \cdot d\theta$$

$$= r \cdot dr \cdot d\theta + \frac{(dr)^2 d\theta}{2}$$

さてここで、微分の定義に基づく計算で何度も考えたように、dr がすでにめちゃめちゃ小さいのであれば $(dr)^2$ はさらにとんでもなく小さいため、ほぼゼロだろうと無視できるはずです。よって、

$$dx \cdot dy = r \cdot dr \cdot d\theta$$

と考えれば、このことを使って置換積分を考えることができます。

最後に積分区間がどうなるか、という話ですが、「x と y がともに $-\infty$ から ∞ まで全て」という xy 平面上の全ての範囲を極座標で示すためには、当然「全ての半径」と「全ての角度」を考えなければいけません。ただし、r や θ について $-\infty$ を考える必要はありません。半径についてはマイナスの値を考えることができませんし、角度についても一周丸々考えさえすれば、x や y がマイナスになるところも含めた「全ての範囲」をカバーできます。よって、「r は 0 から ∞ まで」で「θ は 0 から 2π まで」という区間で、置換積分が考えられます。

以上のような考え方に基づき、(40.4)式を r と θ で置換すると、次のように表せます。

$$1 = \int_{-\infty}^{\infty} \int_{-\infty}^{\infty} C^2 \cdot \exp\left(-\frac{x^2 + y^2}{2}\right) \cdot dxdy$$
$$= \int_0^{2\pi} \int_0^{\infty} C^2 \cdot \exp\left(-\frac{r^2}{2}\right) \cdot r \cdot drd\theta \qquad \cdots (40.6)$$

さてここで(40.6)式をよく見てみると、変数変換を行なったこの時点でまた「変数分離形」が考えられるようになりました。積分を求める関数の中身は r だけの関数と θ だけの関数の積の形で表されますし、それぞれ積分範囲も定数です。よって「掛け算してから積分も、積分同士の掛け算も同じ」という先ほどの操作を逆に考えてやれば、

$$1 = \int_0^{2\pi} \int_0^\infty C^2 \cdot \exp\left(-\frac{r^2}{2}\right) \cdot r dr d\theta$$
$$= C^2 \cdot \int_0^{2\pi} 1 d\theta \cdot \int_0^\infty r \cdot \exp\left(-\frac{r^2}{2}\right) dr$$

と、考えられますし、この「θ の積分」の部分についてはすでに知っている知識で次のように計算することができます。

$$= C^2 \cdot [\theta]_0^{2\pi} \cdot \int_0^\infty r \cdot \exp\left(-\frac{r^2}{2}\right) dr$$
$$= C^2 \cdot (2\pi - 0) \cdot \int_0^\infty r \cdot \exp\left(-\frac{r^2}{2}\right) dr$$
$$= 2\pi C^2 \cdot \int_0^\infty r \cdot \exp\left(-\frac{r^2}{2}\right) dr \quad \cdots (40.7)$$

　あとはこの積分を求めるだけで C がいくつなのかがわかります。もしこれを大学院の入試で出題されて初見で解かなければいけないとしたら、r を r で微分すれば消え、e が底の指数関数の部分については積分も同じような形になりそうだなぁというところから、正攻法では部分積分を考えるところですが、実はもっと簡単なやり方があります。

　その簡単なやり方を確認するために、試しにこの e が底の指数関数の部分について微分してみましょう。ここまで何度も述べてきたように、e が底の指数関数については「微分も積分も同じような形になる」ため、積分の計算に詰まったら「逆に微分したらどうなるか考えてみよう」というところから突破口が見えるということがしばしばあります。

第5章 統計学と機械学習のための微分・積分

とりあえず(40.7)式にある指数関数 $\exp(\ )$ を微分するために、次のようにその中身が u であるという置き換えを考えます。

$$u = -\frac{r^2}{2}$$

よって、$\dfrac{du}{dr} = -\dfrac{2r}{2} = -r$

そうすると、指数関数全体の微分も次のようにだいぶ簡単になります。

$$\frac{d}{dr}\exp\left(-\frac{r^2}{2}\right) = \frac{du}{dr} \cdot \frac{d}{du}\exp u$$
$$= -r \cdot \exp u = -r \cdot \exp\left(-\frac{r^2}{2}\right)$$

これを逆に考えれば不定積分が求められるわけで、

$$\int \left(-r \cdot \exp\left(-\frac{r^2}{2}\right)\right) dr = \exp\left(-\frac{r^2}{2}\right) + C$$

となります。なお、ここの C はただの積分定数で、(40.7)式に出てくる C とは別物であることに注意してください。ただ、幸いなことにこれは問題になっていた(40.7)式の積分と同じような形で、単に全体を -1 倍しただけの話です。よって、

$$1 = 2\pi C^2 \cdot \int_0^\infty r \cdot \exp\left(-\frac{r^2}{2}\right) \cdot dr$$
$$= -2\pi C^2 \int_0^\infty \left(-r \cdot \exp\left(-\frac{r^2}{2}\right)\right) dr$$
$$= -2\pi C^2 \left[\exp\left(-\frac{r^2}{2}\right)\right]_0^\infty$$
$$= -2\pi C^2 \left[\frac{1}{e^{\frac{r^2}{2}}}\right]_0^\infty$$

427

$$= -2\pi C^2 \left(\frac{1}{e^\infty} - \frac{1}{e^0} \right)$$

$$= -2\pi C^2 (0 - 1)$$

$$= 2\pi C^2$$

と、無事最初に知りたかった、「正規分布の確率密度関数を$-\infty$から∞まで積分した値の2乗」が、定数Cを使って$2\pi C^2$と表されることがわかりました。また当然、全事象の確率が1であるというところから、この値は1となります。さらに、前節で考えたように「確率密度はプラスの値だからCも必ずプラスの値」という条件も考慮すれば、このときの定数Cは次のように求められます。

$$1 = 2\pi C^2 \text{より、} \quad C = \frac{1}{\sqrt{2\pi}}$$

さてそれではこの結果を(39.10)式に戻してやりましょう。前節において考えたマイナスでなければいけない定数aが、最もシンプルに「-1」という値であるとき、xのバラツキ方が次のように表される確率密度関数に従っていれば、ガウスの考えた3つの仮定が満たされ、さらに「全事象の確率が1」という確率の条件を満たすことになります。

$$f(x) = \frac{1}{\sqrt{2\pi}} \cdot \exp\left(\frac{-x^2}{2} \right) \quad \cdots (40.8)$$

これが最初にお見せした、たいていの統計学の入門書に載っている「平均値が0で標準偏差が1の標準正規分布を表す式」というわけです。

ここまでの流れを簡単にまとめて言えば、

・ガウスは「観測値の平均が良い推測の方法となるのなら誤差はこういう確率密度で生じているはず」という仮定から、そのような性質を満

第5章 統計学と機械学習のための微分・積分

たす確率密度関数の1つとして正規分布を導出した。
- e を底とする指数関数の形をとるのは確率密度関数の対数に対する微分方程式に由来している。
- 2π がどうこうという係数がかかっているのは、極座標に変換して積分を求めたら合計が1になるという計算過程で「θ をぐるっと一周させる」というところに由来している。

ということになります。ここまでのことが分かっていれば、正規分布を表す数式自体には何の謎も不思議もありません。

また、今回扱ったのは計算が一番楽な「平均が0で標準偏差が1」という標準正規分布でしたので(40.8)式のような形になりましたが、最初に $x = \mu + \varepsilon$ とおいた ε のバラツキ方ではなく x のバラつき方を考えれば、平均が0以外のものについても考えることができます。あるいは、今回考えた「定数 a が最もシンプルなマイナスの数である -1」という状況でなくても、同じような重積分を考えれば、全事象の確率が1になるような定数 a に対応する定数 C の値を求めることもできます。たとえば前章では分散や標準偏差といった「データがどの程度の大きさでバラつくか」という指標を習いました。仮に標準偏差を Standard Deviation という英語の頭文字に対応するギリシャ文字を使って小文字の σ （シグマ）で表すと、対応する定数 a や C の値を表すこともできます。そちらの書き方も統計学の教科書ではよく見るものであり、正規分布の確率密度関数が次のように表されます。

$$f(x) = \frac{1}{\sqrt{2\pi\sigma^2}} \cdot \exp\left(-\frac{(x-\mu)^2}{2\sigma^2}\right)$$

これはつまり、ここまでに考えてきたズレ ε とは $x - \mu$ のことであり、何でもいいからマイナスの値という定数 a を「マイナス σ^2 分の1」と表すと、全事象の確率が1になるよう対応する定数 C は「$\sqrt{2\pi\sigma^2}$ 分の

1」となる、というだけの話です。また、本書では説明しませんが、このような確率密度関数であれば平均がμで標準偏差がσになるということも、積分を使って証明することができます。少し統計学の勉強をすればすぐにそうした証明を目にすることになるでしょう。

　ただし、なぜ一般的なデータ分析でバラつき方が正規分布に従うと考えてよいのか、といったことはガウスの考え方を追っかけただけでわかることではありません。ガウスはあくまで「平均値が良い推定方法になる条件の一例」として正規分布にたどり着いたのであり、平均値が本当に良いのかどうか、という点について証明したわけではないからです。

　ですがその後、さまざまな数学者や統計学者たちの手によって、実際に元のデータがどのようなバラつきを示していたとしても、多くの場合その平均値のバラつき方は正規分布に従う、というような法則性が証明されるようになりました。これが中心極限定理と呼ばれる統計学の核になるロジックです。本シリーズの『実践編』の中では、この中心極限定理が何で、なぜそれが成り立つと考えられるのか、という話を高校数学までの記法だけで説明していますので、気になる方はそちらを参照するとよいかもしれません。

　また、正規分布に関するここから先の内容は、本書の意図する「統計学と機械学習のための数学」ではなく統計学自体の話になるため相応しい教科書を読んで勉強していただければと思います。

　正規分布がeだπだと意味のわからない数式で表された謎の概念などではなくなった今なら、きっとすんなり統計学の勉強も頭に入ってくるのではないでしょうか。

第6章

ディープラーニングを支える
数学の力

41

複数の変数で「偏」微分
偏微分による最小二乗法の考え方

　ここまで、中学生が習う代数学の基礎から、大学1年生の頃に習う線形代数や微積分といった数学の内容について、統計学と機械学習で役立つところだけを絞り込んで学んできました。

　統計学と機械学習に共通して、複数の項目を含むデータを数学的なモデルで表すためには線形代数の記法がとても便利でした。そして、データをもとに「いちばんあてはまりのよいパラメーター」を考えるためには最尤法の考え方に基づき、微分してゼロになるところを探せばよいということも学びました。これらが統計学と機械学習を頂点とする数学ピラミッドの中で、線形代数と微積分を学ぶ大きな意義だと言えるでしょう。

　ですが、最後にあと1つだけ学ばなければいけないことは、線形代数と微積分を同時に扱えるようになることです。それができるようになれば、おそらく統計学や機械学習の専門書や論文を読み解くことがずいぶんと楽になることでしょう。実のところ、重回帰分析であろうが、ディープラーニングであろうが、複数のパラメーターを含む複雑なモデルを、データによくあてはまるように推定したものであることに変わりはありません。

　そうした「微分してゼロになるところを探してデータへよくあてはまるモデルを考える」ということに慣れるため、まずは第2章で平方完成を使って行なった最小二乗法による回帰分析について、微分を使った考え方でやり直してみましょう。

　第2章では営業マンの1年目～3年目の営業訪問回数(x)と取れた契約の件数(y)に対して、誤差を含む直線 $y = a + bx + \varepsilon$ というモデルで考

第6章 ディープラーニングを支える数学の力

図表 6-1

	訪問回数 (単位:100回)	契約件数 (単位:1件)
1年目	1	10
2年目	2	40
3年目	3	82

図表 6-2

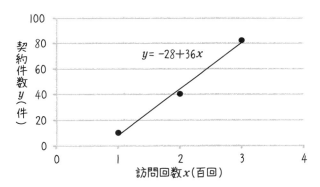

えるとしたら、切片 a と傾き b のパラメーターが何のときに「モデルと実データのズレ（誤差）」である ε の2乗和が最も小さくなるか、と考えました。これが最小二乗法の考え方です。i 年目のデータについての営業訪問回数を x_i、取れた契約件数を y_i、誤差を ε_i とすると、

$$y_i = a + bx_i + \varepsilon_i \Leftrightarrow \varepsilon_i = y_i - a - bx_i$$

であり、最小化したい「誤差の2乗和（2乗の合計）」は次のように表されます。

$$\text{誤差の2乗和} = \sum_{i=1}^{3} \varepsilon_i^2 = \sum_{i=1}^{3}(y_i - a - bx_i)^2 \quad \cdots (41.1)$$

またこれを実際のデータを使って計算すると、

$$\sum_{i=1}^{3} \varepsilon_i^2 = (10 - a - b)^2 + (40 - a - 2b)^2 + (82 - a - 3b)^2$$

$$= 8424 + 3a^2 + 14b^2 - 264a + 12ab - 672b \quad \cdots (41.2)$$

となるということも、第2章ですでに考えました。第2章ではここから平方完成というややこしい作業によって最小二乗法を行なったわけですが、すでに微分のことを学んだ皆さんであればもっと簡単にこの計算を行なうことができます。1つだけ追加で学ぶことがあるとすれば、これまで置換などはあったにせよ基本的に x など1つの変数だけで微分していたのと違い、誤差の2乗和が最も小さくなる a と b という2つのパラメーターの組合せを考えるためには、この2つのパラメーターについて「偏微分」しなければいけないというところだけです。これまではたとえば x の関数 y を x で微分することをライプニッツ記法で dy や dx といった記号を使って表していました。しかしこれがふつうの微分ではなく偏微分であることを示すためには d を丸っこくして ∂y とか ∂x といった書き方で表します。これ自体の読み方としては、「丸っこい」という意味で「ラウンドディー」とか「ラウンドデルタ」などがありますが、それよりもそのまま「y を x で偏微分すると〜」と読む人もいます。あるいはたまに「パーシャル」と読む人もいますが、これは偏微分が英語で partial differential あるいは partial differentiation だから、というところでしょう。

偏微分とは何か、というと複数の変数がある関数（これを多変数関数と呼んだりします）において、「ある1つの変数がごくわずかに増えた

第6章 ディープラーニングを支える数学の力

場合に傾きはどうなるか?」を考えることです。注目するのは「ある1つの変数」だけなので、それ以外の変数については定数と同じように扱うということに注意していればこれまで通りの微分の考え方を使うことができます。

たとえばごく単純な例として、$z = f(x, y) = x + y$ という2つの変数によって z の値が決まる関数(これを二変数関数と呼んだりします)を考えてみましょう。この $z = f(x, y)$ に対する「x での偏微分」を考えると、y は「x にとって無関係な定数項」扱いすればよく、

$$\frac{\partial z}{\partial x} = \frac{\partial}{\partial x}(x+y) = \frac{\partial}{\partial x}x + \frac{\partial}{\partial x}y = 1 + 0 = 1$$

と求められるわけです。統計学や機械学習で微分を行なうのは主に、「変数全てについての傾きが0になる、ちょうどよいところはどこか」を考えたいからだとすでに述べました。多変数関数においても、全ての変数についての偏微分を考え、それらが全て0になるところを探すということがよく行なわれます。

大まかに偏微分がどのようなものかがわかれば、実際に(41.2)式に対して切片 a と傾き b のそれぞれで偏微分してゼロになるときはどういうときか、と計算してみましょう。計算自体はこれまでにすでに学んだ「n 次関数の微分」のルールだけで問題はなく、次のように考えることができます。

$$\frac{\partial}{\partial a}\sum_{i=1}^{3}\varepsilon_i^2 = \frac{\partial}{\partial a}(8424 + 3a^2 + 14b^2 - 264a + 12ab - 672b)$$

$$= 3 \cdot 2a - 264 + 12b$$
$$= 6(a - 44 + 2b) = 0$$
$$\Leftrightarrow a + 2b - 44 = 0 \quad \cdots (41.3)$$

$$\frac{\partial}{\partial b}\sum_{i=1}^{3}\varepsilon_i^2 = \frac{\partial}{\partial b}(8424 + 3a^2 + 14b^2 - 264a + 12ab - 672b)$$

$$= 14 \cdot 2b + 12a - 672$$
$$= 4(7b + 3a - 168) = 0$$
$$\Leftrightarrow 3a + 7b - 168 = 0 \qquad \cdots(41.4)$$

と、aとbについての連立方程式が生まれました。あとは(41.3)式の両辺を3倍して(41.4)式の両辺から引いてやれば、

$$7b - 3 \cdot 2b - 168 - 3 \cdot (-44) = b - 36$$

となり、これが0となるというところから$b = 36$だとわかりますし、これを逆に(41.3)式に代入すれば、$a = -28$だと求められます。これは第2章において平方完成を使って求めた結果と全く同じ値です。このように、変数の数だけ「偏微分した結果のどちらも0になるように」という連立方程式を考える、というやり方なら平方完成よりもずいぶん簡単に、誤差の2乗和が最も小さくなるような単回帰分析の切片と傾きすなわち回帰係数を推定することができるわけです。

なお、ここまでの話は全て添え字の書き方を用いましたが、もちろんベクトルを使って書いても全く同じことが言えます。つまり、第4章で学んだように、ベクトルを太字で表す形で以下の4つの列ベクトルを考えましょう。

$$\boldsymbol{x} = \begin{pmatrix} x_1 \\ x_2 \\ x_3 \end{pmatrix}, \ \boldsymbol{y} = \begin{pmatrix} y_1 \\ y_2 \\ y_3 \end{pmatrix}, \ \boldsymbol{\varepsilon} = \begin{pmatrix} \varepsilon_1 \\ \varepsilon_2 \\ \varepsilon_3 \end{pmatrix}, \ \boldsymbol{a} = \begin{pmatrix} a \\ a \\ a \end{pmatrix} = a\begin{pmatrix} 1 \\ 1 \\ 1 \end{pmatrix}$$

そうすると、これらの関係は、

第6章　ディープラーニングを支える数学の力

$$\begin{pmatrix} y_1 \\ y_2 \\ y_3 \end{pmatrix} = a \cdot \begin{pmatrix} 1 \\ 1 \\ 1 \end{pmatrix} + b \cdot \begin{pmatrix} x_1 \\ x_2 \\ x_3 \end{pmatrix} + \begin{pmatrix} \varepsilon_1 \\ \varepsilon_2 \\ \varepsilon_3 \end{pmatrix} \quad \text{すなわち} \boldsymbol{y} = \boldsymbol{a} + b\boldsymbol{x} + \boldsymbol{\varepsilon}$$

となっており、また先ほど最小化したいと考えた「誤差の2乗和」は、

$$\sum_{i=1}^{3} \varepsilon_i^2 = \boldsymbol{\varepsilon}^T \boldsymbol{\varepsilon} = (\boldsymbol{y} - \boldsymbol{a} - b\boldsymbol{x})^T (\boldsymbol{y} - \boldsymbol{a} - b\boldsymbol{x}) \quad \cdots (41.5)$$

と、線形代数的に表すことができるということもすでに第4章で考えました。ここで、第4章で学んだ行列の取り扱い方を復習しながら、この(41.5)式を計算していきましょう。まず、転置行列の性質である「足してから転置しても転置してから足してもよい」「スカラー倍してから転置しても転置してからスカラー倍してもよい」という性質に基づくと、

$$\sum_{i=1}^{3} \varepsilon_i^2 = (\boldsymbol{y} - \boldsymbol{a} - b\boldsymbol{x})^T (\boldsymbol{y} - \boldsymbol{a} - b\boldsymbol{x})$$
$$= (\boldsymbol{y}^T - \boldsymbol{a}^T - b\boldsymbol{x}^T)(\boldsymbol{y} - \boldsymbol{a} - b\boldsymbol{x})$$

となります。ここからさらに分配法則を使うと、

$$= \boldsymbol{y}^T\boldsymbol{y} - \boldsymbol{y}^T\boldsymbol{a} - b\boldsymbol{y}^T\boldsymbol{x} - \boldsymbol{a}^T\boldsymbol{y} + \boldsymbol{a}^T\boldsymbol{a} + b\boldsymbol{a}^T\boldsymbol{x} - b\boldsymbol{x}^T\boldsymbol{y} + b\boldsymbol{x}^T\boldsymbol{a} + b^2\boldsymbol{x}^T\boldsymbol{x}$$

と考えられます。ただし、今回の場合、たとえば $\boldsymbol{x}^T\boldsymbol{y}$ も $\boldsymbol{y}^T\boldsymbol{x}$ もベクトルの内積であるため、$\boldsymbol{x}^T\boldsymbol{y} = \boldsymbol{y}^T\boldsymbol{x}$ といったように掛け算の順番が異なっていても同じ値になります。このような掛け算の順番は違っても同じ値になる項の組合せに注意してまとめると、このベクトルで表された「誤差の2乗和」は次のように整理されます。

$$\boldsymbol{\varepsilon}^T\boldsymbol{\varepsilon} = \boldsymbol{y}^T\boldsymbol{y} + \boldsymbol{a}^T\boldsymbol{a} - b^2\boldsymbol{x}^T\boldsymbol{x} - 2\boldsymbol{a}^T\boldsymbol{y} - 2b\boldsymbol{x}^T\boldsymbol{y} + 2b\boldsymbol{a}^T\boldsymbol{x} \quad \cdots (41.6)$$

こちらについて、まずはスカラー b について偏微分するとしたらどうなるでしょうか？b が絡む項は $b^2\boldsymbol{x}^T\boldsymbol{x}$、$-2b\boldsymbol{x}^T\boldsymbol{y}$、$2b\boldsymbol{a}^T\boldsymbol{x}$ しかありませんし、これらの中で b にかかってくる、$\boldsymbol{x}^T\boldsymbol{x}$ も $\boldsymbol{x}^T\boldsymbol{y}$ も $\boldsymbol{a}^T\boldsymbol{x}$ も結局のところ内積でスカラーの値にしかなりません。よって、「n 次関数の微分の公式」そのままで

$$\frac{\partial}{\partial b}\boldsymbol{\varepsilon}^T\boldsymbol{\varepsilon} = 2b\boldsymbol{x}^T\boldsymbol{x} - 2\boldsymbol{x}^T\boldsymbol{y} + 2\boldsymbol{a}^T\boldsymbol{x} = 0$$
$$\Leftrightarrow b\boldsymbol{x}^T\boldsymbol{x} - \boldsymbol{x}^T\boldsymbol{y} + \boldsymbol{a}^T\boldsymbol{x} = 0$$

と計算することができます。このベクトルについての式を成分ごとに見てみると、

$$\Leftrightarrow b\sum_{i=1}^{3}x_i^2 - \sum_{i=1}^{3}x_i y_i + a\sum_{i=1}^{3}x_i = 0 \quad \cdots (41.7)$$

と、データから x の2乗和、xy という積の和、x の和、という Σ の計算だけができれば、連立方程式のうち1つがどうなっているかを求められることがわかります。今回のデータであれば、（百回単位で考えた）x の和は $1+2+3=6$ であり、x の2乗和は $1+4+9=14$ であり、xy という積の和は $10+80+246=336$ であるため、(41.7)式は、

$$14b - 336 + 6a = 0 \Leftrightarrow 7b - 168 + 3a = 0$$

となります。これは(41.4)式と全く同じことを示しています。

また同様に、(41.6)式を、$\boldsymbol{a} = a\begin{pmatrix}1\\1\\1\end{pmatrix}$ であることに注意しながらスカラー a について偏微分してみましょう。a が絡む項は、$\boldsymbol{a}^T\boldsymbol{a}$、$-2\boldsymbol{a}^T\boldsymbol{y}$、$2b\boldsymbol{a}^T\boldsymbol{x}$ であり、

$$\frac{\partial}{\partial a}\boldsymbol{\varepsilon}^T\boldsymbol{\varepsilon} = \frac{\partial}{\partial a}(\boldsymbol{a}^T\boldsymbol{a} - 2\boldsymbol{a}^T\boldsymbol{y} + 2b\boldsymbol{a}^T\boldsymbol{x})$$

$$= \frac{\partial}{\partial a}\left(a^2 \begin{pmatrix} 1 & 1 & 1 \end{pmatrix}\begin{pmatrix} 1 \\ 1 \\ 1 \end{pmatrix} - 2a\begin{pmatrix} 1 & 1 & 1 \end{pmatrix}\begin{pmatrix} y_1 \\ y_2 \\ y_3 \end{pmatrix} + 2ab\begin{pmatrix} 1 & 1 & 1 \end{pmatrix}\begin{pmatrix} x_1 \\ x_2 \\ x_3 \end{pmatrix}\right)$$

$$= \frac{\partial}{\partial a}\left(3a^2 - 2a\sum_{i=1}^{3} y_i + 2ab\sum_{i=1}^{3} x_i\right)$$

$$= 3 \cdot 2a - 2\sum_{i=1}^{3} y_i + 2b\sum_{i=1}^{3} x_i = 0$$

$$\Leftrightarrow 3a - \sum_{i=1}^{3} y_i + b\sum_{i=1}^{3} x_i = 0 \quad \cdots (41.8)$$

と、こちらもやはり、n 次関数の微分の公式から簡単に偏微分ができます。またデータから y の和と x の和だけを用いると、すでに述べたように（百回単位の）x の和は $1+2+3=6$ で、一方 y の和は $10+40+82=132$ なので(41.8)式は、

$$3a - 132 + 6b = 0 \Leftrightarrow a - 44 + 2b = 0$$

となりますが、これも(41.3)式と全く同じ形になっています。

統計学の入門書などではしばしば、単回帰分析の傾きと切片を求めるにあたり、(41.7)式と(41.8)式のような Σ を使った公式が（特に説明なく）与えられることもありますが、その背後ではこのような、それぞれを偏微分して 0 とおいた連立方程式の考え方が存在している、ということを覚えておきましょう。

42
行列表記での偏微分の計算ルール

　前節では最小二乗法が偏微分の考え方で簡単に計算できることと、単回帰分析をベクトルの形式で表した場合に、偏微分がどのように考えられるか、という話をしました。「ベクトルの偏微分」などと言われると少し頭がこんがらがってきそうですが恐れることはありません。前節のような単回帰分析例では、ベクトルの値が内積の計算によって全てスカラーになった状態を考えればよいため、丁寧にベクトル成分のことを考えていけば、これまでに学んだスカラーの微分についての知識だけで十分対応できました。

　しかし重回帰分析など、説明変数の数が増えてきてしまっては「何とかスカラーだけで」「何とか成分ごとの計算を追っかけて」という考え方が間に合いません。そこで次は、ベクトルや行列の表記のままでどう偏微分の計算を扱ったらよいかを学んでいきましょう。

　前節で考えた単回帰分析の最小二乗法は、切片 a と傾き b というスカラーを考えましたが、第4章においてすでにこれらをまとめてベクトル $\boldsymbol{\beta}$ で表すというやり方を学んだはずです。この書き方に基づくと、n 件のデータに対する単回帰分析は、

$$\boldsymbol{X} = \begin{pmatrix} 1 & x_1 \\ 1 & x_2 \\ \vdots & \vdots \\ 1 & x_n \end{pmatrix}, \quad \boldsymbol{y} = \begin{pmatrix} y_1 \\ y_2 \\ \vdots \\ y_n \end{pmatrix}, \quad \boldsymbol{\beta} = \begin{pmatrix} a \\ b \end{pmatrix}, \quad \boldsymbol{\varepsilon} = \begin{pmatrix} \varepsilon_1 \\ \varepsilon_2 \\ \vdots \\ \varepsilon_n \end{pmatrix}$$

といったそれぞれのベクトルや行列を考えた場合に、

$$\boldsymbol{y} = \boldsymbol{X}\boldsymbol{\beta} + \boldsymbol{\varepsilon} \Leftrightarrow \boldsymbol{\varepsilon} = \boldsymbol{y} - \boldsymbol{X}\boldsymbol{\beta} \qquad \cdots (42.1)$$

とシンプルに書き表すことができます。X は n 行 2 列の行列、β は 2 行 1 列の列ベクトルなので、この掛け算は n 行 1 列の列ベクトルになり、ベクトル y やベクトル ε と同じ形になることは言うまでもありません。

さて、(42.1)式についても、これまでと同様に最小二乗法の形を考えてみましょう。

$$\varepsilon^T \varepsilon = (y - X\beta)^T (y - X\beta)$$

であり、これをベクトル β で偏微分した、

$$\frac{\partial}{\partial \beta} \varepsilon^T \varepsilon = \frac{\partial}{\partial \beta} (y - X\beta)^T (y - X\beta) = \mathbf{0} \qquad \cdots (42.2)$$

という計算ができさえすれば、先ほどと同様にベクトル β がいくつになるのかという推定が行なえたことになります。なお(42.2)式右辺に書いた太字の $\mathbf{0}$ は「ゼロベクトル」という意味です。「偏微分して = 0 とおく」というのはこれまでと全く同じですが、一般にベクトル β には回帰係数と切片の数だけ要素が含まれていて、前節では「切片で偏微分したものも 0 で、傾きで偏微分したものも 0」と 2 つの「= 0」という式を考えました。この 2 つの式をまとめて 1 行で表そうというのが(42.2)式の書き方であり、よってこの右辺のゼロベクトルは「回帰係数と切片の数だけ 0 が縦に並ぶ」という列ベクトルになっています。

そうするともちろん(42.2)式の左辺についても、「回帰係数と切片の数だけの偏微分の式」を一度にまとめて書けるよう、これらが縦に並んだ列ベクトルとなっていなければいけません。そんなわけで「スカラーに対して列ベクトルで偏微分を行なうとその列ベクトルと同じ形のベクトルが得られる」という形で「ベクトルでの偏微分」は定義されています。なお第 4 章ですでに学んだ「行列の掛け算におけるしりとりのルール」を考えれば、$(y - X\beta)^T (y - X\beta)$ は間違いなくスカラーです。よって

(42.2)式を成分で書くと次のようになります。

$$\begin{pmatrix} \dfrac{\partial}{\partial a} \boldsymbol{\varepsilon}^T \boldsymbol{\varepsilon} \\ \dfrac{\partial}{\partial b} \boldsymbol{\varepsilon}^T \boldsymbol{\varepsilon} \end{pmatrix} = \begin{pmatrix} \dfrac{\partial}{\partial a} (\boldsymbol{y} - \boldsymbol{X}\boldsymbol{\beta})^T (\boldsymbol{y} - \boldsymbol{X}\boldsymbol{\beta}) \\ \dfrac{\partial}{\partial b} (\boldsymbol{y} - \boldsymbol{X}\boldsymbol{\beta})^T (\boldsymbol{y} - \boldsymbol{X}\boldsymbol{\beta}) \end{pmatrix} = \begin{pmatrix} 0 \\ 0 \end{pmatrix}$$

また、応用が利くようにより一般化した形で「ベクトルで偏微分する」という計算の定義を紹介しておきましょう。一般に、k個の値b_iによって1つのスカラーの値が定まる関数があった場合、

$$f(b_1, b_2, \cdots b_k) = f(\boldsymbol{b})$$

と、k個の値b_iをまとめてk次元の列ベクトル$\boldsymbol{b}$を用いて表しても構わないはずです。このスカラー関数$f(\boldsymbol{b})$をベクトル$\boldsymbol{b}$で偏微分するのはどういうことかと言うと、

$$\dfrac{\partial}{\partial \boldsymbol{b}} f(\boldsymbol{b}) = \begin{pmatrix} \dfrac{\partial}{\partial b_1} f(\boldsymbol{b}) \\ \dfrac{\partial}{\partial b_2} f(\boldsymbol{b}) \\ \vdots \\ \dfrac{\partial}{\partial b_k} f(\boldsymbol{b}) \end{pmatrix} \quad \cdots (42.3)$$

というように、k個それぞれの成分で偏微分した結果を並べたk次元の列ベクトルを考えることとして定義されます。統計学と機械学習で偏微分を行なうのは基本的に回帰係数などのパラメーターを推定するためであり、誤差や尤度といったスカラーをパラメーターベクトルで偏微分する、といった使い方が主です。よって、最低限この「スカラーをベクトルで偏微分する」という考え方がわかっていれば、一気に読みこなせる資料の範囲が広がります。

ただし、最終的には「スカラーをベクトルで偏微分」することになっ

たとしても途中過程では「ベクトルをベクトルで偏微分する」といった考え方が登場することもありますので、こちらについてもここで紹介しておきましょう。q 次元のベクトルに対して p 次元のベクトルで偏微分を行なうと、p 行 q 列の行列という形になります。つまり、p 個の値 x_i によって定まる関数 $y_j = f_j(x_1, x_2, ..., x_p)$ が q 個あったとして、

$$\boldsymbol{x} = \begin{pmatrix} x_1 \\ x_2 \\ \vdots \\ x_p \end{pmatrix}, \quad \boldsymbol{y} = \begin{pmatrix} f_1(x_1, x_2, ..., x_p) \\ f_2(x_1, x_2, ..., x_p) \\ \vdots \\ f_q(x_1, x_2, ..., x_p) \end{pmatrix} = \begin{pmatrix} f_1(\boldsymbol{x}) \\ f_2(\boldsymbol{x}) \\ \vdots \\ f_q(\boldsymbol{x}) \end{pmatrix}$$

というベクトルを考えたとしましょう。この q 次元ベクトル $\boldsymbol{y}$ を p 次元ベクトル $\boldsymbol{x}$ で偏微分するときは、

$$\frac{\partial \boldsymbol{y}}{\partial \boldsymbol{x}} = \begin{pmatrix} \frac{\partial f_1(\boldsymbol{x})}{\partial x_1} & \cdots & \frac{\partial f_q(\boldsymbol{x})}{\partial x_1} \\ \vdots & \ddots & \vdots \\ \frac{\partial f_1(\boldsymbol{x})}{\partial x_p} & \cdots & \frac{\partial f_q(\boldsymbol{x})}{\partial x_p} \end{pmatrix} \quad \cdots (42.4)$$

というような p 行 q 列の行列の形にまとめて書く、ということだけでも覚えておくと、そのうちこうしたややこしい形式の数式を見たときに恐れたり混乱したりしなくて済むかもしれません。

また、「ベクトルで偏微分する」という意味で逆三角形の形をした「ナブラ」という記号がつかわれることもあります。前述のように、統計学や機械学習においてベクトルで偏微分するというと基本的には尤度や誤差を回帰係数などのパラメーターベクトルで偏微分して 0 になるところを探す、という状況なので、ただ単に「∇尤度関数」などと書かれてあったら、「複数あるパラメーターをまとめたベクトルで偏微分したんだな」というのが専門家たちの暗黙の了解です。すなわち、たとえば回帰係数（と切片）のベクトル $\boldsymbol{\beta}$ についての尤度を $L(\boldsymbol{\beta})$ としたときに、

$$\nabla L(\boldsymbol{\beta}) = \frac{\partial}{\partial \boldsymbol{\beta}} L(\boldsymbol{\beta})$$

というような読み替えを、とくに説明がなくても思いついた方がいいということです。ちなみに、逆三角形のことを「ナブラ」と呼ぶのは、ギリシャ語で逆三角形の竪琴のことをそう呼ぶことに由来するそうです。

さて、少し話がそれましたが単回帰分析の最小二乗法を考えるための(42.2)式に話を戻して計算してみましょう。第4章で学んだように、「足して(引いて)から転置しても転置してから足して(引いて)もよい」「行列の掛け算でも分配法則を使ってよい」というルールに基づくと、

$$\frac{\partial}{\partial \boldsymbol{\beta}} \boldsymbol{\varepsilon}^T \boldsymbol{\varepsilon} = \frac{\partial}{\partial \boldsymbol{\beta}} (\boldsymbol{y} - \boldsymbol{X}\boldsymbol{\beta})^T (\boldsymbol{y} - \boldsymbol{X}\boldsymbol{\beta})$$

$$= \frac{\partial}{\partial \boldsymbol{\beta}} (\boldsymbol{y}^T - (\boldsymbol{X}\boldsymbol{\beta})^T)(\boldsymbol{y} - \boldsymbol{X}\boldsymbol{\beta})$$

$$= \frac{\partial}{\partial \boldsymbol{\beta}} (\boldsymbol{y}^T\boldsymbol{y} - (\boldsymbol{X}\boldsymbol{\beta})^T\boldsymbol{y} - \boldsymbol{y}^T\boldsymbol{X}\boldsymbol{\beta} + (\boldsymbol{X}\boldsymbol{\beta})^T\boldsymbol{X}\boldsymbol{\beta})$$

となります。

この式を項ごとに考えていきましょう。まず $\boldsymbol{y}^T\boldsymbol{y}$ は全く $\boldsymbol{\beta}$ と無関係な定数なので微分を考える際には無視できます。次に、$\boldsymbol{X}\boldsymbol{\beta}$ は行列を使った計算ではあるものの、$\boldsymbol{X}$ は n 行2列の行列で $\boldsymbol{\beta}$ は2行1列の列ベクトルなので、「しりとりルール」に基づきこれも他のベクトルと同様に n 行1列の列ベクトルになります。よって、$\boldsymbol{y}$ と $\boldsymbol{X}\boldsymbol{\beta}$ どちらを先に掛けようが、$\boldsymbol{y}^T\boldsymbol{X}\boldsymbol{\beta}$ でも、$(\boldsymbol{X}\boldsymbol{\beta})^T\boldsymbol{y}$ でも結局のところ両ベクトルの内積を考えているに過ぎず同じ結果になるはずです。

あとは最後に、「行列の掛け算の転置は左右を入れ替えた転置行列の掛け算である」というルールを適用すれば、この「誤差の平方和に対す

第6章 ディープラーニングを支える数学の力

るベクトル $\boldsymbol{\beta}$ での偏微分」は次のようにだいぶシンプルになります。

$$= \frac{\partial}{\partial \boldsymbol{\beta}}(-2(\boldsymbol{X\beta})^T\boldsymbol{y} + (\boldsymbol{X\beta})^T\boldsymbol{X\beta})$$

$$= \frac{\partial}{\partial \boldsymbol{\beta}}(-2\boldsymbol{\beta}^T\boldsymbol{X}^T\boldsymbol{y} + \boldsymbol{\beta}^T\boldsymbol{X}^T\boldsymbol{X\beta}) \qquad \cdots (42.5)$$

ここまでが、第4章の復習も兼ねた線形代数的な数式の操作です。あとはこれをどうすれば偏微分できるのか、というところだけですが、「スカラーをベクトルで偏微分する」という計算のルールとして、少なくとも最低限以下の3つについて注意すればよいでしょう。なお、これ以外にも「スカラー倍してから微分しても微分してからスカラー倍してもよい」とか「各項を足し算してから微分しても微分してから足し算してもよい」といった、微分の基本的なルールは「これまでと同様」と考えていただいて構いません。

ここでは k 行の列ベクトル $\boldsymbol{x}$ と、$\boldsymbol{x}$ と無関係な同じ行数の定数ベクトル $\boldsymbol{a}$、k 行 k 列の正方行列 $\boldsymbol{A}$、$\boldsymbol{u} = f(\boldsymbol{x})$、$\boldsymbol{v} = g(\boldsymbol{x})$ という $\boldsymbol{x}$ の関数で表現される、ともに m 次元の列ベクトル $\boldsymbol{u}$、$\boldsymbol{v}$ を考えます。また、以下のルールは全て、スカラーをベクトル $\boldsymbol{x}$ で偏微分することについてのものです。

ルール1：$\boldsymbol{x}$ と定数ベクトルを掛け算した結果得られるスカラーを $\boldsymbol{x}$ で偏微分するとその定数ベクトルになる。

$$\frac{\partial}{\partial \boldsymbol{x}}\boldsymbol{a}^T\boldsymbol{x} = \frac{\partial}{\partial \boldsymbol{x}}\boldsymbol{x}^T\boldsymbol{a} = \boldsymbol{a}$$

ルール2：正方行列 $\boldsymbol{A}$ が対称行列（$\boldsymbol{A} = \boldsymbol{A}^T$）のとき、次のような形を「2次形式に対する微分」と呼び、スカラーにおける2次関数に対する微分と似た形になる。

$$\frac{\partial}{\partial \boldsymbol{x}} \boldsymbol{x}^T \boldsymbol{A} \boldsymbol{x} = 2\boldsymbol{A}\boldsymbol{x}$$

ルール3:ベクトルを掛け算した結果得られるスカラー(内積)に対する偏微分はスカラーのときの「掛け算に対する微分」と同じような形になる。

$$\frac{\partial}{\partial \boldsymbol{x}} \boldsymbol{u}^T \boldsymbol{v} = \frac{\partial}{\partial \boldsymbol{x}} \boldsymbol{v}^T \boldsymbol{u} = \frac{\partial \boldsymbol{u}}{\partial \boldsymbol{x}} \boldsymbol{v} + \frac{\partial \boldsymbol{v}}{\partial \boldsymbol{x}} \boldsymbol{u}$$

これらの証明は全て基本的に、(42.3)式や(42.4)式に示したような「ベクトルでの偏微分」の定義に従い地道に成分を計算していけばいいだけですが、念のため1つずつ「なぜそうなるのか」を確認しておきましょう。まずルール1について、ベクトル $\boldsymbol{x}$ と $\boldsymbol{a}$ を成分で考えると、当然、

$$\boldsymbol{a}^T \boldsymbol{x} = \boldsymbol{x}^T \boldsymbol{a} = \sum_{i=1}^{k} a_i x_i$$

と考えられます。この値は当然スカラーですが、これを定義に基づき $\boldsymbol{x}$ で偏微分すると、たとえば x_1 で偏微分するときには x_2 や x_3 などは「無関係な定数」と考えるというのが偏微分の考え方なので、

$$\frac{\partial}{\partial \boldsymbol{x}} \sum_{i=1}^{k} a_i x_i = \begin{pmatrix} \frac{\partial}{\partial x_1} \sum_{i=1}^{k} a_i x_i \\ \frac{\partial}{\partial x_2} \sum_{i=1}^{k} a_i x_i \\ \vdots \\ \frac{\partial}{\partial x_k} \sum_{i=1}^{k} a_i x_i \end{pmatrix} = \begin{pmatrix} \frac{\partial}{\partial x_1} a_1 x_1 \\ \frac{\partial}{\partial x_2} a_2 x_2 \\ \vdots \\ \frac{\partial}{\partial x_k} a_k x_k \end{pmatrix} = \begin{pmatrix} a_1 \\ a_2 \\ \vdots \\ a_k \end{pmatrix} = \boldsymbol{a}$$

第6章 ディープラーニングを支える数学の力

となるわけです。

次のルール2には少し聞きなれない概念が登場しますが、対称行列とは単に「転置しても同じになる行列」というだけの話です。そのためには当然正方行列である必要があり、たとえば3行3列の対称行列の例としては、

$$\begin{pmatrix} a & b & c \\ b & d & e \\ c & e & f \end{pmatrix}^T = \begin{pmatrix} a & b & c \\ b & d & e \\ c & e & f \end{pmatrix}$$

というようなものが挙げられます。つまりたとえば「2行目で3列目の成分と3行目で2列目の成分が等しい」というように行と列を入れ替えても同じになるような値が並んでいるわけです。左上から右下に対角線を引いたときに、線対称に値が並んでいるから「対称」と呼ばれるのでしょう。このような対称行列とベクトルを使って、$x^T A x$ という形になったもののことを2次形式と言いますが、これはスカラーにおける2次関数に対応するような形です。このとき、スカラーにおける2次関数 ax^2 を x で微分すると $2ax$ になったのと同様に、$x^T A x$ を x で偏微分すると、$2Ax$ になるというのがこのルール2です。このような性質を使うべく、「何とか対称行列を挟んだ形を見つけられないか」と考えるのも、ベクトルで偏微分する際の数学的な定石になります。たとえば単純な x 同士の内積 $x^T x$ についても、「間に単位行列を挟んでも同じことだ」と考えれば、単位行列も対称行列ですのでこのルールを適用することができます。

こちらも統計学や機械学習の勉強をするとしばしば登場するため、成分を使って確認しておきます。単純な一例として $k=3$ のときは、3次元の列ベクトル x と3行3列の対称行列 A について考えればよく、このとき行列 A の「i 行目で j 列目の成分」と「j 行目で i 列目の成分」について $a_{ij} = a_{ji}$ という関係が成り立っているはずなので、

$$\begin{aligned}
\boldsymbol{x}^T \boldsymbol{A} \boldsymbol{x} &= \begin{pmatrix} x_1 & x_2 & x_3 \end{pmatrix} \begin{pmatrix} a_{11} & a_{12} & a_{13} \\ a_{12} & a_{22} & a_{23} \\ a_{13} & a_{23} & a_{33} \end{pmatrix} \begin{pmatrix} x_1 \\ x_2 \\ x_3 \end{pmatrix} \\
&= \begin{pmatrix} a_{11}x_1 + a_{12}x_2 + a_{13}x_3 & a_{12}x_1 + a_{22}x_2 + a_{23}x_3 & a_{13}x_1 + a_{23}x_2 + a_{33}x_3 \end{pmatrix} \begin{pmatrix} x_1 \\ x_2 \\ x_3 \end{pmatrix} \\
&= a_{11}x_1^2 + a_{12}x_1x_2 + a_{13}x_1x_3 \\
&\quad + a_{12}x_1x_2 + a_{22}x_2^2 + a_{23}x_2x_3 \\
&\quad + a_{13}x_1x_3 + a_{23}x_2x_3 + a_{33}x_3^2 \qquad \cdots (42.6)
\end{aligned}$$

と考えられます。これは要するに、$a_{ij}x_ix_j$ という掛け算を、1〜3までの総当たりで9パターン行なって全部足し合わせたというだけの話です。k が4なら16パターン、k が5なら25パターンというように総当たりの数は増えますが k がいくつでも同じことが言えます。

さて、ではこれを $\boldsymbol{x}$ で偏微分したらどうなるでしょうか？たとえばまず x_1 で偏微分すると、(42.6)式のうち x_1 が絡む項だけに注目すればよいので、

$$\begin{aligned}
\frac{\partial}{\partial x_1}\boldsymbol{x}^T\boldsymbol{A}\boldsymbol{x} &= 2a_{11}x_1 + a_{12}x_2 + a_{13}x_3 + a_{12}x_2 + a_{13}x_3 \\
&= 2a_{11}x_1 + 2a_{12}x_2 + 2a_{13}x_3
\end{aligned}$$

となります。これは x_2 や x_3 についても同様であり、実際にやってみると、全て1項だけの「2乗の項」と、2項ずつある「他の x_i との掛け算」という式を偏微分することになるでしょう。やってみればわかりますが、これも k が仮に3より大きくてもやはり同じパターンになります。よってこれらをまとめて「ベクトル $\boldsymbol{x}$ での偏微分」を計算すると次のようになります。

$$\frac{\partial}{\partial \boldsymbol{x}}\boldsymbol{x}^T\boldsymbol{A}\boldsymbol{x} = \begin{pmatrix} \dfrac{\partial}{\partial x_1}\boldsymbol{x}^T\boldsymbol{A}\boldsymbol{x} \\ \dfrac{\partial}{\partial x_2}\boldsymbol{x}^T\boldsymbol{A}\boldsymbol{x} \\ \dfrac{\partial}{\partial x_3}\boldsymbol{x}^T\boldsymbol{A}\boldsymbol{x} \end{pmatrix} = \begin{pmatrix} 2a_{11}x_1 + 2a_{12}x_2 + 2a_{13}x_3 \\ 2a_{12}x_1 + 2a_{22}x_2 + 2a_{23}x_3 \\ 2a_{13}x_1 + 2a_{23}x_2 + 2a_{33}x_3 \end{pmatrix}$$

$$= 2\begin{pmatrix} a_{11}x_1 + a_{12}x_2 + a_{13}x_3 \\ a_{12}x_1 + a_{22}x_2 + a_{23}x_3 \\ a_{13}x_1 + a_{23}x_2 + a_{33}x_3 \end{pmatrix}$$

$$= 2\begin{pmatrix} a_{11} & a_{12} & a_{13} \\ a_{12} & a_{22} & a_{23} \\ a_{13} & a_{23} & a_{33} \end{pmatrix}\begin{pmatrix} x_1 \\ x_2 \\ x_3 \end{pmatrix}$$

$$= 2\boldsymbol{A}\boldsymbol{x}$$

これが「2次形式の微分」という統計学や機械学習でよく登場する考え方です。またさらに補足すると、この2次形式は行列の「トレース」という形で表現できるというところも覚えておいた方がよいかもしれません。トレースとは基本的な定義としては正方行列の左上から右下まで至る対角成分を足したものであり、たとえば正方行列 A に対するトレースは $tr(\boldsymbol{A})$ とか $Tr(\boldsymbol{A})$ とか、そのものズバリ $trace(\boldsymbol{A})$ とか、行列の左下に $_{tr}\boldsymbol{A}$ と書いたりすることで表します。転置も transpose で tr という文字が使われることがあるとすでに述べましたが、転置とトレースを混同しないように気をつけましょう。

仮に3行3列の正方行列 $\boldsymbol{A}$ についてのトレースを考えるとすれば、

$$tr(\boldsymbol{A}) = tr\begin{pmatrix} a_{11} & a_{12} & a_{13} \\ a_{21} & a_{22} & a_{23} \\ a_{31} & a_{23} & a_{33} \end{pmatrix} = a_{11} + a_{22} + a_{33} = \sum_{i=1}^{3} a_{ii}$$

と計算します。このトレースの考え方を使うと対称行列を用いて表された2次形式は、

$$\boldsymbol{x}^T\boldsymbol{A}\boldsymbol{x} = tr(\boldsymbol{A}\boldsymbol{x}\boldsymbol{x}^T)$$

となります。k が 3 のときの $x^T A x$ の計算はすでに (42.6) 式で行なっていますので、これが右辺のトレースを使った式と一致するかどうか、興味のある方はぜひチャレンジしてみましょう。

話は少しそれましたが、3つめのルールについても成分での確認を済ませておきましょう。$u = f(x)$、$v = g(x)$ が同じ m 次元のベクトルで掛け算ができれば x と異なる次元でも構いません。つまり、

$$u = \begin{pmatrix} u_1 \\ u_2 \\ \vdots \\ u_m \end{pmatrix} = \begin{pmatrix} f_1(x) \\ f_2(x) \\ \vdots \\ f_m(x) \end{pmatrix}, \quad v = \begin{pmatrix} v_1 \\ v_2 \\ \vdots \\ v_m \end{pmatrix} = \begin{pmatrix} g_1(x) \\ g_2(x) \\ \vdots \\ g_m(x) \end{pmatrix}$$

というように、それぞれベクトル x に含まれる k 個の成分が決まれば、関数によって値が決まる m 個の成分をまとめたベクトルだということです。この内積である $u^T v$ あるいは $v^T u$ をベクトル x で偏微分すると次のように考えられます。

$$\frac{\partial}{\partial x} u^T v = \frac{\partial}{\partial x} v^T u = \frac{\partial}{\partial x} \sum_{i=1}^{m} u_i v_i = \frac{\partial}{\partial x} \sum_{i=1}^{m} f_i(x) g_i(x)$$

$$= \begin{pmatrix} \dfrac{\partial}{\partial x_1} \sum_{i=1}^{m} f_i(x) g_i(x) \\ \dfrac{\partial}{\partial x_2} \sum_{i=1}^{m} f_i(x) g_i(x) \\ \vdots \\ \dfrac{\partial}{\partial x_k} \sum_{i=1}^{m} f_i(x) g_i(x) \end{pmatrix} \quad \cdots (42.7)$$

さてここで、「足してから偏微分しても偏微分してから足してもいい」というルールに基づくと、この Σ の中身の各項をバラバラに偏微分してから足しあわせても問題ないはずですし、それらの各項においてスカラーにおける掛け算の微分のルールを適用することも問題ありません。

第6章 ディープラーニングを支える数学の力

たとえば x_1 で偏微分する1つめの成分を例にとると、

$$\frac{\partial}{\partial x_1}\sum_{i=1}^{m}f_i(\boldsymbol{x})g_i(\boldsymbol{x}) = \sum_{i=1}^{m}\frac{\partial}{\partial x_1}f_i(\boldsymbol{x})g_i(\boldsymbol{x})$$

$$= \sum_{i=1}^{m}\left(\frac{\partial f_i(\boldsymbol{x})}{\partial x_1}g_i(\boldsymbol{x}) + f_i(\boldsymbol{x})\frac{\partial g_i(\boldsymbol{x})}{\partial x_1}\right)$$

だと考えられます。

よって、これを他の成分についても同様に考えれば(42.7)式は次のようになります。

$$\frac{\partial}{\partial \boldsymbol{x}}\boldsymbol{u}^T\boldsymbol{v} = \begin{pmatrix} \sum_{i=1}^{m}\left(\frac{\partial f_i(\boldsymbol{x})}{\partial x_1}g_i(\boldsymbol{x}) + f_i(\boldsymbol{x})\frac{\partial g_i(\boldsymbol{x})}{\partial x_1}\right) \\ \sum_{i=1}^{m}\left(\frac{\partial f_i(\boldsymbol{x})}{\partial x_2}g_i(\boldsymbol{x}) + f_i(\boldsymbol{x})\frac{\partial g_i(\boldsymbol{x})}{\partial x_2}\right) \\ \vdots \\ \sum_{i=1}^{m}\left(\frac{\partial f_i(\boldsymbol{x})}{\partial x_k}g_i(\boldsymbol{x}) + f_i(\boldsymbol{x})\frac{\partial g_i(\boldsymbol{x})}{\partial x_k}\right) \end{pmatrix} \quad \cdots (42.8)$$

ではルール3の右辺についてはどうでしょうか？まず1項めである「$\boldsymbol{u}$ を $\boldsymbol{x}$ で偏微分してから $\boldsymbol{v}$ を掛ける」というところを考えると、先ほどの「ベクトルをベクトルで偏微分すると行列になる」という話から、

$$\frac{\partial \boldsymbol{u}}{\partial \boldsymbol{x}}\boldsymbol{v} = \begin{pmatrix} \frac{\partial f_1(\boldsymbol{x})}{\partial x_1} & \frac{\partial f_2(\boldsymbol{x})}{\partial x_1} & \cdots & \frac{\partial f_m(\boldsymbol{x})}{\partial x_1} \\ \frac{\partial f_1(\boldsymbol{x})}{\partial x_2} & \frac{\partial f_2(\boldsymbol{x})}{\partial x_2} & \cdots & \frac{\partial f_m(\boldsymbol{x})}{\partial x_2} \\ \vdots & \vdots & \ddots & \vdots \\ \frac{\partial f_1(\boldsymbol{x})}{\partial x_k} & \frac{\partial f_2(\boldsymbol{x})}{\partial x_k} & \cdots & \frac{\partial f_m(\boldsymbol{x})}{\partial x_k} \end{pmatrix}\begin{pmatrix} g_1(\boldsymbol{x}) \\ g_2(\boldsymbol{x}) \\ \vdots \\ g_m(\boldsymbol{x}) \end{pmatrix}$$

$$= \begin{pmatrix} \sum_{i=1}^{m} \dfrac{\partial f_i(\boldsymbol{x})}{\partial x_1} g_i(\boldsymbol{x}) \\ \sum_{i=1}^{m} \dfrac{\partial f_i(\boldsymbol{x})}{\partial x_2} g_i(\boldsymbol{x}) \\ \vdots \\ \sum_{i=1}^{m} \dfrac{\partial f_i(\boldsymbol{x})}{\partial x_k} g_i(\boldsymbol{x}) \end{pmatrix}$$

となります。またもう1つの「$\boldsymbol{v}$を$\boldsymbol{x}$で偏微分してから$\boldsymbol{u}$を掛ける」部分も同様に、「このfとgが反対」と考えればよく、

$$\dfrac{\partial \boldsymbol{v}}{\partial \boldsymbol{x}} \boldsymbol{u} = \begin{pmatrix} \sum_{i=1}^{m} \dfrac{\partial g_i(\boldsymbol{x})}{\partial x_1} f_i(\boldsymbol{x}) \\ \sum_{i=1}^{m} \dfrac{\partial g_i(\boldsymbol{x})}{\partial x_2} f_i(\boldsymbol{x}) \\ \vdots \\ \sum_{i=1}^{m} \dfrac{\partial g_i(\boldsymbol{x})}{\partial x_k} f_i(\boldsymbol{x}) \end{pmatrix}$$

となります。よってこれらを足し合わせたものが、(42.8)式の形に一致することがわかりました。

以上3つのルールがわかれば、統計学や機械学習でよく使う範囲の基本的な「ベクトルで偏微分」という計算を行なえるようになります。中でも特に使うのはルール1とルール2であり、これだけでも(42.5)式の計算には事足ります。ここで(42.5)式を見返してみましょう。

$$\dfrac{\partial}{\partial \boldsymbol{\beta}} \boldsymbol{\varepsilon}^T \boldsymbol{\varepsilon} = \dfrac{\partial}{\partial \boldsymbol{\beta}} (-2\boldsymbol{\beta}^T \boldsymbol{X}^T \boldsymbol{y} + \boldsymbol{\beta}^T \boldsymbol{X}^T \boldsymbol{X} \boldsymbol{\beta}) \qquad \cdots (42.5)$$

まず、このうち最初の$-2\boldsymbol{\beta}^T \boldsymbol{X}^T \boldsymbol{y}$という項について、転置した結果2行$n$列となった行列$\boldsymbol{X}^T$と$n$行1列のベクトル$\boldsymbol{y}$とを掛けると、線形代

数のところで学んだ「しりとり」のルールに基づいて、$X^T y$ は 2 行 1 列のベクトルになります。またこれは β とは関係ない定数だけのベクトルであるので、ルール 1 に基づきこの定数ベクトル $X^T y$ がそのまま「偏微分した結果」になります。

次にもう 1 つの $\beta^T X^T X \beta$ という項ですが、この真ん中の $X^T X$ は対称行列になります。なぜなら先ほども使った、「行列の掛け算の転置は左右を入れ替えた転置行列の掛け算である」というルールおよび、第 4 章で学んだ「2 回転置したら元に戻る」というルールに基づくと、

$$(X^T X)^T = X^T (X^T)^T = X^T X$$

と、転置しても全く同じ形になるからです。よってこの $\beta^T X^T X \beta$ は 2 次形式ということで先ほどのルール 2 を適用しましょう。すると、

$$\frac{\partial}{\partial \beta} \varepsilon^T \varepsilon = \frac{\partial}{\partial \beta}(-2\beta^T X^T y + \beta^T X^T X \beta)$$
$$= -2 X^T y + 2 X^T X \beta$$

というように、無事ベクトルでの偏微分を行なうことができました。あとはこれがゼロベクトルになるような β の値を求めればよいので、

$$-2 X^T y + 2 X^T X \beta = \mathbf{0}$$
$$\Leftrightarrow \quad 2 X^T X \beta = 2 X^T y$$
$$\Leftrightarrow \quad X^T X \beta = X^T y \quad \cdots (42.9)$$

となります。あとはこの両辺の左側から $X^T X$ の逆行列を掛けるとすると、

$$\Leftrightarrow \beta = (X^T X)^{-1} X^T y \quad \cdots (42.10)$$

という形になりました。勘の良い方であればすでにピンと来たかもしれませんが、これらは第4章の最後に紹介した重回帰分析についての正規方程式と全く同じものです。行列 X の中身は何列で β は何行の列ベクトルか、というところこそ違いますが、線形代数の書き方をしてしまえば単回帰分析と重回帰分析は全く同じものだと言えるでしょう。

（コンピューターなどを使って）逆行列の計算ができるのであれば(42.10)式から直接 β を求めた方がスマートですが、実際に手計算でやる場合には逆行列ではなく連立方程式を解く形になる(42.9)式の方がわかりやすいかもしれません。実際に前節でも扱った「3年目までの営業訪問の回数（100回単位）と取れた契約の件数」について、データを見返して(42.9)式の中身を考えてみましょう。

図表 6-3

	訪問回数 (単位：100回)	契約件数 (単位：1件)
1年目	1	10
2年目	2	40
3年目	3	82

というデータから、(42.9)式の各成分は、

$$\left(\begin{pmatrix} 1 & 1 \\ 1 & 2 \\ 1 & 3 \end{pmatrix}^T \begin{pmatrix} 1 & 1 \\ 1 & 2 \\ 1 & 3 \end{pmatrix}\right)\begin{pmatrix} a \\ b \end{pmatrix} = \begin{pmatrix} 1 & 1 \\ 1 & 2 \\ 1 & 3 \end{pmatrix}^T \begin{pmatrix} 10 \\ 40 \\ 82 \end{pmatrix}$$

$$\Leftrightarrow \left(\begin{pmatrix} 1 & 1 & 1 \\ 1 & 2 & 3 \end{pmatrix} \begin{pmatrix} 1 & 1 \\ 1 & 2 \\ 1 & 3 \end{pmatrix}\right)\begin{pmatrix} a \\ b \end{pmatrix} = \begin{pmatrix} 1 & 1 & 1 \\ 1 & 2 & 3 \end{pmatrix} \begin{pmatrix} 10 \\ 40 \\ 82 \end{pmatrix}$$

$$\Leftrightarrow \begin{pmatrix} 1\cdot1+1\cdot1+1\cdot1 & 1\cdot1+1\cdot2+1\cdot3 \\ 1\cdot1+2\cdot1+3\cdot1 & 1\cdot1+2\cdot2+3\cdot3 \end{pmatrix}\begin{pmatrix} a \\ b \end{pmatrix} = \begin{pmatrix} 1\cdot10+1\cdot40+1\cdot82 \\ 1\cdot10+2\cdot40+3\cdot82 \end{pmatrix}$$

$$\Leftrightarrow \begin{pmatrix} 3 & 6 \\ 6 & 14 \end{pmatrix} \begin{pmatrix} a \\ b \end{pmatrix} = \begin{pmatrix} 132 \\ 336 \end{pmatrix}$$

$$\Leftrightarrow \begin{pmatrix} 3a + 6b \\ 6a + 14b \end{pmatrix} = \begin{pmatrix} 132 \\ 336 \end{pmatrix}$$

$$\Leftrightarrow \begin{cases} 3a + 6b = 132 \\ 6a + 14b = 336 \end{cases}$$

となり、この連立方程式を解くとやはり前節と同様の a と b の値が求められます。また、重回帰分析では説明変数の数が増える分だけ連立方程式の数も増えはしますが、(42.9)式に実際のデータをあてはめて計算して、連立方程式を解きさえすれば、切片と回帰係数が求められることには変わりありません。

このように、線形代数の書き方でベクトルの偏微分という考え方を理解していれば、どれだけ変数が増えたとしてもシンプルにその数理的な意味を理解することができるわけです。

43
重回帰分析における最尤法の考え方とコンピューターの力業

　このように、行列と偏微分で表現することでずいぶんと見通しがよくなった回帰分析の考え方ですが、偏微分という考え方は人間が数式を解いて回帰係数を求めようという場合だけでなく、コンピューターが機械的な繰り返し計算によって「データに最もよく合うパラメーターは何か」と探索するアルゴリズムを理解する上でもとても役に立ちます。

　統計学も機械学習も、要するにこの「データに最もよく合うパラメーターは何か」と推定してあてはまりのよいモデルを考える学問であり、そうしたパラメーターを探すための最尤法という考え方をすでに紹介しました。実はここまでに学んだ単回帰分析や重回帰分析において、最小二乗法と最尤法は数学的に同じようなことを考えています。そして、その実践のためにコンピューターがどう偏微分すなわち「傾き」を利用しているかを理解すれば、現代の複雑な人工知能のアルゴリズムも、「得体の知れないもの」などではなくなります。

　そんなわけで、まずは「最小二乗法と最尤法の同じようなところ」について、それがどういうことかを説明しましょう。単回帰分析であれ重回帰分析であれ、回帰分析の「モデルからのズレ」である誤差 ε が正規分布に従うと考えます。

　これまで何度も述べてきたように、重回帰分析ではたとえば n 人から k 個の説明変数についてのデータが得られたとすると、結果変数を n 次元の列ベクトル y、切片と回帰係数を合わせて $(k+1)$ 次元の列ベクトル β、n 行 $(k+1)$ 列の説明変数行列 X と、誤差が n 次元の列ベクトル ε として次のように表されました。

第6章 ディープラーニングを支える数学の力

$$y = X\beta + \varepsilon$$

このことを、行列表記ではなく「i番目の人のデータ」と、添え字を使ってベクトルにバラして考えてみましょう。すなわち、i番目の人の結果変数（スカラー）をy_i、誤差（スカラー）をε_i、そして説明変数ベクトルを次のようにおきます。

$$x_i = \begin{pmatrix} 1 \\ x_{i1} \\ x_{i2} \\ \vdots \\ x_{ik} \end{pmatrix}$$

そうすると、これらの関係は次のように表されることになります。

$$y_i = x_i^T \beta + \varepsilon_i \Leftrightarrow \varepsilon_i = y_i - x_i^T \beta \quad \cdots (43.1)$$

次にこのε_iが正規分布に従う、ということを数式で表してみましょう。ガウスと同様に「プラス（過大）側にズレる確率とマイナス（過小）側にズレる確率は等しい」と考えれば、ε_iの平均値は0となるはずです。また、バラツキについてはどれぐらいなのかわからないので慣例に従って標準偏差がσだったとします。そうすると第5章の最後に学んだ書き方に則って、このε_iが正規分布に従うとしたら次のようにその確率密度関数$f(\varepsilon_i)$を表すことができるはずです。

$$f(\varepsilon_i) = \frac{1}{\sqrt{2\pi\sigma^2}} \exp\left(-\frac{\varepsilon_i^2}{2\sigma^2}\right)$$

またこのε_iに対して(43.1)式を代入すると、次のようになります。

$$\Leftrightarrow f(\varepsilon_i) = \frac{1}{\sqrt{2\pi\sigma^2}} \exp\left(-\frac{(y_i - x_i^T \beta)^2}{2\sigma^2}\right) \quad \cdots (43.2)$$

さて、第5章において最尤法では n 個全部の値（この場合は ε_i）が得られる確率を最大化するべく、全ての確率を掛け合わせようという考え方を学びましたが、確率密度でも同じように「全てを掛け合わせた値」を考えます。すなわち、掛け算の答えを意味する product の頭文字に由来する大文字の Π という記号を使って、回帰係数 $\boldsymbol{\beta}$ に対応する尤度 $L(\boldsymbol{\beta})$ は、

$$L(\boldsymbol{\beta}) = \prod_{i=1}^{n} f(\varepsilon_i) = \prod_{i=1}^{n} \frac{1}{\sqrt{2\pi\sigma^2}} \exp\left(-\frac{(y_i - \boldsymbol{x}_i^T\boldsymbol{\beta})^2}{2\sigma^2}\right)$$

と表されますが、「掛け算だとややこしいので足し算で考えるために対数尤度を考える」という点もすでに皆さんは学んできたはずです。そうすると、

$$\log(L(\boldsymbol{\beta})) = \sum_{i=1}^{n} \log\left(\frac{1}{\sqrt{2\pi\sigma^2}} \cdot \exp\left(-\frac{(y_i - \boldsymbol{x}_i^T\boldsymbol{\beta})^2}{2\sigma^2}\right)\right)$$

ですし、さらに「log の中身の掛け算は対数の外側の足し算と同じ」というルールから、

$$= \sum_{i=1}^{n} \left(\log\frac{1}{\sqrt{2\pi\sigma^2}} + \log\left(\exp\left(-\frac{(y_i - \boldsymbol{x}_i^T\boldsymbol{\beta})^2}{2\sigma^2}\right)\right)\right)$$

ということになります。また、この Σ の中身の2項めにある「底が e の指数関数 exp（　）の自然対数」というのは、一周して「指数をそのまま」ということになります。よって、

$$= \sum_{i=1}^{n} \left(\log\frac{1}{\sqrt{2\pi\sigma^2}} - \frac{(y_i - \boldsymbol{x}_i^T\boldsymbol{\beta})^2}{2\sigma^2}\right)$$

となり、あとは「別々に Σ を考えても中身をまとめてから Σ を考えてもいい」あるいは「定数倍する計算は Σ の中身で考えても外側で考えても

いい」といったΣの計算ルールから、対数尤度は次のように表すことができます。

$$\log(L(\boldsymbol{\beta})) = \sum_{i=1}^{n} \log\frac{1}{\sqrt{2\pi\sigma^2}} - \frac{1}{2\sigma^2}\sum_{i=1}^{n}(y_i - \boldsymbol{x}_i^T\boldsymbol{\beta})^2 \quad \cdots(43.3)$$

それではこの(43.3)式をよく見てみましょう。知りたいことはこの対数尤度を最大化するような説明変数ベクトル$\boldsymbol{\beta}$はどのような値か、というところですが、それを考えるために最初のΣは全く関係ありません。なぜなら最初のΣは、全て$\boldsymbol{\beta}$と全く無関係な定数の計算でしかないからです。

そんなわけで2つめのΣの方に注目してみましょう。こちらのΣには$-\frac{1}{2\sigma^2}$という値が掛け算されていることになります。σがどんな値であれ2乗する以上σ^2は必ずプラスの値ですから、そこにマイナスを掛けたこの係数は必ずマイナス、ということになるでしょう。よって、$(y_i - \boldsymbol{x}_i^T\boldsymbol{\beta})^2$を足し合わせた値が大きければ大きいほど、対数尤度は小さくなることになります。

そして、(43.1)式の定義に戻ってこの「$(y_i - \boldsymbol{x}_i^T\boldsymbol{\beta})^2$を足し合わせた値」とは何かと考えてみると、これはすなわち「ε_i^2を足し合わせた値」のことです。これが誤差εが正規分布する状況において、「誤差の2乗和を最小化する」という最小二乗法と、「尤度を最大化する」という最尤法が、結局の所同じ話になるという理由です。

このように誤差が正規分布するなら本質的には同じことを行なう最尤法と最小二乗法ですが、現代行なわれるような大量のデータを手計算で考えることはありませんし、コンピューターが我々と同じように数式を展開して連立方程式を解いて……という「計算」を行なうわけでもありません。コンピューターに「連立方程式を解かせる」あるいは「逆行列を計算させる」といった計算をさせることはもちろんできますが、説明変数の数が増えてくると計算の手間（これを計算コストと呼ぶことがあ

ります）が増えてきてあまり効率的ではありません。それよりもっと単純明快に「最ももっともらしいところを探す」ために、対数尤度の「傾き」を利用した繰り返し計算を使うアプローチが現代においては一般的です。

一般的な統計学の入門書はあまりこうしたアルゴリズムについて説明していませんが、本書のゴールはコンピューターサイエンスと統計学のクロスオーバーによって生まれた「ITの統計学」あるいは「確率とデータに基づく人工知能」を勉強するための準備を整えることですので、こちらについても少しだけ触れておきましょう。いきなり複数のパラメーターを推定しようというのはややこしいので、ひとまず次のようにごく単純な状況を考えてみます。

第5章で三角分布に基づき作業期間の見積もりを行なった彼は今や管理職となり、5人の部下を従える立場になった。三角分布を使っただけでも、定型的な作業期間の見積もりは概ねうまくいくようになったが、今度取りかかる新規事業については作業期間が「長期に渡りそう」という以外には全く想像がつかず、部下の意見を求めてみても下記のように大きくバラついている。

図表6-4

回答者	見積もった作業期間
1人目の部下	104日
2人目の部下	137日
3人目の部下	86日
4人目の部下	60日
5人目の部下	113日

第6章 ディープラーニングを支える数学の力

　ざっくり平均を取ってみてもよいのだが、「数学的な根拠に基づいて」判断するために、「実際にかかる本当の作業期間」から部下の見積もりの誤差が正規分布に従うとすると最尤法に基づき作業期間は何日と考えることが妥当だといえるだろうか?

こちらの方がだいぶ話は単純ですが、それでも正規分布と最尤法に基づいてパラメーター(この場合は本当の作業期間)を推定することに違いはありません。i 番目の部下の見積もった作業期間を y_i、本当の作業期間 θ からのズレを ε_i とすると、

$$y_i = \theta + \varepsilon_i \Leftrightarrow \varepsilon_i = y_i - \theta \quad \cdots (43.4)$$

と考えられます。また、部下は大きい側に見積もりがちとか小さい側に見積もりがちといった偏りがないとして、この ε_i は平均0で標準偏差は σ の正規分布に従うとしましょう。そうすると、θ についての尤度 $L(\theta)$ は先ほどと同様に、

$$L(\theta) = \prod_{i=1}^{n} \frac{1}{\sqrt{2\pi\sigma^2}} \exp\left(-\frac{(y_i - \theta)^2}{2\sigma^2}\right)$$

となりますし、対数尤度は、

$$\log(L(\theta)) = \log\frac{1}{\sqrt{2\pi\sigma^2}} - \frac{1}{2\sigma^2}\sum_{i=1}^{n}(y_i - \theta)^2 \quad \cdots (43.5)$$

となります。このような状況でもやはり、「(対数)尤度」を最大化する θ とは何か?と考える最尤法と、「誤差の2乗和が最も小さくなる θ とは何か?」と考える最小二乗法の答えが一致します。これをもし人間が数式を解いて考えるとすれば、「2つめのΣの計算を θ で偏微分して0になるところを探せばよい」ということになりますので微分とΣそれぞ

れの計算ルールを思い返しながら、一応そちらも考えておきましょう。

$$\frac{\partial}{\partial \theta} \sum_{i=1}^{n} (y_i - \theta)^2 = \frac{\partial}{\partial \theta} \sum_{i=1}^{n} (y_i^2 - 2y_i\theta + \theta^2)$$

$$= \frac{\partial}{\partial \theta} \left(\sum_{i=1}^{n} y_i^2 - 2\sum_{i=1}^{n} y_i\theta + \sum_{i=1}^{n} \theta^2 \right)$$

$$= \frac{\partial}{\partial \theta} \sum_{i=1}^{n} y_i^2 - \frac{\partial}{\partial \theta} 2\theta \sum_{i=1}^{n} y_i + \frac{\partial}{\partial \theta} n\theta^2$$

$$= 0 - 2\sum_{i=1}^{n} y_i + 2n\theta \text{ であり、これが0であると考えると、}$$

$$\Leftrightarrow 2n\theta = 2\sum_{i=1}^{n} y_i$$

$$\Leftrightarrow \theta = \frac{1}{n}\sum_{i=1}^{n} y_i \quad \cdots (43.6)$$

となります。この(43.6)式が意味するところはすなわち、尤度を最大化するθも、誤差の2乗和を最小化するθも、「yの平均値」になるということです。これは先ほど学んだように、ガウスが「平均値がもっともらしい推測となるように」と正規分布を考えたことに立ち返れば当然の話かもしれません。なお先ほどのデータから、5名の部下の見積もった作業期間を実際に平均してみると100日という値になります。

人間がこうした単純な数値例で数式を使って考える分にはこれで問題は解決なのですが、数式展開よりも単純な計算を行なうことの方が圧倒的に得意なコンピューターは、もっとその単純な計算のスピードを活かして「もっともらしい値」を計算させる方が向いています。

たとえば最も単純な考え方として、θについて可能性のありそうな0日目から200日目まで全ての値を考えて、Σの計算を行なって誤差の2乗和を求めるというやり方はどうでしょうか？このような乱暴なやり方であっても、コンピューターなら人間が数式展開するより速く「もっと

もらしい θ の値」を求められるかもしれません。実際に 5 人の部下の見積もったデータを用いてこの計算をやってみると次のようになります。

図表 6-5

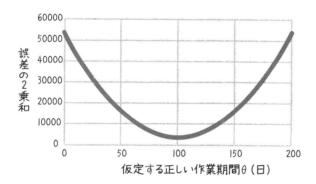

グラフを見ただけでも 100 日あたりが最も誤差の 2 乗和が小さくなることはわかりますし、実際に θ = 100 日のときがちょうど誤差の 2 乗和が最も小さくなっています。気になるようであれば小数点以下の精度をさらにあげて計算してもよいですが、どれだけ小数点以下を細かくしても θ がちょうど 100 のときが最も 2 乗和が小さくなることに変わりありません。

このようなやり方はたいへんわかりやすく単純なものですが、説明変数がたくさんある統計学や機械学習の手法でそのまま使えるわけではありません。パラメーターがたった 1 つ θ だけなら 200 回の計算を行なうだけで済んだとしても、仮に同じ精度・範囲で 10 個のパラメーターの組合せ（あるいは 10 次元のベクトル）のうち最ももっともらしいものを探そうとすれば、200 の 10 乗すなわち、1024 垓（1024 億の 1 兆倍です）回もの計算をしなければいけません。いくら最近のコンピューターが高速だといっても、何百あるいはときに何万といったパラメーターを

推定しなければいけない統計学や機械学習の手法で使うにはあまりに非効率なやり方です。

そこでもっとこの計算を効率化するために、「傾き」すなわち「誤差を推定したいパラメーターで偏微分したもの」を利用する方法が考えられます。このようなやり方を一般に「勾配法」と呼びます。「傾き」を「勾配」と言い換えただけですが、その中で最も単純な最急降下法と呼ばれるものは次のようなアルゴリズムで関数の最小値を求めます。

ステップ１：まず適当にパラメーターの値を決める。
ステップ２：そのパラメーターの値における誤差関数の勾配を求める。
ステップ３：元のパラメーターの値から勾配に「一定の値（学習率）」を掛けた値を引く。
ステップ４：引いた値を次のパラメーターの値としてまた誤差関数の勾配を求める。
ステップ５：ステップ３とステップ４を繰り返してパラメーターの値がほぼ変わらなくなったら終了（この状態を指して「収束した」と表現します）。

試しに最初の適当なパラメーターとして「作業期間 θ は 10 日」というところからこのアルゴリズムに基づき計算してみましょう。次にステップ２で求めるべきは誤差関数の勾配です。誤差関数（error function）とは何かというと、一般に、パラメーターの値に応じて決まる「モデルのあてはまりを評価するための小さければ小さいほどよい値」のことを言います。パラメーターの値が決まればこの値も決まるので関数だと考えられるわけですが、たとえばこれまでに何度も考えてきた最小二乗法は、「誤差の２乗和」という誤差関数を考えていることになります。

なお、人によっては誤差関数ではなく損失関数（loss function）とか

コスト関数（cost function）などと呼びますが、全く同じものだと考えて問題ありません。ただ、頭文字を取って関数を表す際、errorの頭文字Eを使うと期待値（expectation）と混同してしまうかもしれません。lossの頭文字Lを使うと尤度（likelihood）と区別がつきません。よって本書ではコストの頭文字をとってθに応じて決まる誤差関数のことを$C(\theta)$と表すことにして、今回は次のような誤差関数$C(\theta)$を考えることにします。

$$C(\theta) = \sum_{i=1}^{n}(y_i - \theta)^2 \quad \cdots (43.7)$$

そうすると、誤差関数の勾配とは「この$C(\theta)$をθで偏微分したもの」ということになりますが、コンピューターに数式を認識させて導関数を求めろ、というわけではありません。もっと単純に求められる勾配の近似値として、たとえばθが10のときであれば、次のように考えた方がコンピューターにとって簡単な計算です。

$$\frac{\partial}{\partial \theta}C(10) = \lim_{\Delta\theta \to 0}\frac{C(10+\Delta\theta) - C(10)}{\Delta\theta}$$

$$\fallingdotseq \frac{C(10.0001) - C(10)}{0.0001} \quad \cdots (43.8)$$

要するに微分の定義における「ごく小さな変化量」を実際の「ごく小さな数値」で代替してやってしまえば、わざわざ人間のように数式を変形する作業をしなくてもおおよその傾きは出るじゃないか、ということです。ここではその「ごく小さな数値」として0.0001という値を用いましたが、別にもっとさらに小さい数値を使っても構いません。

実際のデータと10または10.0001という値を用いて誤差関数の勾配を求めるというのはコンピューターにとってそれほど難しいことではありませんが、人間である皆さんがそのプロセスを追いかけやすいように

(43.7)式を実際のデータを元に少し整理しておきましょう。先ほどこの誤差の2乗和という誤差関数をθで偏微分した際の途中過程として次のような式が得られていました。

$$C(\theta) = \sum_{i=1}^{n} y_i^2 - 2\theta \sum_{i=1}^{n} y_i + \sum_{i=1}^{n} \theta^2$$

このうち、θの値に関係なく5人の部下のデータから計算できる、y_i^2の和とy_iの和を先に求めておきます。そうすると、

$$C(\theta) = 53350 - 2\theta \cdot 500 + 5\theta^2 \quad \cdots(43.9)$$

となります。そうすると(43.8)の近似計算も、(43.9)式のθに10あるいは10.0001という値を入れるだけで、

$$\frac{\partial}{\partial \theta} C(\theta) \fallingdotseq \frac{C(10.0001) - C(10)}{0.0001}$$

$$\fallingdotseq \frac{43849.91 - 43850}{0.0001} = -900$$

という値が求められます。実際に(43.9)式を偏微分してみればわかりますが、この値は人間が偏微分して正確に求めた値と一致しています。

では次に、この勾配に「一定の値（学習率）を掛けて引く」というステップ3を考えてみましょう。この値の大小によって、どれだけのペースで機械学習を進めるのか、という条件が左右されるため学習率と呼ばれる値です。学習率は基本的に、大きくした方が速く「もっともらしい答え」にたどり着けるかもしれないというメリットがある一方で、大きすぎてしまうと全くとんちんかんな答えに辿り着いたり、「もっともらしい答えなどない」という判断になってしまうリスクもあります。逆に学習率が小さいと、慎重に学習を進めるため、時間はかかりますが

「もっともらしい答え」に辿り着ける確実性はあがる、という傾向にあります。

いざ自分で新しい手法を生み出して実装しようとすると、この学習率をどれぐらいにしたらよいのかというところでトライアルアンドエラーが必要になることもありますが、今回は一例として学習率を 0.05 としてみます。そうすると、次に勾配を考えるパラメーターの値は、今試したパラメーターの値から学習率と勾配を掛けた値を引いたものになるので、次のように求められます。

$$10 - 0.05 \cdot (-900) = 55$$

ということになります。

あとは同様に、この 55 というパラメーターに対する勾配を求め、学習率を掛けて 55 から引き、という計算を繰り返すと、10、55、77.5、88.75、94.375、97.1875……と進み、そこからさらにあと 5 回ほど計算すれば「およそ 100」と言って差し支えないような 99.9 以上の値が得られます。人間の頭で追いかけるとあまりありがたみを実感できないかもしれませんが、このようなやり方であればコンピューターは高い効率で誤差関数が最も小さくなるところ、すなわち「最ももっともらしいパラメーター」を見つけることができるわけです。

また、なぜ勾配を使って「よりもっともらしそうなパラメーター」を探索するのか、直感的に説明するとすれば、次のような考えに基づいているといってよいでしょう。

- パラメーターを少し増やすとかなり誤差が小さくなる（勾配が絶対値の大きなマイナスの値）ならまだまだ下がる余地がありそうなのでガツっと大きめのパラメーターを試す
- パラメーターを少し増やすと少しだけ誤差が小さくなる（勾配が絶対

値の小さなマイナスの値）なら慎重に少しだけ大きいパラメーターを試す
- パラメーターを少し増やすとかなり誤差が大きくなる（勾配が絶対値の大きなプラスの値）ならまだガツっと小さめのパラメーターを試す
- パラメーターを少し増やすと少しだけ誤差が大きくなる（勾配が絶対値の小さなプラスの値）なら慎重に少しだけ小さいパラメーターを試す

　この4つの条件を一言にまとめると、次に試すパラメーターを今よりどれぐらい大きなものにすべきか、と考えたときに「今試しているところの勾配にマイナスを掛けたものに比例させればよい」ということになるでしょう。そしてその比例させる定数こそが学習率だということになります。なお、パラメーターが1つではなく重回帰分析のように複数ある場合でも、パラメーターが「パラメーターベクトル」で、「勾配」が「勾配ベクトル」となる以外は全く同じ計算になります。

　実際に機械学習では今回よりも複雑な問題を考えますので、「計算の途中で変なところに引っかかって最適解に辿り着かない」とか、逆に「いつまで経っても計算が終わらない」というリスクも当然大きくなります。こうしたリスクを避けるために最急降下法より複雑な手法がいくつも提案されていますが、基本的には「勾配を考えて進めそうならガツっと／そうでなければ慎重に」と、よりもっともらしそうなパラメーターを試していくという基本は多くの手法に共通したアイディアです。

　このあたりに興味のある方は最適化アルゴリズムと呼ばれるコンピューターサイエンスの分野を勉強してみるとよいでしょう。あるいは逆に、アルゴリズム自体は専門家の作ったソフトウェアやライブラリに任せて自分はもっと応用面を考えよう、というのも1つの方法です。おそらく皆さんが今後、ディープラーニングを含む機械学習手法の専門書を読もうとすると、「数学的にどのようなモデルを考えるか」という記

述と、「コンピューターにどのようなアルゴリズムでパラメーターを推定させるか」という記述が両方含まれている可能性がありますが、そのあたりはあらかじめきちんと区別した方がよいかもしれません。

　以上が、「データ間がどのような関係になっているかというモデルを考え、勾配に基づいた繰り返し計算でいちばんもっともらしいパラメーターを探す」という、現代の統計学と機械学習の根底にある考え方です。

44
ニューラルネットワークにおける「非線形な部分」の重要性

　ここまでの内容で皆さんは無事、重回帰分析のような説明変数がいくつもある分析手法についても「データとモデルと誤差の関係を行列で表して偏微分して誤差がいちばん小さくなるところを探せばいい」という統計学と機械学習の数学的な定石を身につけることができたことになります。

　そしてあと1つだけ、最後に「説明変数と結果変数の関係が線形的でない場合にどうすればよいのか」というところだけを身につければ、もう統計学と機械学習の専門書を読むのに必要な数学的素養をコンプリートできたことになるでしょう。

　線形とは第2章から何度も学んできた「$y=a+bx$」というような関係で、説明変数が1増えるごとにyがどれだけ増えるかが常に一定、といった直線的な関係を示します。重回帰分析においても説明変数こそ増えましたがそれぞれの説明変数と結果変数の間の関係が線形的であることに変わりはありません。

　しかし世の中には線形な関係だけでなく、非線形な関係がいくらでもあります。2次関数も、指数関数も、対数関数も三角関数も、これまでいくつもの非線形な関数を皆さんはすでに学んできました。

　おそらくこの本を執筆している現在において、機械学習を理解したいという皆さんの大きなモチベーションは昨今注目を集めるディープラーニングを理解したい、というところでしょう。人間の脳神経を模した数理モデルを「ディープ」すなわち何層も重ねることによって、人間の認知機能を代替できるというアイディアはSF的なワクワク感を喚起するところではあります。しかしながら、仮に「脳神経を模した」「ディー

プな」モデルであっても、実はこの非線形というところがなければただの重回帰分析と全く変わりないものになってしまいます。

巷でよく見かけるディープラーニングの模式図にならってこれまでに学んだ重回帰分析を表そうとすれば次のようになるでしょう。

図表6-6

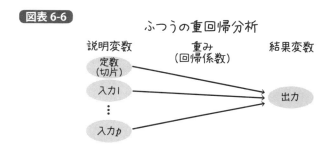

仮にp個の説明変数があった場合、定数すなわち説明変数と無関係な切片（これをニューラルネットワークでは「バイアス」と呼ぶこともあります）を合わせた$p+1$個の値を使って、実際の結果変数yの値とのズレが最も小さくなるよう、その間の関係性を考えます。重回帰分析では説明変数に回帰係数を掛けて、切片も含めて足し合わせたものがyの値になる、と考えますがディープラーニングを含むニューラルネットワークにおいては、この説明変数のことを「入力」、回帰係数のことを「重み」、結果変数のことを「出力」といったように表現します。入力データを重みづけて足し合わせた（そして通常であればそこへ非線形な関数で変換する）ものが、実際のデータの結果変数からできるだけズレないように重みを求めるわけです。

ではここで、次のような「ディープな」モデルを考えてみましょう。実際のディープニューラルネットワークとは違って非線形な部分が全くないものなので仮にこれをディープ重回帰分析と呼びます。

図表6-7

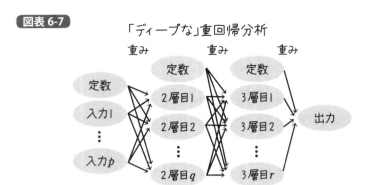

重回帰分析と同様に一番左側にはp個の入力データと定数がありますが、ここからいきなり結果yを考えようとせずに、「中間層」とか「隠れ層」と呼ばれる2層目、3層目の値を考えます。2層目はそれぞれ、入力データと定数を適宜重みづけて足し合わせたq個の値です。また、3層目はそうやって求められたq個の2層目の値と定数を適宜重みづけて足し合わせたr個の値になります。もちろんもっとディープにしても構いませんが、とりあえずいったんこの3層目までの値と定数を適宜重み付けして出力yが実際のデータと最もズレが小さくなるように考えることにします。

このように要素の数が増えてくると線形代数的な書き方で整理した方がわかりやすくなりそうなのでチャレンジしてみましょう。ディープラーニングはここ数年の間にいろいろな分野の人が研究に参入しているため、「慣例的な書き方」が必ずしも定まっているわけではありませんが、入力と出力以外の各層にある値のことを「ユニット」という意味でuを使い、たとえば「2層目の5番目のユニット」のことを$u_5^{(2)}$というように表すことがあります。たまに右上の「何層目」というところについて（　）をつけずに表記する人もいますが、何乗するかを表す指数と混同しそうになるので、個人的にはあまりおすすめしません。また、2層

目を計算するのに使う重みという意味で $w^{(2)}$ といった表記を使うこともあります。言うまでもなくなぜ重みが w かというと weight の頭文字ということでしょう。

このような書き方に基づくと、まず一番右側の「3層目から出力を求める」部分については重回帰分析と同じ考え方で表せるはずです。ここでは話を単純にするために、とりあえず1件のみのデータについて、出力と入力および重みの関係を考えることにして、この出力（スカラー）を y、3層目の i 番目のユニットの値を $u_i^{(3)}$、i 番目のユニットの値に対応する重みを「4番目の層である出力を求めるための重み」という意味で $w_i^{(4)}$ とすると、

$$y = w_0^{(4)} + w_1^{(4)} u_1^{(3)} + w_2^{(4)} u_2^{(3)} + \cdots + w_r^{(4)} u_r^{(3)} \quad \cdots (44.1)$$

というモデルを考えることになります。なお、$w_0^{(4)}$ とは定数の値で、重回帰分析における切片を β_0 としたのと全く同じイメージです。このように規則的に添え字が並ぶ計算を、線形代数的にどうまとめて書けばよいか、皆さんはすでにご存知でしょう。重みとユニットの値をそれぞれ次のようなベクトルで定義して、掛け算を考えればよいだけです。

$$\boldsymbol{w}^{(4)} = \begin{pmatrix} w_0^{(4)} \\ w_1^{(4)} \\ \vdots \\ w_r^{(4)} \end{pmatrix}, \quad \boldsymbol{u}^{(3)} = \begin{pmatrix} 1 \\ u_1^{(3)} \\ \vdots \\ u_r^{(3)} \end{pmatrix} として、$$

$$y = \boldsymbol{w}^{(4)T} \boldsymbol{u}^{(3)} \quad \cdots (44.2)$$

では次に、この $\boldsymbol{u}^{(3)}$ がどうなるか、というところですが、3層目のユニットのうち1つだけ、i 番目のユニットについてだけ考えるとこれも (44.1) 式と同じような形になるはずです。ただし、i 番目のユニットそれぞれに異なる重みがなければいけないため、添え字は少し複雑になり

ます。

$$u_i^{(3)} = w_{i0}^{(3)} + w_{i1}^{(3)} u_1^{(2)} + w_{i2}^{(3)} u_2^{(2)} + \cdots + w_{iq}^{(3)} u_q^{(2)} \quad \cdots (44.3)$$

よって、$\boldsymbol{u}^{(3)}$ の最初にある定数成分 $u_0^{(3)}$ が「前の層と関係なく必ず1になる」という点にだけ注意しながら、これを列ベクトル $\boldsymbol{u}^{(3)}$ についてまとめて書きましょう。

$$\boldsymbol{u}^{(3)} = \begin{pmatrix} 1 \\ u_1^{(3)} \\ \vdots \\ u_r^{(3)} \end{pmatrix} = \begin{pmatrix} 1 & 0 & \cdots & 0 \\ w_{10}^{(3)} & w_{11}^{(3)} & \cdots & w_{1q}^{(3)} \\ \vdots & \vdots & \ddots & \vdots \\ w_{r0}^{(3)} & w_{r1}^{(3)} & \cdots & w_{rq}^{(3)} \end{pmatrix} \begin{pmatrix} 1 \\ u_1^{(2)} \\ \vdots \\ u_q^{(2)} \end{pmatrix}$$

という計算を行なえば各成分 $u_i^{(3)}$ について(44.3)式のような式が成立しますし、$u_0^{(3)}$ は必ず1という値になります。気になる方はぜひ成分ごとの計算を行なって確認してみてください。

よって、これらの行列あるいはベクトルを次のように表せば、シンプルにまとめられそうです。

$$W^{(3)} = \begin{pmatrix} 1 & 0 & \cdots & 0 \\ w_{10}^{(3)} & w_{11}^{(3)} & \cdots & w_{1q}^{(3)} \\ \vdots & \vdots & \ddots & \vdots \\ w_{r0}^{(3)} & w_{r1}^{(3)} & \cdots & w_{rq}^{(3)} \end{pmatrix}, \quad \boldsymbol{u}^{(2)} = \begin{pmatrix} 1 \\ u_1^{(2)} \\ \vdots \\ u_q^{(2)} \end{pmatrix} \text{としたとき、}$$

$$\boldsymbol{u}^{(3)} = W^{(3)} \boldsymbol{u}^{(2)} \quad \cdots (44.4)$$

ここまでのことがわかれば、入力ベクトル x と2層目のユニットを示すベクトル $\boldsymbol{u}^{(2)}$ の間の関係も同じように考えて、次のように表せるはずです。

$$W^{(2)} = \begin{pmatrix} 1 & 0 & \cdots & 0 \\ w_{10}^{(2)} & w_{11}^{(2)} & \cdots & w_{1p}^{(2)} \\ \vdots & \vdots & \ddots & \vdots \\ w_{q0}^{(2)} & w_{q1}^{(2)} & \cdots & w_{qp}^{(2)} \end{pmatrix}, \quad x = \begin{pmatrix} 1 \\ x_1 \\ \vdots \\ x_p \end{pmatrix} としたとき、$$

$$u^{(2)} = W^{(2)} x \quad \cdots (44.5)$$

あとはこれらを繋げて考えれば、スカラーである出力 y と入力ベクトル x の関係がわかるはずです。実際に計算してみるとこの関係は、

$$\begin{aligned} y &= w^{(4)T} u^{(3)} \\ &= w^{(4)T} W^{(3)} u^{(2)} \\ &= w^{(4)T} W^{(3)} W^{(2)} x \quad \cdots (44.6) \end{aligned}$$

というように表せるということになります。

ではこのベクトル x にかかっている $w^{(4)T} W^{(3)} W^{(2)}$ とはいったいなんでしょうか？ $w^{(4)T}$ は1行 $(r+1)$ 列の行ベクトルで、$W^{(3)}$ は $(r+1)$ 行 $(q+1)$ 列の行列、そして $W^{(2)}$ は $(q+1)$ 行 $(p+1)$ 列の行列です。すなわち、行列の掛け算の「しりとりルール」に則ると、これらを掛け合わせたものはただの1行 $(p+1)$ 列の行ベクトルでしかありません。また、これらの中身の成分がなんであれ、x と無関係な係数であることに変わりはなく、それらをどれだけ掛けたり足し合わせたりしたとしてもやはり x と無関係な何らかの係数です。

ではこの $w^{(4)T} W^{(3)} W^{(2)}$ すなわち、「何らかの x と無関係な係数が $(p+1)$ 個並んだ行ベクトル」を β^T とおいてみたらどうでしょうか？そうすると当然 (44.6) 式は、

$$y = \beta^T x$$

という、重回帰分析と全く同じような形になるわけです。これが、非線

形な部分が全くなければ、いくらディープにしてもただの重回帰分析にしかならない、という話です。

かつて1950〜60年代頃に人工知能の分野においてニューラルネットワークという手法が生み出され注目を浴びたあと、一度下火になった背景には「結局のところ形だけ神経細胞を模しても線形的にしか物事を捉えていないじゃないか」という失望があったそうです。その後再びニューラルネットワークが注目を集めるようになったのは、今日では活性化関数と呼ばれる「非線形な部分」を取り入れたためです。

ではどのような「非線形な部分」を取り入れればよいのか、という話ですが皆さんはすでにその答えを1つ本書の中で学んでいるはずです。第3章の中で、統計学においてはロジスティック関数と、そして機械学習の中ではシグモイド関数と呼ばれている関数について説明したことを思い出しましょう。

次節ではこの「非線形な部分」のうち最も基本的なものであるシグモイド関数、あるいはロジスティック関数について理解を深めていきたいと思います。

45
説明変数が複数ある
ロジスティック回帰の考え方

　前節ではいくら「ディープ」にしても定数を掛け合わせたり足し合わせたりする線形な計算だけではただの重回帰分析にしかならないという話をしました。現行のディープラーニングが性能を発揮しているのもそこに「非線形な部分」である活性化関数があってこその話です。そこで、ニューラルネットワークで最初期に成功した活性化関数であるシグモイド関数を用いた場合のパラメーター推定について今度は理解していきましょう。

　人工知能の分野において1980年代には二度目のニューラルネットワークブームが訪れ、当時は家電製品などにも「ニューロ」「ファジィ」といった人工知能技術の応用がうたわれるほどであり、この時期には盛んにシグモイド関数を用いたニューラルネットワークの考え方が研究されました。

　その後ディープラーニングの成功によって訪れた現代の「ニューラルネットワークの第三次ブーム」の中で、実際の応用例においてシグモイド関数が使われることはあまり見かけません。しかし、それでも多くのディープラーニングに関係する専門書の中でよくシグモイド関数が取り上げられるのは、このようなニューラルネットワークの歴史的なルーツに由来するところなのでしょう。

　ではそのシグモイド関数を使ったニューラルネットワークとはどういうもので、どう計算すればよいのか、というところが気にかかるところですが、その前にまずは中間層のない入力層と出力層だけの「シグモイド関数を使ったニューラルネットワーク」について考えてみましょう。これはニューラルネットワークを理解する上で重要な基礎になるだけで

なく、ロジスティック回帰という統計学の主要な手法を理解するという一石二鳥な学び方でもあります。

第3章でもすでに述べたように、統計学におけるロジスティック回帰分析は、「顧客が離反するかどうか」「入会するかどうか」「来店するかどうか」といったように、ある状態になるかならないかという「0か1か」の結果変数を扱うための回帰分析です。単回帰分析と重回帰分析を区別するように、説明変数が複数ある場合のロジスティック回帰分析のことを昔の専門書の中ではわざわざ特別に「重ロジスティック回帰分析」と呼んでいることもあります。しかし、現代においてロジスティック回帰分析と言えば、説明変数が1つでも複数でもどちらの場合も含むと考えることが一般的です。

これまでに紹介してきた重回帰分析の考え方を、誤差のことを抜きにして線形代数的に言えば次のようなものでした。ある調査対象の結果変数（スカラー）をy、複数の説明変数（と定数）をまとめたベクトルをx、回帰係数と切片をまとめたベクトルをβとして、$y=x^T\beta$と考えるわけです。そしてロジスティック回帰分析においては、そこに1つロジスティック関数（あるいはシグモイド関数）を挟みます。すなわち、

$$y = f(x^T\beta) = \frac{1}{1+e^{-x^T\beta}} \quad \cdots (45.1)$$

というような形で、説明変数ベクトルと結果変数の間の数学的なモデルを考えるわけです。あるいはこれを別の形で表現するとすれば、

$$\log\frac{y}{1-y} = x^T\beta \quad \cdots (45.2)$$

と考えられるという点についてもすでに第3章で述べました。このような関数を挟むことで、0か1かという結果変数yを重回帰分析などと同じように考えられるわけです。これ自体はたいへん素晴らしいアイディ

アなのですが、いざ回帰係数を推定しようとすると、これまでに使ったような最小二乗法が機能しない、という問題があります。

このことを少し具体的に理解するために、次のような状況を考えてみましょう。

第3章で扱った完全予約制のレストランにおいて、その後本格的にトラブル後の離反防止に取り組むべく、トラブル時にはドリンクサービスや次回来店時に使えるギフト券などをオファーし、体感的にはずいぶんとリピート率が改善したように感じられている。

そこで、再び顧客のリピート率を分析すべく、過去1000人分の予約台帳から、ランチタイムかディナータイムかという利用時間別に、ダブルブッキングや注文の取り間違いといったトラブルの有無とその後のリピートの有無を集計したところ次のようになった。

図表 6-8

利用時間	トラブル有無	リピート有無	人数
ランチタイム	なし	なし	207
ランチタイム	なし	あり	23
ランチタイム	あり	なし	18
ランチタイム	あり	あり	2
ディナータイム	なし	なし	435
ディナータイム	なし	あり	290
ディナータイム	あり	なし	15
ディナータイム	あり	あり	10

なおこのデータをもとに単純集計を行なうと次のようになり、全体のリピート率は32.5%で以前より改善しているが、ランチとディ

ナーで大きくリピート率が異なり、また対策を取っているとはいえトラブルを起こすとリピート率が下がる、という傾向も見て取れる。

図表 6-9

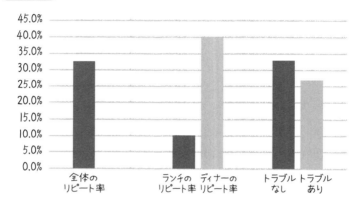

しかし、よくデータを見てみるとトラブルの発生割合はランチタイムとディナータイムで異なっており、ランチタイムにおいてはアルバイトや若手を中心に店を運営するためか、8%（250人中20人）の顧客がトラブルに遭遇している一方で、ディナータイムでは3.3%（750人中25人）でしかない。「ランチタイムとディナータイムでリピート率が異なる」という条件を考慮した上で、トラブルの有無がどの程度リピーター率の低下に関係するかを調べたいとしたら、どのようにデータを分析すればよいだろうか？

多くのビジネスマンはエクセルなどを使って、「グループごとに棒グラフを描いて比べる」という上記のような知恵をすでに持ち合わせていることと思います。しかし、そうした単純なやり方だけで得られた知見が、きちんと分析してみると見せかけだけのものだった、とわかること

がしばしばあります。このレストランもそうした状況にあり、実はこのデータにおいて「ランチタイムかディナータイムか」という状況を考慮してみるとトラブルの有無がリピート率に関係しているわけではないことがわかります。たとえばごく単純に、ランチタイムとディナータイムのそれぞれに分けた上で、トラブルの有無とリピート率の関係を棒グラフに示してみると次のようになります。

図表 6-10

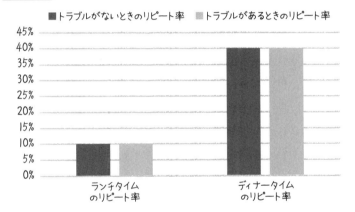

つまりランチタイム同士、あるいはディナータイム同士で比べると、トラブルがあろうがなかろうが全くリピート率が同じ、という状態です。しかし、単にトラブルの有無だけで集計すると、「トラブルのある」グループの中に、リピート率の低いランチタイムの利用者が比較的多く含まれているために、一見「トラブルがあるとリピート率が下がる」というような結果が得られてしまいます。ここからいくらトラブル防止策やこれ以上手厚いサービスを提供したとしても、あまりリピート率の向上には繋がらないかもしれません。

このように、「条件別に分けた上で何かの要因（説明変数）と結果変

数の関係性をみる」ことをサブグループ分析と呼んだりします。「サブ（sub−）」とは英語で「下」というような意味を持つ接頭語であり、サブグループとは下位のより細かい小集団のことを指します。適切にサブグループに分けることができればこのような「見せかけの関連性」を見抜くことができるわけですが、問題は現実的なデータ分析において、分析すべき変数の数はめちゃくちゃ多く、全ての条件を掛け合わせたサブグループ別に分析を行なう、というのは現実的ではないところです。たとえば性別×年代×居住都道府県別、というサブグループを考えるだけでも、数百枚のグラフを描かなければいけなくなってしまうでしょう。複数の説明変数を用いる重回帰分析や（重）ロジスティック回帰分析が便利なのは、そのように無数のサブグループを考えなくても、「他の説明変数の影響を考慮」することができるという点にあります。では、どうロジスティック回帰の回帰係数を推定すればよいのでしょうか？

　まずは先ほどの、「ランチタイム／ディナータイム」「トラブルあり／なし」といった言葉で記述された表について、これを数値で表してみましょう。統計学や機械学習ではある状態を「取る」か「取らない」かという2つに1つの状況を、1か0かという値で表します。統計学では一般にこのことを「ダミー変数」と呼びますが、コンピューターサイエンス側から機械学習を学びだした人は単にこれを「フラグ」と表現することもあります。たとえば「ディナーダミー」「トラブルダミー」「リピートありダミー」という3つのダミー変数を考えると、先ほどの表は図表6-11のように表現されます。

　さらに、この表をこれまでに考えた説明変数の行列 X や y といった形にするにはどうすればよいかを考えてみましょう。これらは全て「調査対象1つにつき1行」という形になっていましたが、こちらの表では最初の207人分を「説明変数と結果変数が同じだから」とまとめて、次の23人分も同様にまとめて……という形式になっています。また、この中で結果変数にあたるのは「リピートダミー」の列で、「ディナーダ

第6章 ディープラーニングを支える数学の力

図表 6-11

ディナーダミー	トラブルダミー	リピートダミー	人数
0	0	0	207
0	0	1	23
0	1	0	18
0	1	1	2
1	0	0	435
1	0	1	290
1	1	0	15
1	1	1	10

ミー」と「トラブルダミー」の2列が説明変数にあたります。また切片もまとめて扱えるよう、説明変数行列 X の1列目には1という要素を並べておくということも忘れないようにしましょう。

以上のような考え方に基づくと、先ほどの表から次のように分析用の説明変数行列 X と結果変数ベクトル y、さらに切片と回帰係数をまとめたベクトル β を考えることができます。

$$X = \begin{pmatrix} x_{1\,0} & x_{1\,1} & x_{1\,2} \\ \vdots & \vdots & \vdots \\ x_{203\,0} & x_{208\,1} & x_{208\,2} \\ \vdots & \vdots & \vdots \\ x_{231\,0} & x_{231\,1} & x_{231\,2} \\ \vdots & \vdots & \vdots \\ x_{1000\,0} & x_{1000\,1} & x_{1000\,2} \end{pmatrix} = \begin{pmatrix} 1 & 0 & 0 \\ \vdots & \vdots & \vdots \\ 1 & 0 & 0 \\ \vdots & \vdots & \vdots \\ 1 & 0 & 1 \\ \vdots & \vdots & \vdots \\ 1 & 1 & 1 \end{pmatrix},$$

$$y = \begin{pmatrix} y_1 \\ \vdots \\ y_{20\$} \\ \vdots \\ y_{23} \\ \vdots \\ y_{1000} \end{pmatrix} = \begin{pmatrix} 0 \\ \vdots \\ 1 \\ \vdots \\ 0 \\ \vdots \\ 1 \end{pmatrix}, \ \beta = \begin{pmatrix} \beta_0 \\ \beta_1 \\ \beta_2 \end{pmatrix}, \ \varepsilon = \begin{pmatrix} \varepsilon_1 \\ \varepsilon_2 \\ \vdots \\ \varepsilon_{1000} \end{pmatrix}$$

つまり、説明変数行列 X は「切片を考えるための定数1が並ぶ列」「ディナーダミーの列」「トラブルダミーの列」という3列からなり、最初から $207+23$ で230行めまでは「ディナーもトラブルも0」、次の231行めから $18+2$ の20行分で250行めまでは「ディナーが0でトラブルは1」、というように行が並ぶ状態です。結果変数ベクトル y も同様に、最初の207行分リピートダミーが0、次の23行分で230行めまではリピートダミーが1、……と並んでいます。ベクトル $\boldsymbol{\beta}$ はこれまで考えてきたのと同様に、切片が β_0 でディナーダミーに対応する回帰係数が β_1、トラブルダミーに対応する回帰係数が β_2 と並びます。誤差ベクトル ε はこれまでと同様に調査対象者全員分の誤差 ε_i を並べただけです。

　このように考えた上で、(45.2)式のように「y をロジット関数で変換した値に対する重回帰分析」を行なうとすると、たとえば1行め（1人め）のデータについて次のような関係が成り立つことになります。

$$\log \frac{y_1}{1-y_1} = \begin{pmatrix} x_{10} & x_{11} & x_{12} \end{pmatrix} \begin{pmatrix} \beta_0 \\ \beta_1 \\ \beta_2 \end{pmatrix} + \varepsilon_1 \quad \cdots (45.3)$$

　しかし、問題はこのような考え方をすること自体は正しくても、これまでと同様に最小二乗法を考えれば $\boldsymbol{\beta}$ の各成分が推定できるわけではないというところです。試しにこの(45.3)式に対して具体的な値を入れてみるとどうなるでしょうか？

$$\log \frac{0}{1-0} = \begin{pmatrix} 1 & 0 & 0 \end{pmatrix} \begin{pmatrix} \beta_0 \\ \beta_1 \\ \beta_2 \end{pmatrix} + \varepsilon_1$$
$$\Leftrightarrow \log 0 = \beta_0 + \varepsilon_1$$

　この左辺の値はどうなるか、というと「ネイピア数 e を何乗かしてちょうど0になる値は？」と考えていることになります。－1乗なら $1 \div 2.718$ で約0.37、－2乗なら約0.14で－10乗なら約0.00005という

ように、絶対値の大きなマイナスの数で累乗すればどんどん小さな値になっていきますが、「ちょうど0」になることはありません。

またこれはこの1行めだけが特別ということではなく、たとえば208行めのデータを使っても同じような問題が生じてしまいます。こちらはリピートした人のデータなので結果変数 y_i が1ということになりますが、この場合のデータでは次のように考えなければいけません。

$$\log \frac{y_{208}}{1-y_{208}} = \begin{pmatrix} x_{208\,0} & x_{208\,1} & x_{208\,2} \end{pmatrix} \begin{pmatrix} \beta_0 \\ \beta_1 \\ \beta_2 \end{pmatrix} + \varepsilon_{208}$$

$$\Leftrightarrow \quad \log \frac{1}{1-1} = \begin{pmatrix} 1 & 0 & 0 \end{pmatrix} \begin{pmatrix} \beta_0 \\ \beta_1 \\ \beta_2 \end{pmatrix} + \varepsilon_{208}$$

$$\Leftrightarrow \quad \log \frac{1}{0} = \beta_0 + \varepsilon_{208}$$

こちらでは「1÷0」というどうやっても計算できないところが登場します。

このような問題を解決すべく、コンピューターが未発達な時代にはいくつかの計算上のテクニックを使ってなんとか重回帰分析と同じような最小二乗法でロジスティック回帰分析を行なう、というやり方が用いられていましたが、そのやり方を皆さんが知る必要はありません。なぜなら、現代においてロジスティック回帰分析はムリに最小二乗法を使わなくても、最尤法に基づく繰り返し計算のアルゴリズムで回帰係数が推定されるからです。

まずは(45.1)式をもとに、尤度関数 $L(\boldsymbol{\beta})$ を考えてみましょう。先ほどは

$$y = \frac{1}{1+e^{-x^T\boldsymbol{\beta}}} \qquad \cdots (45.1)$$

と、いったん誤差については誤魔化して書きましたが、(45.1)式の右辺

にある説明変数が同じ組合せだったからといって、必ずしも同じ結果が得られるとは限りません。たとえば今回の例で言えば、同じようにランチタイムに来店してトラブルのなかった顧客であっても、リピートする顧客もあればしない顧客もいるわけです。ですが、そうした説明変数の条件によって、「リピートする確率」が変わり、その確率に応じた実際の「リピートしたかどうか」という結果 y が左右されると考えてみましょう。

この「リピートする確率」について、i 番目の人の値を p_i として行列をバラして考えようとすると、たとえば説明変数行列の X の i 行目を x_i^T すなわち、

$$x_i^T = \begin{pmatrix} x_{i0} & x_{i1} & x_{i2} \end{pmatrix}$$

としたときに、

$$p_i = \frac{1}{1 + e^{-x_i^T \beta}} \quad \cdots (45.4)$$

と表されます。尤度関数 $L(\beta)$ は、β に対応して求められる「実際のデータが得られる確率」ですが、このような「i 番目の人がリピートする確率 p_i」から、n 個の結果変数 y_i 全てのデータが得られる確率はどう求めればよいでしょう？まず、実際にリピートした（すなわち $y_i=1$ の）データが得られる確率は言うまでもなく p_i です。また逆に、リピートする確率が p_i であるときに、リピートしなかった（すなわち $y_i=0$ の）データが得られる確率は $(1-p_i)$ である、ということも、すでに皆さんが学んだ知識だけで理解できるところでしょう。これをまとめて書くとすれば、

第6章 ディープラーニングを支える数学の力

$$y_i が得られる確率 = \begin{cases} p_i & (y_i = 1 のとき) \\ 1 - p_i & (y_i = 0 のとき) \end{cases}$$

と場合分けの書き方で表すことができます。しかし、場合分けを考えると数式の扱いがとても面倒なので、次のように表しましょう。

$$y_i が得られる確率 = p_i^{y_i} \cdot (1 - p_i)^{1 - y_i} \quad \cdots (45.5)$$

こう書いておけば、場合分けを行なわなくても y_i が1か0かという違いでいずれかの指数が1で他方の指数が0、ということになり、(45.5)式の右辺は、y_i が1のときは p_i に、y_i が0のときには $1 - p_i$ になります。この(45.5)式を全員分掛け合わせればそれが尤度ですので、

$$L(\boldsymbol{\beta}) = \prod_{i=1}^{n} p_i^{y_i} \cdot (1 - p_i)^{1 - y_i}$$

となります。さらにここから対数尤度を考えて「対数の中身の掛け算は外側の足し算」「対数の中身の累乗は外側の掛け算」というルールを適用すると、

$$\begin{aligned} \log L(\boldsymbol{\beta}) &= \sum_{i=1}^{n} \log(p_i^{y_i} \cdot (1 - p_i)^{1 - y_i}) \\ &= \sum_{i=1}^{n} (y_i \log p_i + (1 - y_i) \log(1 - p_i)) \quad \cdots (45.6) \end{aligned}$$

となります。次に、この $\log(1 - p_i)$ という部分についてですが、(45.4)式を思い返すと、以下のようにシンプルに整理することができます。

$$\log(1-p_i) = \log\left(1 - \frac{1}{1+e^{-x_i^T\beta}}\right)$$

$$= \log\frac{1+e^{-x_i^T\beta}-1}{1+e^{-x_i^T\beta}}$$

$$= \log\frac{e^{-x_i^T\beta}}{1+e^{-x_i^T\beta}}$$

$$= \log\left(e^{-x_i^T\beta} \cdot \frac{1}{1+e^{-x_i^T\beta}}\right)$$

$$= \log e^{-x_i^T\beta} + \log\frac{1}{1+e^{-x_i^T\beta}}$$

$$= -x_i^T\boldsymbol{\beta} + \log p_i$$

それではこの結果を(45.6)式に戻してやりましょう。そうすると、

$$\log L(\boldsymbol{\beta}) = \sum_{i=1}^{n}(y_i \log p_i + (1-y_i)(-x_i^T\boldsymbol{\beta} + \log p_i))$$

$$= \sum_{i=1}^{n}(y_i \log p_i - x_i^T\boldsymbol{\beta} + \log p_i + y_i x_i^T\boldsymbol{\beta} - y_i \log p_i)$$

$$= \sum_{i=1}^{n}((y_i-1)x_i^T\boldsymbol{\beta} + \log p_i) \quad \cdots(45.7)$$

とまとめられます。またここで(45.4)式を思い返すと、

$$\log L(\boldsymbol{\beta}) = \sum_{i=1}^{n}\left((y_i-1)x_i^T\boldsymbol{\beta} + \log\frac{1}{1+e^{-x_i^T\beta}}\right)$$

$$= \sum_{i=1}^{n}\left((y_i-1)x_i^T\boldsymbol{\beta} - \log(1+e^{-x_i^T\beta})\right) \quad \cdots(45.8)$$

と、ロジスティック回帰分析についての対数尤度関数を無事数式で表すことができました。ここまで指数と対数が入り組んでしまうと、最小二乗法のときとは異なり、数式の操作で「微分して0になるような$\boldsymbol{\beta}$を

探す」ことができないのですが、皆さんはすでに最急降下法などの繰り返し計算をコンピューターにさせればよい、というアイディアを知っているはずです。

ただし、先ほど最急降下法で考えた誤差関数は「小さければ小さいほどよい値」でしたが、尤度関数や対数尤度関数は逆に「大きければ大きいほどよい値」なのでそこだけは区別しなければいけません。誤差関数は「あてはまりのよさを評価できる小さければ小さいほどよい値」であれば何でもよいので、ロジスティック回帰分析のような手法では「対数尤度関数に－1を掛けたもの」を誤差関数とする考え方がよく使われます。先ほどと同様にこれを誤差関数と同じ意味を表す「コスト関数（cost function）」の頭文字をとって$C(\boldsymbol{\beta})$とおくと、今回考える誤差関数は次のように定義されます。

$$C(\boldsymbol{\beta}) = -\log L(\boldsymbol{\beta})$$
$$= -\sum_{i=1}^{n}\left((y_i - 1)\boldsymbol{x}_i^T\boldsymbol{\beta} - \log(1 + e^{-x_i^T\beta})\right) \quad \cdots(45.9)$$

この(45.9)式について本来ならiが1から1000まで一気に1000人分考えたいところではありますが、とりあえず最初の207人分すなわち「説明変数も結果変数も全て0の人たち」についてだけを計算してみると次のようになります。

$$-\sum_{i=1}^{207}\left((0-1)(\beta_0 + 0 + 0) - \log(1 + e^{-(\beta_0 + 0 + 0)})\right)$$
$$= -\sum_{i=1}^{207}(-\beta_0 - \log(1 + e^{-\beta_0}))$$

ここで仮に$\boldsymbol{\beta}$の初期値として「切片も回帰係数も全部1」というところからスタートして、β_0についての対数尤度の勾配を求めようとす

ると、Σ の中身についての勾配は近似的に、

$$\frac{(-1.0001 - \log(1 + e^{-1.0001})) - (-1 - \log(1 + e^{-1}))}{1.0001 - 1}$$

$$\fallingdotseq \frac{-1.3133348 - (-1.3132617)}{0.0001} = -0.731$$

というように求めることができます。また言うまでもなく、この 207 名についてだけで言えば、対数尤度の値と回帰係数 β_1、β_2 が無関係であるため、これらに対する対数尤度の勾配は 0 にしかなりません。

気になる方はエクセルや何らかのプログラミング言語を使って挑戦していただければと思いますが、残り 793 名についてもそれぞれ同様に Σ の中身において、「切片と係数が全て 1 のとき」と、「切片 β_0 のみが 1.0001 になるとき」「β_1 のみが 1.0001 になるとき」「β_2 のみが 1.0001 になるとき」のそれぞれで対数尤度がどうなるかを考えて、それらの差分の合計から勾配ベクトル（の近似値）を求めることができるはずです。あとは最後にそれらの 1 人ずつの値（Σ の中身）を 1000 人分合算し、-1 を掛けると次のようになります。

$$\boldsymbol{\beta} = \begin{pmatrix} 1 \\ 1 \\ 1 \end{pmatrix} \text{のとき、} \frac{\partial}{\partial \boldsymbol{\beta}} C(\boldsymbol{\beta}) \fallingdotseq \begin{pmatrix} 523.16 \\ 362.40 \\ 29.43 \end{pmatrix}$$

次に試すべき $\boldsymbol{\beta}$ の値は「全ての成分が 1」というところから、この勾配の近似値に学習率を掛けた値を引いたものになります。仮に学習率を 0.005 とでもしてやれば、β_0 が -1.616、β_1 が -0.812 で β_2 が 0.853 ということになるでしょう。

このような繰り返し計算をあと 60 回ほど行なうと、切片 β_0 が -2.2 でディナーダミーに対する回帰係数 β_1 が 1.8、トラブルダミーに対する回帰係数 β_2 が 0.0 といった値に収束します。回帰係数 β_2 が 0.0 というのは、利用したのはランチタイムかディナータイムかとサブグループ

解析を行なった状態で「トラブルの有無で全く差がつかない」という結果に対応しています。これによっていくら他の説明変数がたくさんあったとしても、たくさんグラフを描く手間をかけずに「条件を揃えたらトラブルの有無とリピート率には関係がなさそう」ということを発見できるわけです。

なお、慣例的にロジスティック回帰分析の回帰係数はその意味を直感的に解釈しやすいように、統計学ではオッズ比という指標に直して表します。すなわち(21.5)式では「リピーターになる確率p」について、

$$\log \frac{p}{1-p} = \boldsymbol{x}^T \boldsymbol{\beta}$$

というように表しました。ここで、ネイピア数eを「この両辺乗」してやりましょう。そうすると、ここまで何度も出てきたように「eの自然対数乗」は対数の中身がそのまんま、ということになりますので、

$$\frac{p}{1-p} = \exp(\boldsymbol{x}^T \boldsymbol{\beta}) \qquad \cdots (45.10)$$

と考えることもできます。

この左辺すなわち「起こる確率pを起こらない確率$(1-p)$で割ったもの」のことを、ギャンブルや保険数理の世界で昔からオッズと呼びます。説明変数が1増えるごとにどれだけ$\boldsymbol{x}^T\boldsymbol{\beta}$が増えるのか、というのが「傾き」を示す回帰係数の意味ですが、(45.10)式の右辺は指数関数であるために、回帰係数と左辺のオッズの関係は、「いくつずつ増えるか」ではなく「何倍ずつ増えるか」と考えるべきでしょう。この「オッズが何倍ずつ増えるか」という指標のことを「オッズの比」という意味でオッズ比と呼びます。

つまり、ロジスティック回帰分析において求めた回帰係数はそのまま使うのではなく、オッズ比すなわちeの回帰係数乗という値を用いて解

釈するということです。確率 p がごく小さいときは $(1-p)$ がほぼ 1、ということになるため、このようなときはオッズと確率 p はほぼ同じ値になります。よって、オッズ比のことを、p がごく小さいときに指数関数的に何倍ずつ増えていくかという「速さ」として捉えてもよいかもしれません。なお、慣例的に切片に対してはこのオッズ比を求めることはありません。

このような考え方に基づき、先ほどの無事収束した分析結果をまとめると次の表のようになります。

図表 6-12

	回帰係数	オッズ比 (eの回帰係数乗)
切片	−2.2	—
ディナーダミー	1.8	6.0
トラブルダミー	0.0	1.0

ディナーダミーに対応するオッズ比を求めると、$e^{1.8} \fallingdotseq 6$ なので、「ディナータイムはランチタイムと比べて（もしトラブルの有無についての状況が同じなら）、オッズ比にして 6 倍リピート率が高い」といったように説明されます。一方トラブルダミーに対応するオッズ比は $e^0 = 1$ なので、「トラブルがある場合（ディナーかランチかという利用時間が同じなら）、オッズ比にして 1 倍リピート率が高い」ということになりますが、「1 倍増える」というのは要するに「全く変わらない」という話です。これがサブグループ解析における「条件を揃えるとトラブルの有無がリピーター率に影響しているとは考えられない」という考え方を示しているわけです。

SAS であれ R であれ SPSS や Stata であれ、統計の専門ツールはこのような最急降下法より効率的で安定したアルゴリズムを使っているで

しょうが、ロジスティック回帰分析の基本は以上のような考え方と繰り返し計算に基づいています。あるいはロジスティック回帰分析に限らず多くの統計学や機械学習の手法が、このような誤差関数を最小化して「いちばんデータによくあうところ」を探すものであるといってもよいでしょう。統計学では説明変数の値に係数を掛けて足し合わせた $x^T\beta$（これを線形結合と表現したりします）に対して、ロジスティック関数以外にもさまざまな関数を使った分析手法が提案されています。これらは線形な回帰分析をより一般化して考えたという意味で「一般化線形モデル」とまとめられますが、やはり最尤法の考え方と繰り返し計算によって「データによくあうところ」が推定されるわけです。

　このような一般化線形モデルの基本まで理解が及んだらニューラルネットワークまではあと一歩です。次節からいよいよディープラーニングの基礎にあるニューラルネットワークの考え方について学んでいきましょう。

46
ニューラルネットワークが「なぜかうまくいく」理由

　長らく続いた本書の内容も残すところあとわずかになりました。ここまで皆さんは「なぜ数を文字で表すのか」というところからスタートし、中学校から大学１、２年生頃までに習う、数式に対するさまざまな操作方法を学びました。またそれらの知識が統計学と機械学習の中でどう活かされるのかについても体験していただきました。本書は「統計学の教科書」でも「機械学習の教科書」でもなく、「統計学と機械学習の勉強に必要な数学をやり直す本」です。しかし、統計学と機械学習の中核的なアイディアである、「データに最もよくあう数学的なモデルをどう推定するか」という部分についてはだいぶ身についてきたはずです。

　統計学を勉強する準備という点ではここまでの内容で「数学のお勉強はほぼ十分」というところまで来ました。もちろん「全ての統計学の入門書に登場する数学的概念は網羅できました」というわけではありませんが、本書の中に登場していない数学的概念についてだって、入門書は丁寧に説明してくれるものです。ここまで線形代数や偏微分といった基本を押さえることで、「丁寧な説明を読んでも何が何だかわからない」というところから脱し、「頑張れば説明を追っかけられる」とか、「自分で確認するために手を動かせる」とか「どう検索して調べればよいかは想像がつく」という状態にはなっているはずです。

　しかし、おそらく本書を執筆している時点において、統計学ではなく機械学習の勉強をはじめたいという人の多くの関心はディープラーニングに向かっているはずです。この数年でディープラーニングに関わる入門書なども出版され、日々新しい手法や応用についての研究成果が発表されています。皆さんがこうした本や論文を読みこなせるようになると

第6章 ディープラーニングを支える数学の力

いうところを目指し、その基本にあるニューラルネットワークの考え方についても説明して本書を締めくくりたいと思います。

そんなわけでまずは、ディープラーニングを含むニューラルネットワークがなぜ人工知能技術の中で役に立つのかという、数学的な基礎について考えてみましょう。

ニューラルネットワークがなぜ人工知能として機能するのか、という点について、表面的な説明としては「人間の頭脳の中にある神経細胞を模しているからだ」というものがありますが、これはあまりよい説明とは言えません。たとえば飛行機がなぜ飛ぶかと言われて「鳥を模しているからだ」としか答えられない人は飛行機の専門家とは言えないでしょう。現行の飛行機よりさらに強く鳥を模して、バタバタと羽ばたくような飛び方を目指したからといってより効率的に飛べるとは限らないわけです。

発明の着想として自然から学ぶことはとても大事なことですが、飛行機だってその初期の段階から鳥とは似て非なる形と仕組みを取るようになりました。欧米の研究者に先駆けて多層ニューラルネットワークの実装を行なった甘利俊一も、その著書の中で自らの研究歴を振り返り、「いくら生理学の本を読んでも脳がどんな仕組みで学習しているかわからなかったから、逆に勝手なモデルを作って考えてみた」といったことを述べています。ニューラルネットワークもその着想こそ人間の脳神経にあるのかもしれませんが、実際にはすでに似て非なる何かになっていると言えるでしょう。

本書ですでに述べたように、非線形な活性化関数を含まないニューラルネットワークでは、いくら「人間の頭脳の神経細胞」を模そうが、中間層の数やその中に含まれるユニットの数を増やそうが、結局のところただの重回帰分析と全く変わりありませんでした。ではなぜ、活性化関数を含むニューラルネットワークは現実問題をよく識別したり、予測したりできるのでしょうか？

この問いはニューラルネットワークの研究がはじまったごく初期の頃から数学的に考察され、少なくとも1980年代の終わり頃には理論上の答えが出ていました。それはニューラルネットワークが「どれだけ複雑で変な関数であってもやろうと思えばいくらでも好きな精度で近似できるから」というものです。
　このことをたとえば次のような例をもとに考えてみましょう。

　あなたは大企業の人事部に勤めており、毎年何千人もの応募者から何百人もの採用者を選考しなければいけない。エントリーシートを読んだり、面接をしたり、という手間にかかる人件費も莫大なものであるため、その削減が経営課題にあがった。最終的に採用されるであろう人員を効率的にできる限り早い段階で判別できるようにすれば、こうしたコストは節約できるはずである。
　そこであなたが注目したのは学生時代の成績のGPA、すなわち、取得した単位の成績がAなら4、Bなら3、Cなら2でDなら1、というようにポイントをつけた平均値である。この指標は本人の知的能力のほか、きちんと授業を受けるマジメさやある種の要領のよさなどを反映していると考えられ、実際に欧米の企業の中には採用する際重視しているところもある。ある年、大学事務からオフィシャルな成績証明をエントリーの際に提出させ、そのスコアによってどれほど最終的に採用される確率が変わるかを座標上に表したところ、図表6-13のような関係になっていた。
　この年の採用プロセスにおいて、GPAは全くその判定に用いられず、面接者などにも全く公開されていなかった。しかし、エントリーシート時に提出されるほかの情報と比べても、なぜかGPAが採用されるかどうかをよく識別していた、ということである。この結果を素直に解釈するとすれば、基本的にはGPAが高いほど採用に至る確率は高くなるが、GPAが2.5前後の成績を収めたものと、GPAが

図表 6-13

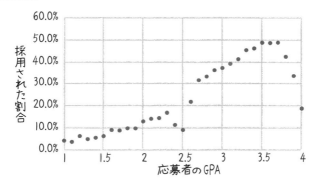

4.0近い「成績優秀すぎる」応募者はなぜか採用される確率が低くなるようだ。

この企業が「より効率的な採用活動」のために GPA のデータを活かすとしたら、どのようにすればよいだろうか？

世の中の知りたい結果（今回で言えば最終的に採用されるかどうか）と、その結果を「説明できるかもしれない」説明変数の関係は必ずしも直線的とは限らず、こんな風に「よくわからないガビガビした関係」になっていることがしばしばあります。「なぜか」という背景のメカニズムを無理やり考えれば、「面接者たちは平凡な成績を取るような若者にあまり興味を持てない」とか、「ほぼ全ての科目で A を取るようなマジメすぎる若者は社風に合わない」といったこともあるのかもしれません。しかし、とりあえずそうした事情を考えなくても、非線形な活性化関数を用いたニューラルネットワークはこの「よくわからないガビガビ」関数を近似することができます。

たとえばロジスティック回帰分析と同様のシグモイド関数を使ったニューラルネットワークで考えてみましょう。「ディープな重回帰分析」

のことを思い出しながら図で表すと、今回考えるニューラルネットワークのモデルは次のようなものです。

図表 6-14

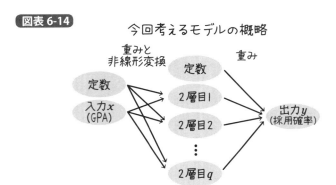

今回考えるモデルの概略

まず入力（説明変数）はGPAという1つだけで、これと定数に対して重みをつけて足し合わせて、シグモイド関数で非線形な変換を行なう、という計算で2層目の値を求めます。次に2層目の値と定数に対してやはり重みをつけて足し合わせたら、採用確率が出力される、というモデルです。ディープラーニングに比べればずいぶんとシンプルなものですが、これだけでも先ほど図に示したGPAと採用確率の間の「よくわからないガビガビ」関数を十分近似することができます。

その理由がなぜかを理解するために、まずはシグモイド関数の特徴についてみていきましょう。「定数と1つだけの説明変数」というシグモイド関数も図表6-15に示すように、それだけでさまざまな曲線の形を取ることができます。

係数が小さいプラスなら「ゆるい右肩上がりの曲線」になりますし、逆に小さなマイナスなら「ゆるい右肩下がりの曲線」になります。また係数の絶対値が大きければその立ち上がり方は急になりますし、同じ立ち上がり方でも定数項の大小によって、右にずらしたり左にずらしたり、

図表 6-15

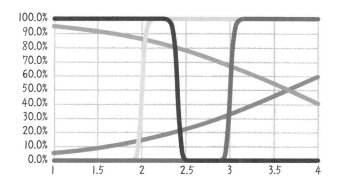

ということができます。

これらの曲線のうちいい感じのものを必要な数だけ、いい感じの重みをつけて足し合わせればどんな関数でも近似できるよ、ということが前述のように数学的に証明されているわけですが、証明自体を追うことは難しくても、実際に今回例に挙げた「よくわからないガビガビ」をどうやって、このシンプルな曲線の組合せで近似できるか確認することはそれほど難しいことではありません。

たとえば今回の件で言えば、細かいことはさておき最低限「全体的には右肩上がり」「GPAが3.5を超えたあたりからは急激に低下」「GPA2.5付近に谷がある」という4点を押さえれば、概ねこのよくわからないガビガビ関数を近似できたことになりそうです。

まずは「途中の谷間とGPA3.5以降の下り坂を抜きにした緩やかな右肩上がりの曲線」と「GPA3.5からその右肩上がり加減を打ち消してあまりあるほど急激に低下する曲線」を考えます。たとえば図表6-16のような2つの曲線のようなイメージです。

もちろんこの両者の曲線を「適当に」決めることもできますが、せっかくここまでに学んだ数学の知識を活かせば、それらしいものを簡単に

図表 6-16

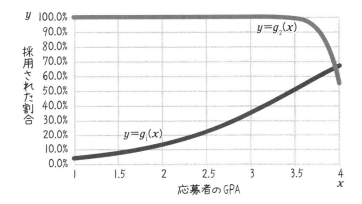

求めることができます。仮にこのうち「緩やかな右肩上がりのシグモイド曲線」について、縦軸の採用された割合を y、横軸の GPA を x として次のように表してみましょう。

$$y = g_1(x) = \frac{1}{1+e^{-(a_1+b_1 x)}} \quad \cdots (46.1)$$

ちなみに、通常、x の関数というと function の頭文字をとってとりあえず $f(x)$ と表す、という慣例をこれまで何度も用いていましたが、ニューラルネットワークでは非線形な活性化関数のことを慣例的に f で表すことが多いため、そこと区別するために「f の次のアルファベット」である g を用いました。関数 $g_1(x)$ は「x に係数 b_1 を掛けて定数 a_1 を足したものにシグモイド関数をかませますよ」という関数であり、これ以降本章で登場する $g_i(x)$ という関数も全て、係数と定数の値だけが違う同様の関数です。

このような関数で表される曲線のうち、とりあえず最初に得られたデータの(途中の谷を無視した)右肩上がりの部分をうまく近似するた

めに、「GPA が 1 のときには採用される割合が 4% で、GPA が 3.5 のときには採用される割合が 50%」になるようなものを考えてみましょう。ごく単純に次のような連立方程式を考えれば定数 a_1 と x の係数 b_1 を決めることができます。

$$\begin{cases} \log \dfrac{0.04}{1-0.04} = a_1 + b_1 \cdot 1 \\ \log \dfrac{0.5}{1-0.5} = a_1 + b_1 \cdot 3.5 \end{cases} \quad \cdots (46.2)$$

言うまでもなく左辺にこれまでに何度も出てきたシグモイド関数の逆関数であるロジット関数です。関数電卓やエクセルなどでそれぞれの左辺の近似値を求めさえすれば、あとの計算は中学生でもできます。なお実際にエクセルで自然対数を計算しようとされる方は、使う関数が log( ) ではなく ln( ) であることに気をつけてください。実際にこのような計算を行なうと、$a_1 ≒ -4.5$、$b_1 ≒ 1.3$ という近似値が求められます。この両者の値を (46.1) 式に入れこんだものが、先ほどのグラフに示した「緩やかな右肩上がりの曲線 $y = g_1(x)$」です。つまり、この曲線は次のように表されるということです。

$$y = g_1(x) = \frac{1}{1 + e^{-(-4.5 + 1.3x)}} \quad \cdots (46.3)$$

また得られた近似値をもとに作られたこの曲線 $y = g_1(x)$ は GPA(x) が 4 のとき採用割合 (y) が約 65% という値を示します。よって、次に考えるべきシグモイド曲線 $y = g_2(x)$ として、「GPA が 3.5 までは一定で、そこから GPA が 4 になるまでにこの増分を打ち消した上でさらに採用割合を下げるもの」というものを考えましょう。

シグモイド曲線で「ある程度広い範囲で値が一定」というのは y が 100% のときか 0% のときしかありませんが、今回は「GPA 3.5 から急激に低下する」ということなので「GPA(x) が 3.5 までは 100% でそこか

ら急激に低下する」と考えるしかなさそうです。元データを見るとGPAが3.5のときに50%の採用割合だったのが、GPAが4になるとおよそ20%と、30%も低下してしまっています。さらに打ち消すべき$y = g_1(x)$の増分はこの区間で50%から65%に増える15%分なので、合わせて「GPAが3.5までは100%だがそこから4に至るまでに45%低下して55%になる」という曲線を考えればよさそうです。ただし、「ちょうど100%」とするとロジットの値が無限に大きくなければいけないため、ちょっと妥協して「GPAが3.5のときに99%」ということにしておきましょう（なお、精度が気になるのであれば99.9%でも99.99%でもかまいません）。そうすると先ほどと同様に、

$$\begin{cases} \log \dfrac{0.99}{1-0.99} = a_2 + b_2 \cdot 3.5 \\ \log \dfrac{0.55}{1-0.55} = a_2 + b_2 \cdot 4 \end{cases} \quad \cdots (46.4)$$

という連立方程式を解くことで$a_2 \fallingdotseq 35.4$、$b_2 \fallingdotseq -8.8$という値が得られ、ここから2つめの曲線$y = g_2(x)$は次のように表されます。

$$y = g_2(x) = \frac{1}{1+e^{-(35.4-8.8x)}} \quad \cdots (46.5)$$

そして、このように求められた2つの関数$g_1(x)$と$g_2(x)$を足し合わせ、そこから1（つまり100%）という定数を引いた値は図表6-17のような曲線になります。

これだけではまだ微調整が必要なところですが、少なくとも「GPAが3.5くらいまで緩やかに採用割合が増えて約50%になり、そこから急激に低下する」といった曲線は無事得られました。あとはGPA2.5前後の「谷」が近似できればというところですが、GPA2.5付近に谷を作るには図表6-18のような2つの立ち上がりが急な曲線を使えばやはり近似できます。

第6章 ディープラーニングを支える数学の力

図表 6-17

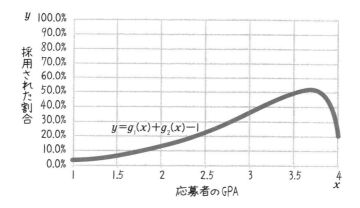

図表 6-18

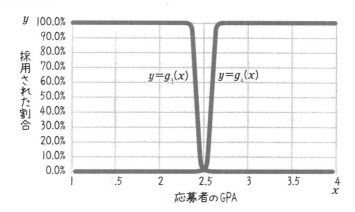

これももちろん「適当に決める」こともできますが、ひとまず仮に「GPAが2.3のときに採用割合が99%でGPA2.5のときには採用割合1%の曲線」である $y = g_3(x)$ と、「GPAが2.5のときに採用割合が1%でGPA2.7のときには採用割合99%の曲線」である $y = g_4(x)$ という風

に考えましょう。そうするとこれらもやはり、先ほどのような連立方程式を解くだけでそれぞれの曲線を表す式を求めることができます。

$$y = g_3(x) = \frac{1}{1+e^{-(110.4-46x)}} \quad \cdots (46.6)$$

$$y = g_4(x) = \frac{1}{1+e^{-(-119.6+46x)}} \quad \cdots (46.7)$$

そしてこの両者を足し合わせて、そこから1（あるいは100％）という定数を引いた値は図表6-19のような「谷」を描く曲線で表されます。なお、逆に「山」が作りたい場合はこのプラスマイナスを反転させればよいだけです。

もちろんこれだとあまりに谷が深すぎますが、たとえばこの全体をさらに0.1倍したものを、先ほどの「GPAが3.5くらいまで緩やかに採用割合が増え、そこから急激に低下する」という曲線に足し合わせたらどうなるでしょうか？ 図表6-20のような曲線が得られ、微調整はさておき最初に示したデータの点に対してまあまあフィットさせることができ

図表 6-19

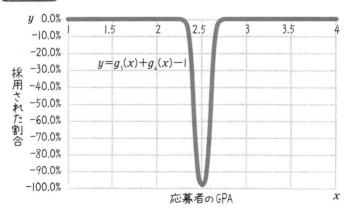

ました。

　このように得られた曲線だけを見ると、どんな数式で表されるのか説明に困るところですが、ここまで順にプロセスを追っていった皆さんであれば「いろいろなシグモイド曲線を混ぜて定数を足したもの」であることがわかるはずです。この「まあまあフィットした曲線」を数式で表すとすれば次のように整理することができるでしょう。

$$\begin{aligned} y &= g_1(x) + g_2(x) - 1 + 0.1 \cdot (g_3(x) + g_4(x) - 1) \\ &= g_1(x) + g_2(x) - 1 + 0.1 \cdot g_3(x) + 0.1 \cdot g_4(x) - 0.1 \\ &= -1.1 + g_1(x) + g_2(x) + 0.1 \cdot g_3(x) + 0.1 \cdot g_4(x) \\ &= -1.1 + \frac{1}{1+e^{-(-4.5+1.3x)}} + \frac{1}{1+e^{-(35.4-8.8x)}} \\ &\quad + 0.1 \cdot \frac{1}{1+e^{-(-10.4-46x)}} + 0.1 \cdot \frac{1}{1+e^{-(-119.6+46x)}} \quad \cdots (46.8) \end{aligned}$$

図表 6-20

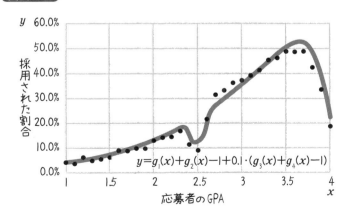

また、これを先ほどのニューラルネットワークの図で説明すると図表6-21のようになります。

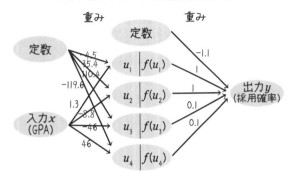

図表6-21　「まあまあフィットした曲線」を図示すると

　つまりたとえば最初のユニットの値u_1であれば定数1と入力xに対して重みをつけて足し合わせた（線形結合）「$-4.5+1.3x$」という値をまず計算します。そしてそれぞれのユニットに対する非線形な活性化関数としてシグモイド関数を考えましたが、それは次のようなものです。

$$f(u_i) = \frac{1}{1+e^{-u_i}}$$

　あとはこうして計算された$f(u_i)$と定数1に対してまた、－1.1や1、0.1といった重みをつけて足し合わせると、「まあまあフィットした曲線」のyの値が求められるというわけです。

　このような曲線の重ね合わせを十分に行なえば、どんな複雑な関数であっても近似できる、というのがニューラルネットワークの素晴らしいところです。このほか、曲線の途中で「立ち上がり方が急になる」とか「逆に緩やかになる」ところが気になる場合には、立ち上がり方の異な

る2つ以上の曲線をうまく重ねてやればさらによりよい近似になるでしょうし、曲線に沿わない細かいゆれが「単なるバラつきやノイズではなく何か意味があるのではないか？」と考えられるのであれば、2つの急な曲線を組み合わせて「山」や「谷」をたくさん考えても構いません。

　ただし、本当にただのノイズでしかないものに対して数学的なモデルのあてはめを行なってしまうと、今後新しいデータがきたときにあまり高い精度で予測や識別が働かなくなってしまうことには注意しておきましょう。なぜなら、新しいデータに「今あるデータと全く同じようなノイズ」が乗ることはなく、ノイズを含んだ推定はその分だけ的外れなものになってしまうからです。このような現象は「過学習」とか「オーバーフィッティング」と呼ばれ、手元のデータに対して100%の精度であてはまるモデルができたとしても、それが本当に今後の新しいデータに対して有効なものなのかはきちんと検証しなければいけません。こうした問題に対して統計学や機械学習ではクロスバリデーションと呼ばれる検証を行ないますので、興味のある方はぜひ調べてみてください。

　少し話はそれましたが、以上がニューラルネットワークによって「よくわからないものをデータに基づいてうまく識別できる」理由であると言えるでしょう。近年のディープラーニングの応用事例では活性化関数としてシグモイド関数はあまり使われなくなりましたが、それでも「必要なだけ足し合わせればどんな変な曲線でも十分近似できる」という性質を持ち合わせた活性化関数が用いられることにかわりはありません。

　なお、今回のようにGPAという1つの入力データと採用されるかどうかという1つの出力の関係を見るだけなら縦と横の2次元のグラフにまとめることができました。これは「確かにニューラルネットワークでよくわからない曲線が近似されている」ということを皆さんが視覚的に確認するための配慮です。しかし、逆に言えばこのような場合、わざわざ近似曲線を考えずとも「過去の同じGPAの人たちの何割が採用されたか」と集計するだけで、今後の応募者が採用されるかどうかをよく予

測できるかもしれません。実際にこのようなある種原始的な手法は「最近隣法」という名前で呼ばれる立派な機械学習の手法であり、計算量的な効率は悪くとも、ときに洗練された手法以上の予測精度を示すことすらあります。

　しかし、これが2つの入力項目（説明変数）から出力を予測しようとすると平面ではなく「立体的なガビガビ」を考えなければいけませんし、3つ以上になるとグラフィカルに人間が把握することなどできません。また、機械学習を適用しようという領域では、何万だとか何十万という画素や周波数、単語の有無などの入力項目から出力を予測しようとすることさえあります。このような場合、全ての項目について「過去のよく似た例」というものを探索するのはとても困難になってしまうかもしれません。しかしニューラルネットワークをはじめとする現代的な機械学習手法をうまく使えば、データから「何十万次元もの空間の中で出力をうまく識別できるもっともらしいガビガビ」を探すことができるわけです。

　このような考え方に基づけば、中間層（隠れ層）がいくつもあるディープラーニングも、直接的に元データから「もっともらしいガビガビ」を探すのではなく、「もっともらしいガビガビの計算に使うとよさそうなガビガビ」、「その計算に使うとよさそうなガビガビ」……というような計算を繰り返すことで、より複雑に「もっともらしいガビガビ」を探しているだけだと言えるでしょう。

　次節から、今回考えた「まあまあフィットした曲線」を題材に、ニューラルネットワークを線形代数的にどう表すかということを詳しく学んでいきますが、ここまでの内容だけでもニューラルネットワークは「人間の脳を模した謎のテクノロジー」などではなく、単に「変な関数のよい近似方法」だということがわかっていただけたかと思います。

47
ニューラルネットワークの数学的な書き表し方

　前節ではニューラルネットワークが「人間の神経を模した謎のテクノロジー」などではなく、単に「変な関数の良い近似方法」であるという数学的側面について紹介しました。しかし、「理論上なんとか近似できることが証明されたこと」と、「実際にうまい近似方法を見つけられること」は全くの別問題です。前者についてはすでに 1980 年代末には解決しましたが、最近のディープラーニングにまつわる技術的な成果は基本的に後者の部分によってもたらされました。

　数学的な側面を深く理解したとしても、必ずしも効率よく精度の高いディープラーニングのモデルが作れるようになるとは限りません。しかし、自分が取り組もうとしている課題に対して、世界中の研究者たちがどのようなアプローチを考え、どのように実装したのか、ということを学ぶためには最低限の数学的なリテラシーが必要になります。幸いなことに近年の機械学習技術に関する研究の多くは arXiv というウェブサイトに無料で公開されており、有料の学術雑誌を購読している大学などの研究機関に所属していなくてもフォローアップすることができます。簡単に言えば arXiv とは研究者たちが「世界で最初にこのことを発見したのは自分です！」という証拠を残すために、学術雑誌に載せる前の論文を公開しておく場です。もちろん最終的な論文は多くの場合、第三者のチェックを経てブラッシュアップされたものになりますが、我々が「考え方と実装方法のアイディア」を収集するだけなら、ブラッシュアップ前のものであったとしてもほとんど問題はありません。また、英語が多少苦手な方であっても、数式とプログラミングのコードさえ読めれば概ねそうした研究の中身を理解することはそう難しくはないでしょ

う。

　では、国内外の機械学習に関わる研究成果を理解するためにはどれほどの数学的リテラシーがあればよいのでしょうか？論文の中でも比較的シンプルなものであれば、高校生でもわかるようなスカラー的な書き方と、言語的に表現されたアルゴリズムだけで記述されたようなものもあります。また、物理学などに由来する複雑な数学的概念と、見たこともないギリシャ文字だらけで面食らうようなものを見かけることもあります。本書はさすがにそこまでフォローすることはできませんが、最低限、ニューラルネットワークを線形代数的に書き表すことに慣れていれば、読み解ける資料の幅が大きく広がるはずです。それが、私が本書でわざわざ大学1、2年生で習うような数学の範囲までかいつまんで説明しようとした理由です。

　そんなわけでここから、先ほどの「まあまあフィットした曲線」を題材に、その数式を整理していきましょう。

　先ほどの流れを確認しておくと、まずは途中の谷間を抜きにして、「緩やかな右肩上がりの曲線 $g_1(x)$」と「GPA3.5あたりから急激に低下する $g_2(x)$」を足して1を引いた曲線を考えました。次に、GPA2.5前後の谷間を生み出すために「GPA2.3から2.5まで急激に低下する曲線 $g_3(x)$」と「GPA2.5から2.7まで急激に上昇する $g_4(x)$」を足して1を引いた曲線を考えました。後者の曲線について、無事谷間はできたものの、あまりに深すぎるので0.1倍して前者に足すことで「まあまあフィットした曲線」を作り出すことができました。これらのことを数式で表して整理したのが前節の最後に登場した(46.8)式です。

$$y = -1.1 + g_1(x) + g_2(x) + 0.1 \cdot g_3(x) + 0.1 \cdot g_4(x)$$

$$= -1.1 + \frac{1}{1+e^{-(-4.5+1.3x)}} + \frac{1}{1+e^{-(35.4-8.8x)}}$$

$$+ 0.1 \cdot \frac{1}{1+e^{-(110.4-46x)}} + 0.1 \cdot \frac{1}{1+e^{-(-119.6+46x)}} \quad \cdots (46.8)$$

またこれを典型的なニューラルネットワークの概念図で示すと次のようになりました。定数1と入力xに対して重みをつけて足し合わせたユニットu_iが4つあり、それぞれをシグモイド関数で非線形に変換した上で、これら4つのユニットと定数1に対して再び重みをつけて足し合わせると、採用確率yが出力される、というわけです。

図表 6-22

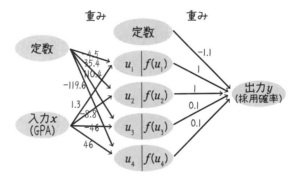

「まあまあフィットした曲線」を図示すると

なお、ディープラーニングのように何層もこうした計算を行なう場合、「ユニット」と言っても何層目なのかを区別しなければいけないため、たとえば3層目のi番目のユニットを$u_i^{(3)}$と表す、という考え方をすでに紹介しました。同様の考え方に基づき、「3層目のi番目のユニットに対して非線形な変換を行なった値」を、入力xでも出力yでもないというところからzというアルファベットを使って、$z_i^{(3)}$と書くこともあります。このような考え方に基づけば、上記の「まあまあフィットした曲線」を得るニューラルネットワークの中間層について、次のような関係が成り立っていることになります。

$$z_i{}^{(2)} = f(u_i{}^{(2)}) = \frac{1}{1+e^{-u_i{}^{(2)}}}$$

しかしながら、とりあえず今回に限って言えば中間層が1層しかなく、層を区別する必要がないため、見やすいよう単に u_i と z_i という書き方で次のようにこれらを表すことにします。

$$z_i = f(u_i) = \frac{1}{1+e^{-u_i}} \qquad \cdots (47.1)$$

それではここから、この「ニューラルネットワークの図」で表した内容を線形代数的に整理していきましょう。先ほどの(46.8)式が示すところは、2層目（中間層）にある z_i に対して、定数については−1.1、1つめと2つめについては1で、3つめと4つめについては0.1という重みをつけて足し合わせれば「まあまあフィットした曲線」の y の値が得られるということです。これらの係数はすなわち、「3層目（出力）を求めるための重み」であり、すでに紹介した慣例的な書き方に基づき、次のように表されます。

$$b^{(3)} = -1.1、\boldsymbol{w}^{(3)} = \begin{pmatrix} 1 \\ 1 \\ 0.1 \\ 0.1 \end{pmatrix}$$

ここでおそらく読者の皆さんが気になるところは、「定数だけなぜベクトルにまとめず別扱いをしてしかも b という文字を使うのか」というところでしょう。もちろん定数もまとめてベクトルにする書き方をする人もいますし、回帰分析においては切片も回帰係数も $\boldsymbol{\beta}$ というベクトルでまとめて表していました。しかし、3層以上のニューラルネットワークでは「出力層に近い側の勾配を使って入力層に近い側の勾配を求める」という、後述のバックプロパゲーションと呼ばれる計算がしばしば行なわれます。この場合、「1つ前の層と関係する重みと、1つ前の層と全く無関係な定数」を明確に区別する必要があります。そのためなの

か、数式の中でも定数だけを特別扱いしたこのような書き方の方をよく見かけるように思います。

また、ニューラルネットワークの世界では「全体の値を（一定の値だけ）ズラす」という意味でこの定数のことをしばしば「バイアス」と呼びます。これは統計学者が言う「バイアス」という表現とは全く異なる用法ですので注意が必要ですが、その頭文字を使って定数については b というアルファベットがしばしば用いられます。

この3層目（出力）を求めるための重みベクトル $w^{(3)}$ と、2層目（中間層あるいは隠れ層）の4つのユニットの値やその非線形な変換を行なった値もまとめて線形代数的に書くとすると、

$$\boldsymbol{u} = \begin{pmatrix} u_1 \\ u_2 \\ u_3 \\ u_4 \end{pmatrix}, \quad \boldsymbol{z} = f(\boldsymbol{u}) = \begin{pmatrix} f(u_1) \\ f(u_2) \\ f(u_3) \\ f(u_4) \end{pmatrix} = \begin{pmatrix} \dfrac{1}{1+e^{-u_1}} \\ \dfrac{1}{1+e^{-u_2}} \\ \dfrac{1}{1+e^{-u_3}} \\ \dfrac{1}{1+e^{-u_4}} \end{pmatrix}$$ としたとき、

$$y = -1.1 + \begin{pmatrix} 1 & 1 & 0.1 & 0.1 \end{pmatrix} \begin{pmatrix} \dfrac{1}{1+e^{-u_1}} \\ \dfrac{1}{1+e^{-u_2}} \\ \dfrac{1}{1+e^{-u_3}} \\ \dfrac{1}{1+e^{-u_4}} \end{pmatrix}$$

$$= b^{(3)} + w^{(3)T} \boldsymbol{z} \qquad \cdots (47.2)$$

と表すことができます。

なお、重回帰分析やロジスティック回帰分析のときには「何件もあるデータ同士の誤差を含む関係」を行列で表しましたが、今回はとりあえ

ず曲線を式で表そうというだけなので、出力 y は「データの件数だけの行数を持つ列ベクトル」ではなく、「ただのスカラー」であることにも注意しておきましょう。

また、この非線形な変換を行なう前の、2層目のユニットの値 u_i は全て「定数1と入力データ x に重みをつけて足し合わせたもの」でしたし、その重みについてもすでに求めました。よって、これも簡単にベクトルを使って表すことができます。すなわち、

$$\boldsymbol{b}^{(2)} = \begin{pmatrix} -4.5 \\ 35.4 \\ 110.4 \\ -119.6 \end{pmatrix}, \boldsymbol{w}^{(2)} = \begin{pmatrix} 1.3 \\ -8.8 \\ -46 \\ 46 \end{pmatrix} \text{としたときに、}$$

$$\boldsymbol{u} = \boldsymbol{b}^{(2)} + \boldsymbol{w}^{(2)} x \qquad \cdots (47.3)$$

ということです。

以上の(47.2)式と(47.3)式を繋げれば無事、「まあまあフィットした曲線」を次のように表すことができます。

$$y = b^{(3)} + \boldsymbol{w}^{(3)T} f(\boldsymbol{b}^{(2)} + \boldsymbol{w}^{(2)} x) \qquad \cdots (47.4)$$

ただし、もう少し正確に言えば、この数式を1人ひとりの応募者のデータにあてはめようとした場合、y は採用確率ではなく「採用されたかどうか」という1/0のダミー変数として得られることになるはずです。これはロジスティック回帰で「リピーターになったか(1)否か(0)」というダミー変数を考えたのと同様です。よって(47.4)式のように表されるのはあくまで背後にある採用確率 p であり、その確率 p に応じて実際に採用されたかどうかというダミー変数 y が出力される、と考えた方がよさそうです。仮に i 番目の応募者の GPA を x_i、推定される採用確率を p_i とすると、(47.4)式をもとに次のような関係が成り立つと考えられます。

$$p_i = b^{(3)} + \boldsymbol{w}^{(3)T} f(\boldsymbol{b}^{(2)} + \boldsymbol{w}^{(2)} x_i) \qquad \cdots (47.5)$$

いずれにしても非線形な関数が含まれている分だけ、回帰分析よりも少しややこしくなっていますが、それでもやはり、線形代数を用いればたった1行でシンプルに表すことができました。仮に活性化関数がどれだけややこしくなろうと、中間層（隠れ層）が1つだけのニューラルネットワークであれば基本的に(47.4)式や(47.5)式と同じような考え方で書き表すことができます。説明変数が複数になるのであれば、スカラーの部分をベクトルに、ベクトルの部分を行列に、と少し工夫する必要があるぐらいです。中間層が数え切れないほど多い場合でも、こうした書き方をベースにして、「m 層目と $m+1$ 層目の間の関係はこうです」と数式で示したり、途中を「…」と省略すればよいでしょう。

多少著者の好みやバックグラウンドに応じて書き方のバリエーションはあるものの、線形代数的な書き方ができれば複雑なニューラルネットワークに関する言及もとてもシンプルに表すことができます。こうした表記に慣れてさえいれば、あるいは別の言い方をすると「アレルギーや恐怖感がない状態」でさえあれば、それだけたくさんの研究成果や専門書が読みこなせるはずです。

48
勾配を効率的に求めるためのチェインルールとバックプロパゲーション

　前節で学んだように、ニューラルネットワークの線形代数的な記述に慣れれば、誰かの考え出した全く新しいディープラーニングの手法であっても「どういうモデルを考えているか」ということを理解しやすくなります。しかし、統計学と機械学習の手法を理解する際に、「どういうモデルを考えているか」と「どういうアルゴリズムでパラメーターを推定するか」という2つの側面があることを皆さんはすでに学びました。先ほどの「まあまあフィットした曲線」についてはこの後者の問題を保留し、中学生でもわかるような連立方程式でパラメーターを推定しました。しかし、仮にこれを「まあまあ」ではなく、「一番もっともらしい曲線」にしようとすれば、どのようにパラメーターを推定すればよいでしょうか？

　まず、前節で考えた「採用されるか否か」という出力yについて考える誤差関数は、ロジスティック回帰のときと同様に、「対数尤度の−1倍」ということになります。そして、皆さんが学んだ最急降下法という最も基本的な計算アルゴリズムを使えば、「現在の各パラメーターをごくわずかに増やした場合にどう誤差関数の値が変化するか」という勾配を求めて、学習率を掛け、次に試すべき各パラメーターの値を求める、といったことを繰り返すことになります。そしてその結果最終的にパラメーターの値が全て変化しなくなれば、無事「一番もっともらしいパラメーターの組合せ」に収束したと考えられるはずです。

　もちろんこうしたアルゴリズムが現在のディープラーニングの中でそのまま使われているというわけではありませんが、「わずかに値を変えて勾配を求める繰り返し計算」という基本に違いはありません。たとえ

ば、皆さんが今後ディープラーニングの勉強を進めていけば、「確率的勾配降下法」という考え方を学ぶかと思いますが、これは難しそうな名前がついているものの、全データを使って勾配を求めるよりもランダムに選ばれた1件ずつのデータから求めた方がよい、というだけの話です。その方が計算効率が高く「一番もっともらしいパラメーターの組合せ」に収束しやすいということが知られているわけです。

しかし、複数の層にわたるパラメーターについて、1つずつ全て「わずかに値を変えて勾配を計算する」というよりも、もっと効率的な考え方があります。なぜなら、たとえば1層目から2層目を計算する際の重みに対する勾配と、2層目から3層目を計算する際の重みに対する勾配は「全く無関係」ということはありません。もし仮に2層目から3層目の重みが大きな勾配を持っていれば、1層目から2層目の重みのわずかな変化は、その「大きな勾配」を通して間接的に誤差関数へ少なからぬ影響を持つわけです。あるいは、2層目から3層目の重みの勾配が「全て0」だとすれば、1層目から2層目の重みがどう変化しようが、誤差関数に対して全く影響を与えるはずがありません。

こうした考え方は「複数の層」という概念を持つニューラルネットワーク特有のものであり、他の統計学や機械学習の手法にはあまり登場しませんが、それゆえにニューラルネットワーク特有のパラメーター推定方法として、バックプロパゲーション（誤差逆伝播法）というものが考え出されました。「誤差が神経細胞を模したユニットの間を逆方向に伝播していく」などと言われるととてもSF的でかっこよい響きがありますが、これも何ら「謎のテクノロジー」などではありません。出力に近い側の重み側から順に誤差関数に対する勾配を求めると、入力側の勾配の計算が楽になりますよ、というだけの話です。

このことを理解するために、スカラーのときに考えた合成関数の微分を、ベクトルの偏微分に拡張して考えてみましょう。スカラーのときには次のように考えました。

$$\frac{dy}{dx} = \frac{dy}{du} \cdot \frac{du}{dx}$$

つまり、y が u の関数として表され、u も x の関数として表されるなら、「y を x で微分した導関数」は「y を u で微分した導関数」と「u を x で微分した導関数」の掛け算で表されるよ、というわけです。

これをベクトルで偏微分する場合に拡張すると、次のように表すことができます。なお、スカラーのときは交換法則が成り立つ関係で掛け算の順はどちらでも問題ありませんでしたが、ベクトルの偏微分では交換法則が成り立たない行列の掛け算が登場するため、掛け算の順番にも注意しておきましょう。

$$\frac{\partial y}{\partial \boldsymbol{x}} = \frac{\partial \boldsymbol{u}}{\partial \boldsymbol{x}} \cdot \frac{\partial y}{\partial \boldsymbol{u}} \quad \cdots (48.1)$$

ここでは複数の成分(仮に p 個としましょう)をまとめた p 次元の列ベクトル $\boldsymbol{x}$ と、その p 個の成分によって決まる q 個の成分を持った q 次元の列ベクトル $\boldsymbol{u}$、そしてその q 個の成分によって決まるスカラー y を考えます。これらの定義を数式で表すと次のようになります。

$$\boldsymbol{x} = \begin{pmatrix} x_1 \\ x_2 \\ \vdots \\ x_p \end{pmatrix},$$

$$\boldsymbol{u} = \begin{pmatrix} u_1 \\ u_2 \\ \vdots \\ u_q \end{pmatrix} = \begin{pmatrix} g_1(x_1, x_2, \cdots, x_p) \\ g_2(x_1, x_2, \cdots, x_p) \\ \vdots \\ g_q(x_1, x_2, \cdots, x_p) \end{pmatrix} = \begin{pmatrix} g_1(\boldsymbol{x}) \\ g_2(\boldsymbol{x}) \\ \vdots \\ g_q(\boldsymbol{x}) \end{pmatrix},$$

$$y = f(\boldsymbol{u}) = f\begin{pmatrix} u_1 \\ u_2 \\ \vdots \\ u_q \end{pmatrix}$$

第6章 ディープラーニングを支える数学の力

　なお、これらはいったん合成関数の微分を考えるための一般論ですので、x が入力で y が出力だとか、u がユニットだとか $f(u)$ が活性化関数といった慣例的な意味はなく、スカラーについての式と形を合わせただけの「どんな文字でもよい」ということには注意しましょう。

　このようにそれぞれのスカラーやベクトルを定義すれば(48.1)式の左辺と右辺はそれぞれどうなるでしょうか？まず左辺について、「スカラーをベクトルで偏微分すると各成分で偏微分したものが並ぶベクトルになる」という定義から次のように p 次元の列ベクトルになります。

$$\frac{\partial y}{\partial \boldsymbol{x}} = \begin{pmatrix} \dfrac{\partial y}{\partial x_1} \\ \dfrac{\partial y}{\partial x_2} \\ \vdots \\ \dfrac{\partial y}{\partial x_p} \end{pmatrix} \quad \cdots (48.2)$$

　一方で右辺についてにどうでしょうか？まず右側の「y を $\boldsymbol{u}$ で偏微分したもの」については先ほどと同様に考えて「$\boldsymbol{u}$ の各成分の値で偏微分したものが並ぶ q 次元のベクトル」になります。また左側の「$\boldsymbol{u}$ を $\boldsymbol{x}$ で偏微分したもの」は「ベクトルをベクトルで偏微分」ということになり、p 行 q 列の行列になります。よってこれを計算すると、

$$\frac{\partial \boldsymbol{u}}{\partial \boldsymbol{x}} \cdot \frac{\partial y}{\partial \boldsymbol{u}} = \begin{pmatrix} \dfrac{\partial u_1}{\partial x_1} & \dfrac{\partial u_2}{\partial x_1} & \cdots & \dfrac{\partial u_q}{\partial x_1} \\ \dfrac{\partial u_1}{\partial x_2} & \dfrac{\partial u_2}{\partial x_2} & \cdots & \dfrac{\partial u_q}{\partial x_2} \\ \vdots & \vdots & \ddots & \vdots \\ \dfrac{\partial u_1}{\partial x_p} & \dfrac{\partial u_2}{\partial x_p} & \cdots & \dfrac{\partial u_q}{\partial x_p} \end{pmatrix} \begin{pmatrix} \dfrac{\partial y}{\partial u_1} \\ \dfrac{\partial y}{\partial u_2} \\ \vdots \\ \dfrac{\partial y}{\partial u_q} \end{pmatrix}$$

$$= \begin{pmatrix} \dfrac{\partial u_1}{\partial x_1}\cdot\dfrac{\partial y}{\partial u_1} + \dfrac{\partial u_2}{\partial x_1}\cdot\dfrac{\partial y}{\partial u_2} + \cdots + \dfrac{\partial u_q}{\partial x_1}\cdot\dfrac{\partial y}{\partial u_q} \\ \dfrac{\partial u_1}{\partial x_2}\cdot\dfrac{\partial y}{\partial u_1} + \dfrac{\partial u_2}{\partial x_2}\cdot\dfrac{\partial y}{\partial u_2} + \cdots + \dfrac{\partial u_q}{\partial x_2}\cdot\dfrac{\partial y}{\partial u_q} \\ \vdots \\ \dfrac{\partial u_1}{\partial x_p}\cdot\dfrac{\partial y}{\partial u_1} + \dfrac{\partial u_2}{\partial x_p}\cdot\dfrac{\partial y}{\partial u_2} + \cdots + \dfrac{\partial u_q}{\partial x_p}\cdot\dfrac{\partial y}{\partial u_q} \end{pmatrix}$$

$$= \begin{pmatrix} \sum_{j=1}^{q}\dfrac{\partial u_j}{\partial x_1}\cdot\dfrac{\partial y}{\partial u_j} \\ \sum_{j=1}^{q}\dfrac{\partial u_j}{\partial x_2}\cdot\dfrac{\partial y}{\partial u_j} \\ \vdots \\ \sum_{j=1}^{q}\dfrac{\partial u_j}{\partial x_p}\cdot\dfrac{\partial y}{\partial u_j} \end{pmatrix} \quad \cdots (48.3)$$

となるわけです。p 行 q 列の行列と q 行 1 列のベクトルの掛け算ということで、しりとりルールに基づくと少なくとも形は左辺と同じ p 行 1 列のベクトルになります。あとは各成分が一致するのかどうか、という話ですが、(48.2)式右辺の i 番目の成分と、(48.3)式の i 番目の成分が等しいとすると、次のような関係が成り立つことになります。

$$\dfrac{\partial y}{\partial x_i} = \sum_{j=1}^{q}\dfrac{\partial u_j}{\partial x_i}\cdot\dfrac{\partial y}{\partial u_j} \quad \cdots (48.4)$$

つまりスカラー y を x の成分 x_i で偏微分したものは、「u の各成分 u_j を x_i で偏微分したものと、y を u_j で偏微分したものの掛け算」を全て考えて足し合わせたものだ、ということです。これがどういうことなのか、次のような図で理解してみましょう。

図表 6-23

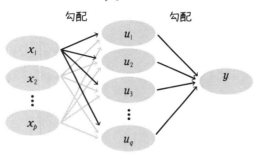

x_i, u_j, y の関係性

　こちらは先ほどのニューラルネットワークの図ではありませんので、x が入力で y が出力だとか u が中間層のユニットということもなく、また矢印が重みを表しているわけでもありません。しかし、x_i 成分と u_j 成分、そしてスカラー y がどのような勾配で繋がっているかを把握しようとすると、同じような形で示すことができます。仮に $i = 1$ として x_1 成分がわずかに増えたときにどの程度 y が増えるのかを考えると、図に示すとおり、「x_1 が増えたことでどの程度各 u_j 成分が増えるのか」という点と「それぞれの u_j 成分が増えたことでどの程度 y が増えるのか」という点を掛け合わせて、それらを全てを足し合わせることで、「x_1 成分が増えたことでどの程度 y が増えるのか」という勾配が考えられるわけです。これが (48.4) 式あるいは (48.1) 式の示す意味です。

　このような考え方はチェインルールとか連鎖律と呼ばれ、さらに応用して複雑な合成関数の偏微分を考えることもできます。たとえばこれまで考えたベクトルやスカラーに追加して、r 個の成分からなるベクトル z があり、$x_i = h_i(z)$ という関数で x_i が表されたとしましょう。この場合、y を z で偏微分しようとすると、次のようにチェインルールを考えればよいわけです。

$$\frac{\partial y}{\partial z} = \frac{\partial \boldsymbol{x}}{\partial z} \cdot \frac{\partial y}{\partial \boldsymbol{x}} = \frac{\partial \boldsymbol{x}}{\partial z} \cdot \frac{\partial \boldsymbol{u}}{\partial \boldsymbol{x}} \cdot \frac{\partial y}{\partial \boldsymbol{u}}$$

つまり、合成関数の偏微分を「鎖のように繋げていけばよい」からチェインルールというわけです。この性質によって多数の層に渡って膨大なパラメーターを持つディープラーニングであったとしても、1層ずつ出力側に近い方から勾配を求めていけば効率的に全ての勾配の計算ができます。これがバックプロパゲーションの考え方です。試しに先ほどのGPAと採用確率の関係について、バックプロパゲーションの考え方を追いかけてみましょう。

ここで改めて前節の考え方を復習しておきます。i番目の応募者のGPAをx_i、推定される採用確率をp_iとして、次のような関係を考えました。そしてこの採用確率p_iに応じて採用された(1)か否か(0)というダミー変数y_iの値が決まるというわけです。

$$p_i = b^{(3)} + \boldsymbol{w}^{(3)T} f(\boldsymbol{b}^{(2)} + \boldsymbol{w}^{(2)} x_i) \qquad \cdots (47.5)$$

この(47.5)式を使って、誤差関数を各パラメーターで偏微分した勾配ベクトルを考えてみましょう。すでに述べたようにこのニューラルネットワークの誤差関数Cはロジスティック回帰分析のときと同じように「対数尤度の－1倍」と考えられます。ただし、ロジスティック回帰のときはシンプルに誤差関数は「切片と回帰係数をまとめたベクトル$\boldsymbol{\beta}$の値によって決まる」とできましたが、今回のニューラルネットワークではもう少し複雑に、3層目を計算するための重みベクトル$\boldsymbol{w}^3$とバイアス$b^{(3)}$、2層目を計算するための重みベクトル$\boldsymbol{w}^{(2)}$とバイアス$b^{(2)}$によって決まるので、以前考えた(45.6)式を思い出しつつ素直に書けば次のようになるでしょう。

$$C(\boldsymbol{w}^{(3)}, b^{(3)}, \boldsymbol{w}^{(2)}, b^{(2)}) = -\log L(\boldsymbol{w}^{(3)}, b^{(3)}, \boldsymbol{w}^{(2)}, b^{(2)})$$

$$= -\sum_{i=1}^{n}(y_i\log p_i + (1-y_i)\log(1-p_i))$$

$$= -\sum_{i=1}^{n}(y_i\log(b^{(3)} + \boldsymbol{w}^{(3)T}f(\boldsymbol{b}^{(2)} + \boldsymbol{w}^{(2)}x_i)))$$

$$-\sum_{i=1}^{n}((1-y_i)\log(1 - b^{(3)} - \boldsymbol{w}^{(3)T}f(\boldsymbol{b}^{(2)} + \boldsymbol{w}^{(2)}x_i)))$$

なお、Σを2つに分割して書いたのは単に「見やすさの問題」という私の個人的な好みであって、別に1つにまとめても全く問題はありません。これは一見するととてもややこしい式ですが、なぜややこしいかというと、各応募者iについてΣの中身を計算して足し合わせることで「全員分のデータから求められる誤差関数の値」を求めようとしているからです。しかし、前述のように現代のディープラーニングなどでは全員分のデータを使う最急降下法ではなく、繰り返し計算ごとにランダムな1人のデータを選び、その中で勾配を求めるという計算を行ないます。よって、このような計算を行なう限り、Σによる足し合わせを考えないものを「誤差関数」と考えても問題ありません。あるいは微分の計算には「足してから微分しても微分してから足してもよい」というルールがありますので、1人ひとりのデータで勾配を求めたあとで、それらの勾配を合計してもよいでしょう。

また、以後いちいち$C(\boldsymbol{w}^{(3)}, b^{(3)}, \boldsymbol{w}^{(2)}, b^{(2)})$と書くのも面倒なので単にこれを大文字の$C$で表すことにしましょう。そうすると、次のように1人分のデータから求めるコスト関数Cを表すことができます。

$$C = -y\log p - (1-y)\log(1-p) \quad \cdots (48.5)$$

またここで、ロジスティック回帰のときに考えた対数尤度がなぜこのような形になったのかを思い返しましょう。この書き方は「yが1の場合／0の場合」という場合分けの記述を避けるためにこのような式にし

ました。数式を扱う上では確かにそうしたメリットが大きくなりますが、一方どうせコンピューターに計算させるなら場合分けの形で書いた方がプログラムしやすいかもしれません。そこで場合分けの書き方に戻すと(48.5)式は次のようになります。

$$C = \begin{cases} -\log p & (y=1 のとき) \\ -\log(1-p) & (y=0 のとき) \end{cases} \quad \cdots (48.6)$$

いったんこの p が重みやバイアスでどう求められるか、ということは保留して次にこの誤差関数 C を p で偏微分したらどうなるかを考えてみましょう。$y=1$ のときは自然対数の微分のルールそのままですし、$y=0$ のときは $q=1-p$ とでも置換を考えればこちらもすぐに計算できて、次のようになります。

$$\frac{\partial C}{\partial p} = \begin{cases} -\dfrac{1}{p} & (y=1 のとき) \\ \dfrac{1}{1-p} & (y=0 のとき) \end{cases} \quad \cdots (48.7)$$

つまり仮決めの初期値であったとしても、重みやバイアスの値が決まっていればGPAの値 (x_i) から(47.5)式に基づき採用確率 p_i を求めることができますし、実際に採用されたかどうかという0／1の結果 (y_i) とこの p_i の値を使えば(48.7)式に基づき「採用確率 p についての誤差関数の勾配」を求めることができます。そしてこれさえ分かれば、3層目(出力層)を求めるための重みについて、勾配を次のような連鎖律で簡単に求めることができます。

$$\frac{\partial C}{\partial w^{(3)}} = \frac{\partial p}{\partial w^{(3)}} \cdot \frac{\partial C}{\partial p} \quad \cdots (48.8)$$

なぜなら、前節で考えたように採用確率 p と重みベクトル $w^{(3)}$ の間には次のような関係があるからです。

第6章　ディープラーニングを支える数学の力

$$p = b^{(3)} + \boldsymbol{w}^{(3)T}\boldsymbol{z} \text{ より、} \frac{\partial p}{\partial \boldsymbol{w}^{(3)}} = \boldsymbol{z} \qquad \cdots (48.9)$$

なぜなら、$b^{(3)}$は$\boldsymbol{w}^{(3)}$にとって関係のない定数ですし、$\boldsymbol{z}$もそう考えられるからです。ベクトルの偏微分における「あるベクトル（今回なら$\boldsymbol{w}^{(3)}$）を定数ベクトル倍したものに対してそのベクトル（今回なら$\boldsymbol{w}^{(3)}$）で偏微分すると定数ベクトルになる」というルールを皆さんはすでに学んでいます。

よって「3層目（出力層）を計算するための重み$\boldsymbol{w}^{(3)}$についての勾配ベクトル」は(48.7)式で求めた「pについての勾配」に、仮置きのパラメーターから計算されたベクトル$\boldsymbol{z}$を掛けたものであると考えられるわけです。これを式で表すと次のようになります。

$$\frac{\partial C}{\partial \boldsymbol{w}^{(3)}} = \begin{cases} -\dfrac{1}{p}\boldsymbol{z}, & (y_i = 1 \text{のとき}) \\ \dfrac{1}{1-p}\boldsymbol{z}, & (y_i = 0 \text{のとき}) \end{cases} \qquad \cdots (48.10)$$

また、さらに入力層に近い「2層目（中間層）を計算するための重み$\boldsymbol{w}^{(2)}$についての勾配ベクトル」も同様に次のような連鎖律を考えれば簡単に計算できます。

$$\frac{\partial C}{\partial \boldsymbol{w}^{(2)}} = \frac{\partial \boldsymbol{u}}{\partial \boldsymbol{w}^{(2)}} \cdot \frac{\partial \boldsymbol{z}}{\partial \boldsymbol{u}} \cdot \frac{\partial p}{\partial \boldsymbol{z}} \cdot \frac{\partial C}{\partial p} \qquad \cdots (48.11)$$

つまり、「$\boldsymbol{w}^{(2)}$からCへの勾配」を「$\boldsymbol{w}^{(2)}$から$\boldsymbol{u}$への勾配」「$\boldsymbol{u}$から$\boldsymbol{z}$への勾配」「$\boldsymbol{z}$からpへの勾配」「pからCへの勾配」という連鎖（チェーン）で考えるというわけです。そこでこの(48.11)式右辺の掛け算を1つずつ考えてみましょう。それぞれ、前章で考えたもともとの定義に従えば何ら難しいことはありません。たとえば(48.11)式右辺の最初に出てくる$\boldsymbol{u}$を$\boldsymbol{w}^{(2)}$で偏微分したものは、先ほど学んだ「ベクトルをベクト

ルで偏微分すると行列になる」ということさえ知っていれば簡単に計算
できます。すなわち、

$$\bm{u} = \bm{b}^{(2)} + \bm{w}^{(2)} x$$

ですが、この $\bm{b}^{(2)}$ の中身や x は $\bm{w}^{(2)}$ と関係のない定数です。よって、$y = a + bx$ というスカラーの1次関数を x で微分すると「切片は無視して傾きだけが残る」というのと同様に、次のように考えられます。

$$\frac{\partial \bm{u}}{\partial \bm{w}^{(2)}} = \begin{pmatrix} \dfrac{\partial u_1}{\partial w_1^{(2)}} & \dfrac{\partial u_2}{\partial w_1^{(2)}} & \dfrac{\partial u_3}{\partial w_1^{(2)}} & \dfrac{\partial u_4}{\partial w_1^{(2)}} \\ \dfrac{\partial u_1}{\partial w_2^{(2)}} & \dfrac{\partial u_2}{\partial w_2^{(2)}} & \dfrac{\partial u_3}{\partial w_2^{(2)}} & \dfrac{\partial u_4}{\partial w_2^{(2)}} \\ \dfrac{\partial u_1}{\partial w_3^{(2)}} & \dfrac{\partial u_2}{\partial w_3^{(2)}} & \dfrac{\partial u_3}{\partial w_3^{(2)}} & \dfrac{\partial u_4}{\partial w_3^{(2)}} \\ \dfrac{\partial u_1}{\partial w_4^{(2)}} & \dfrac{\partial u_2}{\partial w_4^{(2)}} & \dfrac{\partial u_3}{\partial w_4^{(2)}} & \dfrac{\partial u_4}{\partial w_4^{(2)}} \end{pmatrix}$$

$$= x \begin{pmatrix} \dfrac{\partial w_1^{(2)}}{\partial w_1^{(2)}} & \dfrac{\partial w_2^{(2)}}{\partial w_1^{(2)}} & \dfrac{\partial w_3^{(2)}}{\partial w_1^{(2)}} & \dfrac{\partial w_4^{(2)}}{\partial w_1^{(2)}} \\ \dfrac{\partial w_1^{(2)}}{\partial w_2^{(2)}} & \dfrac{\partial w_2^{(2)}}{\partial w_2^{(2)}} & \dfrac{\partial w_3^{(2)}}{\partial w_2^{(2)}} & \dfrac{\partial w_4^{(2)}}{\partial w_2^{(2)}} \\ \dfrac{\partial w_1^{(2)}}{\partial w_3^{(2)}} & \dfrac{\partial w_2^{(2)}}{\partial w_3^{(2)}} & \dfrac{\partial w_3^{(2)}}{\partial w_3^{(2)}} & \dfrac{\partial w_4^{(2)}}{\partial w_3^{(2)}} \\ \dfrac{\partial w_1^{(2)}}{\partial w_4^{(2)}} & \dfrac{\partial w_2^{(2)}}{\partial w_4^{(2)}} & \dfrac{\partial w_3^{(2)}}{\partial w_4^{(2)}} & \dfrac{\partial w_4^{(2)}}{\partial w_4^{(2)}} \end{pmatrix}$$

ここでこの行列の中身は「$w_1^{(2)}$ を $w_1^{(2)}$ で偏微分」というように同じ添え字のところは1になり、一方で「$w_1^{(2)}$ を $w_2^{(2)}$ で偏微分」というように異なるユニットの重みで偏微分する場合には「無関係な定数と考えて」0となります。対角成分が1でそれ以外は0という正方行列は単位

第6章 ディープラーニングを支える数学の力

行列 I で表しますので，

$$\frac{\partial \boldsymbol{u}}{\partial \boldsymbol{w}^{(2)}} = x \begin{pmatrix} 1 & 0 & 0 & 0 \\ 0 & 1 & 0 & 0 \\ 0 & 0 & 1 & 0 \\ 0 & 0 & 0 & 1 \end{pmatrix} = x\boldsymbol{I} \quad \cdots (48.12)$$

と考えられます。次に z を $\boldsymbol{u}$ で偏微分するとどうなるかと考えてみましょう。z と $\boldsymbol{u}$ の関係は次のようなシグモイド関数 $f(u)$ で表されました。

$$z = f(\boldsymbol{u}) = \begin{pmatrix} f(u_1) \\ f(u_2) \\ f(u_3) \\ f(u_4) \end{pmatrix} = \begin{pmatrix} \dfrac{1}{1+e^{-u_1}} \\ \dfrac{1}{1+e^{-u_2}} \\ \dfrac{1}{1+e^{-u_3}} \\ \dfrac{1}{1+e^{-u_4}} \end{pmatrix}$$

こちらも「ベクトルをベクトルで偏微分」なので先ほどと同様に行列となりますし、「異なるユニットのところは無関係な定数と考えて（対角成分以外は）0」というところも共通しています。そして第5章においてすでに、「シグモイド関数を $f(x)$ とした場合にその x での微分が $(1-f(x))\cdot f(x)$ で表される」という知識を確認しました。この z を $\boldsymbol{u}$ で偏微分すると、

$$\frac{\partial z}{\partial \boldsymbol{u}} = \begin{pmatrix} \dfrac{\partial}{\partial u_1}f(u_1) & 0 & 0 & 0 \\ 0 & \dfrac{\partial}{\partial u_2}f(u_2) & 0 & 0 \\ 0 & 0 & \dfrac{\partial}{\partial u_3}f(u_3) & 0 \\ 0 & 0 & 0 & \dfrac{\partial}{\partial u_4}f(u_4) \end{pmatrix}$$

$$= \begin{pmatrix} (1-f(u_1)) \cdot f(u_1) & 0 & 0 & 0 \\ 0 & (1-f(u_2)) \cdot f(u_2) & 0 & 0 \\ 0 & 0 & (1-f(u_3)) \cdot f(u_3) & 0 \\ 0 & 0 & 0 & (1-f(u_4)) \cdot f(u_4) \end{pmatrix}$$

となります。

さてここで、次のように対角成分が$f(u_i)$となるような行列Zを考えてみましょう。

$$Z = \begin{pmatrix} f(u_1) & 0 & 0 & 0 \\ 0 & f(u_2) & 0 & 0 \\ 0 & 0 & f(u_3) & 0 \\ 0 & 0 & 0 & f(u_4) \end{pmatrix}$$

そうすると、この$\dfrac{\partial z}{\partial u}$は次のようにシンプルに表すことができます。「なんでだ？」と気になった方は、ぜひ1つ1つ成分がどうなるか確認してみると、行列の計算に慣れるためのよい練習となることでしょう。

$$\frac{\partial z}{\partial u} = (I - Z) \cdot Z \quad \cdots (48.13)$$

あとはpをzで偏微分できれば一通りの材料が揃います。先ほど考えた(48.9)式について別の見方をすれば、

$$p = b^{(3)} + w^{(3)T}z \text{ より、} \frac{\partial p}{\partial z} = w^{(3)} \quad \cdots (48.14)$$

となりますので、この(48.7)式、(48.12)式、(48.13)式、(48.14)式でそれぞれ求められた勾配を、チェインルールを示す(48.11)式に代入すれば「2層目を求めるための重み$w^{(2)}$についての誤差関数の勾配ベクトルが次のように求められます。

$$\frac{\partial C}{\partial \boldsymbol{w}^{(2)}} = \frac{\partial \boldsymbol{u}}{\partial \boldsymbol{w}^{(2)}} \cdot \frac{\partial \boldsymbol{z}}{\partial \boldsymbol{u}} \cdot \frac{\partial p}{\partial \boldsymbol{z}} \cdot \frac{\partial C}{\partial p}$$

$$= \begin{cases} x\boldsymbol{I} \cdot (\boldsymbol{I} - \boldsymbol{Z}) \cdot \boldsymbol{Z} \cdot \boldsymbol{w}^{(3)} \cdot \left(-\frac{1}{p}\right) & (y_i = 1 \text{のとき}) \\ x\boldsymbol{I} \cdot (\boldsymbol{I} - \boldsymbol{Z}) \cdot \boldsymbol{Z} \cdot \boldsymbol{w}^{(3)} \cdot \frac{1}{1-p} & (y_i = 0 \text{のとき}) \end{cases}$$

つまり、仮置きで決められた重みとバイアスのパラメーターをもとに、「入力 x の値はいくつか」「非線形変換された後の中間層の値 z はいくつか」「3層目の重みはいくつか」「最終的に推定された採用確率はいくつか」というそれぞれの値を求めて簡単な四則演算をすれば、勾配が出せるということです。これなら「わずかにパラメーターの値を変えて誤差関数がどれだけ増えるか試す」よりも、ずいぶん簡単な計算になることでしょう。もし中間層が今よりさらに増えたとしても、活性化関数の勾配が求めやすいものである限り、このような連鎖率を重ねていけば比較的単純な計算だけで各パラメーターの勾配が出せるはずです。そして、勾配が出せれば学習率を掛けて「次に試すパラメーターの組合せ」を求めることができますし、このような計算を繰り返せば誤差関数を最小化する「一番もっともらしい」答えにたどり着けるはずです。これがニューラルネットワークにおけるバックプロパゲーションの考え方であり、「誤差が逆に伝播する SF 的な技術」などではなく、微分のチェインルールに基づく「便利な計算方法」だということがわかっていただけたのではないでしょうか。

　以上の内容が、本書がお伝えする「統計学と機械学習のための数学の基礎」です。

　もちろんこれらの理屈が全てわかっていたからといって、必ずしもいきなり統計学や機械学習が使いこなせるようになるわけではありません。

しかし、そうした専門的な勉強をはじめられるようになるための準備はもう十分に整ったはずです。本書で学んだ数学的な基礎をもとに、今後どう専門的な勉強を進めるとよいか、というところはこの後まとめて紹介しようと思いますが、一方で数学的な面とは別の、本章の後半で考えてきた問題の最後の一文を見返してみましょう。

　この企業が「より効率的な採用活動」のために GPA のデータを活かすとしたら、どのようにすればよいだろうか？

　もちろん、GPA を含むさまざまなデータに対してニューラルネットワークなどの機械学習手法を用いて、面接の手間をかけるべき人材を効率的に判別する、というのは1つの方法です。4％の確率でしか採用されない応募者を面接すればその労力の96％は報われないものになってしまうかもしれません。一方で、50％以上の確率で採用される応募者だけを面接していれば、より少ない手間で必要な人材を揃えることができます。このように機械学習手法は「現状に対して限られたリソースを効率的に配分するためにはどうすべきか」という答えを教えてくれます。

　しかし、予測精度としては機械学習よりも荒っぽい統計解析が、より抜本的な「どうすべきか」というアイディアの役に立つこともあります。たとえばごく単純なロジスティック回帰でこの GPA と採用割合の関係を説明すると、図表6-24のようになります。

　途中の谷も、GPA が4近い応募者の下降線も何も考慮していない「雑」な分析ですが、一方でこのロジスティック回帰分析の結果はオッズ比にして GPA が1増えるごとに3倍（すなわち e の1.1乗）ほど、「GPA が高い応募者の方が採用されやすい」というとても単純なアイディアを教えてくれます。

　仮に出身大学の偏差値だとか IQ だとか性別だとか出身地などよりもGPA で表される大学での平均的な成績が高いかどうかこそが（これま

図表 6-24

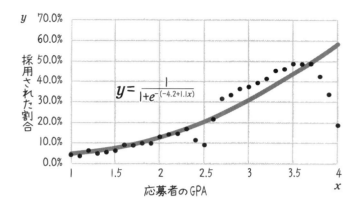

で採用の参考にしてなかったにも関わらず)、自分たちの会社が求める人材をよく見分けるためのポイントだったとしらいかがでしょうか。この場合、「もっとたくさん（地方や非名門大学の出身であっても）GPA の高い学生に応募してもらうにはどうすればよいか？」と考えることこそが、自分たちの求める優秀な人材をより多く採用するための施策に繋がるかもしれません。このように、データの中から単純で人間の頭で解釈しやすい関係性を発見してくることが、統計学の仕事であるといえるでしょう。

　同じような数学とアルゴリズムに支えられていても、機械学習と統計学には使い道に大きな違いが見られます。私は前者の仕事を「予測と最適化」、後者の仕事を「洞察」と呼んでおり、これらを混同して使おうとするとしばしば悲劇が起こります。たとえば同じ Web マーケティングの世界であっても、どのユーザーに今あるうちのどの広告を見せればクリックされる確率が最大化されるのか、といったことが知りたければ機械学習を使って「人間に仕組みがわからなくてもよいのでうまく最適化する」べきです。一方で、「そもそもどんな広告を企画すべきか」と

いうことを考えたいのであれば、「自分たちにとって優良顧客とそうでない顧客の違いはどういったところにあるのか」というところを、統計解析を使ってシンプルに解き明かした方がよいでしょう。

　本書の内容をここまで身につけた皆さんであれば、統計学でも機械学習でもどちらでも好きな方を効率的に学んでいけるかと思います。ぜひそれぞれの長所と短所を間違えず、うまくご自身のお仕事に活かしていただければ幸いです。

おわりに
数学の基礎を学んだ皆さんにおすすめする次の一歩

　本書は「統計学と機械学習の専門的な勉強をはじめる前の数学的な基礎」を身につけることをゴールとしています。そのために、中学生が学ぶ代数学の基礎からはじまり、理系の大学1、2年生が学ぶような線形代数や偏微分といったところまで、統計学や機械学習でよく使う数学的な核の部分を学んできました。

　本書は「統計学の本」でも「機械学習の本」でもなく、「それらを学ぶ準備をするための数学の本」ですが、皆さんはすでに現代的な統計学と機械学習の核になるアイディアを身につけたはずです。具体的には、たとえばデータのバラつき方の背後に確率密度関数を考えるとか、それに基づき「一番もっともらしい値」を推定するとか。あるいは、そのために偏微分の考え方に基づき勾配を求めて繰り返し計算するといったことを、すでに何度か行なってきました。

　しかしこのような核だけを身につければ統計学や機械学習が自在に使えるようになるというわけではありません。専門家になるためにはこれからいろいろな勉強をする必要があるでしょう。ここで、大学や大学院に通っていれば先生方や先輩方が「この本を勉強しなさい」と資料を勧めてくれたり勉強会に誘ってくれたりもします。しかし、本書が読者として想定するビジネスマンたちはそうもいきません。そこで本書の最後に、「次に勉強すべき内容」とその方法を紹介して締めくくりたいと思います。大きく「統計学を勉強したい場合」「機械学習を勉強したい場合」「それらを勉強している過程で数学的な部分を補強したくなった場合」という3つのニーズに分けて、参考書籍とその使い方について説明しましょう。

まず「統計学を勉強したい場合」について、本書の読者にまずおすすめする次の１冊は本シリーズの『統計学が最強の学問である［実践編］』です。統計学と言ってもいろいろな手法がありますが、ビジネスで使うならとにかくこれらの手法について理解すれば大丈夫だ、という統計的仮説検定、重回帰分析、ロジスティック回帰分析、因子分析とクラスター分析というものに絞って、その意義や使い方と結果の解釈の仕方を説明してあります。また、数学的な説明は全て巻末の付録に回し、なおかつベクトルや行列を使わない高校数学までの書き方で説明してあります。本書をここまで読み込むことができた読者の皆さんであれば、ちょうど実用的な統計学の知識が身につくことでしょう。また、一般的な入門書が説明をスルーしがちな、「なぜ正規分布やt分布を仮定して分析してよいのか」といったところについても説明していますので、今後より専門的に統計学を勉強する際にも、よいステップとなるのではないでしょうか。もしすでにこちらを読んだ方であっても今一度読み返していただければ幸いです。

　こちらを読んだ後さらに統計学を学びたい、ということであればより現代的な統計学の手法を学ぶことになるでしょう。『実践編』で扱った「ビジネスで主に使う手法」の発展系として、大きく分けると次のような３つの方向性が実用上役に立つかもしれません。すなわち１）ランダム化比較実験ができない場合にどう因果関係を推定すればよいか、２）重回帰分析やロジスティック回帰分析では扱いきれないデータに対してどのような統計手法を用いればよいか、３）因子分析やクラスター分析についてより詳しくはどう理解して使いこなせばよいか、といったところです。

　本書で紹介したような「今あるデータから説明変数（入力）と結果変数（出力）の関係を数学的なモデルで表す」という範囲では、統計学と機械学習にそれほど違いはありませんでした。しかし、前章の最後に述べたように「洞察」を重視する統計学では、因果関係を実証するために

「ランダムに分けた一部の人と残りの人の置かれている状況を変える」というランダム化比較実験を行ないます。これが現代社会においてとてもパワフルなものであるということは本シリーズの中でこれまで何度も触れてきたところですが、こうしたランダム化が倫理面あるいはオペレーション面の理由で許されないという状況もしばしば起こります。たとえばある商品を値引きすることでどれだけ売上が伸びるのか、といったことを実験すると、「ランダムに高い値段で買わされた」顧客が気分を害すかもしれません。あるいは、書籍のように同じ商品を同じ価格で売らなければいけない商品では、「ランダムな一部に値引き」という実験が不可能です。

　こうした状況で用いられるのが統計的因果推論と呼ばれる手法群であり、これまで本書で紹介したような、単に「今のデータ同士の関係性としてあてはまりのいいモデルを考える」のとは異なる考え方をします。機械学習を専門とする方々の多くはあまりこうした因果推論という考え方を学んでいませんが、ビジネス上で打ち手の効果を正確に評価するためにはこうした因果推論の考え方が欠かせません。たとえば「因果関係」として、広告費を1億円使った結果3億円分の利益が見込めるということが実証されれば、借金をしてでも広告費を投じた方がよいわけです。逆に「商品の認知率が高い人は買ってくれる確率も高そう」といった程度の分析しかしていなければ、商品認知が高いことで購買してくれたのか、逆に購買したことで商品の記憶が定着したのか、という判断がつきません。かけたコストに対して十分なリターンが見込めないようなムダはさっさと排除した方がよいでしょう。統計学のこのような側面に興味がある方であれば、星野崇宏著『調査観察データの統計科学』が次の1冊としておすすめです。

　また、重回帰分析やロジスティック回帰分析のことをまとめて「一般化線形モデル」と呼ぶことは本書の中でも触れました。一般化線形モデルにはこれ以外にもたくさんの手法があります。なぜそうした手法が必

要で、それらはどのようなものなのか、ということを学ぶのも次の一歩として考えられます。この分野でおすすめする書籍としてはたとえば久保拓弥著『データ解析のための統計モデリング入門』があり、こちらは一般化線形モデルについて丁寧に説明しているほか、その発展形である階層ベイズモデルや、ベイズ統計モデルの推定に必要なMCMC（マルコフチェインモンテカルロ）法という、現代的な統計手法の核になる考え方についても学ぶことができます。このMCMC法は簡単に言えば、本書で学んだ最尤法の「先にあるもの」であり、この本を1冊読み通せば現代的な統計手法の主要な部分が押さえられるほか、機械学習を勉強する際にも役に立つことでしょう。

ただし、心理統計学あるいは計量心理学といわれるような領域においては、「一般化線形モデルではない手法」がとてもよく使われています。このような領域においては因子分析あるいはその発展形である構造方程式モデリングといった手法がよく使われており、アンケートの回答やテストの正解/不正解から「その背後にある概念」を測定しようというのがこうした手法の使い道です。たとえば何となくとっていた顧客に対するアンケートも、因子分析を使えばその背後でどのような「イメージ」という抽象概念が存在しているかを考えることができます。あるいは、何となく行なっていた採用テストの背後に、どのような「能力」という抽象概念が存在しているかを考えることもできます。またTOEFLのような専門家が作ったテストには項目反応理論という手法が使われていますが、これも因子分析の一種です。

こちらについて興味がある方であれば、豊田秀樹編著『因子分析入門』からはじめるというのが、私のおすすめする1つの勉強法です。こちらの本は因子分析の理解に必要な線形代数についても巻末の付録で補足しています（その中には本書の中では紹介しなかったものもあります）。また、無料で使える統計解析ツールであるRの基本的な使い方についても学ぶことができます。さらに同じ編著者が、こちらの本と同様

にRを使って共分散構造分析を学べる『共分散構造分析［R編］』という本も出されていますし、より専門的に学びたければ、『共分散構造分析［入門編］』『共分散構造分析［応用編］』『共分散構造分析［理論編］』『項目反応理論［入門編］』『項目反応理論［理論編］』……と、こうした手法群についてさまざまな角度から学べる本も多数手がけていらっしゃいます。

　同じ手法について説明する際、異なるバックグラウンドを持った異なる著者だと、微妙に用語の使い方や数式の表記が異なることもあります。しかし、このように最初の入門から専門的な勉強をするところまで、同じ著者の本で揃えておけばそうしたストレスも少なく、効率的に勉強できるかもしれません。「一連のシリーズを全て最初から最後まで読み通せ！」とまでは言いませんが、最初に紹介した『因子分析入門』の後、大きな書店で実物を見比べながら興味のあるポイントに沿って何冊かをピックアップして読めば、それだけでもこうした手法群についてだいぶ理解が深まるはずです。

　また、因子分析以外にもう1つ、クラスター分析という手法もビジネスの中ではしばしば用いられます。特によく使われるのはマーケティングの領域です。広告代理店や調査会社などがクラスター分析を行なった結果、顧客をどのようなセグメントに分けて考えればよい、と提案してくるレポートを目にしたことのある方もいらっしゃるでしょう。しかし、「クラスター分析に絞って専門的に書かれた統計学の本」というのはあまりありません。なぜならクラスター分析はどちらかと言えば機械学習における「教師なし学習」と呼ばれる領域から生まれた手法群であるからです。本書で紹介したロジスティック回帰分析やニューラルネットワークなどは、結果変数（出力）をよく説明したり予測するような数学モデルを考えるものでした。これらは専門的に言うと機械学習のうち「教師あり学習」と呼ばれるものになります。一方でクラスター分析はそうした結果変数（出力）などは関係なく、類似したいくつかのグルー

プに分けるためにはどう分けるとよいか、といったことを考える手法であるため「教師なし学習」と呼ばれます。

　そうした理由から、クラスター分析に絞って詳しく勉強したい方におすすめするのは石井健一郎、上田修功著の『続・わかりやすいパターン認識――教師なし学習入門』という書籍になります。こちらを読めば、k-means法という本シリーズ『実践編』の中でも述べたポピュラーなクラスター分析の手法が、本質的には正規分布が混ぜ合わさったものである混合正規分布のパラメーター推定と同じようなものである、といったことがわかります。あるいは、EMアルゴリズムという教師なし学習の基礎となる計算方法についても、なぜ必要でそれがどういうものかという点について学べます（なお、因子分析も「教師なし学習」の1つと考えられますし、前述の『因子分析入門』の中でもEMアルゴリズムが何かという説明は軽くなされています）。さらに、最近テキストマイニングの世界でよく用いられるようになった手法の背景にある数学的な考え方についてもこの本は説明しています。

　以上が統計学について勉強したい方におすすめするネクストステップですが、次に機械学習の方についても説明しておきましょう。

　おそらく皆さんが最も関心を寄せるところであろうディープラーニングについて学びたいのであれば、岡谷貴之著『深層学習』が本書の次に読むべき1冊ということになるはずです。高校の数学がうろ覚えな状態でいきなり読もうとすると骨が折れるかもしれませんが、本書をここまで読んできた皆さんであれば、数式を追うこともそれほど問題ではなくなっていることでしょう。ディープラーニングに関する応用は日進月歩で新しい研究が公表されていますが、その大きな幹になる部分については本書で一通り学ぶことができるはずです。

　また、本書は「数学の本」であるため、「繰り返し計算」というところについて深入りはしませんでした。しかし、このあたりを深く理解し

たい方には、鈴木大慈著の『確率的最適化』に目を通すことをおすすめします。このほか、数式を追って理解するのとは別に、「手を動かしてみる」というところもニューラルネットワークの理解のために役に立つはずです。どんな言語でもよいので何かしらプログラミングの経験がある方であれば、オライリー・ジャパンから出ている斎藤康毅著『ゼロから作る Deep Learning』で Python のコードを書きながらディープラーニングの仕組みを理解するというのがおすすめです。後で詳しく述べるように、Python は機械学習を使いこなす上で主流の言語になりつつありますので、この機会に覚えてしまってもよいでしょう。ちなみに、最近周りの社会人におすすめしている Python の入門法としては、Al Sweigart 著の『退屈なことは Python にやらせよう』という書籍を参考に、Python を使ってふだんの事務作業の効率化にチャレンジするというものがあります。

あるいは、全くプログラミングはできないけど手を動かして理解したい、という方であれば、涌井良幸、涌井貞美著『ディープラーニングがわかる数学入門』の中にある、エクセルを使った計算過程を追いかける、というのもよいかもしれません。

ただ、機械学習の手法の中でディープラーニングあるいはニューラルネットワークというのはあくまで一部分です。画像認識、囲碁や将棋といったボードゲームの領域では大きな成功をとげ、音声や自然言語処理といった領域でも少しずつ成功例が出てきているものの、それが機械学習の全てではありません。たとえばビジネスの場でよく課題になる、「勤務の履歴のデータから退職確率の高いスタッフを予測する」とか「購買履歴のデータから優良顧客になりそうかを予測する」といった使い道であれば、少なくとも本書を執筆している現時点では、ディープラーニングがベストな方法というわけではありません。

こうした使い道においてはむしろ、「いろんな機械学習手法の引き出しをたくさん持って素早くトライアルアンドエラーを重ねる」方がおす

すめです。「いろんな手法」とはたとえば、サポートベクターマシンであるとか、決定木分析であるとか、決定木分析を複数組み合わせるランダムフォレストであるとか、あるいは異なる機械学習手法を組み合わせるためのブースティングやバギングと呼ばれるようなものです。

こうした「ニューラルネットワーク以外の機械学習手法」を一通り学ぶための定番教科書として、Trevor Hastie ら著の『統計的学習の基礎』と、Christopher M. Bishop 著の『パターン認識と機械学習（上・下巻）』のいずれかをおすすめしておきましょう。両者ともに、ニューラルネットワークやクラスター分析についても説明しているので、まずはここから勉強をはじめる、というのも1つの方法です。どちらの本も当たり前のように行列を使った数式が出てきますが、本書をここまで読んだ方々であればそれほど苦にはならないでしょう。

ただし、これら機械学習の本は、どちらかと言えば理論的な面を理解するための本であり、いくら読んだからといって機械学習が使えるようになるとは限りません。いろいろな企業が今、ディープラーニングを含む機械学習の社内勉強会を行なっているそうですが、「お勉強」をしているだけではあまり意味はありません。機械学習の知識から何かしらの価値を生もうとすれば、何を最適化させたり自動化させたりするのかという課題設定を行ない、「教師」のついたデータを集め、機械学習の手法を適用して、細かい条件をチューニングしなければいけません。そしてさらに、そこから得られた「予測値」というデータを、何らかのITシステムや電子機器、あるいは人間の頭に向けて出力してこなければいけないわけです。

機械学習などの人工知能技術がこれから社会において大きな力を発揮することは間違いありませんが、その大きな恩恵を享受できるのは、シンギュラリティが来るかどうかというようなもっともらしいことを語る評論家ではありません。適切な課題設定を考えて、手を動かして、人間

を煩わせる作業や判断をうまく自動化したり最適化させることに成功した人間だけが、この大きな力を自分のものにできるわけです。

　そうした「手を動かす」という点で言えば、画像、テキスト、音声といったさまざまなデータの扱い方と活かし方に慣れる、ということも重要な次の第一歩だと考えられます。たとえば、画像処理であればオライリー・ジャパンから出ている Gary Bradski、Adrian Kaehler 著『詳解 OpenCV』、テキストの処理であれば石田基広著『R によるテキストマイニング入門』、音声処理であれば、荒木雅弘著『フリーソフトでつくる音声認識システム』、といった本が初心者向けにはおすすめできるでしょうか。OpenCV には機械学習の機能もついていますが、それよりも枯れた技術を使って効率的に「顔の映った画像だけ切りだす」といったデータをどう準備するのかという練習に使います。このほか、機械学習に使うためのデータをインターネット上から収集したい、というのであれば、加藤耕太著『Python クローリング＆スクレイピング』という本もたいへん参考になるでしょう。実際に「機械学習を使った何か」を作ろうとすると、多くの手間はこうした「データを準備するところ」にかかりますので、こうした技術を早めに覚えるにこしたことはありません。

　そして実際に統計学や機械学習の手法を動かそうとすれば、現代における主な選択肢は「統計学を使いたければ主に R」「機械学習を使いたければ主に Python」を覚えるとよいでしょう。もちろん R を使って機械学習手法を動かすこともできますし、たとえば前述の『因子分析入門』と同じ豊田秀樹編著の『データマイニング入門』を読めば、「ディープラーニング以外の機械学習手法」を体験することができます。逆に StatsModels というライブラリーを使えば、Python で統計解析を行なうこともできます。

　R と Python のどこが一番違うのかと言えば、前者が統計学者のコミュニティから生まれたもので、後者がコンピューターサイエンティス

トのコミュニティから生まれたものだ、と説明できるかもしれません。よってRはマイナーなものも含めてさまざまな統計手法を簡単に使うことができますが、コンピューターの性能を効率的に活かして大量のデータを高速で処理するというようなことは得意ではありません。また細かいプログラミング言語の仕様が、他の一般的なプログラミング言語と異なっているため、一般的なエンジニアにとっては「気持ちが悪い」ところも多々あります。

逆にPythonではあまりマイナーな統計手法は使えませんが、書いたプログラムを他のエンジニアと共有する際のコミュニケーションがRよりはスムーズです。また、画像や音声といったデータを扱うためのライブラリーも充実しています。特にディープラーニング周りのことをしたければ、RではなくPythonを覚えておいた方が賢明でしょう。Python自体は「高速なコンピューター言語」というわけではありませんが、ややこしい計算を行なう部分について他の言語で書かれたライブラリーを使って高速化する、といった切り分けがしやすい構造になっているというのも利点です。

RとPythonのどちらを先に覚えるかはお任せしますし、最近だとどちらもフレンドリーな入門書がいくつも出版されておりますので、書店で見比べながら「なんとなくしっくりくるもの」を選んでいただければ幸いです。ただし、いずれを学ぶにしても注意しなければいけないのは「統計手法や機械学習手法を動かす部分」以外をきっちりと覚えておくべき、という点です。あまり実用的でない書籍は「こういう手法がこういうプログラムで動きます」というところばかりを列挙していたりしますが、これだけでは実用上あまり仕事に使えません。たとえば分析すべきデータから女性のデータだけを抜き出してやり直すとか、顧客ごとにまとめられた属性と、複数回の購買履歴とを紐づけてから分析する、といったデータの加工は統計解析でも機械学習でも日常的に必要になります。もちろんこれを、「何となくインターネット検索しながら独学で身

につけていく」というのも1つのやり方ですが、一度腰をすえて勉強しておくと仕事の生産性は大きく向上します。

もしこうしたデータの処理をきちんと身につけようとしたら、たとえばRであればPhil Spector著『Rデータ自由自在』など、あるいはPythonであればWes McKinney著『Pythonによるデータ分析入門——NumPy、pandasを使ったデータ処理』といった専門書が役に立ちます。なお、NumPyとpandasというのはPythonにおいて分析用のデータを効率的に扱うためのライブラリーのことです。

逆に、Rで統計手法自体を使う部分を身につけたいということであれば、実は先ほど紹介した統計的因果推論や一般化線形モデル、因子分析といった手法についての書籍がとても便利です。これらはどれも、「Rでこの分析を行なうとしたらこのようなプログラムを書きます」という情報が掲載されているものばかりですし、クラスター分析についても『データマイニング入門』の中には書かれています。何かしらの入門書を通してRの扱い方に関する基本を学んだ後なら、こうした書籍の中のサンプルプログラムを見ながら「実際に手を動かす」ということもできるはずです。

また、Pythonで機械学習を行なうのであれば、まずはNumPyやpandasのほか、scikit-learnというライブラリーの使い方を身につけましょう。「ディープラーニング以外の一般的な機械学習」は一通りこの中に揃っていますし、後述するようにこれをマスターしておけば、ディープラーニングを動かしてみる、ということがはじめてでも簡単にできます。scikit-learnに関する入門書としてはたとえば、Andreas C. Müller、Sarah Guido著の『Pythonではじめる機械学習——scikit-learnで学ぶ特徴量エンジニアリングと機械学習の基礎』などが挙げられます。

そして、scikit-learnとデータの扱い方に慣れたら、ディープラーニングを動かしてみることはそれほど難しいことではありません。

GoogleはTensorFlowというディープラーニングを行なうためのライブラリーを無償で公開していますが、その中にskflowというライブラリーが標準的に含まれるようになりました。「sk」というのは「scikit」の略で、scikit-learnに慣れていればわずか数行のプログラムを書くだけで一般的なディープラーニングを動かせる、というとても便利なものです。scikit-learnに慣れていれば少しインターネット上の資料を調べるだけですぐに使えるようになるはずです。ここからはじめてTensorFlow自体を学んでいってもよいですし、ネクストステップとして、KerasというPythonのライブラリーを覚えてもよいかもしれません。これがあればskflowほどではないにしても「短いプログラムでTensorFlowを動かす」ということができて、直感的な記述でディープラーニングの細かい設定を行なうこともできます。

　ただし、プログラミングに関わる勉強をしようと思えば、早くから本ではなくインターネット上で資料を調べる、という習慣をつけた方がよいかもしれません。なぜならITの世界は日進月歩で、ほんの数年のうちに細かい仕様が変わり、本に書いてあったやり方よりもっと効率的な方法が登場します。あるいは、上記に紹介した本においても「最新版のRやPythonでこのプログラムを実行するとエラーになってしまう」といったことさえしばしば起こります。ディープラーニングという今まさに研究開発が盛んな領域ではこの問題はより大きなものとなるでしょう。幸い、TensorFlowもKerasも公式のドキュメントが充実していますし、Google検索をすればいろいろな人が「実際に試してみた」というブログ記事を書いています。せっかくならばプログラミングを覚えると同時に、「ITのことはインターネットで調べる」という習慣を身につけていただければと思います。

　特に、エンジニアでない人にとっては機械学習を動かすまでの最初のハードルが「自分のパソコンでPythonやTensorFlowを動かせるように設定する」というところになります。一時期と比べて最近はずいぶん

と環境構築も楽になりましたが、時に「なぜかうまくいかない」とハマってしまうこともあるかもしれません。こうしたときに、自力で調べて問題を解決するという経験は、機械学習を身につけていく上でムダになることはありません。

また、ただ動くというだけでなく、「現実的な速度（たとえば数時間）で自分のイメージするディープラーニングの学習（重みの推定）を終わらせる」ためには、3Dのゲームを動かすために使うような高いグラフィック処理能力がなければいけない、という点についても注意しましょう。本書で紹介したような「誤差関数の勾配」を求める計算は、3DCGの処理に使うGPUと相性がいいため、「ディープラーニングを行なうなら高性能のGPUにやらせる」ということが常識になって来ました。これをクラウド環境で設定しようとすると、初心者にはその準備のハードルがさらに上がり、さらに現時点では油断するととんでもない料金が請求されたりもします。とりあえず「試したい」というだけであれば、単純にゲーマーたちが買うようなゲーミングPCといわれるパソコンを買って使う、というのも1つの方法です。

なお細かいところで言うと、少なくとも本書執筆時点においてはゲーミングPCの中でも「NVIDIAのグラフィックカードが乗ってるやつ」であるかどうかを注意した方が賢明でしょう。NVIDIAは自分たちの製品が人工知能技術の中でどれだけ大きな意味を持つかをすでによく知っており、ソフトウェア・ハードウェアの両面で研究開発にとても力を入れています。それゆえ、TensorFlowに限らず、ディープラーニングに関わるライブラリを使う場合、「NVIDIAのグラフィックカードが入っていれば簡単な設定で高速で計算できる」というエコシステムができあがっています。日本では以前「謎の半導体メーカー」と報道されたこともありますが、ソフトバンクがNVIDIA株を買ったのも、トヨタがNVIDIAと自動運転などの領域で協業するのも、こうした人工知能技術との相性を見込んでのことだと考えられます。よく「ゴールドラッ

シュの時代に一番儲けたのは、金を掘った人たちではなく彼らにツルハシを売った人だ」といった考え方が示されることもありますが、場合によると現代のNVIDIA社もこの「ツルハシを売る」側の立場で大きな利益を得るのかもしれません。

さて、話は少しそれましたが、最後にこうした「手法の背後の理論を学ぶ」過程および「手を動かす」過程のそれぞれで、数学的な補足が必要になった場合の勉強方法についても紹介しておきたいと思います。今後必要になるであろう知識のうち、たとえば個別の関数や演算の記号、確率分布などについては少しインターネットで検索をすればそれが何かという説明が見つかるはずです。ちょっとした検索以上の勉強が必要になるとすれば、たとえば線形代数の考え方のところで、「●●行列」という言葉の意味がわからず、その意味を検索しても「▲▲行列のうち■■の性質を持つもの」と書いてあり、どちらもよくわからないのでお手上げ、という状況が考えられるかもしれません。本書は「行列を使った書き方に慣れる」というところに絞って線形代数を紹介しているだけですので、本書の中で紹介しなかった行列の性質や整理のやり方もたくさんあります。

このような点についておそらくとても良い資料は、David A. Harville著の『統計のための行列代数（上・下巻）』でしょう。この本は偏微分などを含む線形代数の考え方について、統計学と機械学習に必要なところだけをうまく、そして網羅的に解説しています。この本の全てを読み通すことが必要かどうかはわかりませんが、線形代数的な面で疑問を感じた場合に辞書のような使い方をするだけでもとても役に立つはずです。そこまで分厚い本を読むのはストレスだという方であれば、岩波書店から出版されている「理工系数学のキーポイント」シリーズあたりを参考にされるのがいいかもしれません。たとえば『キーポイント線形代数』『キーポイント微分積分』と、『キーポイント多変数の微分積分』といっ

たあたりが統計学と機械学習に役立つ、「大学で習う数学の基礎」として参考になるでしょう。とくに『キーポイント多変数の微分積分』は本書では少し触れるだけに留まった、偏微分や重積分といった考え方をもう少し詳しく、しかし実用上必要な範囲で学べますのでそのあたりが気になった方にはおすすめできます。

　また、本書の中では微積分のところで考えた「めちゃくちゃ小さい」「めちゃくちゃ大きい」といったところについて、数学的にはだいぶぼやかして書いてきました。統計学や機械学習の中で、「パラメーターのちょうどよいところを探す」ために勾配を考えるだけなら、別に「無限に小さくする」ことの数学的な意味を深く考える必要はありません。しかし、そのあたりが気になって、どうしても数学的な理屈を理解したい、という方もいらっしゃるかもしれません。このような場合、高木貞治著の『定本　解析概論』を読みとおす、というのが一般的な理系の嗜みというやつです。それが統計学や機械学習を使いこなす上で役に立つかどうかはわかりませんが、この本を通して ε-δ 論法であるとかデデキント切断といったことを学べば、微積分に関してより厳密な理屈が理解できることでしょう。

　あるいは、個別の統計手法がどういうものかという話ではなく、たとえばなぜ最尤法がよいパラメーターの推定方法だと考えられるのか、といった統計学にまつわる数学的な理屈について知りたい人もいるでしょう。そのような方は、竹村彰通著『現代数理統計学』を読むとよいでしょう。こちらはその名の通り、現代の統計学の背後にある数理についてとてもよくまとめている名著です。本書をここまで読んだ方々の中には、中途半端な統計学の入門書を読むよりもこちらの本の方がむしろすっきりとわかりやすい、という方もいらっしゃるかもしれません。

　以上が本書をここまで読んでいただけた皆さんにおすすめする、統計学や機械学習を身につけるための次の一歩です。皆さんにこの大きな力

の一端でも使いこなせるようになっていただければ私はとてもうれしく思いますし、本書で述べた数学の知識がそのお手伝いになればとても光栄です。

　ぜひ「ただのお勉強」で終わらせず、頭と手をフルに動かして、社会に大きなインパクトを生み出していただければ幸いです。

参考文献

Benjamin A. Teach statistics before calculus! TED; 2009. Available from: http://www.ted.com/talks/arthur_benjamin_s_formula_for_changing_math_education?language=ja

Finlay J, Dix A. An Introduction to Artificial Intelligence. Taylor & Francis; 1996. 日本語版は新田克己, 片上大輔(訳). 人工知能入門——歴史,哲学,基礎・応用技術. サイエンス社; 2006.

Minsky ML, Papert SA. Perceptrons. Expanded Edition. The MIT Press; 1988. 日本語版は中野馨, 阪口豊(訳). パーセプトロン. パーソナルメディア; 1993.

甘利俊一. 脳・心・人工知能 数理で脳を解き明かす. 講談社; 2016.

小塩隆士, 妹尾渉. 日本の教育経済学：実証分析の展望と課題. ESRI Discussion Paper. 2003; Series 69.

Hacking I. The Emergence of Probability: A Philosophical Study of Early Ideas about Probability, Induction and Statistical Inference. 2nd ed. Cambridge University Press; 2006. 日本語版は広田すみれ, 森元良太(訳). 確率の出現. 慶應義塾大学出版会; 2013.

黒木哲徳. なっとくする数学記号. 講談社サイエンティフィク; 2001.

安野光雅. はじめてであうすうがくの絵本2. 福音館書店; 1982.

岩沢宏和. 世界を変えた確率と統計のからくり134話. SBクリエイティブ; 2014.

今野浩. ジョージ・ダンツィク先生を悼む. オペレーションズ・リサーチ: 経営の科学. 2005;50(7):444-445.

清水良一. 中心極限定理. 教育出版;1976.

Shurkin J. Engines of the Mind. Washington Square Press;1985. 日本語版は名谷一郎(訳). コンピュータを創った天才たち——そろばんから人工知能へ. 草思社;1989.

Adrian YEO. The Pleasures of Pi,e and Other Interesting Numbers. World Scientific Publishing Company;2006. 日本語版は 久保儀明, 蓮見亮(訳). πとeの話——数の不思議. 青土社;2008.

Salsburg D. The Lady Tasting Tea: How Statistics Revolutionized Science in the Twentieth Century. Holt Paperbacks;2002. 日本語版は 竹内惠行, 熊谷悦生(訳). 統計学を拓いた異才たち——経験則から科学へ進展した一世紀. 日本経済新聞社;2006.

Gauss CF. Theoria Motus Corporum Coelestium in Sectionibus Conicis Solem Ambientium. F. Perthes et IH Besser; 1809. 日本語版は 飛田武幸, 石川耕春(訳). 誤差論. 紀伊國屋書店; 1982.

Cybenko G. Approximation by Superpositions of a Sigmoidal Function. Mathematics of Control, Signals, and Systems. 1989;2(4):303-314.

岡谷貴之. 深層学習. 講談社サイエンティフィク; 2015.

[著者]

西内 啓（にしうち・ひろむ）

1981年生まれ。東京大学医学部卒（生物統計学専攻）。東京大学大学院医学系研究科医療コミュニケーション学分野助教、大学病院医療情報ネットワーク研究センター副センター長、ダナファーバー/ハーバードがん研究センター客員研究員を経て、2014年11月に株式会社データビークル創業。自身のノウハウを活かしたデータ分析支援ツール「Data Diver」などの開発・販売と、官民のデータ活用プロジェクト支援に従事。著書に累計48万部を突破した『統計学が最強の学問である』シリーズ（ダイヤモンド社）のほか、『1億人のための統計解析』（日経BP社）、『統計学が日本を救う』（中公新書ラクレ）などがある。

統計学が最強の学問である [数学編]
―― データ分析と機械学習のための新しい教科書

2017年12月20日　第1刷発行
2024年9月12日　第4刷発行

著　者	―― 西内　啓
発行所	―― ダイヤモンド社

〒150-8409　東京都渋谷区神宮前6-12-17
https://www.diamond.co.jp/
電話／03・5778・7233（編集）　03・5778・7240（販売）

装　丁	―― 寄藤文平＋古田孝宏（文平銀座）
校　正	―― 小田敏弘、佐々木和美、鷗来堂
本文デザイン	―― 川野有佐（ISSHIKI）
製作進行	―― ダイヤモンド・グラフィック社
印　刷	―― 勇進印刷（本文）・新藤慶昌堂（カバー）
製　本	―― ブックアート
編集担当	―― 横田大樹

©2017 Hiromu Nishiuchi
ISBN 978-4-478-10451-4

落丁・乱丁の場合はお手数ですが小社営業局宛にお送りください。送料小社負担にてお取替えいたします。但し、古書店で購入されたものについてはお取替えできません。
無断転載・複製を禁ず
Printed in Japan

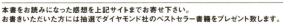
本書をお読みになった感想を上記サイトまでお寄せ下さい。
お書きいただいた方には抽選でダイヤモンド社のベストセラー書籍をプレゼント致します。

◆ダイヤモンド社の本◆

統計学をビジネスに応用した実例を紹介!

超人気シリーズに文系でもわかる「実用書」が登場!「ビジネス×統計学」の最前線で第一人者として活躍する著者が、日本人が知らない「リサーチデザイン」の基本を伝えたうえで、経営戦略・人事・マーケティング・オペレーションで統計学を使う知恵と方法を詳細に解説する。

統計学が最強の学問である［ビジネス編］
データを利益に変える知恵とデザイン
西内啓［著］

●四六判並製●定価（本体1800円＋税）

http://www.diamond.co.jp/

◆ダイヤモンド社の本 ◆

プロを目指すなら必読！
「洞察の統計学」を徹底解説

異例のベストセラーの著者が贈る最良の実践入門。『統計学が最強の学問である』では概略の紹介にとどめた統計手法の「使い方」を解説。統計学や数学の歴史的なエピソードも楽しみながら、「平均」や「割合」といった基礎知識から、「重回帰分析」のようなハードルの高い手法までを本質的に理解できる。

統計学が最強の学問である ［実践編］
データ分析のための思想と方法
西内啓 ［著］

●四六判並製●定価（本体1900円＋税）

http://www.diamond.co.jp/

◆ダイヤモンド社の本◆

ビジネス書大賞（2014）、統計学会出版賞（2017）をＷ受賞！

あみだくじは公平ではない？　DMの送り方を変えるだけで何億円も儲かる？　現代統計学を創り上げた1人の天才学者とは？　統計学の主要6分野って？　――ITの発達とともにあらゆるビジネス・学問への影響力を増した統計学。その魅力とパワフルさ、全体像を、最新の研究結果や事例を多数紹介しながら解説する、今までにないガイドブック。

統計学が最強の学問である
データ社会を生き抜くための武器と教養
西内啓［著］

●四六判並製●定価（本体1600円＋税）

http://www.diamond.co.jp/